2014—2017 年河南省棉花区试品种报告

李 武 马运粮 刘桂珍 主 编

黄河水利出版社
·郑 州·

图书在版编目(CIP)数据

2014—2017年河南省棉花区试品种报告/李武,马运粮,刘桂珍主编.—郑州:黄河水利出版社,2018.11
ISBN 978-7-5509-2211-2

Ⅰ.①2… Ⅱ.①李… ②马… ③刘… Ⅲ.①棉花-品种-试验报告-河南-2014—2017 Ⅳ.①S562.02

中国版本图书馆CIP数据核字(2018)第273352号

组稿编辑:席红兵 电话:13592608739 E-mail:14959393@qq.com

出 版 社:黄河水利出版社 网址:www.yrcp.com
地址:河南省郑州市顺河路黄委会综合楼14层 邮政编码:450003
发行单位:黄河水利出版社
发行部电话:0371-66026940、66020550、66028024、66022620(传真)
E-mail:hhslcbs@126.com
承印单位:河南新华印刷集团有限公司
开本:787 mm×1 092 mm 1/16
印张:19
字数:520千字 印数:1—1 000
版次:2018年11月第1版 印次:2018年11月第1次印刷

定价:68.00元

《2014—2017年河南省棉花区试品种报告》

编辑委员会

主　　任：马运粮

副 主 任：周继泽

委　　员：（按姓氏笔画排列）

马文龙　马宗斌　王振宇　朱荷琴　刘孝峰

李　武　李晓丽　时小红　余行简　张志勇

范术丽　周新保　胡海燕　贾新合

主　　编：李　武　马运粮　刘桂珍

副 主 编：王振宇　王保勤　牛银亭　刘卫星　楚宗艳

许庆华　毛　丹　冯艳萍　刘艳丽

编写人员：（按姓氏笔画排列）

王　宁　田土星　田守芳　白利明　朱　颖

朱荷琴　刘　宇　刘冬云　刘海静　许远超

严根土　李　晓　李　宾　李方顺　李圣华

李丽霞　李国际　李晓丽　李梅珍　来艳珍

时小红　余寅曦　张永山　张永刚　张秀松

张金宝　张春山　陈　伟　陈祥兵　范术丽

周　君　屈爱玲　姚金波　袁　春　贾朝阳

郭玉斌　唐淑荣　曹宗鹏　崔　敏　崔小伟

韩艳红　强学杰　楚宗艳　雷亚柯

前　言

农作物品种试验是品种审定与推广利用的前提与依据，对于促进种植业结构调整、进行农业供给侧结构性改革、优化农产品优势产业布局、推动农业科技创新、促进品种更新换代、加速现代种业发展、保障农业生产用种安全具有重要意义。棉花是纺织工业原料，是河南省种植的主要经济作物之一，积极、认真、科学、公正地开展河南省棉花新品种试验、审定、展示和示范工作，对促进河南省棉花科研成果转化，加快优良品种推广，为河南省棉花产业的健康稳定发展做出了积极贡献。

根据《主要农作物品种审定办法》的相关规定，经河南省主要农作物品种审定委员会棉花专业委员会会议研究确定，2014～2017 年河南省组织开展了 18 组别的棉花品种试验（不含委托进行的比较试验），其中：区域试验 12 组，生产试验 6 组。2014 年常规春棉区域试验 1 组，杂交春棉区域试验 1 组，夏棉区域试验 1 组，夏棉生产试验 1 组，春棉生产试验 1 组；2015 年常规春棉区域试验 1 组，杂交春棉区域试验 1 组，春棉生产试验 1 组；2016 年常规春棉区域试验 1 组，杂交春棉区域试验 1 组，夏棉区域试验 1 组，春棉生产试验 1 组；2017 年常规春棉区域试验 2 组，杂交春棉区域试验 1 组，夏棉区域试验 1 组，春棉生产试验 1 组，夏棉生产试验 1 组。对所有参试品种还开展了抗病性、抗虫性及纤维品质鉴定。

根据试验汇总结果、区域试验标准、区域试验年会对所有参试品种做出评价结论。2015 年 3 个品种完成试验程序，推荐申报河南省审定，8 个品种继续进行区域试验，8 个品种进行生产试验，其他品种淘汰。2016 年 7 个品种完成试验程序，推荐申报河南省审定，10 个品种继续进行区域试验，8 个品种进行生产试验，其他品种淘汰。2017 年 8 个品种完成试验程序，推荐申报河南省审定，13 个品种继续进行区域试验，12 个品种进行生产试验，其他品种淘汰。

本书包含了 2014～2017 年河南省棉花品种区域试验、生产试验以及抗病性、抗虫性、纤维品质等检测报告的主要内容，反映了河南省棉花新品种的选育水平和发展动态。

本书的出版得到了有关领导和专家的大力关心、支持和帮助，该书是各个试验主持单位与主持人、测试单位与测试人员、承试单位与试验人员辛勤劳动的结晶，在此，对长期辛勤工作在河南省棉花品种试验第一线的广大科技人员和多年来关心、支持这项工作的各级领导、专家表示衷心的感谢。

由于时间仓促、疏漏之处在所难免，敬请批评指正。

编辑委员会

2017 年 12 月

目　录

1　2014 年河南省常规春棉区域试验品种汇总总结

一、试验目的

通过河南省不同生态区多年多点试验，正确鉴定棉花新品种的丰产性、稳产性、纤维品质、抗病性、抗虫性及对环境适应能力等特性，为河南省棉花品种的审定与合理推广提供科学依据。

二、试验材料

参试品种 13 个，均为常规春棉，以鲁研棉 28 为对照，参试种子由参试单位提供，详见表 1。

表 1　2014 年河南省常规春棉区域试验参试品种来源及编号

品种名称	编码	品系来源	参试单位	年限
中棉所 3018	1	鲁棉研 21 号 × 库车 – 6	中国农业科学院棉花研究所	2
创棉 49 号	8	731 × 鲁棉 21	创世纪转基因技术有限公司	1
汴棉 21	13	汴棉 331 ×2704 – 9	开封市农林科学研究院	1
锦 K113	14	T138 × 科能 0568 后代系选	南京木锦基因工程有限公司	1
鲁棉 418	12	鲁 735 × 鲁 401	山东棉花研究中心 新疆锦棉种业科技公司	1
泛棉 18 号	10	泛 64088 系 × 泛 DS026 系	河南黄泛区地神种业有限公司	1
中棉所 89	11	GK12 选系 × J26	中国农业科学院棉花研究所	1
豫棉 54	9	（豫 668 × R065）× 银山 8 号	河南省农科院经济作物研究所	1
豫农棉 31	2	ym9822 ×（GK12 选系 × 郑 319）	河南农业大学农学院	1
宛 368	3	宛 186 × 宛 069	南阳市农业科学院	1
许抗棉 1 号	4	豫杂 35 × 许选 2 号	许昌市农业科学研究所	1
鲁棉 238	5	鲁棉研 36 号 × 鲁棉研 28 号	山东棉花研究中心	1
SF103	7	GK12 选系 H10 × 鲁棉研 21 号选系 L21 – 3	山东圣丰种业科技有限公司	1

三、试验承试单位和试验设计

（一）试验承试单位

河南省农业科学院经济作物研究所（李武），商丘市农业科学院（刘卫星），许昌市农业科学研究所（高友峰），南阳市农业科学院（强学杰），周口市农业科学院（贾朝阳、张海芝），开封市农林科学研究院（楚宗艳），中国农业科学院棉花研究所（姚金波），杞县棉花原种厂（许国志、张秀松），中国农业科学院棉花研究所植保室（朱荷琴），农业部棉花品质监督检验测试中心（唐淑荣）。

（二）试验设计

试验按随机区组设计，3 次重复，每小区 3 ~ 4 行，小区面积≥20 m^2，周边设置不少于 4 行的保护行。

四、棉花生育期间气候特点及栽培管理

（一）气候特点

2014 年河南省气候情况是苗期墒情较好，利于棉苗生长发育；棉花生育中期，降水偏少，各试点适时浇水，满足了棉花正常生长；整个吐絮期气温略高于常年，日照充足，降水偏少，有利于产量的形成，吐絮畅而集中，霜前花率较高，品质好。

1. 苗期

4 月中下旬播种，各试点墒情较好，气温较往年稍高，日照充足，出苗较好。出苗后，各试点气温偏高，降水适宜，光照充足，棉花发育稳健，苗病轻。

2. 蕾铃期

蕾铃前期各试点出现不同程度的旱情，高温，但降水大多较为适时，加之各试点及时浇水抗旱，棉花生殖生长正常，蕾铃脱落少；由于气温较高，2015 年棉花枯、黄萎病发病普遍较少；进入 8 月，各试点降水适中，利于棉花生长。

3. 吐絮期

各试点降水较少，天气晴好，利于棉花吐絮和采收，僵瓣花少，霜前花率高，纤维品质好。

（二）栽培管理

各试点均按照当地主要栽培管理措施实行，田间管理均匀一致。密度 2 200 ~ 3 000 株/亩，前作有棉花、冬闲；播期多在 4 月下旬；播种方式为直播或直播盖膜；防治地老虎、棉蚜、红蜘蛛、棉铃虫、盲椿象等 6 ~ 15 次；浇地 0 ~ 5 次，排水 0 ~ 3 次，化调 1 ~ 3 次，中耕除草 2 ~ 6 次；基肥为有机肥、氮、磷、钾肥等，追肥以复合肥、尿素为主。

五、试验结果

本组试验共 8 个试点，8 个试点数据经过审核，试验误差均在规定范围内，予以汇总。总变异系数 $C_V = 6.13\%$。

（一）早熟性

2014 年结果：各参试品种生育期 107 ~ 113 d，第一果枝节位 5.9 ~ 7.4 节，霜前花率

95.0%～99.0%。生育期、第一果枝节位、霜前花率差别较大。豫棉54、SF103、鲁棉238、中棉所3018和泛棉18号生育期短，霜前花率高，早熟性好。

2013～2014年平均结果：中棉所3018生育期112 d，第一果枝节位7.0节，霜前花率95.0%。

（二）主要特性

2014年结果：各参试品种株高91.8～111.8 cm，鲁棉研28最低，鲁棉418最高；单株果枝数12.6～13.9台，豫棉54单株果枝数少，SF103、许抗棉1号和鲁棉238单株果枝数多；单株结铃数19.2～21.6个，创棉49号结铃最多；籽指10.1～11.5 g，泛棉18号籽指最小。

2013～2014年平均结果：中棉所3018株高103.0 cm，单株果枝数13.5台，单株结铃数20.8个，籽指11.3 g（见表2）。

表2　2013～2014年河南省常规春棉区域试验品种农艺性状

品种	年份	编号	生育期(d)	第一果枝节位	株高(cm)	果枝(台/株)	株铃(个)	铃重(g)	籽指(g)	霜前花率(%)
鲁棉研28	2014	1	111	6.4	91.8	13.7	21.0	6.4	10.6	96.9
豫棉54	2014	2	108	5.9	95.9	12.6	19.2	6.7	11.3	98.5
豫农棉31	2014	3	110	6.5	100.5	13.5	20.4	6.6	10.9	97.7
宛368	2014	4	110	6.7	94.6	13.1	19.4	6.5	11.2	97.2
许抗棉1号	2014	5	111	6.0	96.0	13.9	20.1	6.6	10.6	96.8
SF103	2014	6	109	7.1	102.5	13.9	20.3	6.3	10.8	98.1
鲁棉238	2014	7	109	6.5	98.4	13.9	21.5	6.4	11.1	97.5
中棉所3018	2014	8	109	6.8	96.7	13.1	21.0	6.4	11.1	97.6
	2013	10	115	7.2	109.2	13.9	20.5	5.9	11.5	92.4
	平均	8	112	7.0	103.0	13.5	20.8	6.2	11.3	95.0
中棉所89	2014	9	111	6.6	94.9	13.5	19.3	6.6	10.3	96.6
鲁棉418	2014	10	113	7.4	111.8	12.9	20.1	6.8	11.4	96.1
泛棉18号	2014	11	107	6.0	92.0	13.4	21.0	5.8	10.1	99.0
锦K113	2014	12	110	6.9	104.3	13.7	20.7	6.6	10.5	96.7
创棉49号	2014	13	110	6.5	95.8	13.3	21.6	6.2	10.7	97.1
汴棉21	2014	14	111	6.4	98.7	13.7	20.6	6.7	10.8	96.7

（三）小区皮棉产量统计分析

皮棉产量方差分析表明：品种间、品种和地点的互作效应均达极显著差异，说明需要进行品种稳定性分析，并对各品种皮棉总产进行多重比较，以便确定表现优异的品种（见表3）。

表3　2014 年河南省常规春棉区域试验品种方差分析（$C_V = 6.13\%$）

变异来源	df	皮棉总产			P
		SS	MS	F	
地点内区组	16	1.279	0.080	2.038 9	0.012 3
地点	7	84.009	12.001	305.998	0.000 1
品种	13	6.287	0.484	12.331	0.000 1
品种×地点	91	15.146	0.166	4.243 7	0.000 1
试验误差	208	8.158	0.039		
总变异	335	114.879			

参试的 13 个品种皮棉产量品种间差异显著（见表 4）。在产量水平上，汴棉 21、锦 K113、鲁棉 238、中棉所 89、鲁棉 418 比对照增产极显著，泛棉 18 号、宛 368 比对照减产，但减产不显著。

表4　品种间皮棉产量多重比较

品种	编号	皮棉（kg/小区）	$LSR_{0.05}$	$LSR_{0.01}$
汴棉 21	14	3.48	a	A
锦 K113	12	3.43	ab	AB
鲁棉 238	7	3.37	abc	AB
中棉所 89	9	3.32	bcd	BC
鲁棉 418	10	3.31	cde	BC
许抗棉 1 号	5	3.24	def	CD
创棉 49 号	13	3.22	def	CD
SF103	6	3.21	ef	CD
豫农棉 31	3	3.21	ef	CD
豫棉 54	2	3.19	f	CD
中棉所 3018	8	3.18	fg	CD
鲁棉研 28	1	3.08	gh	DE
泛棉 18 号	11	3.01	h	E
宛 368	4	3.01	h	E

（四）品种稳定性分析

参试的 13 个品种在各试点的适应性有差异，汴棉 21、锦 K113 在各点综合评价很好；

鲁棉238、中棉所89、鲁棉418综合评价好；许抗棉1号、创棉49号、SF103、豫农棉31综合评价较好；豫棉54、中棉所3018、鲁棉研28综合评价一般，泛棉18号、宛368综合评价较差（见表5）。

表5　品种皮棉产量稳定性分析

品种	编号	丰产性参数	稳定性参数				适应地区	综合评价
		产量（kg/小区）	效应	方差	变异度	回归系数		
汴棉21	14	3.479	2.49	0.999	9.08	1.28	E1～E8	很好
锦K113	12	3.428	1.979	0.269	4.78	1.14	E1～E8	很好
鲁棉238	7	3.368	1.376	0.103	3.02	1.04	E1～E8	好
中棉所89	9	3.325	0.95	0.226	4.52	0.95	E1～E8	好
鲁棉418	10	3.306	0.765	0.491	6.7	1.27	E1～E8	好
许抗棉1号	5	3.237	-0.162	0.571	7.44	0.84	E1～E8	较好
创棉49号	13	3.217	-0.132	0.062	2.44	0.95	E1～E8	较好
SF103	6	3.210	-0.195	0.304	5.44	1.06	E1～E8	较好
豫农棉31	3	3.210	-0.198	0.675	8.1	0.91	E1～E8	较好
豫棉54	2	3.188	-0.421	0.387	6.17	1.02	E1～E8	一般
中棉所3018	8	3.181	-0.484	0.716	8.41	1.07	E1～E8	一般
鲁棉研28	1	3.075	-1.548	0.200	4.6	0.88	E1～E8	一般
泛棉18号	11	3.010	-2.201	0.823	9.53	0.84	E1～E8	较差
宛368	4	3.008	-2.219	1.386	12.37	0.77	E1～E8	较差

（五）品种产量

2014年产量结果：平均籽棉亩产240.1～276.2 kg，较对照增产-1.5%～13.3%；平均皮棉亩产100.3～116.0 kg，较对照增产-2.1%～13.1%；平均霜前皮棉亩产97.5～112.1 kg，较对照增产-1.7%～13.0%；衣分在41.1%～43.5%之间。

2013～2014年平均结果：中棉所3018平均籽棉亩产262.3 kg，较对照增产7.4%；平均皮棉亩产106.4 kg，较对照增产6.8%；霜前皮棉亩产100.8 kg，较对照增产7.6%；衣分为40.6%（见表6）。

表 6 2013～2014 年河南常规春棉区域试验品种产量性状

品种	年份	编号	籽棉		位次	皮棉		位次	霜前皮棉		位次	衣分（%）
			kg/亩	±CK%		kg/亩	±CK%		kg/亩	±CK%		
鲁棉研 28	2014	1	243.9	0.0	12	102.5	0.0	12	99.2	0.0	13	41.9
豫棉 54	2014	2	250.4	2.7	10	106.3	3.7	10	104.4	5.3	7	42.3
豫农棉 31	2014	3	259.0	6.2	6	107.0	4.4	9	104.2	5.1	9	41.2
宛 368	2014	4	242.7	-0.5	13	100.3	-2.2	14	97.5	-1.7	14	41.2
许抗棉 1 号	2014	5	257.9	5.8	7	107.9	5.3	6	104.2	5.1	8	41.7
SF103	2014	6	248.4	1.9	11	107.0	4.4	8	104.8	5.7	6	43.0
鲁棉 238	2014	7	257.4	5.6	8	112.3	9.5	3	109.3	10.2	3	43.5
中棉所 3018	2014	8	253.9	4.1	9	106.1	3.5	11	103.2	4.1	11	41.7
	2013	10	270.7	10.7	3	106.7	10.1	4	98.4	11.1	5	39.5
	平均	8	262.3	7.4		106.4	6.8		100.8	7.6		40.6
中棉所 89	2014	9	261.1	7.1	4	110.8	8.1	4	106.8	7.7	4	42.3
鲁棉 418	2014	10	266.3	9.2	2	110.2	7.5	5	105.5	6.4	5	41.2
泛棉 18 号	2014	11	240.1	-1.5	14	100.3	-2.1	13	99.3	0.2	12	41.8
锦 K113	2014	12	263.1	7.9	3	114.3	11.5	2	110.1	11.0	2	43.3
创棉 49 号	2014	13	260.0	6.6	5	107.2	4.6	7	103.9	4.8	10	41.1
汴棉 21	2014	14	276.2	13.3	1	116.0	13.1	1	112.1	13.0	1	41.8

（六）抗病性

抗病性鉴定由中国农业科学院棉花所植保室按全国统一病情分级标准，以感病对照冀棉 11 病株率达 80%，或病指达 50 左右结果进行品种（系）的抗性评定（见表 7）。

2014 年鉴定结果：豫棉 54、许抗棉 1 号、鲁棉 418、汴棉 21 高抗枯萎病，鲁棉研 28、豫农棉 31、中棉所 3018、锦 K113 抗枯萎病，宛 368 耐枯萎病；SF103、鲁棉 238、中棉所 89、泛棉 18 号、创棉 49 号感黄萎病，豫棉 54、中棉所 3018、中棉所 89、鲁棉 418 抗黄萎病，其余所有参试品种均耐黄萎病。

2013～2014 年结果：中棉所 3018 是耐枯萎病、抗黄萎病品种。

表7　2013～2014年河南常规春棉区域试验品种枯、黄萎病鉴定结果

品种	年份	编号	枯萎病			黄萎病		
			病株率(%)	病指	反应型	病株率(%)	病指	反应型
鲁棉研28	2014	1	23.9	5.2	R	70.0	34.7	T
豫棉54	2014	2	13.7	3.4	HR	24.7	15.7	R
豫农棉31	2014	3	22.0	7.0	R	40.8	21.7	T
宛368	2014	4	34.5	18.8	T	66.6	32.8	T
许抗棉1号	2014	5	10.6	4.7	HR	64.8	33.7	T
SF103	2014	6	62.1	38.9	S	43.0	22.0	T
鲁棉238	2014	7	37.8	22.0	S	57.4	27.2	T
中棉所3018	2014	8	19.0	5.2	R	32.8	17.2	R
	2013	10	41.4	14.0	T	41.2	17.2	R
	平均	8	41.4	14.0	T	41.2	17.2	R
中棉所89	2014	9	59.4	45.3	S	31.3	16.5	R
鲁棉418	2014	10	10.0	2.8	HR	37.2	18.0	R
泛棉18号	2014	11	59.7	37.5	S	54.0	27.1	T
锦K113	2014	12	19.7	7.5	R	38.8	22.2	T
创棉49号	2014	13	65.9	41.7	S	42.5	21.8	T
汴棉21	2014	14	6.2	3.5	HR	39.8	20.7	T
冀棉11	2014		80.0	50.0	S	87.1	50.0	S
中植棉2号	2014		26.9	9.7	R	43.5	19.8	R

注：HR：高抗；R：抗病；T：耐病；S：感病。

（七）纤维品质

纤维品质由农业部棉花纤维品质检测中心分析（见表8）。

2014年结果：纤维上半部平均长度28.2～30.6 mm，断裂比强度28.0～32.1 cN/tex，马克隆值5.0～5.7，马克隆值普遍偏高，伸长率较往年偏低。

2013～2014年结果：中棉所3018平均纤维上半部平均长度28.1 mm，断裂比强度31.0 cN/tex，马克隆值5.3。

表 8　2013～2014 年河南常规春棉区域试验品种纤维品质分析结果

品种	年份	编号	长度（mm）	整齐度指数（%）	断裂比强度（cN/tex）	马克隆值	伸长率（%）	反射率（%）	黄度	纺纱均匀指数
鲁棉研 28	2014	1	29.1	85.5	29.8	5.4	6.0	76.7	7.1	137.5
豫棉 54	2014	2	30.4	86.2	29.5	5.3	5.9	76.8	7.1	143.2
豫农棉 31	2014	3	28.7	85.6	30.5	5.4	6.7	76.2	7.7	138.7
宛 368	2014	4	30.6	85.4	31.6	5.3	5.1	77.3	7.0	146.7
许抗棉 1 号	2014	5	29.7	85.8	29.6	5.4	5.7	77.9	7.2	140.8
SF103	2014	6	30.4	86.0	31.8	5.0	6.0	77.6	7.3	152.2
鲁棉 238	2014	7	30.1	86.1	30.6	5.3	5.6	77.6	6.9	146.3
中棉所 3018	2014	8	28.3	85.2	30.8	5.3	5.6	77.5	7.7	138.7
	2013	10	28.0	84.7	31.2	5.3	5.5	76.7	8.5	136.5
	平均	8	28.1	85.0	31.0	5.3	5.6	77.1	8.1	137.6
中棉所 89	2014	9	28.4	84.3	28.0	5.7	4.7	78.1	7.8	123.5
鲁棉 418	2014	10	30.1	85.0	32.1	5.4	5.3	76.3	7.3	143.2
泛棉 18 号	2014	11	28.3	85.4	29.0	5.0	6.2	78.5	7.3	137.5
锦 K113	2014	12	28.2	83.8	30.2	5.5	5.7	77.3	7.6	128.3
创棉 49 号	2014	13	29.9	85.1	28.7	5.2	6.9	77.1	7.1	136.2
汴棉 21	2014	14	29.4	86.4	29.4	5.4	5.4	77.7	7.3	141.5

六、品种评述

（一）豫棉 54

2014 年区域试验结果：该品种出苗好，整个生育期长势稳健，前期整齐度较好，后期一般；植株塔型，稍松散，茎秆茸毛稀；叶片掌状，缺刻深，叶片大小适中，叶色绿；铃卵圆形，较大，有钝尖，吐絮较好；高抗枯萎病（枯萎病指 3.4），抗黄萎病（黄萎病指 15.7）。全生育期 117 d，株高 95.9 cm，第一果枝节位 5.9 节，单株果枝数 12.6 台，单株结铃 19.2 个，单铃重 6.7 g，籽指 11.3 g，衣分 42.3%，霜前花率 98.5%。2014 年 8 点汇总，皮棉总产 5 点增产，3 点减产，增产点率达 62.5%；平均亩产籽棉、皮棉和霜前皮棉分别为 250.4 kg、106.3 kg 和 104.4 kg，比对照鲁棉研 28 增产 2.7%、3.7% 和 5.3%，分居 14 个参试品种第 10、10、7 位。HVICC 纤维上半部长度 30.4 mm，断裂比强度 29.5 cN/tex，马克隆值 5.3，伸长率 5.9%，反射率 76.8%，黄度 7.1，整齐度指数 86.2%，纺纱均匀指数 143.2。

继续试验。

（二）豫农棉 31

2014 年区域试验结果：该品种整个生育期长势较好，整齐度较好；植株较高，塔形，稍紧凑,茎秆茸毛稀;叶片掌状,缺刻深,叶色绿;铃卵圆,较大有钝尖,吐絮畅。抗枯萎病(枯萎病指7.0),耐黄萎病(黄萎病指21.7)。全生育期120 d,株高100.5 cm,第一果枝节位6.5节,单株果枝数13.5台,单株结铃20.4个,单铃重6.6 g,籽指10.9 g,衣分41.2%,霜前花率97.7%。2014年8点汇总,皮棉总产5点增产,3点减产,增产点率达62.5%;平均亩产籽棉、皮棉和霜前皮棉分别为259.0 kg、107.0 kg和104.2 kg,比对照鲁棉研28增产6.2%、4.4%和5.1%,分居14个参试品种第6、9、9位。HVICC纤维上半部长度28.7 mm,断裂比强度30.5 cN/tex,马克隆值5.4,伸长率6.7%,反射率76.2%,黄度7.7,整齐度指数85.6%,纺纱均匀指数138.7。

继续试验。

(三)宛368

2014年区域试验结果:该品种出苗好,整个生育期长势稳健,整齐度好;植株塔形,稍松散,茎秆茸毛密;叶片掌状,缺刻深,叶色深绿;铃卵圆形,中等大小,吐絮畅。耐枯萎病(枯萎病指18.8),耐黄萎病(黄萎病指32.8)。全生育期119 d,株高94.6 cm,第一果枝节位6.7节,单株果枝数13.1台,单株结铃19.4个,单铃重6.5 g,籽指11.2 g,衣分41.2%,霜前花率97.2%。2014年8点汇总,4点增产,4点减产,增产点率达50%;平均亩产籽棉、皮棉和霜前皮棉分别为242.7 kg、100.3 kg和97.5 kg,比对照鲁棉研28增产-0.5%、-2.2%和-1.7%,分居14个参试品种第13、14、14位。HVICC纤维上半部长度30.6 mm,断裂比强度31.6 cN/tex,马克隆值5.3,伸长率5.1%,反射率77.3%,黄度7.0,整齐度指数85.4%,纺纱均匀指数146.7。

终止试验。

(四)许抗棉1号

2014年区域试验结果:该品种出苗好,整个生育期长势稳健;植株塔形,稍松散,茎秆茸毛稀;叶片掌状,缺刻深,叶色深绿,叶片大小适中;铃卵圆形,中等大小,吐絮畅。高抗枯萎病(枯萎病指4.7),耐黄萎病(黄萎病指33.7)。全生育期120 d,株高96.0 cm,第一果枝节位6.0节,单株果枝数13.9台,单株结铃20.1个,单铃重6.6 g,籽指10.6 g,衣分41.7%,霜前花率96.8%。2014年8点汇总,6点增产,2点减产,增产点率达75.0%;平均亩产籽棉、皮棉和霜前皮棉分别为257.9 kg、107.9 kg和104.2 kg,比对照鲁棉研28增产5.8%、5.3%和5.1%,分居14个参试品种第7、6、8位。HVICC纤维上半部长度29.7 mm,断裂比强度29.6 cN/tex,马克隆值5.4,伸长率5.7%,反射率77.9%,黄度7.2,整齐度指数85.8%,纺纱均匀指数140.8。

继续试验。

(五)SF103

2014年区域试验结果:该品种出苗弱,前期长势弱,后期长势较好,整齐度较好;植株塔形,稍紧凑,茎秆茸毛稀疏;叶片掌状,缺刻深,叶片大小适中,叶色中绿;铃卵圆形,中等大小,吐絮畅。感枯萎病(枯萎病指38.9),耐黄萎病(黄萎病指22.0)。全生育期117 d,株高102.5 cm,第一果枝节位7.1节,单株果枝数13.9台,单株结铃20.3个,单铃重6.3 g,籽指10.8 g,衣分43.0%,霜前花率98.1%。2014年8点汇总,6点增产,2点减产,增产点率达75.0%;平均亩产籽棉、皮棉和霜前皮棉分别为248.4 kg、107.0 kg和104.8 kg,

比对照鲁棉研 28 增产 1.9%、4.4% 和 5.7%，分居 14 个参试品种第 11、8、6 位。HVICC 纤维上半部长度 30.4 mm，断裂比强度 31.8 cN/tex，马克隆值 5.0，伸长率 6.0%，反射率 77.6%，黄度 7.3，整齐度指数 86.0%，纺纱均匀指数 152.2。

终止试验。

（六）鲁棉 238

2014 年区域试验结果：该品种出苗好，整个生育期长势好，整齐度好；植株塔形，较松散，茎秆茸毛稀；叶片掌状，缺刻深，叶片大小适中，叶色浅绿；铃卵圆形，中等大小，吐絮畅。感枯萎病（枯萎病指 22.0），耐黄萎病（黄萎病指 27.2）。全生育期 118 d，株高 98.4 cm，第一果枝节位 6.5 节，单株果枝数 13.9 台，单株结铃 21.5 个，单铃重 6.4 g，籽指 11.1 g，衣分 43.5%，霜前花率 97.5%。2014 年 8 点汇总，8 点均增产，增产点率达 100.0%；平均亩产籽棉、皮棉和霜前皮棉分别为 257.4 kg、112.3 kg 和 109.3 kg，比对照鲁棉研 28 增产 5.6%、9.5% 和 10.2%，分居 14 个参试品种第 8、3、3 位。HVICC 纤维上半部长度 30.1 mm，断裂比强度 30.6 cN/tex，马克隆值 5.3，伸长率 5.6%，反射率 77.6%，黄度 6.9，整齐度指数 86.1%，纺纱均匀指数 146.3。

终止试验。

（七）中棉所 3018

特征特型：该品种出苗好，整个生育期长势好，整齐度较好；植株筒形，较松散，茎秆茸毛少；叶片掌状，缺刻浅，叶色绿，叶片大小适中；铃圆形，中等大小，有尖，结铃集中，吐絮畅；抗枯萎病（枯萎病指 5.2），抗黄萎病（黄萎病指 17.2）。

2013 年试验结果：平均亩产籽棉、皮棉和霜前皮棉分别 270.7 kg、106.7 kg 和 98.4 kg，分别比对照鲁棉研 28 增产 10.7%、10.1% 和 11.1%，分居 14 个参试品种第 3、4、5 位。HVICC 纤维上半部长度 28.0 mm，断裂比强度 31.2 cN/tex，马克隆值 5.3，伸长率 5.5%，反射率 76.7%，黄度 8.5，整齐度指数 84.7%，纺纱均匀指数 136.5。

2014 年试验结果：8 点汇总，皮棉总产 6 点增产，2 点减产，增产点率达 75.0%；平均亩产籽棉、皮棉和霜前皮棉分别为 253.9 kg、106.1 kg 和 103.2 kg，比对照鲁棉研 28 增产 4.1%、3.5% 和 4.1%，分居 14 个参试品种第 9、11、11 位。HVICC 纤维上半部长度 28.3 mm，断裂比强度 30.8 cN/tex，马克隆值 5.3，伸长率 5.6%，反射率 77.5%，黄度 7.7，整齐度指数 85.2%，纺纱均匀指数 138.7。

2013～2014 年该品种平均生育期 112 d，株高 103.0 cm，第一果枝节位 7.0 节，单株果枝数 13.5 台，单株结铃 20.8 个，单铃重 6.2 g，籽指 11.3 g，衣分 40.6%，霜前花率 95.0%。HVICC 纤维上半部长度 28.1 mm，断裂比强度 31.0 cN/tex，马克隆值 5.3，伸长率 5.6%，反射率 77.1%，黄度 8.1，整齐度指数 85.0%，纺纱均匀指数 137.6。平均亩产籽棉、皮棉和霜前皮棉分别为 262.3 kg、106.4 kg 和 100.8 kg，分别比对照鲁棉研 28 增产 7.4%、6.8% 和 7.6%。

建议生产试验。

（八）中棉所 89

2014 年区域试验结果：该品种出苗好，整个生育期强健，整齐度好；植株塔形，较松散，茎秆茸毛稀；叶片掌状，缺刻深，叶色深绿，叶片大小适中；铃卵圆形，中等大小，吐絮畅；感枯萎病（枯萎病指45.3），抗黄萎病（黄萎病指16.5）。全生育期121 d，株高94.9 cm，第一果枝节位6.6节，单株果枝数13.5台，单株结铃19.3个，单铃6.6 g，籽指10.3 g，衣分42.3%，霜前花率96.6%。2014年8点汇总，皮棉总产8点均增产，增产点率达100.0%；平均亩产籽棉、皮棉和霜前皮棉分别为261.1 kg、110.8 kg和106.8 kg，比对照鲁棉研28增产7.1%、8.1%和7.7%，均居14个参试品种第4位。HVICC纤维上半部长度28.4 mm，断裂比强度28.0 cN/tex，马克隆值5.7，伸长率4.7%，反射率78.1%，黄度7.8，整齐度指数84.3%，纺纱均匀指数123.5。

终止试验。

（九）鲁棉418

2014年区域试验结果：该品种出苗好，整个生育期长势好，整齐度好；植株塔形，较松散，茎秆茸毛稀；叶片掌状，缺刻浅，叶片中等大小，叶色绿；铃卵圆形，中等大小，有钝尖，吐絮畅；高抗枯萎病（枯萎病指2.8），抗黄萎病（黄萎病指18.0）。全生育期122 d，株高111.8 cm，第一果枝节位7.4节，单株果枝数12.9台，单株结铃20.1个，单铃重6.8 g，籽指11.4 g，衣分41.2%，霜前花率96.1%。2014年8点汇总，皮棉总产6点增产，2点减产，增产点率达75.0%；平均亩产籽棉、皮棉和霜前皮棉分别为266.3 kg、110.2 kg和105.5 kg，比对照鲁棉研28增产9.2%、7.5%和6.4%，分居14个参试品种第2、5、5位。HVICC纤维上半部长度30.1 mm，断裂比强度32.1 cN/tex，马克隆值5.4，伸长率5.3%，反射率76.3%，黄度7.3，整齐度指数85.0%，纺纱均匀指数143.2。

（十）泛棉18

2014年区域试验结果：该品种出苗好，整个生育期长势好，整齐度较好；植株塔形，稍紧凑，茎秆茸毛稀少，叶片掌状，缺刻深；叶片中等大小，叶色绿；铃中等大小，卵圆形，结铃性好，吐絮较好；感枯萎病（枯萎病指37.5），抗黄萎病（黄萎病指27.1）。全生育期116 d，株高92.0 cm，第一果枝节位6.0节，单株果枝数13.4台，单株结铃21.0个，单铃重5.8 g，籽指10.1 g，衣分41.8%，霜前花率99.0%。2014年8点汇总，皮棉总产3点增产，5点减产，增产点率达37.5%；平均亩产籽棉、皮棉和霜前皮棉分别为240.1 kg、100.3 kg和99.3 kg，比对照鲁棉研28增产 -1.5%、-2.1%和0.2%，分居14个参试品种第14、13、12位。HVICC纤维上半部长度28.3 mm，断裂比强度29.0 cN/tex，马克隆值5.0，伸长率6.2%，反射率78.5%，黄度7.3，整齐度指数85.4%，纺纱均匀指数137.5。

终止试验。

（十一）锦K113

2014年区域试验结果：该品种出苗好，整个生育期生长势强，整齐度好；植株塔形，较松散，茎秆茸毛稀，叶片掌状，缺刻深；叶片中等大小，叶色浅绿；铃卵圆形，中等大小，结铃性好，吐絮畅；抗枯萎病（枯萎病指7.5），耐黄萎病（黄萎病指22.2）。全生育期119 d，株高104.3 cm，第一果枝节位6.9节，单株果枝数13.7台，单株结铃20.7个，单铃重6.6 g，籽指10.5 g，衣分43.3%，霜前花率96.7%。2014年8点汇总，皮棉总产8点均增产，增产点达100.0%；平均亩产籽棉、皮棉和霜前皮棉分别为263.1 kg、114.3 kg和110.1 kg，比对照鲁棉研28增产7.9%、11.5%和11.0%，分居14个参试品种第3、2、2位。HVICC纤维上半部长度28.2 mm，断裂比强度30.2 cN/tex，马克隆值5.5，伸长率5.7%，反射率

77.3%，黄度7.6，整齐度指数83.8%，纺纱均匀指数128.3。

继续试验。

（十二）创棉49号

2014年区域试验结果：该品种出苗好，整个生育期长势和整齐度较好；植株塔形，较松散；叶片掌状，缺刻深，叶片中等大小，叶色绿；铃卵圆形，结铃性好，吐絮畅；感枯萎病（枯萎病指41.7），耐黄萎病（黄萎病指21.8）。全生育期119 d，株高95.8 cm，第一果枝节位6.5节，单株果枝数13.3台，单株结铃21.6个，单铃6.2 g，籽指107 g，衣分41.1%，霜前花率97.1%。2014年8点汇总，皮棉总产7点增产，1点减产，增产点率达87.5%；平均亩产籽棉、皮棉和霜前皮棉分别为260.0 kg、107.2 kg和103.9 kg，比对照鲁棉研28增产6.6%、4.6%和4.8%，分居14个参试品种第5、7、10位。HVICC纤维上半部长度29.9 mm，断裂比强度28.7 cN/tex，马克隆值5.2，伸长率6.9%，反射率77.1%，黄度7.1，整齐度指数85.1%，纺纱均匀指数136.2。

（十三）汴棉21

2014年区域试验结果：该品种出苗好，生长势好，整齐度一般；植株塔形，较松散，茎秆茸毛稀；叶片掌状，缺刻深，叶片中等大小，叶色浅绿；铃卵圆形，结铃性好，吐絮畅；高抗枯萎病（枯萎病指3.5），耐黄萎病（黄萎病指20.7）。全生育期121 d，株高98.7 cm，第一果枝节位6.4节，单株果枝数13.7台，单株结铃20.6个，单铃重6.7 g，籽指10.8 g，衣分41.8%，霜前花率96.7%。2014年8点汇总，皮棉7点增产，1点减产，增产点率达87.5%；平均亩产籽棉、皮棉和霜前皮棉分别为276.2 kg、116.0 kg和112.1 kg，比对照鲁棉研28增产13.3%、13.1%和13.0%，均居14个参试品种第1位。HVICC纤维上半部长度29.4 mm，断裂比强度29.4 cN/tex，马克隆值5.4，伸长率5.4%，反射率77.7%，黄度7.3，整齐度指数86.4%，纺纱均匀指数141.5。

继续试验。

附表一　2014年河南省常规春棉区域试验品种农艺性状表

品种	试点	播－苗（d）	苗－花（d）	花－絮（d）	全生育期（d）	第一果枝节位	株高（cm）	果枝（台/株）	株铃（个）	铃重（g）	籽指（g）	亩株数（株/亩）
鲁棉研28	安阳	10	63	49	122	7.1	90.3	13.1	15.8	7.4	12.3	3 422
鲁棉研28	许昌	9	68	44	121	7.1	100.0	14.0	22.5	5.7	9.9	2 250
鲁棉研28	杞县	8	60	58	126	6.1	109.3	14.3	26.6	6.8	10.6	2 611
鲁棉研28	商丘	11	66	53	130	5.2	77.5	15.1	19.2	6.0	10.9	2 535
鲁棉研28	原阳	8	65	51	124	5.3	80.6	14.0	18.9	5.3	9.9	2 650
鲁棉研28	周口	9	57	45	111	6.9	86.0	13.0	22.8	6.1	10.4	2 340
鲁棉研28	南阳	8	54	50	112	7.1	105.7	14.0	20.3	6.2	10.1	2 217
鲁棉研28	开封	11	54	50	115	6.0	84.8	11.8	21.7	7.3	10.5	2 688
鲁棉研28	平均	9	61	50	120	6.4	91.8	13.7	21.0	6.4	10.6	2 589

续附表一

品种	试点	播－苗 (d)	苗－花 (d)	花－絮 (d)	全生育期 (d)	第一果枝节位	株高 (cm)	果枝 (台/株)	株铃 (个)	铃重 (g)	籽指 (g)	亩株数 (株/亩)
豫棉 54	安阳	10	61	57	128	7.2	80.9	13.3	15.5	7.4	11.2	3 244
豫棉 54	许昌	9	67	43	119	6.4	100.0	12.8	22.7	6.0	11.8	2 250
豫棉 54	杞县	8	61	56	125	5.7	111.5	12.6	19.6	7.1	11.5	2 544
豫棉 54	商丘	11	64	48	123	5.8	87.4	12.6	19.5	6.2	11.5	2 535
豫棉 54	原阳	9	62	50	121	4.3	98.3	13.5	21.1	6.4	11.0	2 500
豫棉 54	周口	9	50	46	105	5.7	80.0	11.0	17.5	6.8	10.3	2 340
豫棉 54	南阳	8	54	46	108	6.7	107.9	13.6	19.0	6.3	10.8	2 267
豫棉 54	开封	11	53	46	110	5.3	100.9	11.7	18.6	7.6	12.2	2 694
豫棉 54	平均	9	59	49	117	5.9	95.9	12.6	19.2	6.7	11.3	2 547
豫农棉 31	安阳	10	64	54	128	7.6	89.8	13.0	17.1	7.4	11.8	3 433
豫农棉 31	许昌	9	67	43	119	6.6	100.0	13.4	22.3	5.9	11.2	2 217
豫农棉 31	杞县	8	60	57	125	6.1	119.6	13.9	22.1	6.9	10.7	2 600
豫农棉 31	商丘	10	65	51	126	5.3	83.5	14.1	20.3	6.0	10.6	2 535
豫农棉 31	原阳	9	62	52	123	6.6	117.3	15.1	23.2	6.9	10.3	2 583
豫农棉 31	周口	8	56	43	107	6.3	84.0	12.0	17.5	6.5	10.5	2 340
豫农棉 31	南阳	9	55	51	115	7.9	119.8	15.0	23.0	6.3	11.0	2 217
豫农棉 31	开封	10	54	49	113	5.6	89.8	11.8	18.0	7.0	11.3	2 710
豫农棉 31	平均	9	60	50	120	6.5	100.5	13.5	20.4	6.6	10.9	2 579
宛 368	安阳	9	65	54	128	8.1	87.9	13.3	18.6	7.0	11.4	3 367
宛 368	许昌	9	68	44	121	6.0	100.0	13.3	22.2	5.9	10.6	2 217
宛 368	杞县	8	59	63	130	6.5	109.0	13.4	21.1	6.7	11.3	2 589
宛 368	商丘	10	65	50	125	6.0	74.7	12.9	17.2	7.0	12.3	2 535
宛 368	原阳	9	60	51	120	6.1	93.4	14.6	16.8	6.4	10.9	2 700
宛 368	周口	10	54	41	105	7.0	81.0	11.5	16.7	6.3	10.8	2 340
宛 368	南阳	8	56	48	112	8.5	122.6	14.2	24.1	6.4	11.0	2 233
宛 368	开封	10	53	46	109	5.7	87.9	11.5	18.7	6.5	11.2	2 694
宛 368	平均	9	60	50	119	6.7	94.6	13.1	19.4	6.5	11.2	2 584
许抗棉 1 号	安阳	10	63	52	125	6.9	87.0	13.9	16.5	7.3	11.1	3 478
许抗棉 1 号	许昌	9	67	43	119	6.5	102.0	14.0	23.4	5.9	10.7	2 250
许抗棉 1 号	杞县	8	61	61	130	6.2	114.9	13.9	24.6	7.0	10.7	2 611
许抗棉 1 号	商丘	11	63	53	127	5.8	80.7	14.1	18.3	6.1	11.4	2 535
许抗棉 1 号	原阳	10	61	53	124	4.9	85.5	15.4	17.8	6.1	9.3	2 583
许抗棉 1 号	周口	8	56	44	108	5.6	93.0	13.0	18.8	6.6	10.2	2 340
许抗棉 1 号	南阳	8	54	50	112	6.7	115.5	14.7	21.9	6.3	10.4	2 200
许抗棉 1 号	开封	10	54	52	116	5.6	89.4	11.9	19.7	7.1	11.3	2 667
许抗棉 1 号	平均	9	60	51	120	6.0	96.0	13.9	20.1	6.6	10.6	2 583

续附表一

品种	试点	播－苗 (d)	苗－花 (d)	花－絮 (d)	全生育期 (d)	第一果枝节位	株高 (cm)	果枝 (台/株)	株铃 (个)	铃重 (g)	籽指 (g)	亩株数 (株/亩)
SF103	安阳	10	64	48	122	8.2	90.2	15.3	16.5	7.0	11.4	3 467
SF103	许昌	9	65	44	118	6.6	105.0	14.1	23.3	5.9	11.0	2 250
SF103	杞县	8	61	59	128	7.3	123.4	14.1	22.8	6.4	10.1	2 644
SF103	商丘	10	63	53	126	6.0	97.5	15.6	23.4	6.4	11.8	2 535
SF103	原阳	8	61	52	121	7.2	111.6	14.9	21.8	5.5	9.1	2 617
SF103	周口	7	55	43	105	7.0	83.0	11.5	15.5	6.4	10.8	2 340
SF103	南阳	8	54	48	110	8.4	109.9	13.7	19.0	5.7	10.6	2 167
SF103	开封	10	53	46	109	5.9	99.0	11.8	20.0	6.8	11.2	2 715
SF103	平均	9	60	49	117	7.1	102.5	13.9	20.3	6.3	10.8	2 592
鲁棉238	安阳	10	63	49	122	8.1	87.0	13.0	16.6	7.2	11.1	3 355.6
鲁棉238	许昌	9	67	43	119	7.2	100.0	14.1	23.1	5.7	11.4	2 233
鲁棉238	杞县	8	60	60	128	6.3	118.0	14.7	27.7	6.8	10.7	2 467
鲁棉238	商丘	10	65	52	127	5.5	96.8	15.5	23.2	6.3	14.0	2 535
鲁棉238	原阳	9	63	50	122	6.4	106.3	14.6	23.2	5.9	9.7	2 517
鲁棉238	周口	8	54	43	105	5.5	79.0	12.5	19.0	6.8	10.9	2 340
鲁棉238	南阳	8	55	48	111	7.2	105.8	14.4	21.2	5.9	10.1	2 167
鲁棉238	开封	10	53	50	113	5.6	94.1	12.0	18.1	6.9	11.0	2 697
鲁棉238	平均	9	60	49	118	6.5	98.4	13.9	21.5	6.4	11.1	2 539
中棉所3018	安阳	10	63	46	119	8.2	79.1	12.3	15.4	7.0	11.1	3 455.6
中棉所3018	许昌	9	66	44	119	6.1	98.0	13.2	22.4	5.8	10.5	2 200
中棉所3018	杞县	8	59	63	130	6.3	111.8	13.5	25.4	6.6	11.2	2 378
中棉所3018	商丘	10	66	51	127	5.8	85.7	12.9	19.1	6.4	12.3	2 535
中棉所3018	原阳	8	62	52	122	6.2	98.9	13.1	20.9	6.1	10.3	2 533
中棉所3018	周口	9	56	39	104	7.8	90.0	13.5	21.8	6.4	10.1	2 340
中棉所3018	南阳	8	57	46	111	8.0	116.3	14.5	20.8	6.0	11.1	2 167
中棉所3018	开封	11	53	46	110	5.8	94.1	11.6	22.3	6.6	11.8	2 710
中棉所3018	平均	9	60	48	118	6.8	96.7	13.1	21.0	6.4	11.1	2 540
中棉所89	安阳	11	63	58	132	8.1	83.1	13.3	16	7.1	10.1	3 466.7
中棉所89	许昌	10	68	42	120	7.5	100	13.5	20.6	6.2	10.8	2 250
中棉所89	杞县	8	59	62	129	6.2	118.8	14.6	25.8	6.7	10.0	2 444
中棉所89	商丘	10	65	51	126	5.7	77.0	13.5	16.9	6.8	10.5	2 535
中棉所89	原阳	10	63	50	123	5.8	93.1	15.0	18.3	6.0	9.3	2 567
中棉所89	周口	7	56	45	108	7.1	84.0	12.0	18.5	6.6	11.0	2 340
中棉所89	南阳	8	57	49	114	7.2	113.2	14.3	20.7	6.4	10.1	2 167
中棉所89	开封	11	53	49	113	5.5	90.1	11.6	17.5	7.3	10.7	2 698
中棉所89	平均	9	61	51	121	6.6	94.9	13.5	19.3	6.6	10.3	2 559

续附表一

品种	试点	播－苗(d)	苗－花(d)	花－絮(d)	全生育期(d)	第一果枝节位	株高(cm)	果枝(台/株)	株铃(个)	铃重(g)	籽指(g)	亩株数(株/亩)
鲁棉418	安阳	10	64	58	132	8.9	99.5	12.0	15.8	7.7	11.4	3 333.3
鲁棉418	许昌	9	68	44	121	7.2	108.0	12.8	22.4	5.9	11.4	2 217
鲁棉418	杞县	8	59	63	130	6.9	131.1	13.0	23.0	6.9	10.8	2 633
鲁棉418	商丘	10	67	55	132	6.2	95.7	12.7	16.7	6.8	12.4	2 535
鲁棉418	原阳	8	62	53	123	7.8	124.5	13.6	21.8	6.5	11.1	2 633
鲁棉418	周口	9	55	44	108	7.8	93.0	12.5	19.2	7.1	11.4	2 340
鲁棉418	南阳	9	57	50	116	8.6	135.3	14.9	22.0	6.4	11.4	2 217
鲁棉418	开封	10	53	54	117	5.5	107.4	11.8	20.2	7.2	11.4	2 704
鲁棉418	平均	9	61	53	122	7.4	111.8	12.9	20.1	6.8	11.4	2 576.5
泛棉18号	安阳	9	64	46	119	7.5	74.6	12.9	14.8	5.8	9.7	3 688.9
泛棉18号	许昌	9	65	45	119	6.8	99.0	14.3	23.3	5.9	10.8	2 233
泛棉18号	杞县	8	61	54	123	5.5	104.6	12.9	27.7	5.7	9.9	2 489
泛棉18号	商丘	10	64	49	123	5.7	80.3	14.5	19.2	6.4	11.5	2 535
泛棉18号	原阳	9	63	51	123	5.1	96.6	14.0	22.2	5.6	9.1	2 583
泛棉18号	周口	8	51	45	104	5.3	84.0	13.0	21.0	5.8	10.1	2 340
泛棉18号	南阳	8	54	45	107	6.4	104.9	13.4	19.3	5.1	9.6	2 167
泛棉18号	开封	10	52	44	106	5.4	91.7	12.0	20.4	5.8	10.4	2 688
泛棉18号	平均	9	59	47	116	6.0	92.0	13.4	21.0	5.8	10.1	2 590.5
锦K113	安阳	10	62	50	122	8.3	90.8	12.9	15.1	7.4	11.1	3 333.3
锦K113	许昌	9	67	43	119	6.8	101.0	13.8	23.3	6.0	10.0	2 250
锦K113	杞县	8	60	62	130	6.6	123.6	14.1	23.1	7.1	10.5	2 589
锦K113	商丘	9	65	52	126	6.1	87.2	13.7	19.5	6.3	10.8	2 535
锦K113	原阳	9	64	50	123	6.0	110.9	15.8	24.5	6.3	9.7	2 567
锦K113	周口	9	52	45	106	7.2	104.0	12.5	20.0	6.5	10.2	2 340
锦K113	南阳	8	55	48	111	8.0	124.2	14.9	20.6	6.2	10.0	2 200
锦K113	开封	10	52	50	112	6.0	92.5	11.8	19.2	7.1	11.9	2 715
锦K113	平均	9	60	50	119	6.9	104.3	13.7	20.7	6.6	10.5	2 566.2
创棉49号	安阳	10	64	48	122	8.3	87.5	12.6	17.3	6.8	11.1	3 444.4
创棉49号	许昌	9	67	45	121	6.1	101.0	14.2	22.3	5.7	10.0	2 233
创棉49号	杞县	8	61	62	131	6.2	111.3	13.5	28.8	6.3	10.5	2 622
创棉49号	商丘	10	64	53	127	6.0	83.5	14.2	24.7	6.1	11.0	2 535
创棉49号	原阳	9	64	51	124	5.4	97.6	13.2	21.4	6.3	10.8	2 533
创棉49号	周口	9	53	43	105	6.4	83.0	12.5	17.3	5.9	10.0	2 340
创棉49号	南阳	9	54	49	112	8.0	114.1	14.7	22.0	5.8	10.6	2 200
创棉49号	开封	10	53	46	109	5.8	88.2	11.4	18.9	6.3	11	2 710
创棉49号	平均	9	60	50	119	6.5	95.8	13.3	21.6	6.2	10.7	2 577.2

续附表一

品种	试点	播－苗(d)	苗－花(d)	花－絮(d)	全生育期(d)	第一果枝节位	株高(cm)	果枝(台/株)	株铃(个)	铃重(g)	籽指(g)	亩株数(株/亩)
汴棉21	安阳	10	63	55	128	7.8	93.2	13.9	15.6	7.7	11.6	3 644.4
汴棉21	许昌	9	67	44	120	6.4	102.0	14.0	23.1	5.9	11.0	2 267
汴棉21	杞县	8	61	60	129	6.2	120.2	14.5	25.5	7.1	10.5	2 556
汴棉21	商丘	10	65	51	126	5.9	81.6	13.3	18.9	6.4	10.8	2 535
汴棉21	原阳	9	62	51	122	5.6	103.9	15.7	20.4	6.1	9.6	2 550
汴棉21	周口	9	55	42	106	6.3	84.0	12	18.7	7.0	11.2	2 340
汴棉21	南阳	8	55	50	113	7.6	114.9	13.8	23.4	6.3	10.4	2 233
汴棉21	开封	10	54	52	116	5.4	89.5	12.3	19.2	7.1	10.9	2 678
汴棉21	平均	9	60	51	120	6.4	98.7	13.7	20.6	6.7	10.8	2 600.4

附表二　2014 年河南省常规春棉区域试验品种产量性状表

名称	地点	籽棉(kg/亩)	±CK%	位次	皮棉(kg/亩)	±CK%	位次	霜前皮棉(kg/亩)	±CK%	位次	衣分(%)	霜前花率(%)
鲁棉研28	安阳	252.8	0.0	12	113.0	0.0	13	111.1	0.0	12	44.7	98.3
鲁棉研28	许昌	197.1	0.0	9	78.8	0.0	10	78.8	0.0	10	40.0	100.0
鲁棉研28	杞县	270.6	0.0	9	114.2	0.0	11	107.3	0.0	10	42.2	94.0
鲁棉研28	商丘	270.6	0.0	7	113.4	0.0	8	105.8	0.0	10	41.9	93.4
鲁棉研28	原阳	241.4	0.0	13	98.7	0.0	12	88.8	0.0	12	40.9	90.0
鲁棉研28	周口	242.0	0.0	13	100.2	0.0	11	99.7	0.0	11	41.4	99.5
鲁棉研28	开封	281.4	0.0	11	121.8	0.0	10	121.8	0.0	10	43.3	100.0
鲁棉研28	南阳	195.0	0.0	11	80.0	0.0	11	80.0	0.0	11	41.0	100.0
鲁棉研28	平均	243.9			102.5			99.2			41.9	96.9
豫棉54	安阳	275.0	8.8	7	126.8	12.2	6	120.0	8.0	7	46.1	94.6
豫棉54	许昌	207.0	5.0	6	82.4	4.5	7	82.4	4.5	7	39.8	100.0
豫棉54	杞县	293.8	7.9	7	127.2	11.4	5	123.6	15.2	3	43.3	97.2
豫棉54	商丘	246.8	-8.8	11	104.2	-8.1	11	103.8	-1.9	11	42.2	99.7
豫棉54	原阳	272.1	12.7	7	112.3	13.8	6	108.7	22.4	2	41.3	96.8
豫棉54	周口	260.7	7.7	7	107.1	6.9	9	106.4	6.7	9	41.1	99.3
豫棉54	开封	269.1	-4.4	14	116.3	-4.6	13	116.3	-4.6	13	43.2	100.0
豫棉54	南阳	178.6	-8.4	12	73.9	-7.5	12	73.9	-7.5	12	41.4	100.0
豫棉54	平均	250.4			106.3			104.4			42.3	98.5

续附表二

名称	地点	籽棉(kg/亩)	±CK%	位次	皮棉(kg/亩)	±CK%	位次	霜前皮棉(kg/亩)	±CK%	位次	衣分(%)	霜前花率(%)
豫农棉31	安阳	276.0	9.2	6	122.8	8.7	9	117.2	5.5	10	44.5	95.5
豫农棉31	许昌	214.1	8.6	2	84.6	7.3	4	84.6	7.3	4	39.5	100.0
豫农棉31	杞县	314.3	14.9	2	133.0	16.5	2	126.8	18.2	2	42.3	95.4
豫农棉31	商丘	239.9	-11.4	13	97.4	-14.1	13	96.4	-8.9	12	40.6	99.0
豫农棉31	原阳	285.8	18.4	2	115.9	17.5	2	107.0	20.5	3	40.6	92.3
豫农棉31	周口	245.0	1.2	11	98.5	-1.7	12	97.6	-2.1	12	40.2	99.1
豫农棉31	开封	285.2	1.4	8	119.8	-1.7	12	119.8	-1.7	12	42.0	100.0
豫农棉31	南阳	211.2	8.3	7	84.1	5.2	8	84.1	5.2	8	39.8	100.0
豫农棉31	平均	259.0			107.0			104.2			41.2	97.7
宛368	安阳	255.7	1.1	11	114.3	1.1	12	108.7	-2.2	13	44.7	95.1
宛368	许昌	189.4	-3.9	11	74.6	-5.3	12	74.6	-5.3	12	39.4	100.0
宛368	杞县	263.8	-2.3	13	107.4	-6.0	13	99.7	-7.1	14	40.7	92.8
宛368	商丘	218.9	-19.1	14	84.9	-25.1	14	83.7	-20.9	14	38.8	98.5
宛368	原阳	220.0	-8.9	14	87.1	-11.7	14	80.1	-9.9	14	39.6	91.9
宛368	周口	266.8	10.2	5	110.5	10.2	5	109.8	10.1	5	41.4	99.4
宛368	开封	301.7	7.2	5	128.8	5.7	5	128.8	5.7	5	42.7	100.0
宛368	南阳	225.6	15.7	1	94.5	18.3	1	94.5	18.3	1	41.9	100.0
宛368	平均	242.7			100.3			97.5			41.2	97.2
许抗棉1号	安阳	271.9	7.6	8	125.3	10.9	8	117.7	5.9	9	46.1	93.9
许抗棉1号	许昌	215.6	9.4	1	85.8	8.8	2	85.8	8.8	2	39.8	100.0
许抗棉1号	杞县	267.8	-1.0	12	113.0	-1.0	12	105.9	-1.3	12	42.2	93.7
许抗棉1号	商丘	298.3	10.3	1	122.6	8.1	1	117.1	10.6	1	41.1	95.5
许抗棉1号	原阳	266.3	10.3	8	108.0	9.5	10	99.4	11.9	9	40.6	92.0
许抗棉1号	周口	234.8	-3.0	14	95.1	-5.1	14	94.6	-5.1	14	40.5	99.5
许抗棉1号	开封	292.1	3.8	6	125.6	3.1	8	125.6	3.1	8	43.0	100.0
许抗棉1号	南阳	216.5	11.0	3	87.9	9.9	4	87.9	9.9	4	40.6	100.0
许抗棉1号	平均	257.9			107.9			104.2			41.7	96.8
SF103	安阳	252.7	0.0	13	121.3	7.3	10	118.6	6.8	8	48.0	97.8
SF103	许昌	202.7	2.8	7	83.5	5.9	6	83.5	5.9	6	41.2	100.0
SF103	杞县	270.6	0.0	10	118.0	3.3	9	113.8	6.1	8	43.6	96.5
SF103	商丘	263.9	-2.5	10	110.8	-2.2	9	108.1	2.1	8	42.0	97.5
SF103	原阳	262.8	8.9	9	113.8	15.4	5	106.3	19.7	4	43.3	93.3
SF103	周口	257.6	6.4	10	105.1	4.9	10	104.5	4.8	10	40.8	99.4
SF103	开封	304.0	8.1	3	131.3	7.8	4	131.3	7.8	4	43.2	100.0
SF103	南阳	172.9	-11.3	14	72.3	-9.6	14	72.3	-9.6	14	41.8	100.0
SF103	平均	248.4			107.0			104.8			43.0	98.1

续附表二

名称	地点	籽棉(kg/亩)	±CK%	位次	皮棉(kg/亩)	±CK%	位次	霜前皮棉(kg/亩)	±CK%	位次	衣分(%)	霜前花率(%)
鲁棉238	安阳	268.9	6.4	9	126.9	12.3	5	122.8	10.6	5	47.2	96.8
鲁棉238	许昌	208.0	5.5	4	85.9	9.0	1	85.9	9.0	1	41.3	100.0
鲁棉238	杞县	296.2	8.7	6	128.6	12.6	4	121.4	13.1	5	43.4	94.4
鲁棉238	商丘	268.1	-0.9	8	117.2	3.4	4	114.0	7.7	4	43.7	97.3
鲁棉238	原阳	254.3	5.3	10	108.1	9.5	9	100.0	12.6	7	42.5	92.5
鲁棉238	周口	259.3	7.2	9	107.6	7.4	8	106.8	7.1	8	41.5	99.2
鲁棉238	开封	301.8	7.3	4	136.7	12.2	2	136.7	12.2	2	45.3	100.0
鲁棉238	南阳	202.5	3.8	10	87.1	8.9	6	87.1	8.9	6	43.0	100.0
鲁棉238	平均	257.4			112.3			109.3			43.5	97.5
中棉所3018	安阳	265.0	4.8	10	117.9	4.4	11	116.7	5.1	11	44.5	99.0
中棉所3018	许昌	160.3	-18.7	14	65.1	-17.4	14	65.1	-17.4	14	40.6	100.0
中棉所3018	杞县	301.1	10.4	3	127.1	11.3	6	117.6	9.7	6	42.2	92.6
中棉所3018	商丘	245.4	-9.3	12	99.4	-12.4	12	94.4	-10.8	13	40.5	95.0
中棉所3018	原阳	285.6	18.3	3	117.2	18.8	1	111.3	25.3	1	41.0	95.0
中棉所3018	周口	273.2	12.9	4	111.8	11.5	4	110.6	11.0	4	40.9	99.0
中棉所3018	开封	285.1	1.3	9	122.6	0.6	9	122.6	0.6	9	43.0	100.0
中棉所3018	南阳	215.8	10.7	4	87.4	9.4	5	87.4	9.4	5	40.5	100.0
中棉所3018	平均	253.9			106.1			103.2			41.7	97.6
中棉所89	安阳	292.1	15.6	4	132.0	16.9	4	124.2	11.8	4	45.2	94.1
中棉所89	许昌	213.3	8.2	3	84.7	7.4	3	84.7	7.4	3	39.7	100.0
中棉所89	杞县	269.9	-0.2	11	115.5	1.2	10	106.4	-0.8	11	42.8	92.1
中棉所89	商丘	267.1	-1.3	9	113.5	0.2	7	110.7	4.6	7	42.5	97.5
中棉所89	原阳	276.3	14.5	5	115.9	17.5	3	103.7	16.8	5	42.0	89.4
中棉所89	周口	274.1	13.3	3	114.9	14.6	2	114.4	14.8	2	41.9	99.6
中棉所89	开封	292.0	3.8	7	126.4	3.8	7	126.4	3.8	7	43.3	100.0
中棉所89	南阳	204.0	4.6	9	83.6	4.6	9	83.6	4.6	9	41.0	100.0
中棉所89	平均	261.1			110.8			106.8			42.3	96.6
鲁棉418	安阳	302.2	19.6	2	137.8	22.0	3	130.9	17.8	2	45.6	95.0
鲁棉418	许昌	181.7	-7.8	13	75.2	-4.6	11	75.2	-4.6	11	41.4	100.0
鲁棉418	杞县	299.0	9.7	5	125.6	10.0	7	114.9	7.1	7	42.0	91.5
鲁棉418	商丘	283.2	4.7	4	118.7	4.7	3	113.0	6.8	5	41.9	95.2
鲁棉418	原阳	290.7	20.4	1	111.4	12.9	7	97.6	9.9	10	38.3	87.6
鲁棉418	周口	244.0	0.8	12	96.9	-3.3	13	96.2	-3.5	13	39.7	99.3
鲁棉418	开封	317.4	12.8	2	133.6	9.7	3	133.6	9.7	3	42.1	100.0
鲁棉418	南阳	212.2	8.9	6	82.6	3.3	10	82.6	3.3	10	38.9	100.0
鲁棉418	平均	266.3			110.2			105.5			41.2	96.1

续附表二

名称	地点	籽棉（kg/亩）	±CK%	位次	皮棉（kg/亩）	±CK%	位次	霜前皮棉（kg/亩）	±CK%	位次	衣分（%）	霜前花率（%）
泛棉18号	安阳	230.9	-8.7	14	107.1	-5.2	14	105.8	-4.7	14	46.4	98.8
泛棉18号	许昌	184.7	-6.3	12	74.4	-5.6	13	74.4	-5.6	13	40.3	100.0
泛棉18号	杞县	245.9	-8.4	14	104.0	-8.9	14	102.5	-4.5	13	42.3	98.5
泛棉18号	商丘	284.8	5.3	3	115.9	2.3	5	115.5	9.1	3	40.7	99.6
泛棉18号	原阳	249.9	3.5	11	100.3	1.7	11	96.2	8.4	11	40.1	95.9
泛棉18号	周口	276.7	14.3	2	114.0	13.8	3	113.3	13.7	3	41.2	99.4
泛棉18号	开封	271.0	-3.7	13	114.4	-6.1	14	114.4	-6.1	14	42.2	100.0
泛棉18号	南阳	177.1	-9.2	13	72.4	-9.4	13	72.4	-9.4	13	40.9	100.0
泛棉18号	平均	240.1			100.3			99.3			41.8	99.0
锦K113	安阳	297.6	17.7	3	139.0	23.0	2	130.7	17.6	3	46.7	94.1
锦K113	许昌	190.6	-3.3	10	79.5	0.8	8	79.5	0.8	8	41.7	100.0
锦K113	杞县	299.8	10.0	4	134.0	17.4	1	127.4	18.8	1	44.7	95.1
锦K113	商丘	285.0	5.3	2	120.8	6.6	2	115.9	9.5	2	42.4	96.0
锦K113	原阳	274.0	13.5	6	114.2	15.8	4	101.6	14.4	6	41.7	88.9
锦K113	周口	260.2	7.5	8	109.0	8.8	7	108.2	8.5	7	41.9	99.2
锦K113	开封	283.8	0.9	10	127.4	4.6	6	127.4	4.6	6	44.9	100.0
锦K113	南阳	214.1	9.8	5	90.2	12.8	3	90.2	12.8	3	42.1	100.0
锦K113	平均	263.1			114.3			110.1			43.3	96.7
创棉49号	安阳	285.9	13.1	5	126.7	12.1	7	121.5	9.3	6	44.3	95.9
创棉49号	许昌	197.7	0.3	8	78.9	0.0	9	78.9	0.0	9	39.9	100.0
创棉49号	杞县	288.7	6.2	8	118.6	3.9	8	109.1	1.7	9	41.1	92.0
创棉49号	商丘	273.4	1.0	6	108.8	-4.0	10	107.1	1.2	9	39.8	98.4
创棉49号	原阳	278.0	15.1	4	108.4	9.9	8	99.4	11.9	8	39.0	91.7
创棉49号	周口	265.9	9.9	6	109.8	9.6	6	108.9	9.2	6	41.3	99.1
创棉49号	开封	280.0	-0.5	12	121.8	0.0	11	121.8	0.0	11	43.5	100.0
创棉49号	南阳	210.8	8.1	8	84.8	6.0	7	84.8	6.0	7	40.2	100.0
创棉49号	平均	260.0			107.2			103.9			41.1	97.1
汴棉21	安阳	318.8	26.1	1	142.5	26.1	1	133.9	20.5	1	44.7	93.9
汴棉21	许昌	208.0	5.5	5	84.0	6.6	5	84.0	6.6	5	40.4	100.0
汴棉21	杞县	316.6	15.7	1	132.6	16.2	3	123.6	15.2	4	41.9	93.2
汴棉21	商丘	278.6	3.0	5	115.6	2.0	6	113.0	6.8	6	41.5	97.7
汴棉21	原阳	244.1	1.1	12	94.6	-4.1	13	84.8	-4.6	13	38.8	89.6
汴棉21	周口	285.0	17.8	1	116.6	16.4	1	115.7	16.0	1	40.9	99.2
汴棉21	开封	337.7	20.0	1	150.3	23.3	1	150.3	23.3	1	44.5	100.0
汴棉21	南阳	221.0	13.3	2	91.5	14.5	2	91.5	14.5	2	41.4	100.0
汴棉21	平均	276.2			116.0			112.1			41.8	96.7

附表三　2014 年河南省常规春棉区域试验纤维品质性状表

品种	地点	长度（mm）	整齐度指数（%）	马克隆值	伸长率（%）	反射率（%）	黄度	纺纱均匀指数	断裂比强度（cN/tex）
鲁棉研 28	安阳	29.9	85.4	5.3	6.5	75.5	7.2	139.0	30.0
鲁棉研 28	商丘	28.6	85.0	4.9	6.8	74.9	6.3	127.0	26.7
鲁棉研 28	原阳	30.5	87.2	5.2	6.1	79.1	8.6	156.0	31.0
鲁棉研 28	开封	30.1	85.7	5.7	5.0	78.2	6.5	140.0	30.5
鲁棉研 28	周口	28.2	84.7	5.5	5.9	79.6	7.4	140.0	32.1
鲁棉研 28	南阳	27.3	85.0	5.6	5.4	72.8	6.6	123.0	28.5
鲁棉研 28	平均	29.1	85.5	5.4	6.0	76.7	7.1	137.5	29.8
豫棉 54	安阳	29.1	86.3	5.4	5.8	77.2	6.5	133.0	27.2
豫棉 54	商丘	31.6	83.8	5.0	6.5	77.9	7.3	134.0	28.0
豫棉 54	原阳	29.2	86.8	5.4	6.4	79.0	7.7	143.0	29.2
豫棉 54	开封	31.4	86.6	5.4	5.3	75.6	7.0	150.0	30.9
豫棉 54	周口	30.5	86.7	5.3	5.4	77.2	7.7	150.0	30.9
豫棉 54	南阳	30.4	86.8	5.1	6.1	73.6	6.5	149.0	30.6
豫棉 54	平均	30.4	86.2	5.3	5.9	76.8	7.1	143.2	29.5
豫农棉 31	安阳	28.9	86.3	5.2	7.1	74.3	8.5	149.0	32.4
豫农棉 31	商丘	29.1	84.7	4.9	7.2	77.5	7.5	134.0	28.2
豫农棉 31	原阳	29.3	85.5	5.6	6.0	77.4	7.3	137.0	29.8
豫农棉 31	开封	28.9	85.1	5.6	5.9	75.9	7.4	137.0	31.2
豫农棉 31	周口	28.0	86.2	5.8	6.8	75.7	8.0	140.0	31.6
豫农棉 31	南阳	27.9	85.7	5.6	7.0	76.3	7.2	135.0	30.0
豫农棉 31	平均	28.7	85.6	5.4	6.7	76.2	7.7	138.7	30.5
宛 368	安阳	29.5	85.5	5.3	5.0	77.5	6.7	144.0	31.4
宛 368	商丘	32.7	86.1	4.8	5.0	78.0	7.4	151.0	28.9
宛 368	原阳	31.2	86.4	5.6	5.1	79.6	7.9	149.0	31.0
宛 368	开封	30.3	84.0	5.3	5.0	76.6	6.5	140.0	32.1
宛 368	周口	29.5	84.6	5.3	5.0	74.6	6.5	146.0	34.2
宛 368	南阳	30.6	85.8	5.4	5.4	77.3	7.1	150.0	32.3
宛 368	平均	30.6	85.4	5.3	5.1	77.3	7.0	146.7	31.6
许抗棉 1 号	安阳	29.9	86.8	5.4	5.7	77.5	7.1	148.0	30.7
许抗棉 1 号	商丘	30.3	84.5	5.1	5.6	79.4	6.9	133.0	27.3
许抗棉 1 号	原阳	31.2	85.9	5.3	6.5	81.4	8.2	140.0	27.2
许抗棉 1 号	开封	28.7	85.5	5.6	5.2	77.7	7.3	139.0	31.1
许抗棉 1 号	周口	29.4	85.8	5.4	5.6	75.8	6.9	143.0	31.3
许抗棉 1 号	南阳	28.8	86.3	5.4	5.7	75.7	6.9	142.0	30.2
许抗棉 1 号	平均	29.7	85.8	5.4	5.7	77.9	7.2	140.8	29.6

续附表三

品种	地点	长度(mm)	整齐度指数(%)	马克隆值	伸长率(%)	反射率(%)	黄度	纺纱均匀指数	断裂比强度(cN/tex)
SF103	安阳	30.2	85.0	4.9	6.5	77.6	7.4	142.0	29.5
SF103	商丘	31.2	85.8	5.0	6.8	77.7	7.0	153.0	31.5
SF103	原阳	29.9	86.0	5.2	5.4	79.8	7.6	137.0	27.1
SF103	开封	30.3	87.1	4.9	4.6	76.5	7.6	167.0	34.8
SF103	周口	30.2	86.3	5.2	6.3	78.0	7.0	161.0	34.8
SF103	南阳	30.5	85.5	5.1	6.2	76.1	7.2	153.0	33.4
SF103	平均	30.4	86.0	5.0	6.0	77.6	7.3	152.2	31.8
鲁棉238	安阳	31.4	88.4	5.2	5.3	78.5	6.9	159.0	30.0
鲁棉238	商丘	29.9	85.3	5.2	5.9	75.7	6.4	136.0	29.0
鲁棉238	原阳	30.4	86.0	5.3	5.8	75.7	8.1	146.0	31.1
鲁棉238	开封	30.2	85.6	5.3	5.3	77.2	6.6	141.0	29.7
鲁棉238	周口	29.2	85.1	5.2	5.8	80.6	7.2	152.0	33.9
鲁棉238	南阳	29.6	86.2	5.2	5.7	77.8	6.4	144.0	30.0
鲁棉238	平均	30.1	86.1	5.3	5.6	77.6	6.9	146.3	30.6
中棉所3018	安阳	27.8	86.0	5.3	5.7	76.4	7.7	145.0	32.0
中棉所3018	商丘	29.9	85.7	5.0	5.9	74.3	7.0	141.0	29.4
中棉所3018	原阳	29.3	84.4	5.6	5.0	79.2	8.5	124.0	26.6
中棉所3018	开封	28.2	86.0	5.4	5.0	77.3	7.5	146.0	32.3
中棉所3018	周口	27.2	84.0	5.4	5.8	79.8	7.8	135.0	31.9
中棉所3018	南阳	27.2	84.9	5.3	6.3	78.2	7.7	141.0	32.7
中棉所3018	平均	28.3	85.2	5.3	5.6	77.5	7.7	138.7	30.8
中棉所89	安阳	29.2	85.4	5.6	4.7	78.3	7.7	125.0	25.9
中棉所89	商丘	29.8	85.6	5.1	5.8	79.7	7.5	136.0	27.2
中棉所89	原阳	29.5	83.9	5.7	4.0	78.2	8.9	128.0	29.2
中棉所89	开封	28.0	84.7	5.7	4.2	75.6	7.4	126.0	29.0
中棉所89	周口	26.9	82.5	5.9	5.0	78.5	7.9	111.0	28.3
中棉所89	南阳	27.0	83.5	6.0	4.3	78.5	7.2	115.0	28.3
中棉所89	平均	28.4	84.3	5.7	4.7	78.1	7.8	123.5	28.0
鲁棉418	安阳	31.5	85.7	5.5	5.4	76.5	7.2	144.0	30.6
鲁棉418	商丘	29.8	84.6	5.4	5.9	75.8	7.5	134.0	29.6
鲁棉418	原阳	30.9	85.4	5.2	5.2	73.2	7.9	143.0	30.7
鲁棉418	开封	30.3	85.2	5.4	4.7	76.5	6.7	150.0	33.7
鲁棉418	周口	28.5	83.3	5.6	5.9	79.4	7.6	138.0	33.7
鲁棉418	南阳	29.6	85.7	5.7	4.8	76.4	6.7	150.0	34.5
鲁棉418	平均	30.1	85.0	5.4	5.3	76.3	7.3	143.2	32.1

续附表三

品种	地点	长度（mm）	整齐度指数（%）	马克隆值	伸长率（%）	反射率（%）	黄度	纺纱均匀指数	断裂比强度（cN/tex）
泛棉 18 号	安阳	28.2	84.2	4.7	7.1	75.4	6.4	129.0	27.6
泛棉 18 号	商丘	29.7	86.0	4.9	7.1	80.2	7.4	148.0	30.0
泛棉 18 号	原阳	30.7	87.8	5.4	5.1	78.1	8.3	153.0	29.8
泛棉 18 号	开封	27.1	85.2	5.1	5.4	77.0	7.2	129.0	27.7
泛棉 18 号	周口	26.6	83.8	4.9	6.5	80.9	7.5	131.0	29.5
泛棉 18 号	南阳	27.8	85.1	5.1	6.1	79.2	6.7	135.0	29.1
泛棉 18 号	平均	28.3	85.4	5.0	6.2	78.5	7.3	137.5	29.0
锦 K113	安阳	29.9	85.0	5.3	5.5	79.2	7.8	140.0	30.0
锦 K113	商丘	28.8	82.7	5.3	6.7	75.8	7.0	115.0	27.2
锦 K113	原阳	26.4	85.4	5.7	5.6	77.7	8.8	138.0	32.2
锦 K113	开封	28.5	83.4	5.7	4.9	76.0	7.3	127.0	31.0
锦 K113	周口	27.4	81.8	5.6	5.9	78.9	8.1	119.0	30.9
锦 K113	南阳	28.2	84.5	5.4	5.8	76.2	6.6	131.0	30.0
锦 K113	平均	28.2	83.8	5.5	5.7	77.3	7.6	128.3	30.2
创棉 49 号	安阳	30.0	83.7	5.1	7.1	76.5	6.8	129.0	28.4
创棉 49 号	商丘	31.6	84.9	4.7	7.7	79.3	7.0	143.0	28.1
创棉 49 号	原阳	29.3	87.3	5.6	6.4	77.3	7.9	144.0	29.4
创棉 49 号	开封	29.5	85.4	5.1	5.7	76.5	6.5	136.0	28.5
创棉 49 号	周口	29.7	85.6	5.3	7.4	77.7	7.4	140.0	29.4
创棉 49 号	南阳	29.0	83.9	5.2	7.3	75.4	7.0	125.0	28.0
创棉 49 号	平均	29.9	85.1	5.2	6.9	77.1	7.1	136.2	28.7
汴棉 21	安阳	29.0	85.8	5.6	5.2	76.3	7.5	132.0	28.3
汴棉 21	商丘	30.0	86.5	5.3	6.1	79.6	7.6	145.0	29.1
汴棉 21	原阳	30.7	88.2	4.9	5.1	82.4	7.3	161.0	29.5
汴棉 21	开封	29.4	86.0	5.6	5.3	75.9	7.0	141.0	31.0
汴棉 21	周口	29.4	86.0	5.8	5.3	76.3	7.4	135.0	29.2
汴棉 21	南阳	28.0	85.6	5.2	5.6	75.5	7.2	135.0	29.5
汴棉 21	平均	29.4	86.4	5.4	5.4	77.7	7.3	141.5	29.4

2　2014 年河南省杂交春棉区域试验品种汇总总结

一、试验目的

通过河南省不同生态区多年多点试验，正确鉴定杂交春棉参试品系的丰产性、稳产性、早熟性、纤维品质、抗病性、抗虫性及对环境的适应能力等特性，为河南省棉花品种的审定与合理推广提供科学依据。

二、试验材料

参试品种 14 个，均为杂交春棉，以鲁研棉 28 为对照，参试种子由参试单位提供，详见表 1。

表 1　2014 年河南省杂交春棉区域试验参试品种来源及编号

品种名称	编码	杂交组合	参试单位	年限
郑杂棉 19	1	郑 HN323 × 郑 HN289	郑州市农林科学研究所	2
锦 K115	2	T185 × 09 – 27	南京木锦基因工程有限公司	1
百棉 986	3	百棉 985 × BMY1 – 1	河南科技学院	2
嘉星 101	4	圣棉 JXZ66 /GK12(优选系)	嘉祥县嘉星农业科学研究所	1
SGKZ80	5	L18 × 中 41	山东鑫秋种业科技有限公司	1
汴棉 819	6	汴棉 52 × 汴棉 169	开封市农林科学研究院	1
中杂 306	7	鲁棉研 21 号 × 318	中棉种业科技股份有限公司	1
鲁棉研 28	8	CK	山东棉花研究中心	1
鲁杂 216	9	鲁 1924a × 29 系	山东棉花研究中心	1
周棉 11 号	10	周抗 A – 2 × D1	周口市农业科学院	1
粮源棉 9 号	11	粮源棉 311 × 粮源棉 316	河南省粮源农业发展有限公司	1
天宁杂三号	12	(中 4159 × 天宁 2 号 –50) × (185 × 9)	新乡市棉花育种工程技术中心	1
豫杂 54	13	T361 × 银山 8 号	河南省农业科学院经济作物研究所	1
嘉星 3H – 2	14	山农 SF06 × 9069 – 11	嘉祥县嘉星农业科学研究所	2

三、试验承试单位和试验设计

（一）试验承试单位

河南省农业科学院植物保护研究所（王振宇、崔小伟），中国农业科学院棉花研究所（严根土），河南省科林种业有限公司（李方顺），郑州市农林科学研究所（贾新合），杞县棉花原种厂（许国志、张秀松），商丘市农林科学院（刘卫星），河南黄泛区地神种业有限公司（白利明），南阳市农业科学院（曹宗鹏），中国农业科学院棉花研究所植保室（朱荷琴），农业部棉花品质监督检验测试中心（唐淑荣）。

（二）试验设计

试验按随机区组设计，3 次重复，每小区 3 ~4 行，小区面积≥20 m^2，周边设置不少于 4 行的保护行。

四、棉花生育期间气候特点及栽培管理

（一）气候特点

2014 年气候是苗期低温寡照，棉苗生长缓慢；棉花生育中期，尤其是 7 ~8 月，多地出现强降雨，棉花中部落铃较多；9 月下旬至 10 月中下旬多阴雨天，影响棉花的正常吐絮与收摘。

1. 苗期

4 月下旬至 5 月中上旬，气温较往年偏低，降雨量正常，日照偏少，棉苗生长缓慢，苗期病害偏重；5 月下旬至 6 月初河南天气以多云为主，高温、干旱，影响棉苗生长。

2. 蕾铃期

6 月中下旬光照正常、降雨适宜，利于棉花生长，7 月光照充足，温度偏高，高温持续时间长，降水偏多，棉花中部落铃较多，对棉花产量和品种有一定影响。但后期棉花上部开花成铃较多，对产量有一定补偿作用。

3. 吐絮期

吐絮前，各试点降水偏少，天气晴好，光照适宜，利于棉铃吐絮和摘收；9 月下旬至 10 月中下旬多阴雨天，影响棉花的正常吐絮与收摘晾晒。

（二）栽培管理

各试点均按照当地主要栽培管理措施实行，田间管理均匀一致；密度 2 200 ~3 000 株/亩，前作有棉花、冬闲；播期多在 4 月下旬，播种方式为直播或直播盖膜；防治地老虎、棉蚜、红蜘蛛、棉铃虫、盲椿象等 6 ~15 次；浇地 0 ~5 次，排水 0 ~3 次，化调 1 ~3 次，中耕除草 2 ~6 次；基肥为有机肥、氮、磷、钾肥等，追肥以复合肥、尿素为主。

五、试验结果

本组试验共 8 个试点，8 个试点数据经过审核，试验误差均在规定范围内，予以汇总。总变异系数 C_V =5.48%。

（一）早熟性

2014 年结果：各参试品种生育期 113 ~118 d，第一果枝节位 6.3 ~7.0 节，霜前花率

95.8% ~97.6%。参试品种霜前花率高,早熟性好。

2013~2014 年平均结果:2 年参试品种生育期均为 115~116 d,第一果枝节位 6.4~6.9 节,霜前花率在 95.7% ~95.9%(见表 2)。

(二)主要特性

2014 年结果:各参试品种株高 93.9~106.9 cm,鲁棉研 28 最低,嘉星 101 最高;单株果枝数 13.5~14.6 台,豫杂 54 果枝最少,郑杂棉 19、SGKZ80 果枝最多;单株结铃数 20.3~24.6个,嘉星3H-2结铃性好;籽指在 9.9~11.6 g,豫杂 54 籽指最小。

2013~2014 年平均结果:2 年参试品种株高 104.3~105.7 cm,单株果枝数 13.8~14.4 台,单株结铃数 22.6~23.8 个,籽指在 10.4~11.3 g。

表 2　2013~2014 年河南省杂交春棉区域试验品种农艺性状

品种	年份	编号	生育期(d)	第一果枝节位	株高(cm)	果枝(台/株)	株铃(个)	铃重(g)	籽指(g)	霜前花率(%)
郑杂棉 19	2014	1	117	6.5	99.6	14.6	23.9	6.4	10.6	96.5
	2013	6	114	6.3	111.8	14.2	23.7	6.1	10.8	94.8
	平均	1	116	6.4	105.7	14.4	23.8	6.3	10.7	95.7
锦 K115	2014	2	114	6.3	94.6	13.7	20.3	6.6	11.6	96.9
百棉 986	2014	3	115	6.6	99.5	13.9	21.6	6.4	11.4	96.8
	2013	3	114	6.4	109.0	13.6	23.5	6.0	11.1	94.9
	平均	3	115	6.5	104.3	13.8	22.6	6.2	11.3	95.9
嘉星 101	2014	4	115	6.9	106.9	14.3	24.0	6.5	10.6	96.5
SGKZ80	2014	5	115	6.5	98.9	14.6	22.8	6.4	11.1	97.3
汴棉 819	2014	6	116	6.6	102.0	13.8	21.9	6.5	11.1	96.2
中杂 306	2014	7	117	6.7	104.0	14.7	23.1	6.8	11.1	97.8
鲁棉研 28	2014	8	118	6.3	93.9	13.8	22.7	6.2	10.6	96.5
鲁杂 216	2014	9	117	6.8	102.6	14.2	24.4	6.2	10.6	96.8
周棉 11 号	2014	10	117	6.4	97.4	13.6	22.4	6.1	10.4	96.4
粮源棉 9 号	2014	11	116	6.7	98.6	14.4	21.4	6.5	11.1	95.6
天宁杂三号	2014	12	117	7.0	105.5	13.8	24.5	6.6	10.9	95.8
豫杂 54	2014	13	113	6.6	100.7	13.5	21.0	5.9	9.9	97.6
嘉星 3H-2	2014	14	116	6.9	102.5	14.6	24.6	6.3	10.3	96.2
	2013	1	114	6.8	108.7	13.9	24.2	6.0	10.4	94.3
	平均	14	115	6.9	105.6	14.3	24.4	6.2	10.4	95.3

(三)小区皮棉产量统计分析

皮棉产量方差分析表明:品种间、品种与地点互作效应均达极显著差异,说明需要进行品种稳定性分析，并对各品种皮棉总产进行多重比较，以便确定表现优异的品种（见表3）。

表3　2014年河南省杂交春棉区域试验品种方差分析（$C_V=5.48\%$）

变异来源	df	皮棉总产			P
		SS	MS	F	
地点内区组	16	1.90	0.12	3.21**	0.000 1
地点	7	52.29	7.47	201.49**	0.000 1
品种	9	6.59	0.73	19.76**	0.000 1
品种×地点	63	8.85	0.14	3.79**	0.000 1
试验误差	144	5.34	0.04		
总变异	239	74.97			

参试的14个品种皮棉产量品种间差异显著（见表4）。锦K115、豫杂54皮棉产量比对照鲁棉研28减产显著，汴棉819、粮源棉9号比对照鲁棉研28增产不显著，其他品种均比对照增产极显著。

表4　品种间皮棉产量多重比较

品种	编号	皮棉（kg/小区）	$LSR_{0.05}$	$LSR_{0.01}$
天宁杂三号	12	3.46	a	A
嘉星101	4	3.36	ab	AB
郑杂棉19	1	3.33	b	AB
周棉11号	10	3.33	b	AB
嘉星3H-2	14	3.31	b	AB
中杂306	7	3.25	b	BC
百棉986	3	3.24	b	BC
鲁杂216	9	3.24	b	BC
SGKZ80	5	3.12	c	CD
汴棉819	6	2.99	d	DE
粮源棉9号	11	2.96	d	E
鲁棉研28	8	2.89	d	EF
锦K115	2	2.76	e	F
豫杂54	13	2.6	f	G

（四）品种稳定性分析

参试的14个品种在各试点的适应性有差异，天宁杂三号、嘉星101在各点适应性、稳定性综合评价很好；郑杂棉19、周棉11号、嘉星3H－2、中杂306、百棉986、鲁杂216适应性、稳定性综合评价好；SGKZ80、汴棉819、粮源棉9号适应性较好；鲁棉研28、锦K115综合表现一般（见表5）。

表5　品种皮棉产量稳定性分析

品种	编号	丰产性参数	稳定性参数				适应地区	综合评价
		产量(kg/小区)	效应	方差	变异度	回归系数		
天宁杂三号	12	3.46	0.333	0.116	9.849	1.474	E1～E8	很好
嘉星101	4	3.36	0.227	0.014	3.468	1.101	E1～E8	很好
郑杂棉19	1	3.33	0.202	0.066	7.694	1.152	E1～E8	好
周棉11号	10	3.33	0.198	0.068	7.812	1.01	E1～E8	好
嘉星3H－2	14	3.31	0.18	0.009	2.854	1.05	E1～E8	好
中杂306	7	3.25	0.122	0.069	8.089	1.133	E1～E8	好
百棉986	3	3.24	0.11	0.068	8.024	0.771	E1～E8	好
鲁杂216	9	3.24	0.107	0.051	6.977	1.071	E1～E8	好
SGKZ80	5	3.12	－0.016	0.016	4.058	1.092	E1～E8	较好
汴棉819	6	2.99	－0.144	0.049	7.391	0.794	E1～E8	较好
粮源棉9号	11	2.96	－0.172	0.047	7.333	1.201	E1～E8	较好
鲁棉研28	8	2.89	－0.244	0.074	9.45	1.089	E1～E8	一般
锦K115	2	2.76	－0.373	0.076	9.987	0.705	E1～E8	一般
豫杂54	13	2.6	－0.53	0.155	15.134	0.357	E2～E6	不好

（五）品种产量

2014年产量结果：籽棉亩产209.9～275.6 kg，较对照增产－9.0%～19.5%；皮棉亩产86.7～115.5 kg，较对照增产－9.9%～19.9%；霜前皮棉亩产85.3～110.8 kg，较对照增产－8.3%～19.0%；衣分在41.3%～43.5%。

2013～2014年平均结果：2年参试品种籽棉亩产261.8～271.9 kg，较对照增产9.5%～13.6%；皮棉亩产105.2～110.4 kg，较对照增产9.2%～14.7%；霜前皮棉亩产99.3～104.0 kg，较对照增产8.9%～14.0%；衣分在39.9%～40.3%（见表6）。

表6　2014 年河南省杂交春棉区域试验品种产量性状

品种	年份	编号	籽棉		位次	皮棉		位次	霜前皮棉		位次	衣分(%)
			kg/亩	±CK%		kg/亩	±CK%		kg/亩	±CK%		
郑杂棉 19	2014	1	262.9	14.0	3	111.2	15.5	3	107.6	15.5	3	42.4
	2013	6	280.8	13.2	1	109.6	13.8	1	100.4	12.5	1	38.2
	平均	1	271.9	13.6	1	110.4	14.7	1	104.0	14.0	1	40.3
锦 K115	2014	2	222.1	-3.7	13	92.0	-4.5	13	89.6	-3.8	13	41.3
百棉 986	2014	3	259.7	12.6	5	108.1	12.2	7	105.0	12.8	7	41.7
	2013	3	263.8	6.4	4	102.3	6.2	5	93.6	4.9	6	38.1
	平均	3	261.8	9.5	2	105.2	9.2	3	99.3	8.9	3	39.9
嘉星 101	2014	4	260.9	13.1	4	112.0	16.3	2	108.3	16.3	2	43.2
SGKZ80	2014	5	244.2	5.8	9	103.9	7.9	9	101.2	8.7	9	42.6
汴棉 819	2014	6	237.2	2.8	11	99.6	3.4	10	96.6	3.8	10	42.1
中杂 306	2014	7	259.3	12.4	6	108.5	12.7	6	106.6	14.5	5	41.8
鲁棉研 28	2014	8	230.7	0.0	12	96.3	0.0	12	93.1	0.0	12	41.8
鲁杂 216	2014	9	251.5	9.0	8	108.0	12.1	8	104.7	12.4	8	43.0
周棉 11 号	2014	10	263.7	14.3	2	111.0	15.3	4	107.1	15.0	4	42.2
粮源棉 9 号	2014	11	240.1	4.1	10	98.6	2.4	11	95.1	2.2	11	41.2
天宁杂三号	2014	12	275.6	19.5	1	115.5	19.9	1	110.8	19.0	1	42.0
豫杂 54	2014	13	209.9	-9.0	14	86.7	-9.9	14	85.3	-8.3	14	41.6
嘉星 3H-2	2014	14	255.4	10.7	7	110.4	14.7	5	106.5	14.4	6	43.5
	2013	1	266.1	7.3	3	107.7	11.9	2	98.5	10.4	2	39.7
	平均	14	260.8	9.0	3	109.1	13.3	2	102.5	12.4	2	41.6

（六）抗病性

抗病性鉴定由中国农业科学院棉花所植保室按全国统一病情分级标准，以感病对照冀棉 11 病株率达 80%，或病指达 50 左右结果进行品种（系）的抗性评定（见表 7）。

2014 年鉴定结果：郑杂棉 19、锦 K115、周棉 11 号高抗枯萎病，百棉 986、鲁棉研 28、鲁杂 216、粮源棉 9 号、嘉星 3H-2 抗枯萎病，嘉星 101、SGKZ80、中杂 306、天宁杂三号、豫杂 54 耐枯萎病，汴棉 819 感枯萎病；郑杂棉 19、中杂 306、粮源棉 9 号、天宁杂三号抗黄萎病，鲁杂216感黄萎病,其余参试品种均耐黄萎病。

表7　2014年河南省杂交春棉区域试验品种枯、黄萎病鉴定结果

品种	年份	编号	枯萎病			黄萎病		
			病株率(%)	病指	反应型	病株率(%)	病指	反应型
郑杂棉19	2014	1	11.1	3.7	HR	28.8	17.1	R
	2013	6	21.3	8.8	R	40.3	18.4	R
	平均	1	21.3	8.8	R	40.3	18.4	R
锦K115	2014	2	4.5	2.0	HR	54.7	24.2	T
百棉986	2014	3	23.1	7.7	R	57.3	25.5	T
	2013	3	45.0	15.9	T	54.4	27.9	T
	平均	3	45.0	15.9	T	54.4	27.9	T
嘉星101	2014	4	22.9	12.3	T	43.1	22.8	T
SGKZ80	2014	5	32.5	14.6	T	61.7	27.6	T
汴棉819	2014	6	44.7	26.2	S	44.2	22.0	T
中杂306	2014	7	26.6	12.9	T	31.2	19.5	R
鲁棉研28	2014	8	23.9	5.2	R	70.0	34.5	T
鲁杂216	2014	9	14.6	5.4	R	76.6	38.3	S
周棉11号	2014	10	12.2	4.5	HR	51.5	23.2	T
粮源棉9号	2014	11	13.0	6.3	R	31.4	19.4	R
天宁杂三号	2014	12	38.0	17.6	T	32.8	19.6	R
豫杂54	2014	13	17.9	10.0	T	64.9	32.2	T
嘉星3H-2	2014	14	22.8	9.3	R	54.4	22.8	T
	2013	1	22.4	7.3	R	61.1	30.9	T
	平均	14	22.8	9.3	R	61.1	30.9	T

注:HR:高抗;R:抗病;T:耐病;S:感病。

(七)纤维品质

纤维品质由农业部棉花纤维品质检测中心分析(见表8)。

2014年结果:纤维上半部长度28.4~29.7 mm,断裂比强度28.5~30.6 cN/tex,马克隆值4.8~5.6,豫杂54品种纤维品质优良。

2013~2014年结果:2年参试品种纤维上半部长度28.8~29.1 mm,断裂比强度29.1~30.3 cN/tex,马克隆值5.2~5.4,纤维品质整体偏粗、偏短。

表8　2014年河南省杂交春棉区域试验品种品质检测结果

品种	年份	编号	长度（mm）	整齐度指数（%）	断裂比强度（cN/tex）	马克隆值	伸长率（%）	反射率（%）	黄度	纺纱均匀指数
郑杂棉19	2014	1	28.4	84.0	28.5	5.6	5.3	75.2	7.3	122.4
	2013	6	29.3	85.5	29.7	5.3	5.7	79.8	7.6	140.3
	平均	1	28.8	84.8	29.1	5.4	5.5	77.5	7.4	131.3
锦K115	2014	2	29.7	84.8	29.3	5.0	5.2	76.0	7.3	137.2
百棉986	2014	3	29.0	85.1	29.4	5.4	5.9	75.6	7.3	133.0
	2013	3	29.2	85.4	31.2	4.9	6.0	79.1	7.7	147.5
	平均	3	29.1	85.2	30.3	5.2	5.9	77.3	7.5	140.3
嘉星101	2014	4	29.0	84.6	28.3	5.5	5.7	76.4	6.9	127.4
SGKZ80	2014	5	29.6	85.4	30.6	5.3	6.1	76.8	7.0	141.2
汴棉819	2014	6	29.1	84.4	28.8	5.5	5.7	75.1	7.7	127.2
中杂306	2014	7	28.6	84.6	29.0	5.7	5.6	76.0	7.6	126.6
鲁棉研28	2014	8	28.6	85.1	28.7	5.5	6.1	76.3	7.0	130.2
鲁杂216	2014	9	29.0	84.9	29.4	5.4	6.4	74.8	7.1	132.2
周棉11号	2014	10	29.1	85.2	29.5	5.2	5.8	76.3	7.2	136.2
粮源棉9号	2014	11	28.8	84.3	29.6	5.5	5.2	75.6	7.4	128.6
天宁杂三号	2014	12	29.3	84.3	30.2	5.5	5.4	75.6	7.4	131.6
豫杂54	2014	13	29.2	84.9	30.6	4.8	5.9	75.9	7.3	142.0
嘉星3H－2	2014	14	29.1	84.9	28.8	5.5	5.7	77.6	7.3	131.4
	2013	1	29.1	84.7	30.6	5.2	5.4	79.7	7.5	139.0
	平均	14	29.1	84.8	29.7	5.4	5.6	78.7	7.4	135.2

六、品种评述

（一）郑杂棉19

特征特性：该品种出苗较好，前期生长势和整齐度表现较好，中后期一般；株型塔形、较松散，茎秆中毛；叶片掌状，中等大小，叶色深绿；铃卵圆形，中等大小，吐絮畅，易收摘；抗枯萎病（枯萎病指8.8），抗黄萎病（黄萎病指18.4）。

2013年区域试验结果：9点汇总，皮棉总产8点增产，1点减产，增产点率达87.5%；平均亩产籽棉、皮棉和霜前皮棉分别为280.8 kg、109.6 kg、100.4 kg，分别比对照鲁棉研28增产13.2%、13.8%和12.5%，均居13个参试品种第1位。HVICC纤维上半部长度29.3 mm，整齐度指数85.5%，马克隆值5.3，断裂比强度29.7 cN/tex，纺纱均匀指数140.3。

2014年区域试验结果：8点汇总，皮棉总产7点增产，1点减产，增产点率达87.5%；平均亩产籽棉、皮棉和霜前皮棉分别为262.9 kg、111.2 kg和107.6 kg，分别比对照鲁棉研28增产14.0%、15.5%和15.5%，均居14个参试品种第3位。HVICC纤维上半部长度28.4 mm，整齐度指数84.0%，马克隆值5.6，断裂比强度28.5 cN/tex，纺纱均匀指数122.4。

2013～2014年该品种平均生育期116 d，株高105.7 cm，第一果枝节位6.4节，单株果枝数14.4台，单株结铃23.8个，单铃重6.3 g，籽指10.7 g，衣分40.3%，霜前花率

95.7%。HVICC 纤维上半部长度 28.8 mm，断裂比强度 29.1 cN/tex，马克隆值 5.4，伸长率 5.5%，反射率 77.5%，黄度 7.4，整齐度指数 84.8%，纺纱均匀指数 131.3。平均亩产籽棉、皮棉和霜前皮棉分别为 271.9 kg、110.4 kg 和 104.0 kg，分别比对照鲁棉研 28 增产 13.6%、14.7% 和 14.0%。

建议生产试验。

（二）锦 K115

2014 年区域试验结果：该品种出苗较好，前中期表现一般、后期较好；株型塔形、较紧凑，茎秆多毛；叶片掌状，中等大小，叶色淡绿；铃卵圆形，中等大小，吐絮畅，易收摘；高抗枯萎病（枯萎病指 2.0），耐黄萎病（黄萎病指 24.4）。生育期 114 d，单铃重 6.6 g，衣分 41.2%，籽指 11.6 g，第一果枝节位 6.3 节，株高 94.6 cm，果枝数 13.7 台/株，单株结铃 20.3 个，霜前花率 96.9%。8 点汇总，皮棉总产 4 点增产，4 点减产，增产点率达 50.0%；平均亩产籽棉、皮棉和霜前皮棉分别为 222.1 kg、92.0 kg 和 89.6 kg，分别比对照鲁棉研 28 增产 -3.7%、-4.5%、-3.8%，均居 13 个参试品种末位。HVICC 纤维上半部长度 29.7 mm，整齐度指数 84.8%，马克隆值 5.0，断裂比强度 29.3 cN/tex，纺纱均匀指数 137.2。

终止试验。

（三）百棉 986

特征特性：该品种出苗较好；整个生育期生长势和整齐度均表现一般；株型塔形、较松散，茎秆中毛；叶片掌状，中等大小，叶色淡绿；铃圆形，中等大小，吐絮畅，易收摘。耐枯萎病（枯萎病指 15.9），耐黄萎病（黄萎病指 27.9）。

2013 年区域试验结果：9 点汇总，皮棉总产 6 点增产，3 点减产，增产点率达 66.7%；平均亩产籽棉、皮棉和霜前皮棉分别为 263.8 kg、102.3 kg 和 93.6 kg，分别比对照鲁棉研 28 增产 6.4%、6.2%、4.9%，分居 13 个参试品种第 4、5、6 位。HVICC 纤维上半部长度 29.2 mm，整齐度指数 85.4%，马克隆值 4.9，断裂比强度 31.2 cN/tex，纺纱均匀指数 147.5。

2014 年区域试验结果：8 点汇总，皮棉总产 6 点增产，2 点减产，增产点率达 75.0%；平均亩产籽棉、皮棉和霜前皮棉分别为 259.7 kg、108.1 kg 和 105.0 kg，分别比对照鲁棉研 28 增产 12.6%、12.2% 和 12.8%，分居 13 个参试品种第 5、7、7 位。HVICC 纤维上半部长度 29.0 mm，整齐度指数 85.1%，马克隆值 5.4，断裂比强度 29.4 cN/tex，纺纱均匀指数 133.0。

2013～2014 年该品种平均生育期 115 d，株高 104.3 cm，第一果枝节位 6.5 节，单株果枝数 13.8 台，单株结铃 22.6 个，单铃重 6.2 g，籽指 11.3 g，衣分 39.9%，霜前花率 95.9%。HVICC 纤维上半部长度 29.1 mm，断裂比强度 30.3 N/tex，马克隆值 5.2，伸长率 5.9%，反射率 77.3%，黄度 7.5，整齐度指数 85.2%，纺纱均匀指数 140.3。平均亩产籽棉、皮棉和霜前皮棉分别为 261.8 kg、105.2 kg 和 99.3 kg，分别比对照鲁棉研 28 增产 9.5%、9.2% 和 8.9%。

终止试验。

（四）嘉星 101

2014 年区域试验结果：该品种出苗好，整个生育期生长势和整齐度较好；株型塔形、株高中等、较松散，茎秆中毛；叶片掌状，中等大小，叶色深绿；铃卵圆形，中等偏大，吐絮畅，易收摘；耐枯萎病（枯萎病指 12.3），耐黄萎病（黄萎病指 22.8）。生育期 115 d，单铃重6.5 g,衣分43.2%,籽指10.6 g,第一果枝节位6.9节,株高106.9 cm,果枝数14.3台/株,单株结铃24个,霜前花率96.5%。8点汇总,皮棉总产7点增产,1点减产,增产点率达87.5%;平均亩产籽棉、皮棉和霜前皮棉分别为260.9 kg、112.0 kg和108.3 kg,分别比对照鲁棉研28增产13.1%、16.3%和16.3%,分居14个参试品种第4、2、2位。HVICC纤维上半部长度29.0 mm,整齐度指数84.6%,马克隆值5.5,断裂比强度28.3 cN/tex,纺纱均匀指数127.4。

继续试验。

(五)SGKZ80

2014年区域试验结果:该品种出苗较好,整个生育期生长势和整齐度较好;株型塔形、株高中等、较松散;茎秆中毛,叶片掌状,中等偏大,叶色深绿;铃卵圆形,中等大小,吐絮畅,易收摘;耐枯萎病(枯萎病指14.6),耐黄萎病(黄萎病指27.6)。生育期115 d,单铃重6.4 g,衣分42.6%,籽指11.1g,第一果枝节位6.5节,株高98.9 cm,果枝数14.6台/株,单株结铃22.8个,霜前花率97.3%。8点汇总,皮棉总产4点增产4点减产,增产点率达50.0%;平均亩产籽棉、皮棉、霜前皮棉分别为244.2 kg、103.9 kg和101.2 kg,分别比对照鲁棉研28增产5.8%、7.9%和8.7%,均居14个参试品种第9位。HVICC纤维上半部长度29.6 mm,整齐度指数85.4%,马克隆值5.3,断裂比强度30.6 cN/tex,纺纱均匀指数141.2。

继续试验。

(六)汴棉819

2014年区域试验结果:该品种出苗较好,前期生长势和整齐度表现较好、中后期一般;株型塔形、株高较高、较松散,茎秆中毛;叶片掌状,中等偏大,叶色深绿;铃卵圆形,较大,吐絮畅,易收摘;感枯萎病(枯萎病指26.2),耐黄萎病(黄萎病指22.0)。生育期116 d,单铃重6.5g,衣分42.1%,籽指11.1g,第一果枝节位6.6节,株高102.0 cm,果枝数13.8台/株,单株结铃21.9个,霜前花率96.2%。8点汇总,皮棉总产5点增产,3点减产,增产点率达625%;平均亩产籽棉、皮棉和霜前皮棉分别为237.2 kg、99.6 kg和96.6 kg,分别比对照鲁棉研28增产2.8%、3.4%和3.8%,分居14个参试品种第11、10、10位。HVICC纤维上半部长度29.1 mm,整齐度指数84.4%,马克隆值5.5,断裂比强度28.8 cN/tex,纺纱均匀指数127.2。

终止试验。

(七)中杂306

2014年区域试验结果:该品种出苗较好,整个生育期生长势和整齐度均表现较好;株型塔形、株高中等、较紧凑,茎秆少毛;叶片掌状,中等大小,叶色深绿;铃卵圆形,中等偏大,吐絮畅,易收摘;耐枯萎病(枯萎病指12.9),抗黄萎病(黄萎病指19.5)。生育期117 d,单铃重6.8 g,衣分41.8%,籽指11.1 g,第一果枝节位6.7节,株高104.0 cm,果枝数14.7台/株,单株结铃23.1个,霜前花率97.8%。8点汇总,7点增产,1点减产,增产点率达87.5%;平均亩产籽棉、皮棉和霜前皮棉分别为259.3 kg、108.5 kg和106.6 kg,分别比对照鲁棉研28增产12.4%、12.7%和14.5%,分居14个参试品种第6、6、5位。HVICC纤维上半部长度28.6 mm,整齐度指数84.6%,马克隆值5.7,断裂比强度29.0 cN/tex,纺纱均匀指数 126.6。

继续试验。

（八）鲁杂 216

2014 年区域试验结果：该品种出苗较好，整个生育期生长势和整齐度较好；株型塔形、株高中等、较松散，茎秆中毛；叶片掌状，中等偏大，叶色深绿；铃卵圆形，中等大小，吐絮畅，易收摘；抗枯萎病（枯萎病指 5.4），感黄萎病（黄萎病指 38.3）。生育期 117 d，单铃重 6.2 g，衣分 43.0%，籽指 10.6 g，第一果枝节位 6.8 节，株高 102.6 cm，果枝数 14.2 台/株，单株结铃 24.4 个，霜前花率 96.8%。8 点汇总，皮棉总产均增产，增产点率达 100.0%；平均亩产籽棉、皮棉和霜前皮棉分别为 251.5 kg、108.0 kg 和 104.7 kg，分别比对照鲁棉研 28 增产 9.0%、12.1% 和 12.4%，均居 14 个参试品种第 8 位。HVICC 纤维上半部长度 29.0 mm，整齐度指数 84.9%，马克隆值 5.4，断裂比强度 29.4 cN/tex，纺纱均匀指数 132.2。

停止试验。

（九）周棉 11 号

2014 年区域试验结果：该品种出苗较好，整个生育期生长势和整齐度均表现较好；株型塔形、较紧凑，茎秆多毛；叶片掌状，中等大小，叶色深绿；花冠为红色，基部有红斑；铃卵圆形，中等大小，吐絮畅，易收摘；高抗枯萎病（枯萎病指 4.5），耐黄萎病（黄萎病指 23.2）。生育期 117 d，单铃重 6.1 g，衣分 42.2%，籽指 10.4 g，第一果枝节位 6.4 节，株高 97.4 cm，果枝数 13.6 台/株，单株结铃 22.4 个，霜前花率 96.4%。8 点汇总，皮棉总产 8 点均增产，增产点率达 100.0%；平均亩产籽棉、皮棉和霜前皮棉分别为 263.7 kg、111.0 kg、107.1 kg，分别比对照鲁棉研 28 增产 14.3%、15.3%、15.0%，分居 14 个参试品种第 2、4、4 位。HVICC 纤维上半部长度 29.1 mm，整齐度指数 85.2%，马克隆值 5.2，断裂比强度 29.5 cN/tex，纺纱均匀指数 136.2。

继续试验。

（十）粮源棉 9 号

2014 年区域试验结果：该品种出苗好，整个生育期均表现好；株型塔形、株高中等、较紧凑，茎秆中毛；叶片掌状，中等大小，叶色深绿；铃卵圆形，中等大小，吐絮畅，易收摘；抗枯萎病（枯萎病指 6.3），抗黄萎病（黄萎病指 19.4）。生育期 116 d，单铃重 6.5 g，衣分 41.2%，籽指 11.1 g，第一果枝节位 6.7 节，株高 98.6 cm，果枝数 14.4 台/株，单株结铃 21.4 个，霜前花率 95.6%。8 点汇总，皮棉总产 5 点增产，3 点减产，增产点率达 62.5%；平均亩产籽棉、皮棉和霜前皮棉分别为 240.1 kg、98.6 kg 和 95.1 kg，分别比对照鲁棉研 28 增产 4.1%、2.4% 和 2.2%，分居 14 个参试品种第 10、11、11 位。HVICC 纤维上半部长度 28.8 mm，整齐度指数 84.3%，马克隆值 5.5，断裂比强度 29.6 cN/tex，纺纱均匀指数 128.6。

终止试验。

（十一）天宁杂三号

2014 年区域试验结果：该品种出苗一般，整个生育期生长势和整齐度均表现较好；株型塔形、株高中等、较松散，茎秆中毛；叶片掌状，中等偏小，叶色深绿；铃圆形，中等大小，吐絮畅，易收摘；耐枯萎病（枯萎病指 17.6），抗黄萎病（黄萎病指 19.6）。生育期 117 d，单铃重 6.6 g，衣分 42.3%，籽指 10.9 g，第一果枝节位 7.0 节，株高 105.5 cm，果枝数

13.8 台/株，单株结铃 24.5 个，霜前花率 95.8%。8 点汇总，皮棉总产 7 点增产，1 点减产，增产点率达 87.5%；平均亩产籽棉、皮棉和霜前皮棉分别为 275.6 kg、115.5 kg 和 110.8 kg，分别比对照鲁棉研 28 增产 19.5%、19.9% 和 19.0%，均居 14 个参试品种第 1 位。HVICC 纤维上半部长度 29.3 mm，整齐度指数 84.3%，马克隆值 5.5，断裂比强度 30.2 cN/tex，纺纱均匀指数 131.6。

终止试验。

（十二）豫杂 54

2014 年区域试验结果：该品种出苗好，整个生育期生长势和整齐度均表现好；株型塔形、株高中等、较松散，茎秆中毛；叶片掌状，中等大小，叶色深绿；铃卵圆形，中等偏大，吐絮畅，易收摘；抗枯萎病（枯萎病指 10.0），耐黄萎病（黄萎病指 32.2）。生育期 113 d，单铃重 5.9 g，衣分 41.6%，籽指 9.9 g，第一果枝节位 6.6 节，株高 100.7 cm，果枝数 13.5 台/株，单株结铃 21.0 个，霜前花率 97.6%。8 点汇总，皮棉总产 2 点增产，6 点减产，增产点率达 25.0%；平均亩产籽棉、皮棉和霜前皮棉分别为 209.9 kg、86.7 kg、85.3 kg，分别比对照鲁棉研 28 增产 -9.0%、-9.9%、-8.3%，均居 14 个参试品种末位。HVICC 纤维上半部长度 29.2 mm，整齐度指数 84.9%，马克隆值 4.8，断裂比强度 30.6 cN/tex，纺纱均匀指数 142.0。

终止试验。

（十三）嘉星 3H-2

特征特性：该品种出苗好，整个生育期生长势和整齐度均表现好；株型塔形、株高中等、较松散，茎秆中毛；叶片掌状，中等大小，叶色深绿；铃卵圆形，中等偏大，吐絮畅，易收摘；抗枯萎病（枯萎病指 7.3），耐黄萎病（黄萎病指 30.9）。

2013 年区域试验结果：9 点汇总，皮棉总产 7 点增产，2 点减产，增产点率达 77.8%；平均亩产籽棉、皮棉和霜前皮棉分别为 266.1 kg、107.7 kg 和 98.5 kg，分别比对照鲁棉研 28 增产 7.3%、11.9% 和 10.4%，分居 13 个参试品种第 3、2、2 位。HVICC 纤维上半部长度 29.1 mm，整齐度指数 84.7%，马克隆值 5.2，断裂比强度 30.6 cN/tex，纺纱均匀指数 139.0。

2014 年区域试验结果：8 点汇总，皮棉总产 8 点均增产，增产点率达 100.0%；平均亩产籽棉、皮棉和霜前皮棉分别为 255.4 kg、110.4 kg 和 106.5 kg，分别比对照鲁棉研 28 增产 10.7%、14.7% 和 14.4%，分居 14 个参试品种第 7、5、6 位。HVICC 纤维上半部长度 29.1 mm，整齐度指数 84.9%，马克隆值 5.5，断裂比强度 28.8 cN/tex，纺纱均匀指数 131.4。

2013～2014 年该品种平均生育期 115 d，株高 105.6 cm，第一果枝节位 6.9 节，单株果枝数 14.3 台，单株结铃 24.4 个，单铃重 6.2 g，籽指 10.4 g，衣分 41.6%，霜前花率 95.3%。HVICC 纤维上半部长度 29.1 mm，断裂比强度 29.7 cN/tex，马克隆值 5.4，伸长率 5.6%，反射率 78.7%，黄度 7.4，整齐度指数 84.8%，纺纱均匀指数 135.2。平均亩产籽棉、皮棉和霜前皮棉分别为 260.8 kg、109.1 kg 和 102.5 kg，分别比对照鲁棉研 28 增产 9.0%、13.3% 和 12.4%。

建议生产试验。

附表　2014 年河南省杂交春棉区域试验品种产量性状表

地点	品种名称	密度（株/亩）	生育期（d）	铃重（g）	籽指（d）	第一果枝节位	株高（cm）	果枝（台/株）	株铃（个）	衣分（%）	籽棉（kg/亩）	位次	皮棉（kg/亩）	位次	霜前皮棉（kg/亩）	位次	霜前花率（%）
安阳	郑杂棉 19	3 000	126	7.6	11.0	7.4	89.7	13.8	18.9	44.2	321.5	4	133.3	5	130.0	7	97.5
安阳	锦 K115	3 000	121	7.6	12.3	6.5	74.2	12.4	15.1	42.9	256.5	13	104.8	13	102.7	13	98.0
安阳	百棉 986	3 000	118	7.5	12.6	7.5	80.4	12.8	17.9	43.3	294.5	11	118.7	12	116.4	12	98.1
安阳	嘉星 101	3 000	121	7.6	11.0	7.3	90.8	15.1	19.6	45.1	321.8	3	136.8	3	134.2	4	98.1
安阳	SGKZ80	3 000	120	7.3	11.4	7.5	77.1	12.1	15.4	45.4	298.5	10	127.4	9	123.5	9	96.9
安阳	汴棉 819	3 000	122	7.4	11.6	7.3	82.5	13.3	17.4	44	291.8	12	121.9	11	118.5	11	97.2
安阳	中杂 306	3 000	121	7.6	11.7	7.3	83.6	13.3	18.2	44.4	336.2	2	140.9	2	138.1	2	98.0
安阳	鲁棉研 28	3 000	124	7.3	11.3	7.1	79.8	13.9	18.6	44.2	298.8	9	125.8	10	120.5	10	95.7
安阳	鲁杂 216	3 000	123	7.1	11.3	7.8	86.9	14.8	19.6	44.9	315.2	7	133.6	6	127.5	6	95.4
安阳	周棉 11 号	3 000	122	7.2	11.4	7.3	74.2	13.9	16.4	45.2	321.5	5	138.5	4	134.1	3	96.8
安阳	粮源棉 9 号	3 000	123	7.8	11.7	7.5	83.6	13.9	17.0	43.7	312.2	8	128.3	8	123.5	8	96.2
安阳	天宁杂三号	3 000	123	7.7	11.4	7.6	90.1	13.3	18.3	44.6	357.2	1	151.0	1	141.8	1	93.9
安阳	豫杂 54	3 000	113	6.5	10.6	7.6	70.0	11.6	17.1	44.3	212.1	14	87.9	14	85.2	14	96.9
安阳	嘉星 3H－2	2 800	127	7.4	11.2	7.7	79.7	13.9	16.5	45.2	317.5	6	134.6	7	125.7	5	93.4
黄泛区	郑杂棉 19	2 250	115	5.3	10.1	6.9	80.6	11.5	14.8	44.1	158.9	14	70.0	14	70.1	14	100.0
黄泛区	锦 K115	2 250	116	5.6	11.6	6.9	86.1	10.9	12.0	42.2	169.4	13	71.5	13	71.5	13	100.0
黄泛区	百棉 986	2 250	117	5.7	10.5	6.9	90.5	11.7	15.5	44.6	201.9	3	90.0	2	90.0	2	100.0
黄泛区	嘉星 101	2 250	115	5.6	10.2	7.7	98.3	11.4	16.8	45.0	189.5	8	85.4	6	85.3	6	100.0

续附表

地点	品种名称	密度（株/亩）	生育期（d）	铃重（g）	籽指（d）	第一果枝节位	株高（cm）	果枝（台/株）	株铃（个）	衣分（%）	籽棉（kg/亩）	位次	皮棉（kg/亩）	位次	霜前皮棉（kg/亩）	位次	霜前花率（%）
黄泛区	SGKZ80	2 250	116	5.8	11.1	6.7	89.1	12.2	15.6	44.9	187.6	9	84.3	8	84.3	8	100.0
黄泛区	汴棉 819	2 250	115	5.7	10.8	6.8	88.2	10.4	15.8	44.4	170.2	12	75.6	11	75.6	11	100.0
黄泛区	中杂 306	2 250	116	6.2	11.3	6.6	90.1	12.3	15.3	42.9	184.6	10	79.2	10	79.2	10	100.0
黄泛区	鲁棉研 28	2 250	116	5.2	9.6	6.3	80.6	11.3	12.1	44.6	190.3	6	84.8	7	84.9	7	100.0
黄泛区	鲁杂 216	2 250	116	5.7	10.2	6.7	90.4	12.4	14.1	44.8	191.2	5	85.6	5	85.7	5	100.0
黄泛区	周棉 11 号	2 250	116	5.2	9.7	6.6	74.8	10.5	11.6	43.3	214.2	1	92.8	1	92.8	1	100.0
黄泛区	粮源棉 9 号	2 250	114	5.6	10.8	6.6	78.0	10.7	12.6	42.1	174.6	11	73.6	12	73.5	12	100.0
黄泛区	天宁杂三号	2 250	115	5.9	10.8	6.7	90.8	11.6	16.4	42.9	190.1	7	81.6	9	81.6	9	100.0
黄泛区	豫杂 54	2 250	116	4.5	9.2	6.7	90.4	12.7	16.4	42.2	211.4	2	89.3	4	89.2	4	100.0
黄泛区	嘉星 3H－2	2 250	115	5.5	9.6	6.4	84.6	11.5	18	45.5	197.0	4	89.7	3	89.6	3	100.0
南阳	郑杂棉 19	2 560	111	6.7	11.4	8.0	83.3	13.3	14	42.2	248.1	3	106.4	2	103.3	3	97.0
南阳	锦 K115	2 594	111	7.5	12.2	7.2	83.6	13.4	15.8	40.5	186.8	11	75.8	11	74.1	11	98.0
南阳	百棉 986	2 560	111	7.4	12.1	8.2	85.6	14.4	15.1	41.9	246.8	4	104.9	4	103.2	4	98.0
南阳	嘉星 101	2 324	111	7.3	10.9	8.4	92.9	13.8	15.7	42.8	223.4	6	96.3	6	94.0	6	98.0
南阳	SGKZ80	2 628	112	6.9	11.1	8.1	95.5	15.5	17.1	43.5	204.4	9	88.3	9	86.3	9	98.0
南阳	汴棉 819	2 291	111	6.9	11.5	7.6	96.6	15.3	16.4	42.2	216.8	7	92.8	8	90.9	7	98.0
南阳	中杂 306	2 594	111	7.3	11.8	7.9	97.2	15.4	16.2	42.0	246.1	5	101.2	5	99.4	5	98.0
南阳	鲁棉研 28	2 695	112	6.4	11.3	7.7	79.2	12.3	15.2	41.0	171.1	14	66.3	14	63.6	14	96.0

续附表

地点	品种名称	密度（株/亩）	生育期（d）	铃重（g）	籽指（d）	第一果枝节位	株高（cm）	果枝（台/株）	株铃（个）	衣分（%）	籽棉（kg/亩）	位次	皮棉（kg/亩）	位次	霜前皮棉（kg/亩）	位次	霜前花率（%）
南阳	鲁杂216	2 661	112	6.7	10.2	8.0	90.6	13.7	16.4	43.3	197.1	10	83.2	10	81.1	10	97.0
南阳	周棉11号	2 459	112	6.5	10.9	7.0	81.2	13.3	16.2	43.1	251.8	1	106.2	3	103.7	2	98.0
南阳	粮源棉9号	2 628	112	6.8	11.2	8.2	83.0	15.2	14.2	41.3	185.4	12	75.3	12	72.0	13	96.0
南阳	天宁杂三号	2 493	112	7.4	11.4	8.6	96.8	15.2	14.7	41.9	251.5	2	107.6	1	105.3	1	98.0
南阳	豫杂54	2 392	110	6.8	10.0	7.4	84.7	13.1	15.7	40.9	177.1	13	74.2	13	73.6	12	99.0
南阳	嘉星3H－2	2 459	111	6.6	10.5	9.2	89.4	13.8	15.2	44.0	209.4	8	93.2	7	90.4	8	97.0
商丘	郑杂棉19	2 000	125	6.34	10.5	6.3	135.2	15.2	25.3	42.3	249.1	4	110.4	3	102.9	5	89.8
商丘	锦K115	2 000	120	6.2	11.5	6.3	115.1	13.5	16.75	43.7	248.8	5	108.8	6	103.0	4	89.9
商丘	百棉986	2 000	126	5.9	11.5	6.1	133.6	15.4	20.7	42.4	235.5	10	99.8	11	94.0	11	91.1
商丘	嘉星101	2 000	120	6.1	10.5	5.4	141.3	14.9	20.15	41.9	254.5	2	113.2	2	104.6	2	91.5
商丘	SGKZ80	2 000	122	5.8	10.5	6.1	126.5	15.8	22.72	43.9	250.5	3	109.9	4	103.7	3	92.4
商丘	汴棉819	2 000	126	6.41	11.5	6.1	125.8	15.1	16.85	43.8	211.8	13	92.8	13	90.2	13	89.2
商丘	中杂306	2 000	116	6.7	12.0	6.2	120.3	15.1	22.25	42.41	270.1	1	116.1	1	111.7	1	92.6
商丘	鲁棉研28	2 000	118	5.6	10.5	6.2	120.5	14.1	22.45	43.19	220.8	12	96.9	12	93.4	12	94.6
商丘	鲁杂216	2 000	116	6.0	11.0	6.5	130.5	13.6	23.72	43.85	238.5	8	104.6	8	99.0	9	93.1
商丘	周棉11号	2 000	118	5.0	9.5	6.0	125.8	13.4	20.8	43.2	239.5	7	103.4	9	100.0	8	95.1
商丘	粮源棉9号	2 000	122	6.1	11.5	6.5	130.7	14.8	20.35	42.43	228.4	11	100.5	10	95.2	10	87.1
商丘	天宁杂三号	2 000	125	6.3	11.0	6.1	126.7	13.5	21.3	44.01	248.5	6	109.3	5	102.3	6	90.2

续附表

地点	品种名称	密度（株/亩）	生育期（d）	铃重（g）	籽指（d）	第一果枝节位	株高（cm）	果枝（台/株）	株铃（个）	衣分（%）	籽棉（kg/亩）	位次	皮棉（kg/亩）	位次	霜前皮棉（kg/亩）	位次	霜前花率（%）
商丘	豫杂 54	2 000	113	5.7	9.5	6.0	125.1	13.2	17.85	43.9	206.8	14	90.8	14	84.9	14	91.9
商丘	嘉星 3H－2	2 000	119	6.2	10.5	6.1	126.2	14.3	24.4	44.68	237.8	9	106.2	7	100.6	7	92.2
新乡	郑杂棉 19	1 999	127	6.7	10.9	5.9	107.0	14.1	35.0	42.29	309.9	4	129.8	4	123.2	5	94.9
新乡	锦 K115	2 009	114	6.7	12.0	6.3	104.8	13.6	28.6	41.01	225.5	14	97.1	13	91.1	14	97.4
新乡	百棉 986	2 020	114	6.2	11.0	6.0	115.2	13.8	34.8	41.96	284.2	9	117.0	10	113.7	9	97.0
新乡	嘉星 101	1 988	121	6.6	9.7	6.9	123.2	14.3	38.0	44.85	310.5	3	134.4	1	129.9	1	95.1
新乡	SGKZ80	2 020	122	6.3	10.9	5.9	113.7	14.8	34.0	44.18	289.8	7	121.4	7	119.0	7	96.9
新乡	汴棉 819	1 977	114	6.5	10.7	6.8	110.0	13.4	31.0	42.71	242.2	12	101.9	12	98.0	12	95.5
新乡	中杂 306	1 999	123	6.9	10.7	6.8	116.1	14.2	33.9	43.64	300.9	5	129.7	5	126.5	2	96.8
新乡	鲁棉研 28	1 956	118	6.2	10.4	5.6	107.1	14.3	36.5	43.19	281.4	10	120.7	9	112.9	10	93.6
新乡	鲁杂 216	2 009	120	6.1	9.8	6.7	111.5	13.4	35.0	44.13	289.8	8	121.3	8	116.8	8	94.9
新乡	周棉 11 号	1 988	122	6.2	10.3	5.9	113.6	14.4	39.0	43.70	322.0	1	133.5	2	123.9	4	91.7
新乡	粮源棉 9 号	2 009	122	7.1	10.2	6.4	115.4	14.1	32.0	42.66	281.2	11	115.3	11	110.3	11	94.8
新乡	天宁杂三号	2 009	122	6.8	10.8	7.3	127.3	14.7	43.0	42.67	314.9	2	127.8	6	121.1	6	93.9
新乡	豫杂 54	2 009	126	6.0	9.6	6.5	127.5	15.1	29.1	43.38	237.2	13	94.5	14	91.9	13	94.7
新乡	嘉星 3H－2	2 009	127	6.5	9.7	6.8	111.5	13.9	36.0	44.95	299.5	6	130.0	3	124.8	3	94.6
原阳	郑杂棉 19	2 138	124	5.8	9.9	6.7	94.4	18.8	30.6	40.9	280.3	2	117.5	3	117.2	3	100.0
原阳	锦 K115	2 186	125	5.9	9.6	7.0	88.7	17.2	28.7	39.5	241.9	9	95.1	10	98.2	9	100.0

续附表

地点	品种名称	密度（株/亩）	生育期（d）	铃重（g）	籽指（d）	第一果枝节位	株高（cm）	果枝（台/株）	株铃（个）	衣分（%）	籽棉（kg/亩）	位次	皮棉（kg/亩）	位次	霜前皮棉（kg/亩）	位次	霜前花率（%）
原阳	百棉986	2 149	116	5.6	10.1	6.4	82.1	18.4	21.4	38.5	266.2	7	105.4	7	105.2	7	100.0
原阳	嘉星101	2 260	115	5.8	11.1	7.0	97.3	18.4	32.8	40.7	273.2	5	112.4	5	113.4	5	100.0
原阳	SGKZ80	2 260	116	5.8	10.9	6.7	94.0	17.2	25.4	39.0	240.8	10	97.6	9	96.6	10	100.0
原阳	汴棉819	2 075	116	5.7	9.9	6.6	92.5	17.6	29.3	39.4	256.1	8	104.7	8	103.7	8	100.0
原阳	中杂306	1 975	118	6.4	9.7	6.4	99.4	17.8	29.6	39.0	269.0	6	107.0	6	108.1	6	100.0
原阳	鲁棉研28	2 197	118	5.6	10.8	6.9	95.6	16.9	29.4	38.4	230.0	12	88.8	12	91.1	12	100.0
原阳	鲁杂216	1 990	117	5.4	10.7	7.1	97.0	19.1	34.2	42.8	278.0	4	122.4	1	120.9	1	100.0
原阳	周棉11号	2 234	116	5.7	10.5	6.7	100.5	18.1	24.6	39.5	230.3	11	92.3	11	93.7	11	100.0
原阳	粮源棉9号	2 086	117	5.6	12.1	6.5	94.2	17.9	24.5	37.6	227.4	13	86.6	13	88.2	13	100.0
原阳	天宁杂三号	2 309	118	5.8	10.4	6.7	101.7	17.2	31.1	38.9	302.2	1	120.7	2	120.6	2	100.0
原阳	豫杂54	2 260	115	5.9	10.7	6.6	97.9	17.9	26.5	37.9	216.5	14	81.9	14	84.4	14	100.0
原阳	嘉星3H－2	2 160	117	5.8	10.8	6.9	103.1	18.8	34.1	39.8	278.1	3	112.8	4	114.0	4	100.0
郑州	郑杂棉19	2 368	107	5.68	10.2	5.1	82.5	14.3	21.5	40.2	239.5	1	93.6	1	91.0	1	97.2
郑州	锦K115	2 401	108	5.88	11.6	4.8	98.5	14.1	21.3	36.4	201.8	10	79.9	10	75.3	13	94.2
郑州	百棉986	2 368	108	5.95	11.7	5.7	99.5	11.9	21.6	35.6	232.1	2	92.6	4	88.0	6	94.9
郑州	嘉星101	2 401	107	5.73	10.5	6.1	98.5	12.1	19.5	37.0	219.4	5	93.3	3	90.4	2	97
郑州	SGKZ80	2 435	107	5.71	11.7	5.0	89.0	14.4	23.4	37.8	196.1	11	79.1	12	76.7	12	97.1
郑州	汴棉819	2 368	105	5.47	10.9	5.3	100.5	11.5	21.8	37.3	229.8	4	90.1	6	86.0	7	95.5

续附表

地点	品种名称	密度（株/亩）	生育期（d）	铃重（g）	籽指（d）	第一果枝节位	株高（cm）	果枝（台/株）	株铃（个）	衣分（%）	籽棉（kg/亩）	位次	皮棉（kg/亩）	位次	霜前皮棉（kg/亩）	位次	霜前花率（%）
郑州	中杂 306	2 368	107	6.16	10.5	6.4	104.5	15.4	20.6	39.7	205.4	9	82.7	9	81.7	9	98.7
郑州	鲁棉研 28	2 501	106	5.9	10.0	5.1	87.5	14.1	21.6	41.1	196.1	12	79.0	13	78.0	11	98.7
郑州	鲁杂 216	2 435	107	5.53	10.8	5.2	105.5	12	21.7	37.8	215.1	7	89.7	7	88.7	5	98.9
郑州	周棉 11 号	2 335	108	5.46	10.1	5.8	99.0	11	20.1	40.6	231.1	3	93.4	2	90.4	3	96.9
郑州	粮源棉 9 号	2 468	108	5.76	10.7	5.9	90.5	14.3	22.5	38.3	218.8	6	86.2	8	84.9	8	98.6
郑州	天宁杂三号	2 335	110	5.6	10.5	6.4	88.5	10.9	19.1	38.2	194.4	13	79.8	11	78.5	10	98.4
郑州	豫杂 54	2 368	107	5.25	9.9	5.8	95.5	10.5	17.2	37.9	182.8	14	74.5	14	73.2	14	98.3
郑州	嘉星 3H－2	2 335	107	5.7	9.9	5.7	106.0	14.8	22.4	39.16	213.4	8	91.0	5	89.4	4	98.2
杞县	郑杂棉 19	2 056	121	7.5	11.1	5.8	123.9	15.8	31.4	44.8	296.1	4	128.3	3	122.9	3	95.8
杞县	锦 K115	2 122	115	7.7	11.9	5.5	106.1	14.3	23.8	43.4	246.5	13	102.8	13	100.8	12	98.1
杞县	百棉 986	2 133	116	7.2	11.6	6.0	109.4	12.9	25.9	44.6	316.2	2	136.3	2	129.5	2	95
杞县	嘉星 101	2 045	120	7.3	10.6	6.7	113.1	14.7	29.7	46.1	294.8	5	124.4	6	114.4	8	92
杞县	SGKZ80	2 111	122	7.5	11.2	5.8	105.9	15	29.1	45.3	285.5	9	123.4	8	119.4	4	96.8
杞县	汴棉 819	2 033	123	7.5	11.6	6.3	119.8	14	27	43.9	279.1	10	116.9	10	109.8	10	93.9
杞县	中杂 306	2 111	121	7.5	10.7	6.1	120.6	13.7	29	45.4	261.8	11	111.0	11	108.5	11	97.7
杞县	鲁棉研 28	2 100	122	7.1	10.7	5.6	101.3	13.7	26.1	44.1	257.1	12	108.0	12	100.7	13	93.3
杞县	鲁杂 216	2 133	118	6.9	10.4	6.2	108.8	14.4	30.2	45.6	287.1	8	123.4	7	117.4	7	95.1
杞县	周棉 11 号	2 122	122	7.3	10.8	5.8	110.4	14.2	30.3	44.9	299.1	3	128.0	4	117.9	5	92.1

续附表

地点	品种名称	密度(株/亩)	生育期(d)	铃重(g)	籽指(d)	第一果枝节位	株高(cm)	果枝(台/株)	株铃(个)	衣分(%)	籽棉(kg/亩)	位次	皮棉(kg/亩)	位次	霜前皮棉(kg/亩)	位次	霜前花率(%)
杞县	粮源棉9号	2 133	122	7.3	10.8	6.1	113.6	14.5	27.8	44.4	292.8	6	123.3	9	113.2	9	91.8
杞县	天宁杂三号	2 067	122	7.6	10.9	6.7	122.1	14.3	32.3	44.8	345.8	1	146.2	1	134.9	1	92.2
杞县	豫杂54	2 145	114	6.4	9.6	6.3	114.2	14.2	28.1	45.2	235.1	14	100.9	14	100.3	14	99.4
杞县	嘉星3H－2	2 100	117	7.1	10.4	6.6	119.9	15.8	30.2	46.2	290.8	7	126.0	5	117.8	6	93.6
平均	郑杂棉19		117	6.4	10.6	6.5	99.6	14.6	23.9	42.6	262.9	3	111.2	3	107.6	3	96.5
平均	锦K115		114	6.6	11.6	6.3	94.6	13.7	20.3	41.2	222.1	13	92.0	13	89.6	13	96.9
平均	百棉986		115	6.4	11.4	6.6	99.5	13.9	21.6	41.6	259.7	5	108.1	7	105.0	7	96.8
平均	嘉星101		115	6.5	10.6	6.9	106.9	14.3	24.0	42.9	260.9	4	112.0	2	108.3	2	96.5
平均	SGKZ80		115	6.4	11.1	6.5	98.9	14.6	22.8	43.0	244.2	9	103.9	9	101.2	9	97.3
平均	汴棉819		116	6.5	11.1	6.6	102.0	13.8	21.9	42.2	237.2	11	99.6	10	96.6	10	96.2
平均	中杂306		117	6.8	11.1	6.7	104.0	14.7	23.1	42.4	259.3	6	108.5	6	106.6	5	97.8
平均	鲁棉研28		118	6.2	10.6	6.3	93.9	13.8	22.7	42.5	230.7	12	96.3	12	93.1	12	96.5
平均	鲁杂216		117	6.2	10.6	6.8	102.6	14.2	24.4	43.4	251.5	8	108.0	8	104.7	8	96.8
平均	周棉11号		117	6.1	10.4	6.4	97.4	13.6	22.4	42.9	263.7	2	111.0	4	107.1	4	96.4
平均	粮源棉9号		116	6.5	11.1	6.7	98.6	14.4	21.4	41.6	240.1	10	98.6	11	95.1	11	95.6
平均	天宁杂三号		117	6.6	10.9	7.0	105.5	13.8	24.5	42.3	275.6	1	115.5	1	110.8	1	95.8
平均	豫杂54		113	5.9	9.9	6.6	100.7	13.5	21.0	42.0	209.9	14	86.7	14	85.3	14	97.6
平均	嘉星3H－2		116	6.3	10.3	6.9	102.5	14.6	24.6	43.7	255.4	7	110.4	5	106.5	6	96.2

3　2014 年河南省夏棉区域试验品种汇总总结

一、试验目的

通过河南省不同生态区多年多点试验,鉴定夏棉参试品种的丰产性、稳产性、适应性、早熟性、纤维品质、抗病性,为夏棉新品种的生产试验、品种审定及推广应用提供科学依据。

二、试验材料

参试品种 9 个,中棉所 50 为对照,其中 7 个常规品种,2 个杂交品种,参试种子由参试单位提供,详见表 1。

表 1　2014 年河南省夏棉区域试验参试品种来源及编号

品种	编码	类型	品种来源	参试单位	年限
豫早 6507	5	常规	YZ4123 × 银山 9 号	河南省农业科学院经济作物研究所	2
鲁棉 532	6	常规	K640/K836	山东省棉花研究中心	1
百棉 19	7	常规	BMHK0622 × BM068　后代系选	河南科技学院	1
金科 6 号	1	常规	中棉所 50 × 早熟 2 号系	安徽省阜阳市农科院	1
中 2941	10	常规	(55428 × 055423) × 108607	中国农业科学院棉花研究所	1
中创 96	3	常规	父本 ZC718 × 邯 686	河南省中创种业短季棉有限公司、邯郸市农业科学院、新疆硕丰种业有限公司	1
豫早 6321	8	常规	YZ1423 × 豫早 9110	河南省农业科学院经济作物研究所	1
中 5018	4	杂交	050418　×　SF06	中国农业科学院棉花研究所	2
中 328	2	杂交	071239 × 山农 SF06	中国农业科学院棉花研究所	1

三、试验承试单位和试验设计

(一)试验承试单位

河南省农业科学院经济作物研究所(李武),中国农业科学院棉花研究所(范术丽),河南省中创种业短季棉有限公司(刘承科),新乡市锦科棉花研究所(田土星),黄泛区地神种业有限公司(白利明),开封市农林科学研究院(楚宗艳),深圳创世纪科技有限公司内黄试验站(王长喜),邓州市先天下种业有限公司(李晓丽),中国农业科学院棉花研究所植保室(朱荷琴),农业部棉花品质监督检验测试中心(唐淑荣)。

(二)试验设计

试验按随机区组设计,3 次重复,每小区 4 ~6 行,小区面积≥20 m^2,周边设置不少于 4 行的保护行。

四、棉花生育期间气候特点及栽培管理

(一)气候特点

2014 年河南省气候情况是苗期天气好,气温高、少雨,趁墒播种,利于一播全苗;棉花生育中期,尤其是 7 ~8 月,多地出现强降雨,棉花中部落铃较多;9 月下旬至 10 月中下旬多阴雨天,影响棉花的正常吐絮与收摘晾晒。

1. 苗期

5 月下旬至 6 月初天气晴好,高温、少雨,趁墒播种,利于一播全苗。苗期光照充足,有利于苗期生长。

2. 蕾铃期

6 月下旬光照正常、降雨适宜,利于棉花生长;7 月光照充足,温度偏高,高温持续时间长,降水偏多,棉花中部落铃较多,对棉花产量和品种有一定影响。但后期棉花上部开花成铃较多,对产量有一定补偿作用。

3. 吐絮期

吐絮前,各试点降水偏少,天气晴好,光照适宜,利于棉铃吐絮和摘收。9 月下旬至 10 月中下旬多阴雨天,影响棉花的正常吐絮与收摘晾晒。

(二)栽培管理

各试点均按照当地主要栽培管理措施实行,田间管理均匀一致;密度 4 000 ~6 000 株/亩,前作有棉花、小麦;播期 5 月底 6 月初;播种方式为直播;防治地老虎、棉蚜、红蜘蛛、棉铃虫、盲椿象等 6 ~15 次;浇地 0 ~5 次,排水 0 ~3 次,化调 0 ~2 次,中耕除草 2 ~4 次;基肥为有机肥、氮、磷、钾肥等,追肥以复合肥、尿素为主。

五、试验结果

本组试验共 8 个试点,8 个试点数据经过审核,试验误差均在规定范围内,予以汇总。总变异系数 C_V =5.78%。

(一)早熟性

2014 年结果:各参试品种生育期 99 ~101 d,第一果枝节位 4.7 ~4.9 节,霜前花率 89.5% ~95.5%。中创 96、中棉所 50、中 2941 品种霜前花率高,早熟性好。

2013 ~2014 年试验结果:中 5018 品种生育期 99 d,第一果枝节位 4.8 节,霜前花率为 93.3%。

(二)主要特性

2014 年结果:各参试品种株高 66.2 ~74.4 cm,中 2941 最低,中 328 最高;单株果枝数 9.7 ~10.7 台;单株结铃数 9.8 ~12.0 个;籽指在 9.8 ~10.7 g。

2013 ~2014 年试验结果:参试品种株高 74.0 ~76.5 cm,单株果枝数 10.2 ~10.4 台,

单株结铃数 10.6～11.7 个;籽指在 10.4～10.8 g。

表 2　2014 年夏棉区域试验品种农艺性状

品种	年份	编号	生育期(d)	第一果枝节位	株高(cm)	果枝(台/株)	株铃(个)	铃重(g)	籽指(g)	霜前花率(%)
金科 6 号	2014	1	100	5.4	72.6	10.2	11.1	5.7	10.0	92.4
中 328	2014	2	99	5.3	74.4	10.5	12.0	5.7	10.3	94.7
中创 96	2014	3	99	5.3	70.5	10.0	10.9	5.3	10.0	95.5
中 5018	2014	4	99	5.5	72.1	10.1	10.8	5.8	10.3	94.9
	2013	1	95	5.6	75.8	10.7	12.5	5.2	10.4	92.7
	平均	4	97	5.6	74.0	10.4	11.7	5.5	10.4	93.8
豫早 6507	2014	5	100	5.1	72.3	9.8	10.2	6.2	10.7	93.7
	2013	2	100	5.1	80.7	10.5	10.9	5.7	10.9	92.5
	平均	5	100	5.1	76.5	10.2	10.6	6.0	10.8	93.1
鲁棉 532	2014	6	100	5.4	71.5	9.7	10.7	6.1	10.0	94.9
百棉 19	2014	7	100	5.2	66.5	10.2	10.6	5.6	10.4	92.4
豫早 6321	2014	8	101	5.2	70.1	10.7	12.0	5.2	9.8	89.5
中棉所 50	2014	9	99	5.2	66.2	9.7	9.8	5.8	10.0	95.2
中 2941	2014	10	99	5.3	65.9	10.1	10.5	5.4	9.9	96.0

(三)小区皮棉产量统计分析

皮棉产量方差分析表明:品种间、品种和地点互作效应均达极显著差异,说明需要进行品种稳定性分析,并对各品种皮棉总产进行多重比较,以便确定表现优异的品种(见表 3)。

表 3　2014 年夏棉区域试验品种方差分析(C_V =5.78%)

变异来源	df	皮棉总产			P
		SS	MS	F	
地点内区组	16	1.781	0.111	4.5	0
地点	7	36.049	5.150	207.8	0
品种	9	5.869	0.652	26.3	0
品种×地点	63	9.326	0.148	6	0
试验误差	144	3.569	0.025		
总变异	239	56.594			

参试的 9 个品种皮棉产量品种间差异显著(见表 4)。中 328、中 5018、中创 96、鲁棉

532、豫早 6507 比对照中棉所 50 增产极显著；金科 6 号、豫早 6321 比对照中棉所 50 减产，但减产不显著。

表 4　品种间皮棉产量多重比较

品种	编码	均值(kg/小区)	$LSR_{0.05}$	$LSR_{0.01}$
中 328	2	2.870	a	A
中 5018	4	2.856	a	A
中创 96	3	2.692	b	B
鲁棉 532	6	2.683	b	BC
豫早 6507	5	2.587	c	BCD
中 2941	10	2.569	c	CDE
百棉 19	7	2.523	cd	DEF
中棉所 50	9	2.458	de	EF
金科 6 号	1	2.435	de	F
豫早 6321	8	2.407	e	F

(四)品种稳定性分析

参试的 9 个品种在各试点的适应性有差异，中 328、中 5018 在各点适应性、稳定性综合评价很好；中创 96、鲁棉 532 适应性、稳定性综合评价较好；豫早 6507、中 2941、百棉 19、中棉所 50 适应性、稳定性一般，金科 6 号、豫早 6321 适应性较差(见表 5)。

表 5　品种皮棉产量稳定性分析

品种	编号	丰产性参数	稳定性参数				适应地区	综合评价
		产量(kg/小区)	效应	方差	变异度	回归系数		
中 328	2	2.870	0.262	0.041	7	1.1	E1 ~ E8	很好
中 5018	4	2.856	0.248	0.076	9.6	1.2	E1 ~ E8	很好
中创 96	3	2.692	0.084	0.037	7.2	1	E1 ~ E8	较好
鲁棉 532	6	2.683	0.075	0.017	4.8	1	E1 ~ E8	较好
豫早 6507	5	2.587	-0.021	0.056	9.2	0.9	E1 ~ E8	一般
中 2941	10	2.569	-0.039	0.058	9.4	1	E1 ~ E8	一般
百棉 19	7	2.523	-0.085	0.038	7.7	1	E1 ~ E8	一般
中棉所 50	9	2.458	-0.150	0.015	5	1	E1 ~ E8	一般
金科 6 号	1	2.435	-0.173	0.055	9.7	0.8	E1 ~ E8	较差
豫早 6321	8	2.407	-0.201	0.050	9.3	1	E1 ~ E8	较差

(五)品种产量

2014 年产量结果：籽棉亩产 189.2 ~ 223.8 kg，较对照增产 -2.9% ~ 14.9%；皮棉亩

产 80.1～95.5 kg，较对照增产 -2.1%～16.8%；霜前皮棉亩产 71.2～90.3 kg，较对照增产 -8.3%～18.2%；衣分为 40.9%～44.2%。

2013～2014 年平均结果：2 年参试品种籽棉亩产 202.5～225.9 kg，较对照增产 1.9%～13.9%；皮棉亩产 85.5～92.7 kg，较对照增产 8.2%～17.0%；霜前皮棉亩产 79.3～86.8 kg，较对照增产 6.5%～17.1%；衣分为 41.1%～42.3%（见表 6）。

表 6　2014 年夏棉区域试验品种产量性状

品种	年份	编号	籽棉		位次	皮棉		位次	霜前皮棉		位次	衣分（%）
			kg/亩	±CK%		kg/亩	±CK%		kg/亩	±CK%		
金科 6 号	2014	1	189.2	-2.9	10	81.0	-0.9	9	74.4	-4.2	9	42.9
中 328	2014	2	223.8	14.9	1	95.5	16.8	1	90.3	16.3	1	42.6
中创 96	2014	3	206.7	6.1	4	89.6	9.5	3	85.3	10.0	3	43.3
中 5018	2014	4	221.3	13.6	2	95.0	16.2	2	90.0	16.1	2	43.0
	2013	1	230.4	14.2	1	90.3	17.8	1	83.6	18.2	1	39.2
	平均	4	225.9	13.9	1	92.7	17.0	1	86.8	17.1	1	41.1
豫早 6507	2014	5	194.8	0.0	8	86.1	5.3	5	80.2	3.4	6	44.2
	2013	2	210.2	3.7	7	84.9	11.1	3	78.4	9.5	3	40.4
	平均	5	202.5	1.9	2	85.5	8.2	2	79.3	6.5	2	42.3
鲁棉 532	2014	6	212.2	9.0	3	89.3	9.2	4	84.7	9.2	4	42.0
百棉 19	2014	7	199.1	2.2	5	83.9	2.7	7	77.1	-0.6	8	42.1
豫早 6321	2014	8	195.1	0.2	7	80.1	-2.1	10	71.2	-8.3	10	40.9
中棉所 50	2014	9	194.8	0.0	9	81.8	0.0	8	77.6	0.0	7	42.0
中 2941	2014	10	197.5	1.4	6	85.5	4.6	6	81.8	5.5	5	43.2

（六）抗病性

抗病性鉴定由中国农业科学院棉花所植保室按全国统一病情分级标准，以感病对照冀棉 11 病株率达 80%，或病指达 50 左右结果进行品种（系）的抗性评定（见表 7）。

2014 年鉴定结果：高抗枯萎病品种分别为金科 6 号、中创 96、中 5018、豫早 6507、鲁棉 532、豫早 6321、中 2941，中 328、百棉 19 抗枯萎病；中 5018、鲁棉 532 耐黄萎病，其余均为感黄萎病品种。

2013～2014 年结果：豫早 6507 抗枯萎病，中 5018 耐枯萎病；中 5018 耐黄萎病，豫早 6507 感黄萎病。

表7　2014年夏棉区域试验品种枯、黄萎病鉴定结果

品种	年份	编号	枯萎病			黄萎病		
			病株率(%)	病指	反应型	病株率(%)	病指	反应型
金科6号	2014	1	6.8	2.1	HR	69.8	54.4	S
中328	2014	2	7.6	5.5	R	60.7	47.1	S
中创96	2014	3	5.3	1.9	HR	68.4	48.9	S
中5018	2014	4	19.3	10.9	HR	62.4	34.7	T
	2013	1	39.2	19.9	T	62.4	31.8	T
	平均	4	39.2	19.9	T	62.4	34.7	T
豫早6507	2014	5	4.2	3.5	HR	54.9	40.9	S
	2013	2	25.5	8.7	R	71.2	35.7	S
	平均	5	25.5	8.7	R	54.9	40.9	S
鲁棉532	2014	6	2.4	0.8	HR	46.1	28.5	T
百棉19	2014	7	18.3	8.5	R	71.6	56.7	S
豫早6321	2014	8	7.2	2.4	HR	59.7	36.1	S
中2941	2014	10	2.3	0.5	HR	61	47.6	S
冀棉11			80	50	S	87.1	50	S
中植棉2号			26.9	9.7	R	43.5	19.8	R

注:HR:高抗;R:抗病;T:耐病;S:感病。

(七)纤维品质

纤维品质由农业部棉花纤维品质检测中心分析(见表8)。

2014年结果:纤维上半部平均长度26.6~30.4 mm,断裂比强度26.8~31.0 cN/tex,马克隆值4.7~5.1,鲁棉532纤维品质协调一致,比较好。百棉19、豫早6321纤维短粗,断裂比强度低。

2013~2014年结果:2年参试品种纤维上半部平均长度28.0 mm,断裂比强度28.5~30.4 cN/tex,马克隆值5.1~5.2。

六、品种评述

(一)金科6号

2014年区域试验:该品种长势较好,整齐度好;植株呈塔形,叶色浅绿;铃卵圆形,中等大小,结铃性较强,吐絮畅;高抗枯萎病(枯萎病指2.1),感黄萎病(黄萎病指54.4);生育期100 d,株高72.6 cm,第一果枝节位5.4节,单株果枝数10.2台,单株结铃11.1个,单铃重5.7 g,籽指10.0 g,衣分42.9%,霜前花率92.4%。8点汇总,皮棉总产4点增产,4点减产,增产点率达50.0%;平均亩产籽棉、皮棉和霜前皮棉分别为189.2 kg、81.0 kg和74.4 kg,比对照中棉所50增产-2.9%、-0.9%和-4.2%,分居10个参试品种第

10、9、9 位。HVICC 纤维上半部长度 29.8 mm，断裂比强度 29.3 cN/tex，马克隆值 5.0，伸长率 6.1%，反射率 78.0，黄度 7.7，整齐度指数 85.5%，纺纱均匀指数 141.5。

表 8　2014 年夏棉区域试验品种品质检测结果

品种	年份	编号	长度（mm）	整齐度指数（%）	马克隆值	伸长率（%）	反射率（%）	黄度	纺纱均匀指数	断裂比强度（cN/tex）
金科 6 号	2014	1	29.8	85.5	5.0	6.1	78.0	7.7	141.5	29.3
中 328	2014	2	29.9	85.4	5.0	6.5	79.2	7.4	147.0	31.0
中创 96	2014	3	28.0	84.5	5.0	6.6	79.3	7.5	134.0	29.0
中 5018	2014	4	28.5	85.0	4.9	6.9	79.2	7.9	138.3	29.3
	2013	1	27.5	84.8	5.5	6.2	77.6	8.2	136.0	31.5
	平均	4	28.0	84.9	5.2	6.6	78.4	8.0	137.2	30.4
豫早 6507	2014	5	28.2	83.1	4.9	6.8	79.3	7.9	121.7	28.1
	2013	2	27.9	84.8	5.4	6.2	77.6	7.4	121.2	29.0
	平均	5	28.0	84.0	5.1	6.5	78.4	7.6	121.5	28.5
鲁棉 532	2014	6	30.4	86.1	4.9	6.5	79.4	7.4	152.3	30.8
百棉 19	2014	7	26.6	82.4	5.1	6.5	77.0	8.4	117.5	28.6
豫早 6321	2014	8	26.7	82.7	5.0	8.1	78.1	8.1	116.0	26.8
中棉所 50	2014	9	29.8	85.5	4.8	6.1	79.7	7.7	145.0	29.4
中 2941	2014	10	29.5	85.2	4.7	6.4	77.1	8.0	146.5	30.8

终止试验。

（二）中 328

2014 年区域试验：出苗好，长势好，整齐度好；植株塔形，果枝上仰，茎秆茸毛稀；叶片掌状，缺刻浅，叶绿色，叶片大小适中；铃卵圆形钝尖，结铃性强，早熟性好，吐絮畅；抗枯萎病（枯萎病指 5.5），感黄萎病（黄萎病指 47.1）；生育期 99 d，株高 74.4 cm，第一果枝节位 5.3 节，单株果枝数 10.5 台，单株结铃 12.0 个，单铃重 5.7 g，籽指 10.3 g，衣分 42.6%，霜前花率 94.7%。8 点汇总，皮棉总产 7 点增产，1 点减产，增产点率达 87.5%；平均亩产籽棉、皮棉和霜前皮棉分别为 223.8 kg、95.5 kg 和 90.3 kg，比对中棉所 50 增产 14.9%、16.8% 和 16.3%，均居 10 个参试品种第 1 位。HVICC 纤维上半部长度 29.9 mm，断裂比强度 31.0 cN/tex，马克隆值 5.0，伸长率 6.5%，反射率 79.2%，黄度 7.4，整齐度指数 85.4%，纺纱均匀指数 147.0。

终止试验。

（三）中创 96

2014 年区域试验：出苗较好，前期长势好，后期一般，整齐度较好；植株塔形，稍松散，果枝上仰，茎秆茸毛稀；叶片掌状，缺刻浅，叶色绿，叶片大小适中；铃卵圆形，结铃较好，吐絮好;抗枯萎病(枯萎病指 1.9),感黄萎病(黄萎病指 48.9);生育期 99.0 d,株高 70.5 cm,第一果枝节位 5.3 节,单株果枝数 10.0 台,单株结铃 10.9 个,单铃重 5.3 g,籽指 10.0 g,衣分 43.3%,霜前花率 95.5%。8 点汇总,皮棉总产 7 点增产,1 点减产,增产点率达 87.5%,平均亩产籽棉、皮棉和霜前皮棉分别为 206.7 kg、89.6 kg 和 85.3 kg,比对照中棉所 50 增产 6.1%、9.5% 和 10.0%,分居 10 个参试品种第 4、3、3 位。HVICC 纤维上半部长度 28.0 mm,断裂比强度 29.0 cN/tex,马克隆值 5.0,伸长率 6.6%,反射率 79.3%,黄度 7.5,整齐度指数 84.5%,纺纱均匀指数 134.0。

终止试验。

(四)中 5018

特征特性:出苗好,整个生育期长势和整齐度较好;植株塔形,茎秆毛稀疏,果枝平展,叶片掌状,缺刻浅,叶片绿,叶片大小适中,铃卵圆形,结铃性好;耐枯萎病(枯萎病指 19.9),耐黄萎病(黄萎病指 34.7)。

2013 年区域试验结果:6 点汇总,皮棉总产 5 点增产,1 点减产,增产点率达 83.3%;平均亩产籽棉、皮棉和霜前皮棉分别为 230.4 kg、90.3 kg 和 83.6 kg,比对照中棉所 50 增产 14.2%、17.8% 和 18.2%,均居 5 个参试品种第 1 位。HVICC 纤维上半部长度 27.5 mm,断裂比强度 31.5 cN/tex,伸长率 6.2%,反射率 77.5%,黄度 8.2,整齐度指数 84.0%,马克隆值 5.5,纺纱均匀指数 136.0。

2014 年区域试验结果:8 点汇总,皮棉总产 7 点增产,1 点减产,增产点率达 87.5%;平均亩产籽棉、皮棉和霜前皮棉分别为 221.3 kg、95.0 kg 和 90.0 kg,比对照中棉所 50 增产 13.6%、16.2% 和 16.1%,均居 10 个参试品种第 2 位。HVICC 纤维上半部长度 28.5 mm,断裂比强度 29.3 cN/tex,马克隆值 4.9,伸长率 6.9%,反射率 79.2%,黄度 7.9,整齐度指数 85.0%,纺纱均匀指数 138.3。

2013~2014 年该品种平均生育期 97 d,株高 74.0 cm,第一果枝节位 5.6 节,单株果枝数 10.4 台,单株结铃 11.7 个,单铃重 5.5 g,籽指 10.4 g,衣分 41.1%。HVICC 纤维上半部长度 28.0mm,断裂比强度 30.4 cN/tex,马克隆值 5.2,伸长率 6.6%,反射率 78.4%,黄度 8.0,整齐度指数 84.9%,纺纱均匀指数 137.4。平均亩产籽棉、皮棉和霜前皮棉分别为 225.9 kg、92.7 kg 和 86.8 kg,分别比对照中棉所 50 增产 13.9%、17.0% 和 17.1%。

终止试验。

(五)豫早 6507

特征特性:出苗好,整个生育期长势好,前期整齐度较好,后期整齐度一般;植株塔形,叶片掌状,缺刻浅,叶浅绿,叶片大小适中;铃卵圆形,偏大,结铃较好,吐絮畅;抗枯萎病(枯萎病指 3.5),感黄萎病(黄萎病指 40.9)。

2013 年区域试验结果:6 点汇总,亩产籽棉、皮棉和霜前皮棉分别为 210.2 kg、84.9 kg 和 78.4 kg、分别比对照增产 3.7%、11.1% 和 9.5%,分居 8 个参试品种第 7、3、3 位。HVICC 纤维上半部长度 27.9 mm,断裂比强度 29.0 cN/tex,马克隆值 5.4,伸长率 6.2%,反射率 77.6%,黄度 7.4,整齐度指数 84.8%,纺纱均匀指数 121.2。

2014 年区域试验结果:8 点汇总,皮棉总产 5 点增产,3 点减产,增产点率达 62.5%;平均亩产籽棉、皮棉和霜前皮棉分别为 194.8 kg、86.1 kg 和 80.2 kg,比对照中棉所 50 增产 0.0%、5.3% 和 3.4%，分居 10 个参试品种第 8、5、6 位；HVICC 纤维上半部长度 28.2 mm，断裂比强度 28.1 cN/tex，马克隆值 4.9，伸长率 6.8%，反射率 79.3%，黄度 7.9，整齐度指数 83.1%，纺纱均匀指数 121.7。

2013～2014 年该品种平均生育期 100 d，株高 76.5 cm，第一果枝节位 5.1 节，单株果枝数 10.2 台，单株结铃 10.6 个，单铃重 6.0 g，籽指 10.8 g，衣分 42.3%。HVICC 纤维上半部长度 28.0 mm，断裂比强度 28.5 cN/tex，马克隆值 5.1，伸长率 6.5%，反射率 78.4%，黄度 7.6，整齐度指数 84.0%，纺纱均匀指数 121.5。平均亩产籽棉、皮棉和霜前皮棉分别为 202.5 kg、85.5 kg 和 79.3 kg，分别比对照中棉所 50 增产 1.9%、8.2% 和 6.5%。

终止试验。

（六）鲁棉 532

2014 年区域试验结果：出苗好，前期长势强好，后期长势一般，整齐度好；植株塔形，叶片掌状，缺刻浅，叶片绿，叶片大小适中；铃卵圆形，结铃较差，吐絮畅；高抗枯萎病（枯萎病指 0.8），耐黄萎病（黄萎病指 28.5）；生育期 100 d，株高 71.5 cm，第一果枝节位 5.4 节，单株果枝数 9.7 台，单株结铃 10.7 个，单铃重 6.1 g，籽指 10.0 g，衣分 42.0%，霜前花率 94.9%。8 点汇总，皮棉总产 7 点增产，1 点减产，增产点率达 87.5%；平均亩产籽棉、皮棉和霜前皮棉分别为 212.2 kg、89.3 kg 和 84.7 kg，比对中棉所 50 增产 9.0%、9.2% 和 9.2%，分居 10 个参试品种第 3、4、4 位。HVICC 纤维上半部长度 30.4 mm，断裂比强度 30.8 cN/tex，马克隆值 4.9，伸长率 6.5%，反射率 79.4%，黄度 7.4，整齐度指数 86.1%，纺纱均匀指数 152.3。

（七）百棉 19

2014 年区域试验结果：出苗较好，长势好，整齐度好；植株筒形，主茎茸毛少，果枝上仰；叶片掌状，缺刻浅，叶片绿，叶功能好，叶片大小适中；铃卵圆形，结铃性好，吐絮畅；抗枯萎病（枯萎病指 8.5），感黄萎病（黄萎病指 56.7）；生育期 100 d，株高 66.5 cm，第一果枝节位 5.2 节，单株果枝数 10.2 台，单株结铃 10.6 个，单铃重 5.6 g，籽指 10.4 g，衣分 42.1%，霜前花率 92.4%。8 点汇总，皮棉总产 5 点增产，3 点减产，增产点率达 62.5%；平均亩产籽棉、皮棉和霜前皮棉分别为 199.1 kg、83.9 kg 和 77.1 kg，比对照中棉所 50 增产 2.2%、2.7% 和 -0.6%，分居 10 个参试品种第 5、7、8 位。HVICC 纤维上半部长度 26.6 mm，断裂比强度 28.6 cN/tex，马克隆值 5.1，伸长率 6.5%，反射率 77.0%，黄度 8.4，整齐度指数 82.4%，纺纱均匀指数 117.5。

（八）豫早 6321

2014 年区域试验结果：出苗较好，长势好，整齐度差；植株塔形，主茎茸毛密，果枝上仰；叶片掌状，缺刻浅，叶片绿，叶片大小适中；铃卵圆形，结铃性好，吐絮畅；高抗枯萎病（枯萎病指 2.4），感黄萎病（黄萎病指 36.1）；生育期 101 d，株高 70.1 cm，第一果枝节位 5.2 节，单株果枝数 10.7 台，单株结铃 12.0 个，单铃重 5.2 g，籽指 9.8 g，衣分 40.9%，霜前花率 89.5%。8 点汇总，皮棉总产 3 点增产，5 点减产，增产点率达 37.5%；平均亩产籽棉、皮棉和霜前皮棉分别为 195.1 kg、80.1 kg 和 71.2 kg，比对照中棉所 50 增产 0.2%、-2.1% 和 -8.3%，分居 10 个参试品种第 7、10、10 位。HVICC 纤维上半部长度 26.7 mm，断裂比强度 26.8 cN/tex，马克隆值 5.0，伸长率 8.1%，反射率 78.1%，黄度 8.1，整齐度指数 82.7%，纺纱均匀指数 116.0。

（九）中 2491

2014 年区域试验结果：该品种长势较好，整齐度较好；植株塔形；叶片掌状，缺刻浅，叶色深绿；铃卵圆形，中等大小，结铃性强；高抗枯萎病（枯萎病指 0.5），感黄萎病（黄萎病指 47.6）；生育期 99 d，株高 65.9 cm，第一果枝节位 5.3 节，单株果枝数 10.1 台，单株结铃 10.5 个，单铃重 5.4 g，籽指 9.9 g，衣分 43.2%，霜前花率 96.0%。8 点汇总，皮棉总产 4 点增产，4 点减产，增产点率达 50%；平均亩产籽棉、皮棉和霜前皮棉分别为 197.5 kg、85.5 kg 和 81.8 kg，比对中棉所 50 增产 1.4%、4.6% 和 5.5%，分居 10 个参试品种第 6、6、5 位。HVICC 纤维上半部长度 29.5 mm，断裂比强度 30.8 cN/tex，马克隆值 4.7，伸长率 6.4%，反射率 77.1%，黄度 8.0，整齐度指数 85.2%，纺纱均匀指数 146.5。

附表一　2014 年河南省夏棉区域试验品种农艺性状表

品种	试点	播－苗（d）	苗－花（d）	花－絮（d）	全生育期（d）	第一果枝节位	株高（cm）	果枝（台/株）	株铃（个）	铃重（g）	籽指（g）	亩株数（株/亩）
金科 6 号	安阳	9	44	59	112	5.5	73.4	12.5	10.9	5.5	9.1	4 819
金科 6 号	原阳	7	42	54	103	4.7	55.5	9.1	8.3	5.8	10.3	6 201
金科 6 号	内黄	6	46	52	104	5.3	64.4	10.4	11.6	6.3	10.1	5 000
金科 6 号	开封	6	45	61	112	4.8	82.8	10.1	10.4	5.5	10.4	5 651
金科 6 号	新乡	9	49	60	118	5.5	65.7	9.2	9.8	4.8	9.5	4 733
金科 6 号	延津	5	51	56	112	6.1	83.0	11.4	11.8	5.8	10.5	4 531
金科 6 号	黄泛区	7	46	46	99	6.1	61.8	8.3	8.0	4.9	9.7	6 134
金科 6 号	邓州	4	50	41	95	5.2	94.1	10.5	17.6	6.7	10.0	3 500
金科 6 号	平均	7	47	54	107	5.4	72.6	10.2	11.1	5.7	10.0	5 071
中 328	安阳	9	43	59	111	5.6	76.0	12.3	14.2	5.6	9.3	4 802
中 328	原阳	7	45	52	104	5.0	62.8	9.8	9.1	5.5	10.9	5 837
中 328	内黄	6	46	50	102	5.0	64.2	11.8	13.0	6.4	10.6	4 942
中 328	开封	6	44	60	110	4.8	89.8	10.3	11.2	5.4	10.3	5 588
中 328	新乡	9	49	60	118	5.5	67.0	9.3	11.2	5.1	10.1	5 099
中 328	延津	5	50	56	111	5.3	83.0	11.7	14.0	6.1	10.7	4 628
中 328	黄泛区	7	46	43	96	5.6	59.4	9.0	7.8	4.7	10.0	6 150
中 328	邓州	4	50	42	96	5.6	92.9	9.6	15.8	6.7	10.6	3 510
中 328	平均	7	47	53	106	5.3	74.4	10.5	12.0	5.7	10.3	5 070
中创 96	安阳	9	44	59	112	5.3	67.5	11.8	10.4	5.4	9.9	4 869
中创 96	原阳	7	43	54	104	4.5	56.1	9.3	8.6	5.1	10.2	5 854
中创 96	内黄	6	45	48	99	5.3	60.6	11.3	11.7	6.1	10.4	4 942
中创 96	开封	6	44	59	109	4.7	91.3	9.7	10.7	4.9	9.8	5 921
中创 96	新乡	9	49	59	117	5.5	67.7	9.1	10.3	4.9	9.6	4 966
中创 96	延津	6	50	53	109	5.4	77.0	11.0	10.9	5.8	10.7	4 800
中创 96	黄泛区	7	47	45	99	5.6	59.5	8.5	8.3	4.6	9.4	6 484
中创 96	邓州	4	50	41	95	6.0	84.3	9.4	16.3	5.7	10.2	3 522
中创 96	平均	7	47	52	106	5.3	70.5	10.0	10.9	5.3	10.0	5 170

续附表一

品种	试点	播－苗(d)	苗－花(d)	花－絮(d)	全生育期(d)	第一果枝节位	株高(cm)	果枝(台/株)	株铃(个)	铃重(g)	籽指(g)	亩株数(株/亩)
中5018	安阳	9	44	59	112	6.0	65.9	11.1	8.2	6.1	10.1	4 986
中5018	原阳	7	42	56	105	4.1	61.7	10.2	10.4	5.8	10.6	5 176
中5018	内黄	6	45	47	98	5.1	63.0	10.8	11.4	6.6	10.7	4 815
中5018	开封	6	44	59	109	5.0	90.0	10.2	9.9	5.4	10.5	5 699
中5018	新乡	9	49	60	118	6.0	71.4	9.1	10.8	4.8	9.4	4 700
中5018	延津	5	50	57	112	5.8	77.0	10.9	11.6	6.3	11.0	4 861
中5018	黄泛区	7	46	43	96	5.8	62.2	8.3	8.1	4.9	9.8	5 750
中5018	邓州	4	49	42	95	6.0	85.5	10.0	16.0	6.4	10.3	3 504
中5018	平均	7	46	53	106	5.5	72.1	10.1	10.8	5.8	10.3	4 936
豫早6507	安阳	9	43	59	111	4.8	73.5	11.2	10.9	6.7	10.9	4 836
豫早6507	原阳	7	43	53	103	4.5	58.4	9.5	7.5	5.9	10.9	6 068
豫早6507	内黄	6	44	51	101	4.3	63.1	11.3	11.2	7.1	11.0	4 776
豫早6507	开封	6	45	60	111	5.0	86.3	9.0	8.6	6.0	11.5	5 492
豫早6507	新乡	9	49	61	119	5.0	69.4	8.7	10.6	5.2	10.1	4 600
豫早6507	延津	5	49	59	113	5.7	86.0	9.4	9.9	6.5	10.9	4 710
豫早6507	黄泛区	7	46	46	99	5.2	51.4	7.0	7.5	5.2	10.5	5 817
豫早6507	邓州	5	48	41	94	6.1	90.5	11.9	15.2	6.6	10.0	3 516
豫早6507	平均	7	46	54	106	5.1	72.3	9.8	10.2	6.2	10.7	4 977
鲁棉532	安阳	9	46	58	113	5.9	67.6	10.8	9.4	6.5	9.2	4 735
鲁棉532	原阳	7	42	55	104	4.5	62.8	9.4	8.1	6.1	9.8	6 168
鲁棉532	内黄	6	46	52	104	5.1	61.7	10.1	10.3	7.1	10.3	4 864
鲁棉532	开封	6	45	61	112	5.0	81.7	9.7	10.4	5.6	9.6	5 794
鲁棉532	新乡	9	50	61	120	5.8	64.7	8.5	10.9	5.4	10.0	4 633
鲁棉532	延津	5	50	55	110	5.8	83.0	10.0	11.0	6.2	10.7	4 948
鲁棉532	黄泛区	7	46	46	99	5.8	61.9	9.0	7.0	5.7	9.9	6 450
鲁棉532	邓州	5	48	41	94	5.5	88.9	10.4	18.8	6.6	10.5	3 514
鲁棉532	平均	7	47	54	107	5.4	71.5	9.7	10.7	6.1	10.0	5 138
百棉19	安阳	9	46	58	113	5.7	53.8	11.5	9.4	5.9	9.5	4 936
百棉19	原阳	7	45	52	104	4.1	53.2	9.6	8.2	5.8	10.8	5 275
百棉19	内黄	6	45	50	101	5.1	58.0	10.7	9.9	6.3	10.7	4 932
百棉19	开封	6	45	60	111	4.8	81.4	10.7	10.4	4.9	10.9	6 000
百棉19	新乡	9	49	61	119	5.2	59.4	9.2	9.7	4.6	10.3	4 666
百棉19	延津	5	51	57	113	6.0	83.5	10.9	11.0	6.2	10.3	4 691
百棉19	黄泛区	7	47	46	100	5.6	56.9	8.6	7.8	5.3	11.2	6 134
百棉19	邓州	4	48	40	92	5.5	85.8	10.6	18.2	5.6	9.4	3 502
百棉19	平均	7	47	53	107	5.2	66.5	10.2	10.6	5.6	10.4	5 017

续附表一

品种	试点	播－苗(d)	苗－花(d)	花－絮(d)	全生育期(d)	第一果枝节位	株高(cm)	果枝(台/株)	株铃(个)	铃重(g)	籽指(g)	亩株数(株/亩)
豫早6321	安阳	9	46	61	116	5.1	58.7	11.7	14.0	5.2	9.0	4 735
豫早6321	原阳	7	46	53	106	4.2	66.3	11.6	10.1	5.2	9.8	5 920
豫早6321	内黄	6	45	53	104	4.8	57.6	11.3	13.4	5.6	10.9	4 718
豫早6321	开封	6	45	61	112	4.9	82.0	10.5	9.4	5.2	10.2	5 826
豫早6321	新乡	9	49	60	118	5.1	62.6	9.1	11.0	4.3	9.8	5 066
豫早6321	延津	6	50	59	115	5.7	82.0	11.4	11.4	5.6	10.0	4 636
豫早6321	黄泛区	7	46	46	99	5.6	61.6	9.3	8.3	4.7	9.6	5 433
豫早6321	郑州	4	49	42	95	6.1	90.0	10.8	18.0	5.8	9.3	3 507
豫早6321	平均	7	47	54	108	5.2	70.1	10.7	12.0	5.2	9.8	4 980
中棉所50	安阳	9	46	55	110	5.1	64.0	11.5	8.7	5.9	9.6	4 769
中棉所50	原阳	7	42	55	104	4.9	58.3	9.0	7.1	5.4	10.0	6 366
中棉所50	内黄	6	45	50	101	4.6	51.6	9.5	9.5	6.6	10.7	4 942
中棉所50	开封	6	44	61	111	5.1	82.6	9.9	9.0	5.8	10.3	5 916
中棉所50	新乡	9	49	59	117	5.5	63.6	9.0	9.8	4.7	8.9	4 933
中棉所50	延津	6	49	54	109	5.6	67.0	11.2	10.0	6.0	11.0	4 874
中棉所50	黄泛区	7	46	44	97	5.4	55.0	8.7	6.6	5.5	10.5	5 984
中棉所50	郑州	4	48	41	93	5.5	87.7	9.2	17.6	6.5	9.2	3 500
中棉所50	平均	7	46	52	105	5.2	66.2	9.7	9.8	5.8	10.0	5 161
中2941	安阳	9	44	57	110	5.7	55.6	11.3	10.5	5.3	9.3	4 902
中2941	原阳	7	43	54	104	4.6	57.9	9.6	8.0	5.9	10.1	5 986
中2941	内黄	6	46	51	103	5.3	53.3	10.6	10.6	6.1	10.9	4 981
中2941	开封	6	45	59	110	4.8	82.6	10.0	9.7	5.0	10.3	5 873
中2941	新乡	9	50	60	119	5.6	59.3	8.9	9.7	4.2	8.7	5 000
中2941	延津	5	51	55	111	5.6	77.0	11.6	11.6	5.8	10.6	4 546
中2941	黄泛区	7	46	46	99	5.8	50.6	7.9	7.2	4.8	9.5	6 417
中2941	郑州	5	48	40	93	5.3	90.5	10.8	16.8	5.8	9.9	3 500
中2941	平均	7	47	53	106	5.3	65.9	10.1	10.5	5.4	9.9	5 151

附表二　2014 年河南省夏棉区域试验品种产量性状表

名称	地点	总籽棉(kg/亩)	±CK%	位次	皮棉(kg/亩)	±CK%	位次	霜前皮棉(kg/亩)	±CK%	位次	衣分(%)	霜前花率(%)
金科 6 号	安阳	153.8	-26.2	10	70.3	-24.9	10	66.2	-27.4	10	94.1	45.7
金科 6 号	原阳	214.9	11.9	5	87.5	14.3	5	82.7	12.3	6	94.4	40.7
金科 6 号	内黄	207.9	0.8	7	92.0	1.1	7	86.4	-2.7	8	93.9	44.3
金科 6 号	开封	192.5	-6.0	9	85.1	-1.8	8	76.8	-2.5	8	90.3	44.2
金科 6 号	新乡	141.1	-7.8	10	58.1	-6.9	9	55.9	-8.1	8	96.3	41.2
金科 6 号	延津	224.4	-7.0	7	95.8	-2.0	8	81.8	-13.5	9	85.3	42.7
金科 6 号	黄泛区	162.9	20.1	5	68.9	17.6	5	68.9	17.6	5	100.0	42.3
金科 6 号	邓州	215.9	-0.5	8	90.3	3.2	6	76.3	2.5	7	84.5	41.8
金科 6 号	平均	189.2			81.0			74.4			92.4	42.9
中 328	安阳	245.1	17.7	1	111.0	18.7	1	104.8	15.1	1	94.4	45.3
中 328	原阳	237.6	23.7	1	99.5	29.9	1	95.8	30.2	1	96.3	41.9
中 328	内黄	261.2	26.6	2	111.7	22.7	2	108.3	21.9	2	96.9	42.8
中 328	开封	208.0	1.6	3	92.6	6.9	3	87.1	10.6	4	94.0	44.5
中 328	新乡	181.7	18.8	1	72.9	16.7	1	69.3	13.8	1	95.1	40.1
中 328	延津	267.2	10.7	3	113.8	16.5	3	103.5	9.4	4	90.9	42.6
中 328	黄泛区	180.3	32.9	3	76.6	30.8	3	76.6	30.8	3	100.0	42.5
中 328	邓州	209.5	-3.4	9	85.6	-2.2	8	76.7	3.1	6	89.6	40.8
中 328	平均	223.8			95.5			90.3			94.7	42.6
中创 96	安阳	192.6	-7.5	8	86.8	-7.2	8	83.2	-8.6	7	95.8	45.1
中创 96	内黄	217.3	5.3	5	99.2	9.0	5	97.1	9.4	4	97.9	45.7
中创 96	开封	206.5	0.8	4	92.7	7.0	2	90.5	15.0	1	97.6	44.9
中创 96	新乡	153.0	0.0	5	63.4	1.5	5	61.0	0.2	5	96.3	41.4
中创 96	延津	268.6	11.3	2	114.4	17.1	2	105.1	11.1	2	91.8	42.6
中创 96	黄泛区	187.3	38.1	1	81.1	38.4	1	81.1	38.4	1	100.0	43.3
中创 96	邓州	223.3	2.9	3	92.2	5.3	5	83.1	11.8	4	90.2	41.3
中创 96	平均	206.7			89.6			85.3			95.5	43.3
中 5018	安阳	236.6	13.6	2	105.1	12.3	2	100.4	10.3	2	95.6	44.4
中 5018	原阳	179.5	-6.5	10	76.7	0.1	9	73.5	-0.1	9	95.9	42.7
中 5018	内黄	261.8	26.9	1	113.2	24.4	1	108.8	22.5	1	96.1	43.3
中 5018	开封	209.9	2.5	2	91.1	5.2	4	87.1	10.7	3	95.6	43.4
中 5018	新乡	171.9	12.4	2	70.5	12.9	2	65.5	7.7	3	93.0	41.0
中 5018	延津	293.7	21.7	1	123.3	26.2	1	113.9	20.4	1	92.4	42.0
中 5018	黄泛区	173.7	28.0	4	79.0	34.8	2	79.0	34.8	2	100.0	45.5
中 5018	邓州	243.5	12.2	1	101.2	15.6	1	92.0	23.7	1	90.9	41.6
中 5018	平均	221.3			95.0			90.0			94.9	43.0

续附表二

名称	地点	总籽棉(kg/亩)	±CK%	位次	皮棉(kg/亩)	±CK%	位次	霜前皮棉(kg/亩)	±CK%	位次	衣分(%)	霜前花率(%)
豫早6507	安阳	204.3	-1.9	7	93.6	0.1	6	89.3	-1.9	6	95.4	45.8
豫早6507	原阳	220.9	15.0	4	96.7	26.2	3	92.1	25.2	3	95.3	43.8
豫早6507	内黄	201.6	-2.3	10	86.2	-5.3	10	83.0	-6.5	9	96.4	42.8
豫早6507	开封	193.0	-5.7	8	85.1	-1.7	7	79.0	0.3	6	92.8	44.1
豫早6507	新乡	159.7	4.4	4	69.5	11.3	3	66.0	8.5	2	95.0	43.5
豫早6507	延津	221.1	-8.4	8	100.6	2.9	6	89.1	-5.8	6	88.5	45.5
豫早6507	黄泛区	132.7	2.2	10	57.7	1.5	9	57.7	1.5	9	100.0	43.5
豫早6507	邓州	217.4	0.2	5	99.1	13.3	2	85.5	15.0	3	86.3	45.6
豫早6507	平均	194.8			86.1			80.2			93.7	44.2
鲁棉532	安阳	223.7	7.4	5	96.2	2.9	5	92.9	2.0	4	96.5	43.0
鲁棉532	原阳	207.6	8.1	6	86.8	13.3	6	83.0	12.7	5	95.5	41.8
鲁棉532	内黄	230.8	11.9	3	101.1	11.1	3	98.7	11.2	3	97.7	43.8
鲁棉532	开封	213.9	4.4	1	93.9	8.4	1	87.2	10.7	2	92.8	43.9
鲁棉532	新乡	165.3	8.0	3	67.3	7.8	4	62.0	2.0	4	92.2	40.7
鲁棉532	延津	258.4	7.1	4	109.8	12.4	4	104.0	10.0	3	94.7	42.5
鲁棉532	黄泛区	181.1	33.5	2	74.4	27.0	4	74.4	27.0	4	100.0	41.1
鲁棉532	邓州	217.0	0.1	6	84.5	-3.5	9	75.5	1.5	8	89.3	38.9
鲁棉532	平均	212.2			89.3			84.7			94.9	42.0
百棉19	安阳	184.8	-11.3	9	80.3	-14.1	9	76.3	-16.2	9	94.9	43.5
百棉19	原阳	194.7	1.4	8	77.1	0.7	8	72.1	-2.0	10	93.5	39.6
百棉19	内黄	219.3	6.3	4	99.7	9.5	4	94.7	6.6	5	95.0	45.5
百棉19	开封	204.8	0.0	5	86.2	-0.5	6	79.6	1.1	5	92.4	42.1
百棉19	新乡	148.3	-3.0	8	60.4	-3.3	8	55.2	-9.3	9	91.5	40.7
百棉19	延津	243.6	0.9	5	103.5	5.9	5	84.8	-10.4	8	81.9	42.5
百棉19	黄泛区	162.2	19.6	6	67.0	14.3	6	67.0	14.3	6	100.0	41.3
百棉19	邓州	234.9	8.3	2	97.2	11.1	3	87.3	17.4	2	89.8	41.4
百棉19	平均	199.1			83.9			77.1			92.4	42.1
豫早6321	安阳	226.9	9.0	3	97.2	3.9	4	82.8	-9.0	8	85.3	42.8
豫早6321	原阳	222.4	15.8	3	91.8	19.8	4	85.0	15.5	4	92.7	41.3
豫早6321	内黄	215.0	4.2	6	93.1	2.3	6	79.9	-10.0	10	85.8	43.3
豫早6321	开封	194.2	-5.2	7	81.2	-6.3	9	75.4	-4.3	10	92.9	41.8
豫早6321	新乡	145.8	-4.7	9	56.1	-10.1	10	51.9	-14.7	10	92.5	38.5
豫早6321	延津	218.3	-9.5	9	87.3	-10.7	10	74.1	-21.7	10	84.8	40.0
豫早6321	黄泛区	140.2	3.4	8	55.8	-4.8	10	55.8	-4.8	10	100.0	39.8
豫早6321	邓州	197.8	-8.8	10	78.1	-10.8	10	64.3	-13.5	10	82.3	39.5
豫早6321	平均	195.1			80.1			71.2			89.5	40.9

续附表二

名称	地点	总籽棉(kg/亩)	±CK%	位次	皮棉(kg/亩)	±CK%	位次	霜前皮棉(kg/亩)	±CK%	位次	衣分(%)	霜前花率(%)
中棉所50	安阳	208.2	0.0	6	93.5	0.0	7	91.1	0.0	5	97.4	44.9
中棉所50	原阳	192.0	0.0	9	76.6	0.0	10	73.6	0.0	8	96.0	39.9
中棉所50	内黄	206.3	0.0	8	91.0	0.0	8	88.8	0.0	6	97.6	44.1
中棉所50	开封	204.8	0.0	6	86.6	0.0	5	78.7	0.0	7	90.9	42.3
中棉所50	新乡	153.0	0.0	6	62.4	0.0	6	60.9	0.0	6	97.5	40.8
中棉所50	延津	241.3	0.0	6	97.7	0.0	7	94.6	0.0	5	96.8	40.5
中棉所50	黄泛区	135.7	0.0	9	58.6	0.0	8	58.6	0.0	8	100.0	43.2
中棉所50	邓州	216.9	0.0	7	87.5	0.0	7	74.4	0.0	9	85.0	40.3
中棉所50	平均	194.8			81.8			77.6			95.2	42.0
中2941	安阳	226.7	8.9	4	104.0	11.2	3	100.1	9.9	3	96.2	45.88
中2941	原阳	229.9	19.8	2	98.0	27.9	2	94.3	28.2	2	96.3	42.6
中2941	内黄	206.0	-0.2	9	90.3	-0.8	9	87.4	-1.6	7	96.7	43.9
中2941	开封	181.9	-11.2	10	79.1	-8.6	10	76.8	-2.5	9	97.0	43.5
中2941	新乡	149.0	-2.6	7	61.5	-1.4	7	59.8	-1.7	7	97.2	41.3
中2941	延津	217.9	-9.7	10	93.7	-4.1	9	88.7	-6.3	7	94.6	43.0
中2941	黄泛区	146.9	8.3	7	64.8	10.5	7	64.8	10.5	7	100.0	44.1
中2941	邓州	221.5	2.1	4	92.4	5.6	4	82.8	11.3	5	89.6	41.7
中2941	平均	197.5			85.5			81.8			96.0	43.2

附表三　2014 年河南省夏棉区域试验品种纤维品质性状表

品种	地点	长度(mm)	整齐度指数(%)	马克隆值	伸长率(%)	反射率(%)	黄度	纺纱均匀指数	断裂比强度(cN/tex)
金科6号	安阳	29.7	83.9	5.0	5.7	75.2	6.6	131.0	28.9
金科6号	内黄	30.6	87.6	5.0	5.5	78.6	7.9	159.0	31.2
金科6号	开封	29.7	86.4	5.5	6.4	77.6	6.8	139.0	28.5
金科6号	新乡	29.0	83.3	4.4	6.4	80.1	8.2	138.0	29.2
金科6号	南阳	31.7	87.0	5.2	6.7	79.4	8.0	152.0	29.4
金科6号	黄泛区	28.2	84.7	5.2	5.6	77.2	8.6	130.0	28.4
金科6号	平均	29.8	85.5	5.0	6.1	78.0	7.7	141.5	29.3
中328	安阳	30.7	87.3	5.2	6.2	76.5	7.4	149.0	29.0
中328	内黄	30.3	85.9	5.4	5.6	78.8	7.2	152.0	32.8
中328	开封	29.5	85.6	5.4	6.5	76.1	6.6	141.0	30.5
中328	新乡	29.0	82.6	4.7	7.5	80.1	7.9	134.0	30.3
中328	南阳	31.5	86.4	4.8	7.3	81.4	6.7	161.0	32.0
中328	黄泛区	28.2	84.7	4.8	6.1	82.1	8.3	145.0	31.3
中328	平均	29.9	85.4	5.0	6.5	79.2	7.4	147.0	31.0

续附表三

品种	地点	长度（mm）	整齐度指数（%）	马克隆值	伸长率（%）	反射率（%）	黄度	纺纱均匀指数	断裂比强度（cN/tex）
中创96	安阳	28.5	84.5	4.8	6.2	76.5	7.2	138.0	30.2
中创96	内黄	28.9	85.1	5.2	6.8	80.0	7.2	139.0	29.7
中创96	开封	28.0	86.0	4.9	6.6	78.7	7.3	140.0	28.7
中创96	新乡	27.1	82.6	4.6	6.7	80.5	7.9	122.0	27.1
中创96	南阳	30.0	86.4	4.9	7.3	80.4	7.3	153.0	30.9
中创96	黄泛区	25.6	82.4	5.4	5.7	79.8	7.8	112.0	27.7
中创96	平均	28.0	84.5	5.0	6.6	79.3	7.5	134.0	29.0
中5018	安阳	29.1	85.0	5.3	6.5	75.8	7.6	131.0	28.3
中5018	内黄	28.5	86.3	5.4	6.8	79.1	7.3	138.0	28.7
中5018	开封	28.7	86.3	5.4	6.5	77.6	7.7	142.0	30.1
中5018	新乡	28.5	83.6	3.9	7.3	81.0	8.2	145.0	29.8
中5018	南阳	30.3	85.7	4.7	7.4	80.5	7.7	148.0	29.0
中5018	黄泛区	25.9	83.0	5.0	6.9	80.9	9.1	126.0	29.7
中5018	平均	28.5	85.0	4.9	6.9	79.2	7.9	138.3	29.3
豫早6507	安阳	28.6	82.6	4.5	5.8	74.5	6.7	107.0	27.8
豫早6507	内黄	27.3	84.9	5.1	5.7	79.5	7.7	128.0	28.2
豫早6507	开封	28.8	82.5	5.1	6.6	75.9	7.3	110.0	27.9
豫早6507	新乡	28.6	83.0	4.2	7.2	82.2	7.8	132.0	28.7
豫早6507	南阳	27.0	83.6	5.2	7.3	79.7	7.9	122.0	27.7
豫早6507	黄泛区	28.6	82.6	5.3	6.2	77.0	8.1	114.0	28.3
豫早6507	平均	28.2	83.2	4.9	6.5	78.1	7.6	118.8	28.1
鲁棉532	安阳	30.8	86.6	4.8	6.9	77.5	7.1	157.0	31.8
鲁棉532	内黄	30.8	87.4	4.9	6.2	78.8	7.0	161.0	31.4
鲁棉532	开封	29.4	86.0	5.1	6.1	77.8	6.9	145.0	30.1
鲁棉532	新乡	29.9	84.2	4.5	6.5	82.5	7.7	148.0	30.8
鲁棉532	南阳	32.1	87.8	5.1	7.0	80.2	7.7	162.0	30.7
鲁棉532	黄泛区	29.1	84.7	5.0	6.0	79.7	7.8	141.0	30.4
鲁棉532	平均	30.4	86.1	4.9	6.5	79.4	7.4	152.3	30.8
百棉19	安阳	26.3	82.2	5.2	6.2	72.9	8.2	108.0	27.2
百棉19	内黄	27.1	82.5	5.1	6.1	78.1	8.1	119.0	28.6
百棉19	开封	26.6	83.9	5.4	6.3	72.7	7.4	123.0	30.0
百棉19	新乡	24.6	81.0	4.5	7.2	80.4	8.4	112.0	27.8
百棉19	南阳	29.6	82.7	4.4	7.5	80.5	8.5	130.0	27.2
百棉19	黄泛区	25.7	82.2	6.0	5.7	77.3	9.6	113.0	30.6
百棉19	平均	26.6	82.4	5.1	6.5	77.0	8.4	117.5	28.6

续附表三

品种	地点	长度（mm）	整齐度指数（%）	马克隆值	伸长率（%）	反射率（%）	黄度	纺纱均匀指数	断裂比强度（cN/tex）
豫早 6321	安阳	27.1	83.9	5.0	8.5	77.4	8.3	122.0	26.9
豫早 6321	内黄	26.7	83.9	5.5	6.6	77.1	8.3	117.0	27.1
豫早 6321	开封	26.5	82.2	5.2	7.9	75.6	7.3	106.0	25.7
豫早 6321	新乡	26.3	81.9	4.4	9.1	80.6	8.3	115.0	25.9
豫早 6321	南阳	28.3	82.4	4.7	8.5	77.9	7.6	123.0	27.9
豫早 6321	黄泛区	25.4	82.1	5.1	7.8	80.1	9.0	113.0	27.5
豫早 6321	平均	26.7	82.7	5.0	8.1	78.1	8.1	116.0	26.8
中棉所 50	安阳	29.0	86.7	4.8	5.9	76.0	7.6	148.0	29.6
中棉所 50	内黄	30.0	86.5	5.2	5.3	79.8	7.4	150.0	30.4
中棉所 50	开封	31.0	86.8	4.9	6.6	78.3	7.1	156.0	30.9
中棉所 50	新乡	29.1	82.5	3.8	6.8	82.2	8.3	141.0	29.4
中棉所 50	南阳	31.7	85.7	4.7	6.0	81.1	7.5	147.0	27.5
中棉所 50	黄泛区	27.6	84.6	5.6	6.0	80.6	8.4	128.0	28.8
中棉所 50	平均	29.8	85.5	4.8	6.1	79.7	7.7	145.0	29.4
中 2941	安阳	29.9	85.8	4.7	6.1	76.3	8.0	144.0	28.9
中 2941	内黄	30.0	86.3	4.9	5.8	78.3	7.5	152.0	30.9
中 2941	开封	29.3	85.1	5.3	6.4	76.3	8.0	144.0	32.0
中 2941	新乡	29.1	83.4	4.0	6.7	80.6	8.4	144.0	30.3
中 2941	南阳	30.9	87.2	4.4	7.7	80.1	7.8	171.0	33.4
中 2941	黄泛区	27.9	83.6	5.1	5.8	71.2	8.0	124.0	29.4
中 2941	平均	29.5	85.2	4.7	6.4	77.1	8.0	146.5	30.8

4　2014 年河南省常规春棉生产试验品种汇总总结

一、试验目的

通过试验，进一步鉴定河南省常规春棉新品种的丰产性、稳定性、适应性、纤维品质和综合表现，客观评价参试品种特性与生产利用价值，为优良棉花新品种在河南省的审定和推广提供科学依据。

二、参试品种及承试单位

本组参试品种 7 个，对照品种为鲁棉研 28，承担试验的单位共 9 个，参试品种名称、试验年限、供种单位、承试单位见表 1。

表 1　2014 年常规棉生产试验参试品种和承试点

编号	品种	年限	品种来源	供种单位	承试点
1	中植棉 936	3	GK44 - 19 × 同 128 系	河南科林种业有限公司、中国农科院植物保护研究所	中国农业科学院棉花研究所、杞县棉花原种厂、河南农业大学、河南省农业科学院经济作物研究所、许昌市农科所、河南黄泛区地神种业有限公司、南阳市农科院、商丘睢阳区农科所、新乡市锦科棉花研究所
2	嘉星 3 号	3	豫棉 9 号/GK - 12（9069 - 11 系）	嘉祥县嘉星农业科学研究所	
3	汴棉 584	3	汴 1516 × H036	开封市农林科学研究院	
4	鲁棉研 28	3	对照	山东棉花研究中心	
5	创棉 44 号	3	鲁棉研 28 × 中 12	创世纪转基因技术有限公司	
6	航棉 6 号	3	鄂抗棉 9 号 ×（中棉所 41 × WZ125）	安徽绿亿种业有限公司	
7	创棉 45 号	3	（豫 668 × 豫棉 20）× 107（GK12 选系）	创世纪转基因技术有限公司	
8	开棉 39	3	开 0167 × 开抗 036	开封市农林科学研究院	

三、试验概况

（一）试验设计

按国家区域试验方案的要求，结合河南省区域试验实际，统一制订试验方案，严格田间设计、记载、管理、统计标准，并对参试品种实行密码编号，确保试验的客观公正性；试验重复两次，随机排列，小区面积 150 m^2，每个小区行数 6～10 行；每个重复之间设走道，四周设置 3 行保护行；种植密度 1 800～3 500 株/亩（按当地种植方式酌情合理稀植），各试验地，均选择前茬作物一致，地面平整，肥力均匀中上，灌溉、排水便利的地块作为试验田。

（二）田间管理

根据试验方案要求，各承担试验单位由专职技术人员负责此项工作，从田间设计、观察、管理、数据的记载都严格按方案的要求进行；各点均选择前茬作物一致，地面平整，肥力均匀，灌溉排水便利的地块作为试验田，直播田和育苗移栽田出现缺苗及时查苗补缺，按密度要求补全苗保证一播全苗；田间管理水平应略高于大田生产水平，同一区组内肥水管理、病虫害防治、化调、打顶、收花等同一项管理措施均在同一天完成。

（三）气象因素对棉花生产的影响

2014 年河南省气候情况是苗期墒情较好，利于棉苗生长发育；棉花生育中期，降水偏少，适时浇水，满足了棉花正常生长；整个吐絮期气温略高于常年，日照充足，降水偏少，有利于产量的形成，吐絮畅而集中，霜前花率较高，品质好。

1. 苗期

4 月中下旬播，各试点墒情较好，气温较往年稍高，日照充足，出苗较好；出苗后，各试点气温偏高，降水适宜，光照充足，棉花发育稳健，苗期病害轻。

2. 蕾铃期

蕾铃前期各试点不同程度出现旱情，高温，但降水大多较为适时，加之各试点及时浇水抗旱，棉花生殖生长正常，蕾铃脱落少，由于气温较高，2015 年棉花枯、黄萎病发病普遍较少；进入 8 月，各试点降水适中，利用棉花生长。

3. 吐絮期

各试点降水较少，天气晴好，利于棉花吐絮和采收，僵瓣花少，霜前花率高，纤维品质好。

四、试验结果

（一）汇总情况

试验点共 9 个，9 个点经田间考察质量良好，数据调查、记载能严格按方案执行，年终报告经审核符合试验要求，参与汇总。抗病鉴定单位：中国农业科学院棉花研究所植保室；抗虫鉴定单位：中国农业科学院生物技术研究所；纤维品质分析单位：农业部棉花品质监督检验测试中心（安阳）。

（二）农艺性状

参试品种的农艺性状主要包括生育期、株高、第一果枝节位、单株铃数、果枝数、铃重、衣分、籽指等（见表 2），来源于 9 个试点统计结果的平均数。结果表明参试品种的生育期在 112～115 d 之间，株高在 98.9～110.8 cm 之间，单株果枝数在 13.6～14.1 台之间，铃重在 6.0～6.8 g 之间，衣分在 41.7%～43.0% 之间。

表 2　2014 年河南省春棉生产试验品种农艺性状

品种	生育期(d)	全生育期(d)	第一果枝节位	株高(cm)	果枝(台/株)	株铃(个)	铃重(g)	籽指(g)	衣分(%)
中植棉 936	112	121	6.4	102.8	13.6	19.4	6.2	10.5	41.9
嘉星 3 号	113	122	6.8	106.6	14.0	19.6	6.3	10.6	43.0
汴棉 584	113	122	6.5	107.4	14.1	20.0	6.6	10.9	41.7
鲁棉研 28	114	123	6.3	98.9	13.8	19.7	6.3	10.8	42.0
创棉 44 号	114	123	6.8	108.9	14.0	21.2	6.0	10.8	42.7
航棉 6 号	115	124	7.0	110.8	14.1	19.9	6.1	10.2	42.5
创棉 45 号	113	122	6.3	105.4	13.9	18.7	6.8	11.0	41.9
开棉 39	112	121	6.6	107.6	13.8	20.5	6.3	11.1	41.9

(三)产量性状

2014 年生产试验产量结果:籽棉平均亩产 222.6 ~ 240.4 kg,较对照增产 2.2% ~ 8.0%;皮棉亩产 93.6 ~ 100.8 kg,较对照增产 3.5% ~7.7%;霜前皮棉亩产 89.3 ~ 96.3 kg,较对照增产 1.8% ~7.9%;衣分 41.7% ~43.0%(见表 3)。

表 3　2014 年河南省春棉生产试验品种产量性状

品种	籽棉		位次	皮棉		位次	霜前皮棉		位次	霜前花率(%)
	kg/亩	±CK%		kg/亩	±CK%		kg/亩	±CK%		
中植棉 936	236.9	6.4	3	99.3	6.1	4	95.9	7.4	4	96.8
嘉星 3 号	233.8	5.0	4	100.8	7.7	1	96.3	7.8	2	96.0
汴棉 584	240.4	8.0	1	100.1	7.0	2	95.9	7.4	3	96.1
鲁棉研 28	222.6	0.0	8	93.6	0.0	8	89.3	0.0	8	95.8
创棉 44 号	227.5	2.2	7	96.8	3.5	7	90.9	1.8	7	94.5
航棉 6 号	232.3	4.4	5	98.6	5.4	5	94.0	5.3	5	95.6
创棉 45 号	231.0	3.8	6	97.1	3.8	6	92.8	3.9	6	96.1
开棉 39	237.8	6.8	2	99.6	6.4	3	96.3	7.9	1	96.9

五、试验品种评述

(一)中植棉 936

特征特性:出苗较好,前期长势较弱,后期长势较好,整齐度较好;植株塔形,稍松散,茸毛稀;叶片掌状,缺刻较深,叶色绿,大小适中;铃圆形,有钝尖,结铃较好,吐絮畅,易收摘;生育期 112 d,株高 102.8 cm,第一果枝节位 6.4 节,单株果枝数 13.6,单株结铃 19.4 个,单铃重 6.2 g,籽指 10.5 g,衣分 41.9%,霜前花率 96.8%;耐枯萎病(枯萎病指 15.8),耐黄萎病(黄萎病指 24.1);抗虫株率 98%,Bt 蛋白表达量 737,抗棉铃虫。

2012 年区域试验结果:平均亩产籽棉、皮棉和霜前皮棉分别为 284.2 kg、117.8 kg 和 112.4 kg,分别比对照增产鲁棉研 28 增产 13.5%、17.5% 和 19.6%,均居常规春棉 13 个参试品种第 1 位。HVICC 纤维上半部长度 28.3 mm,断裂比强度 29.0 cN/tex,马克隆值

5.6,伸长率5.9%,反射率78.5%,黄度7.5,整齐度指数85.4%,纺纱均匀指数130.5。

2013年区域试验结果:平均亩产籽棉、皮棉和霜前皮棉269.6 kg、106.5 kg和99.7 kg,分别比对照增产10.3%、9.9%和12.6%,分居常规春棉13个参试品种第5、5、4位。HVICC纤维上半部长度28.9 mm,断裂比强度30.5 cN/tex,马克隆值5.31,伸长率6.0%,反射率77.5%,黄度7.9,整齐度指数85.1%,纺纱均匀指数139.0。

2014年生产试验结果:9点汇总,皮棉总产6点增产,3点减产,增产点率达66.7%;平均亩产籽棉、皮棉和霜前皮棉分别为236.9 kg、99.3 kg和95.9 kg,分别比对照鲁棉研28增产6.4%、6.1%和7.4%,分居常规春棉8个参试品种第3、4、4位。

(二)嘉星3号

特征特性:出苗较好,前期长势较好、后期长势一般,整齐度一般;植株塔形,稍松散,茸毛稀;叶片掌状,缺刻较深,叶色深绿,叶片大小适中;铃卵圆形,有尖,中等偏大,结铃性好,吐絮畅;生育期113 d,株高106.6 cm,第一果枝节位6.8节,单株果枝数14.0台,单株结铃19.6个,单铃重6.3 g,籽指10.6 g,衣分43.0%,霜前花率96.0%;耐枯萎病(枯萎病指19.6),耐黄萎病(黄萎病指32.3);抗虫株率98.0%,Bt蛋白表达量962,抗棉铃虫。

2012年区域试验结果:8点试验,平均亩产籽棉、皮棉、霜前皮棉分别为227.7 kg、93.8 kg和85.5 kg,分别比对照鲁棉研28增产1.6%、7.9%、5.9%,分居常规春棉12个参试品种第8、4、6位。HVICC纤维上半部长度29.6 mm,断裂比强度31.3 cN/tex,马克隆值5.5,伸长率5.3%,反射率77.9%,黄度8.0,整齐度指数84.9%,纺纱均匀指数139.9。

2013年区域试验结果:平均亩产籽棉、皮棉和霜前皮棉分别为244.8 kg、101.8 kg和92.6 kg,分别比对照鲁棉研28增产0.1%、5.0%、4.5%,分居常规春棉13个参试品种第10、8、8位。HVICC纤维上半部长度29.2 mm,断裂比强度32.7 cN/tex,马克隆值5.4,伸长率5.7%,反射率78.2%,黄度8.0,整齐度指数85.1%,纺纱均匀指数145.7。

2014年生产试验结果:9点汇总,皮棉总产8点增产,1点减产,增产点率达88.9%;平均亩产籽棉、皮棉和霜前皮棉分别为233.8 kg、100.8 kg和96.3 kg,比对照鲁棉研28增产5.0%、7.7%和7.8%,分居常规春棉8个参试品种第4、1、2位。

(三)汴棉584

特征特性:出苗好,前期长势弱,后期长势较好,整齐度一般;植株塔形,较松散;叶片掌状,缺刻中,叶片浅绿,叶片大小适中;铃卵圆形、钝尖,结铃性好,吐絮肥畅;生育期113 d,株高107.4 cm,第一果枝节位6.5节,单株果枝数14.1台,单株结铃20.0个,单铃重6.6 g,籽指10.9 g,衣分41.7%,霜前花率96.1%;耐枯萎病(枯萎病指10.5),耐黄萎病(黄萎病指26.8);抗虫株率100%,Bt蛋白表达量647,抗棉铃虫。

2012年区域试验结果:平均亩产籽棉、皮棉和霜前皮棉分别为248.2 kg 、95.9 kg和89.4 kg,分别比对照鲁棉研28增产10.7%、10.3%、10.8%,均居常规春棉13个参试品种第2位;HVICC纤维上半部长度28.9 mm,断裂比强度29.8 cN/tex,马克隆值5.3,伸长率5.6%,反射率77.0%,黄度7.8,整齐度指数85.0%,纺纱均匀指数136.1。

2013年区域试验结果:平均亩产籽棉、皮棉和霜前皮棉276.2 kg、110.4 kg和101.4 kg,分别比对照鲁棉研28增产13.0%、13.9%和14.40%,均居常规春棉13个参试品种第1位。HVICC纤维上半部长度28.5 mm，断裂比强度29.9 cN/tex，马克隆值5.4，伸长率5.6%，反射率77.6%，黄度7.8，整齐度指数84.4 %，纺纱均匀指数131.3。

2014年生产试验结果：9点汇总，皮棉总产8点增产，1点减产，增产点率达88.9%；平均亩产籽棉、皮棉和霜前皮棉分别为240.4 kg、100.1 kg和95.9 kg，比对照鲁棉研28增产8.0%、7.0%和7.4%，分居常规春棉8个参试品种第1、2、3位。

（四）创棉44号

特征特性：出苗好，整个生育期长势较稳健，整齐度较好；植株塔形，稍紧凑，果枝上仰，茸毛稀少；叶片掌状，缺刻中，叶片绿，叶片大小适中；铃卵圆形，有尖，中等大小，结铃性强，吐絮肥畅；生育期114 d，株高108.9 cm，第一果枝节位6.8节，单株果枝数14.0台，单株结铃21.2个，单铃重6.0 g，籽指10.8 g，衣分42.7%，霜前花率94.5%；耐枯萎病（枯萎病指18.3），耐黄萎病（黄萎病指34.8）；抗虫株率98%，Bt蛋白表达量941，抗棉铃虫。

2012年区域试验结果：平均亩产籽棉、皮棉、霜前皮棉分别为282.9 kg 、117.2 kg和107.9 kg，分别比对照鲁棉研28增产12.9%、16.9%和14.7%，均居常规春棉12个参试品种第2位。HVICC纤维上半部长度29.0 mm，断裂比强度30.0 cN/tex，马克隆值5.3，伸长率4.8%，反射率78.2%，黄度7.2，整齐度指数84.5%，纺纱均匀指数134.6。

2013年区域试验结果：平均亩产籽棉、皮棉和霜前皮棉分别为270.7 kg、109.1 kg和100.4 kg，分别比对照鲁棉研28增产10.7 %、12.6%、13.3%，分居常规春棉13个参试品种第4、3、2位。HVICC纤维上半部长度27.6 mm，断裂比强度29.9 cN/tex，马克隆值5.6，伸长率6.8%，反射率78.1%，黄度7.9，整齐度指数84.7%，纺纱均匀指数127.3。

2014年生产试验结果：9点汇总，皮棉总产7点增产，2点减产，增产点率达77.8%；平均亩产籽棉、皮棉和霜前皮棉分别为227.5 kg、96.8 kg和90.9 kg，比对照鲁棉研28增产2.2%、3.5%和1.8%，均居常规春棉8个参试品种第7位。

（五）航棉6号

特征特性：出苗较好，前期长势好，后期长势一般，苗期整齐度较好，后期整齐度一般；植株塔形，紧凑，果枝上仰，茸毛稀；叶片掌状，缺刻中，叶片绿，叶片大小适中，铃圆形中等大小，吐絮肥畅；生育期115 d，株高110.8 cm，第一果枝节位7.0节，单株果枝数14.1台，单株结铃19.9个，单铃重6.1g，籽指10.2 g，衣分42.5%，霜前花率95.6%；耐枯萎病（枯萎病指12.6），耐黄萎病（黄萎病指28.3）；抗虫株率98%，Bt蛋白表达量940，抗棉铃虫。

2012年区域试验结果：平均亩产籽棉、皮棉和霜前皮棉分别为241.4 kg、94.0 kg和85.8 kg，分别比对照鲁棉研28增产7.7%、8.2%、6.3%，分居常规春棉13个参试品种第4、3、5位；HVICC纤维上半部长度28.4 mm，断裂比强度30.0 cN/tex，马克隆值5.3，伸长率5.4%，反射率77.3%，黄度8.1，整齐度指数84.6%，纺纱均匀指数133.4。

2013年区域试验结果：8点汇总，平均亩产籽棉、皮棉和霜前皮棉分别为257.5 kg、104.9 kg、95.4 kg，分别比对照鲁棉研28增产5.3%、8.2%、7.7%，均居常规春棉13个品种第7位。HVICC纤维上半部长度27.76 mm，断裂比强度31.6 cN/tex，马克隆值5.4，伸长率6.0%，反射率77.0%，黄度8.7，整齐度指数84.1%，纺纱均匀指数134.0。

2014生产试验结果：9点汇总，皮棉总产7点增产，2点减产，增产点率达77.8%；平均亩产籽棉、皮棉和霜前皮棉分别为232.3 kg、98.6 kg和94.0 kg，比对照鲁棉研28增产

4.4%、5.4%和5.3%，均居常规春棉8个参试品种第5位。

（六）创棉45号

特征特性：出苗较好，前期长势好，后期长势一般，苗期整齐度好，后期整齐度一般；植株塔形，茸毛稀；叶片掌状，缺刻较深，叶片深绿，叶片大小适中；铃卵圆形，偏大，有钝尖，吐絮肥畅；生育期113 d，株高105.4 cm，第一果枝节位6.3节，单株果枝数13.9台，单株结铃18.7个，单铃重6.8，籽指11.0 g，衣分41.9%，霜前花率96.1%；耐枯萎病（枯萎病指12.6），耐黄萎病（黄萎病指23.5）；抗虫株率100%，Bt蛋白表达量864，抗棉铃虫。

2012年区域试验结果：平均亩产籽棉、皮棉和霜前皮棉261.5 kg、100.9 kg和93.7 kg，分别比对照鲁棉研28增产16.6%、16.0%、16.0%，均居常规春棉13个参试品种第1位。HVICC纤维上半部长度28.8 mm，断裂比强度28.2 cN/tex，马克隆值5.6，伸长率4.5%，反射率78.0%，黄度7.4，整齐度指数84.4%，纺纱均匀指数125.6。

2013年区域试验结果：8点汇总，平均亩产籽棉、皮棉和霜前皮棉分别为275.9 kg、109.2 kg和100.1 kg，分别比对照鲁棉研28增产12.8 %、12.7%、12.9%，分居常规春棉13个参试品种第2、2、3位。HVICC纤维上半部长度28.8 mm，断裂比强度29.4 cN/tex，马克隆值5.6，伸长率5.2%，反射率77.1%，黄度7.9，整齐度指数84.6%，纺纱均匀指数129.5。

2014年生产试验总结：9点汇总，皮棉总产5点增产，4点减产，增产点率达55.6%；平均亩产籽棉、皮棉和霜前皮棉分别为231.0 kg、97.1 kg和92.8 kg，比对照鲁棉研28增产3.8%、3.8%和3.9%，均居常规春棉8个参试品种第6位。

（七）开棉39

特征特性：该品种出苗好，前期长势好，后期一般，苗期整齐度较好，后期一般；植株塔型，较松散，茎秆茸毛稀；叶片掌状，缺刻深，叶色绿，叶片大小适中；铃卵圆形，中等大小，吐絮畅；生育期112 d，株高107.6 cm，第一果枝节位6.6节，单株果枝数13.8台，单株结铃20.5个，单铃重6.3 g，籽指11.1 g，衣分41.9%霜前花率96.9%；抗枯萎病（枯萎病指9.6），耐黄萎病（黄萎病指32.7）；抗虫株率100%，Bt蛋白表达量837，抗棉铃虫。

2012年区域试验结果：8点汇总，平均亩产籽棉、皮棉、霜前皮棉分别为280.9 kg、112.9 kg和106.3 kg，分别比对照鲁棉研28增产12.1%、12.6%和13.1%，均居常规春棉12个参试品种第3位。HVICC纤维上半部长度29.1 mm，断裂比强度30.3 cN/tex，马克隆值5.5，伸长率4.9%，反射率77.3%，黄度7.6，整齐度指数84.9%，纺纱均匀指数136.0。

2013年区域试验结果：8点汇总，平均亩产籽棉、皮棉和霜前皮棉分别为268.8 kg、106.1 kg和98.3 kg，分别比对照鲁棉研28增产9.9%、9.5%和11.0%，均居常规春棉13个参试品种第6位。HVICC纤维上半部长度28.14 mm，断裂比强度29.4 cN/tex，马克隆值5.5，伸长率5.6%，反射率76.3%，黄度8.0，整齐度指数84.1%，纺纱均匀指数126.8。

2014年生产试验总结：9点汇总，皮棉总产8点增产，1点减产，增产点率达88.9%；平均亩产籽棉、皮棉和霜前皮棉分别为237.8 kg、99.6 kg和96.3 kg，比对照鲁棉研28增产6.8%、6.4%和7.9%，分居常规春棉8个参试品种第2、3、1位。

附表一　2014 年河南省常规春棉生产试验各试点田间管理基本情况

试点	播种方式	密度（株/亩）	前作	播期（月/日）	灌/排水（次）	中耕除草（次）	化调（次）	病虫防治（次）	收花（次）	基肥（kg/亩）	追肥（kg/亩）
黄泛区	直播	2 553	小麦	4/22	2	3	3	6	2	复合肥 30、尿素 5	复合肥 20、尿素 17
南阳	直播	2 200	棉花	5/12	3	3	2	8	5	复合肥 50	尿素 25、氯化钾 15
杞县	直播	2 500	小麦	4/21	2	2	2	8	3	尿素 20、过磷酸钙 50	复合肥 40
新乡	直播	2 800	休闲	4/24	3	3	3	12	4	氯化钾 10、二铵 15	尿素 20、二铵 10、钾 5
商丘	条播	2 000	棉花	4/27	1	3	3	9	4	复合肥 40	尿素 10
原阳	条播	2 600	棉花	4/26	2	3	1	8	2	尿素 20、复合肥 25	复合肥 25
农大	直播	3 030	棉花	4/22	4	6	2	6	4	二胺 20、尿素 15	复合肥 20
许昌	直播	2 222	休闲	4/21	3	4	3	8	2	腐熟鸡粪 2 m^3/亩、尿素 50、硫酸钾肥 15	复合肥 30、尿素 10
安阳	直播	2 56C	休闲	5/2	3	2	3	10	4	复合肥 40 kg	复合肥 25.75

附表二　2014 年河南省常规春棉生产试验品种农艺性状表

品种	试点	播－苗（d）	苗－花（d）	花－絮（d）	生育期（d）	第一果枝节位	株高（cm）	果枝（台/株）	株铃（个）	铃重（g）	籽指（g）	枯萎病指	黄萎病指	亩株数（株/亩）
中植棉 936	安阳	10	61	52	123	7.8	92.6	13.6	18.9	7.2	11.0			3 650
	新乡	9	62	50	121	5.3	104.1	15.5	20.4	6.3	10.5	0	12.5	2 797
	原阳	8	60	51	119	6.0	95.8	14.3	18.4	6.2	9.7	3.2	15.7	2 579
	许昌	11	66	43	120	6.5	98.0	13.6	23.2	5.4	10.1			2 240
	黄泛区	10	66	50	126	6.5	75.4	10.4	14.7	5.6	10.9			2 650
	杞县	9	60	58	127	6.4	119.6	14.5	24.7	7.1	10.9			2 540
	南阳	9	57	50	116	7.7	111.0	14.6	20.9	6.4	10.3			2 200
	农大	7	54	49	110	6.0	97.3	12.6	16.4	5.7	11.0			3 285
	商丘	8	74	41	123	5.8	131.2	13.5	17.1	6.0	10.5			2 000
	平均	9	62	49	121	6.4	102.8	13.6	19.4	6.2	10.5	1.6	14.1	2 660
嘉星 3 号	安阳	10	64	49	123	8.4	91.5	12.9	17.0	7.2	11.1			3 546
	新乡	9	62	50	121	6.1	101.9	14.5	19.7	6.8	11.2	1.25	15	2 788
	原阳	10	60	50	120	6.0	84.4	13.0	17.3	5.9	9.4	3.2	9.4	2 634
	许昌	11	67	44	122	6.0	110.0	14.5	22.0	4.9	9.9			2 233
	黄泛区	11	65	52	128	6.9	95.5	11.5	15.2	6.0	10.9			2 709
	杞县	9	62	60	131	6.8	120.3	14.2	22.6	7.7	11.3			2 510
	南阳	9	58	51	118	9.0	115.9	15.8	21.0	6.4	10.6			2 200
	农大	7	53	50	110	5.5	96.8	14.3	19.2	5.7	10.2			3 143
	商丘	8	79	42	129	6.1	143.1	15.6	22.6	6.3	11.0			2 000
	平均	9	63	50	122	6.8	106.6	14.0	19.6	6.3	10.6	2.23	12.2	2 640

续附表二

品种	试点	播-苗(d)	苗-花(d)	花-絮(d)	生育期(d)	第一果枝节位	株高(cm)	果枝(台/株)	株铃(个)	铃重(g)	籽指(g)	枯萎病指	黄萎病指	亩株数(株/亩)
汴棉584	安阳	10	61	55	126	7.0	94.5	14.1	18.4	8.1	11.3			34 888
	新乡	9	63	50	122	5.3	103.4	14.8	20.4	7.1	10.8	0.0	15.6	2 771
	原阳	9	61	48	118	5.6	83.3	13.6	16.6	6.6	10.0	4.4	10.0	2 579
	许昌	11	66	43	120	6.1	105.0	14.4	23.9	5.4	10.6			2 238
	黄泛区	10	65	53	128	6.3	77.7	10.6	12.9	5.8	11.6			2 600
	杞县	9	59	56	124	6.7	116.3	14.1	26.5	7.4	11.8			2 508
	南阳	9	57	51	117	8.5	117.7	15.6	21.0	6.8	11.0			2 200
	农大	7	55	49	111	6.1	102.8	13.8	17.9	5.8	10.6			3 316
	商丘	8	75	47	130	6.7	165.7	16.3	22.2	6.8	10.5			2 000
	平均	9	62	50	122	6.5	107.4	14.1	20.0	6.6	10.9	2.2	12.8	6 122
鲁棉研28	安阳	9	62	55	126	7.2	86.2	14.2	18.3	7.4	11.5			3 358
	新乡	9	62	51	122	5.5	90.0	13.4	18.6	6.3	11.2	1.9	18.1	2 811
	原阳	10	60	50	120	5.2	80.7	13.4	17.0	6.0	9.9	3.8	6.9	2 579
	许昌	11	66	43	120	6.4	100.0	13.8	23.1	5.5	10.6			2 231
	黄泛区	11	64	54	129	6.4	86.8	12.4	18.5	5.9	11.0			2 592
	杞县	9	61	57	127	6.3	113.3	13.8	25.3	7.4	11.3			2 557
	南阳	9	57	51	117	7.9	80.2	13.8	20.9	6.5	10.5			2 200
	农大	7	55	51	113	5.7	101.5	14.5	17.8	5.7	10.6			3 125
	商丘	8	71	57	136	6.1	151.6	14.6	17.4	5.8	11.0			2 000
	平均	9	62	52	123	6.3	98.9	13.8	19.7	6.3	10.8	2.8	12.5	2 606

续附表二

品种	试点	播-苗(d)	苗-花(d)	花-絮(d)	生育期(d)	第一果枝节位	株高(cm)	果枝(台/株)	株铃(个)	铃重(g)	籽指(g)	枯萎病指	黄萎病指	亩株数(株/亩)
创棉44号	安阳	10	63	56	129	7.9	95.1	13.7	19.2	7.1	11.2			3 588
	新乡	9	63	50	122	6.1	108.0	14.5	23.5	6.2	11.0	1.9	18.1	2 784
	原阳	9	59	51	119	6.1	105.9	14.4	19.3	5.8	10.7	1.9	6.9	2 606
	许昌	11	66	43	120	6.8	106.0	14.2	23.7	5.5	10.0			2 231
	黄泛区	10	67	52	129	6.8	86.9	11.1	20.9	5.3	11.3			2 625
	杞县	9	61	57	127	7.1	116.9	14.3	24.7	7.3	11.7			2 533
	南阳	9	58	50	117	8.6	112.0	14.9	20.6	6.4	10.4			2 200
	农大	7	54	55	116	5.7	102.5	14.4	20.3	5.0	10.7			3 167
	商丘	8	74	49	131	6.5	147.2	14.5	18.8	5.5	10.5			2 000
	平均	9	63	51	123	6.8	108.9	14.0	21.2	6.0	10.8	1.9	12.5	2 637
航棉6号	安阳	10	65	54	129	8.6	87.9	13.2	19.1	7.1	10.8			3 596
	新乡	9	63	51	123	6.5	113.8	14.7	20.4	6.3	10.3	3.1	13.1	2 819
	原阳	9	61	50	120	6.4	115.5	14.2	18.2	6.2	9.9	4.4	11.9	2 771
	许昌	11	67	49	127	7.1	110.0	14.4	24.0	5.3	10.1			2 236
	黄泛区	11	67	51	129	6.8	87.5	11.3	14.1	5.5	9.9			2 650
	杞县	9	61	58	128	6.7	121.0	14.7	26.7	7.2	10.8			2 483
	南阳	9	59	50	118	9.0	114.0	16.4	22.2	6.6	10.7			2 200
	农大	6	57	50	113	6.2	102.2	14.7	17.8	5.4	9.2			3 182
	商丘	9	73	49	131	6.1	145.6	13.1	17.0	5.7	10.0			2 000
	平均	9	64	51	124	7.0	110.8	14.1	19.9	6.1	10.2	3.8	12.5	2 660

续附表二

品种	试点	播-苗(d)	苗-花(d)	花-絮(d)	生育期(d)	第一果枝节位	株高(cm)	果枝(台/株)	株铃(个)	铃重(g)	籽指(g)	枯萎病指	黄萎病指	亩株数(株/亩)
创棉45号	安阳	10	62	57	129	7.9	95.5	14.2	17.7	8.2	12.1			3 413
	新乡	9	62	51	122	5.5	103.8	14.5	19.2	7.6	11.1	0.0	12.5	2 775
	原阳	8	61	50	119	5.4	100.7	14.3	18.2	7.2	10.7	3.8	13.2	2 579
	许昌	10	67	43	120	6.5	102.0	14.3	23.2	5.2	10.3			2 231
	黄泛区	11	65	52	128	6.5	84.3	11.3	13.2	6.4	12.1			2 609
	杞县	9	61	59	129	6.0	116.8	14.6	29.0	7.2	10.9			2 560
	南阳	8	57	50	115	7.4	107.5	14.2	16.7	7.1	10.7			2 200
	农大	6	56	51	113	5.6	98.5	13.5	16.8	5.8	9.9			3 195
	商丘	8	71	43	122	5.9	139.6	14.3	14.1	6.9	11.0			2 000
	平均	9	62	51	122	6.3	105.4	13.9	18.7	6.8	11.0	1.9	12.9	2 618
开棉39	安阳	10	64	48	122	8.1	95.3	14.5	18.3	7.5	11.6			3 288
	新乡	9	62	49	120	6.0	104.6	13.5	20.4	6.5	11.3	1.3	16.3	2 753
	原阳	9	60	52	121	5.8	107.0	13.7	18.9	6.4	10.0	1.3	6.9	2 606
	许昌	11	66	43	120	6.6	108.0	14.2	24.0	5.3	11.2			2 236
	黄泛区	10	65	54	129	6.4	87.8	11.9	17.2	5.7	12.1			2 675
	杞县	9	60	59	128	6.6	121.0	14.0	29.2	7.4	11.4			2 557
	南阳	9	58	47	114	8.1	117.9	15.7	22.0	6.1	11.0			2 200
	农大	7	56	48	111	5.7	96.4	13.6	17.9	5.8	10.5			3 250
	商丘	8	79	36	123	6.2	130.7	13.2	16.8	5.7	10.5			2 000
	平均	9	63	48	121	6.6	107.6	13.8	20.5	6.3	11.1	1.3	11.6	2 618

附表三　2014 年河南省常规春棉生产试验品种产量性状表

名称	地点	籽棉（kg/亩）	± CK%	位次	皮棉（kg/亩）	± CK%	位次	霜前皮棉（kg/亩）	± CK%	位次	衣分（%）	霜前花率（%）
中植棉 936	安阳	291.1	18.6	3	132.4	19.2	3	126.4	26.3	2	45.5	95.4
	新乡	235.5	3.9	6	99.6	4.1	7	94.9	4.1	7	42.3	95.2
	原阳	257.5	18.1	1	110.7	19.8	1	104.9	23.7	1	43.0	94.7
	许昌	197.7	-1.0	7	80.1	-2.7	7	80.1	-2.7	7	40.5	100.0
	黄泛区	167.9	7.7	5	70.9	9.7	5	70.9	9.7	5	42.2	100.0
	杞县	268.5	-0.6	6	114.4	-0.6	6	110.1	0.4	4	42.6	96.2
	南阳	230.8	7.3	2	93.9	4.9	2	93.9	4.9	2	40.7	100.0
	农大	260.0	-3.6	8	94.8	-9.7	8	86.8	-9.8	8	36.5	91.6
	商丘	223.0	10.0	3	97.0	12.0	3	94.8	11.2	3	43.5	97.8
	平均	236.9			99.3			95.9			41.9	96.8
嘉星 3 号	安阳	281.0	14.5	4	135.7	22.1	2	129.4	29.3	1	48.3	95.3
	新乡	241.8	6.7	4	105.9	10.7	2	101.0	10.8	4	43.8	95.4
	原阳	219.0	0.5	6	98.4	6.4	5	90.9	7.2	4	44.9	92.4
	许昌	195.8	-1.9	8	77.4	-6.0	8	77.4	-6.0	8	39.5	100.0
	黄泛区	165.0	5.8	3	71.1	10.1	3	71.1	10.1	3	43.1	100.0
	杞县	287.9	6.5	2	125.0	8.5	2	116.7	6.4	2	43.4	93.4
	南阳	215.0	-0.1	5	91.4	2.1	4	91.4	2.1	4	42.5	100.0
	农大	292.6	8.5	1	114.7	9.4	1	102.7	6.7	1	39.2	89.5
	商丘	206.4	1.8	6	87.8	1.3	6	85.9	0.7	6	42.5	97.9
	平均	233.8			100.8			96.3			43.0	96.0
汴棉 584	安阳	296.0	20.6	2	129.1	16.1	5	119.1	19.0	4	43.6	92.3
	新乡	249.4	10.0	2	105.5	10.3	3	101.1	11.0	3	42.3	95.8
	原阳	231.5	6.2	4	99.2	7.4	3	90.1	6.3	5	42.9	90.8
	许昌	219.6	9.9	2	90.9	10.5	1	90.9	10.5	1	41.4	100.0
	黄泛区	172.6	10.7	2	72.9	12.8	1	72.9	12.8	1	42.2	100.0
	杞县	230.3	-14.8	8	93.7	-18.6	8	90.9	-17.1	8	40.7	97.0
	南阳	236.5	9.9	1	97.0	8.3	1	97.0	8.3	1	41.0	100.0
	农大	291.0	7.9	2	110.7	5.6	2	101.0	4.9	3	38.1	91.2
	商丘	236.4	16.6	1	102.4	18.1	1	100.0	17.3	1	43.3	97.7
	平均	240.4			100.1			95.9			41.7	96.1

续附表三

名称	地点	籽棉（kg/亩）	± CK%	位次	皮棉（kg/亩）	± CK%	位次	霜前皮棉（kg/亩）	± CK%	位次	衣分（%）	霜前花率（%）
鲁棉研 28	安阳	245.3	0.0	7	111.1	0.0	7	100.1	0.0	8	45.3	90.1
	新乡	226.7	0.0	8	95.7	0.0	8	91.1	0.0	8	42.2	95.2
	原阳	217.9	0.0	7	92.4	0.0	8	84.8	0.0	8	42.4	91.7
	许昌	199.7	0.0	6	82.3	0.0	6	82.3	0.0	6	41.2	100.0
	黄泛区	156.0	0.0	6	64.6	0.0	6	64.6	0.0	6	41.4	100.0
	杞县	270.2	0.0	5	115.1	0.0	4	109.7	0.0	5	42.6	95.3
	南阳	215.2	0.0	4	89.5	0.0	6	89.5	0.0	6	41.6	100.0
	农大	269.7	0.0	5	104.9	0.0	4	96.2	0.0	4	38.9	91.7
	商丘	202.7	0.0	7	86.7	0.0	8	85.3	0.0	7	42.8	98.4
	平均	222.6			93.6			89.3			42.0	95.8
创棉 44 号	安阳	275.7	12.4	5	129.3	16.3	4	116.2	16.1	5	46.9	89.9
	新乡	236.2	4.2	5	101.6	6.2	5	94.9	4.1	6	43.0	93.4
	原阳	213.5	-2.0	8	93.9	1.6	6	85.6	1.0	7	44.0	91.2
	许昌	221.4	10.9	1	90.1	9.5	2	90.1	9.5	2	40.7	100.0
	黄泛区	140.7	-9.8	8	61.3	-5.0	7	61.3	-5.0	7	43.6	100.0
	杞县	272.8	1.0	4	115.1	0.0	5	108.7	-0.9	6	42.2	94.4
	南阳	212.9	-1.1	8	89.8	0.4	5	89.8	0.4	5	42.2	100.0
	农大	274.5	1.8	4	103.0	-1.8	5	88.0	-8.5	7	37.5	85.5
	商丘	199.5	-1.6	8	87.2	0.6	7	83.6	-1.9	8	43.7	95.9
	平均	227.5			96.8			90.9			42.7	94.5
航棉 6 号	安阳	249.5	1.7	6	115.5	4.0	6	105.9	5.8	6	46.3	91.6
	新乡	234.4	3.4	7	100.6	5.1	6	96.0	5.4	5	42.9	95.5
	原阳	223.2	2.4	5	93.8	1.5	7	86.1	1.5	6	42.0	91.8
	许昌	214.2	7.3	4	87.8	6.7	3	87.8	6.7	3	41.0	100.0
	黄泛区	159.3	2.2	4	70.6	9.3	4	70.6	9.3	4	44.3	100.0
	杞县	322.6	19.4	1	137.1	19.1	1	131.1	19.5	1	42.5	95.6
	南阳	214.0	-0.5	7	88.0	-1.7	8	88.0	-1.7	8	41.1	100.0
	农大	261.9	-2.9	7	101.4	-3.4	6	92.4	-4.0	5	38.7	91.1
	商丘	211.7	4.4	5	92.9	7.3	5	88.1	3.3	5	43.9	94.8
	平均	232.3			98.6			94.0			42.5	95.6

续附表三

名称	地点	籽棉（kg/亩）	±CK%	位次	皮棉（kg/亩）	±CK%	位次	霜前皮棉（kg/亩）	±CK%	位次	衣分（%）	霜前花率（%）
创棉45号	安阳	300.8	22.6	1	137.4	23.7	1	125.6	25.5	3	45.7	91.4
	新乡	246.6	8.8	3	105.1	9.8	4	102.7	12.8	2	42.6	97.8
	原阳	233.7	7.2	3	101.8	10.1	2	94.1	11.0	2	43.6	92.4
	许昌	200.5	0.4	5	84.4	2.6	5	84.4	2.6	5	42.1	100.0
	黄泛区	152.5	-2.2	7	60.9	-5.7	8	60.9	-5.7	8	39.9	100.0
	杞县	246.3	-8.9	7	101.0	-12.3	7	95.3	-13.1	7	41.0	94.4
	南阳	214.7	-0.2	6	88.9	-0.7	7	88.9	-0.7	7	41.4	100.0
	农大	262.7	-2.6	6	98.6	-6.0	7	89.9	-6.6	6	37.6	91.1
	商丘	221.5	9.3	4	95.9	10.7	4	93.4	9.5	4	43.3	97.4
	平均	231.0			97.1			92.8			41.9	96.1
开棉39	安阳	239.6	-2.3	8	108.8	-2.1	8	103.4	3.3	7	45.4	95.1
	新乡	252.5	11.4	1	106.1	10.9	1	103.5	13.6	1	42.0	97.6
	原阳	237.2	8.8	2	98.8	6.9	4	93.3	10.1	3	41.7	94.5
	许昌	215.0	7.6	3	87.7	6.6	4	87.7	6.6	4	40.8	100.0
	黄泛区	177.7	13.9	1	72.1	11.7	2	72.2	11.7	2	40.6	100.0
	杞县	282.8	4.7	3	119.9	4.2	3	115.5	5.3	3	42.4	96.3
	南阳	224.9	4.5	3	93.3	4.3	3	93.3	4.3	3	41.5	100.0
	农大	285.8	6.0	3	110.7	5.5	3	101.5	5.5	2	38.7	91.7
	商丘	224.4	10.7	2	99.0	14.2	2	96.1	12.7	2	44.1	97.2
	平均	237.8			99.6			96.3			41.9	96.9

5　2014 年河南省夏棉生产试验品种汇总总结

一、试验目的

通过试验，进一步鉴定河南省夏棉新品种的丰产性、稳定性、适应性、纤维品质和综合表现，客观评价参试品种特性与生产利用价值，为优良棉花新品种在河南省的审定和推广提供科学依据。

二、参试品种及承试单位

参加试验的品种共 4 个，对照品种为中棉所 50，承担试验的单位共 8 个，其参试品种名称、试验年限、供种单位、承试单位见表 1。

表 1　2014 年夏棉生产试验参试品种和承试点

编码	品种	年限	品种来源	供种单位	承试点
1	中 361	3	SF06×中 605	中国农业科学院棉花研究所	中国农业科学院棉花研究所、新乡中创短季棉有限公司、开封市农林科学研究院、河南黄泛区地神种业有限公司、邓州市先天下种业有限公司、新乡锦科棉花研究所、创世纪种业公司内黄站、河南省农业科学院经济作物研究所
2	中 213	3	中 603×92047	中国农业科学院棉花研究所	
3	百棉 17	3	BM052 ×BM038 后代系选	河南科技学院	
4	锦科 707	3	(SGK 中 394×锦科 04-8)F1×棉乡 368	新乡市锦科棉花研究所 新疆桑塔木种业股份有限公司	

三、试验概况

(一)试验设计

按国家区域试验方案的要求，结合河南省区域试验实际，统一制订试验方案，严格田间设计、记载、管理、统计标准，并对参试品种实行密码编号，确保试验的客观公正性；试验重复两次，随机排列，小区面积 150 m^2，重复之间设走道，四周设置 3 行保护行；种植密度 4 000~6 000 株/亩(按当地种植方式酌情合理稀植)。

(二)田间管理

根据试验方案要求，各承担试验由专职技术人员负责此项工作，从田间设计、观察、管理、数据的记载都严格按方案的要求进行；各点均选择前茬作物一致，地面平整，肥力均匀，灌溉排水便利的地块作为试验田，直播田和育苗移栽田出现缺苗及时查苗补缺，按密度要求补全苗保证一播全苗；田间管理水平应略高于大田生产水平，同一区组内肥水管理、病虫害防治、化调、打顶、收花等同一项管理措施均在同一天完成。

（三）气象因素对棉花生产的影响

1.苗期

播种期间天气晴好，气温高，各品种出苗快而壮，达到一播全苗，6 月气温高，光照充足，降水偏少，棉苗生长旺盛，发病少。

2.蕾铃期

6 月下旬至 8 月中旬以晴天为主，光照充足，温度较高，降水少于常年，有利于棉花成铃。

3.吐絮期

8 月下旬至 9 月上旬多阴雨天，影响棉花的正常吐絮；9 月中下旬以晴天多云为主，光照充足，温度较高，有利于棉花吐絮与收摘；10 月上中旬多阴雨天，影响棉花的正常吐絮与收摘，10 月下旬至 11 月上旬以晴天多云为主，有利于棉花吐絮与收摘。

四、试验结果

（一）汇总情况

试验点共 8 个，8 个试点经田间考察质量良好，数据调查、记载能严格按方案执行，年终报告经审核符合试验要求，参与汇总。抗病鉴定单位：中国农业科学院棉花研究所植保室；抗虫鉴定单位：中国农业科学院生物技术研究所；纤维品质分析单位：农业部棉花品质监督检验测试中心。

（二）农艺性状

参试品种的农艺性状主要包括生育期、株高、第一果枝节位、单株铃数、果枝数、铃重、衣分、籽指等（见表 2），来源于 8 试点统计结果的平均数。结果表明参试品种生育期在 97～100 d 之间，株高在 64.4～74.3 cm 之间，单株果枝数在 9.9～10.7 台之间，铃重在 5.3～5.9 g 之间，衣分在 39.9%～42.8%之间。

表 2　2014 年夏棉生产试验品种农艺性状

品种	生育期（d）	全生育期（d）	第一果枝节位	株高（cm）	果枝（台/株）	株铃（个）	铃重（g）	籽指（g）	衣分（%）
中 361	100	107	5.5	74.3	10.5	10.9	5.8	10.4	42.8
中 213	99	106	5.6	64.4	10.5	10.8	5.5	10.2	42.0
中棉所 50	99	106	5.3	66.9	10.4	9.8	5.9	10.2	41.5
百棉 17	97	103	5.5	71.3	10.7	11.9	5.3	10.7	39.9
锦科 707	97	104	5.6	67.8	9.9	10.6	5.7	10.3	42.6

(三)产量性状

2014 年生产试验产量结果:籽棉亩产 179.3~203.6 kg;皮棉亩产 74.5~87.3 kg;霜前皮棉亩产 71.1~81.3 kg(见表 3)。

表 3　2014 年夏棉生产试验品种产量性状

品种	籽棉		位次	皮棉		位次	霜前皮棉		位次	霜前花率(%)
	kg/亩	±CK%		kg/亩	±CK%		kg/亩	±CK%		
中 361	203.6	13.6	1	87.3	17.2	1	81.3	14.4	1	93.5
中 213	186.5	4.0	4	78.5	5.5	4	75.0	5.5	4	95.7
中棉所 50	179.3	0.0	5	74.5	0.0	5	71.1	0.0	5	95.7
百棉 17	198.7	10.9	2	79.4	6.6	3	75.9	6.7	3	95.9
锦科 707	191.4	6.8	3	81.4	9.3	2	77.6	9.2	2	95.7

五、试验品种评述

(一)中 361

特征特性:该品种出苗较好,整个生育期长势强,整齐度较好;植株塔形,较松散,茎秆茸毛稀;叶片掌状,缺刻浅,叶深绿,大小适中;铃卵圆形,有钝尖,结铃性好,吐絮畅;生育期 100.0 d,株高 74.3 cm,第一果枝节位 5.5 节,单株果枝数 10.5 台,单株结铃 10.9 个,单铃重 5.8 g,籽指 10.4 g,衣分 42.8%,霜前花率 93.5%;枯萎病指 17.5,耐枯萎病,黄萎病指 32.5,耐黄萎病;抗虫株率 100%,Bt 蛋白表达量 459,抗棉铃虫。

2012 年区域试验结果:6 点汇总,皮棉总产 5 点增产,1 点减产,平均亩产籽指、皮棉和霜前皮棉分别为 231.8 kg、87.8 kg 和 78.4 kg,分别比对照中棉所 50 增产 13.4%、15.7%、17.4%,分居 7 个参试品种第 2、3、2 位。HVICC 纤维上半部长度 29.8 mm,断裂比强度 31.4 cN/tex,马克隆值 4.7,伸长率 5.4%,反射率 78.7%,黄度 7.9,整齐度指数 86.3%,纺纱均匀指数 155.3。

2013 年区域试验结果:6 点汇总,皮棉总产 4 点增产,2 点减产,平均亩产籽指、皮棉和霜前皮棉分别为 223.7 kg、89.6 kg 和 83.5 kg,分别比对照中棉所 50 增产 10.8%、16.9% 和 18.0%,均居 5 个参试品种第 2 位。HVICC 纤维上半部长度 28.7 mm,断裂比强度 32.8 cN/tex,马克隆值 5.3,伸长率 6.2%,反射率 76.4%,黄度 8.5,整齐度指数 85.2%,纺纱均匀指数 145.0。

2014 年生产试验结果:8 点汇总,皮棉产量 8 点均增产,增产点率达 100.0%;平均亩产籽棉、皮棉和霜前皮棉分别为 203.6 kg、87.3 kg 和 81.3 kg,分别比对照中棉所 50 增产 13.6%、17.2%和 14.4%,均居 5 个参试品种第 1 位。

完成试验程序。

(二)中213

特征特性:出苗较好,长势较好,整齐度较好;植株塔形,茎秆茸毛稀;叶片掌状,缺刻浅,叶浅绿,大小适中;铃卵圆形,中等大小,吐絮畅;生育期99.0 d,株高64.4 cm,第一果枝节位5.6节,单株果枝数10.5台,单株结铃10.8个,单铃重5.5 g,籽指10.2 g,衣分42.0%,霜前花率95.7%;枯萎病指9.9,耐枯萎病,黄萎病指32.9,耐黄萎病;抗虫株率98%,Bt蛋白表达量958,抗棉铃虫。

2012年区域试验结果:7点汇总,皮棉总产5点增产,2点减产,平均亩产籽指、皮棉和霜前皮棉分别为200.0 kg、80.1 kg和71.2 kg,分别比对照中棉所50增产1.3%、6.4%和6.1%,分居9个参试品种第4、2、2位。HVICC纤维上半部长度30.3 mm,断裂比强度30.5 cN/tex,马克隆值4.6,伸长率6.2%,反射率78.3%,黄度7.8,整齐度指数86.1%,纺纱均匀指数52.8。

2013年区域试验结果:7点汇总,皮棉总产6点增产,1点减产,平均亩产籽指、皮棉和霜前皮棉分别为221.2 kg、89.0 kg和84.1 kg,分别比对照中棉所50增产9.1%、16.5%、17.3%,分居8个参试品种第3、1、2位。HVICC纤维上半部长度28.4 mm,断裂比强度32.4 N/tex,马克隆值5.3,伸长率5.9%,反射率77.3,黄度8.0,整齐度指数85.32%,纺纱均匀指数144.8。

2014年生产试验结果:8点汇总,皮棉总产6点增产,2点减产,增产点率达75.0%;平均亩产籽棉、皮棉和霜前皮棉分别为186.5 kg、78.5 kg和75.0 kg,分别比对照中棉所50增产4.0%、5.5%和5.5%,均居5个参试品种第4位。

(三)百棉17

特征特性:该品种出苗好,长势较好,整齐度较好;植株塔形;叶片掌状,缺刻浅,叶色浅绿;铃卵圆形,中等大小,结铃性较强,吐絮畅;生育期97.0 d,株高71.3 cm,第一果枝节位5.5节,单株果枝数10.7台,单株结铃11.9个,单铃重5.3 g,籽指10.7 g,衣分39.9%,霜前花率95.9%;枯萎病指7.7,抗枯萎病,黄萎病指32.5,耐黄萎病;抗虫株率96%,Bt蛋白表达量990,抗棉铃虫。

2012年区域试验结果:7点汇总,皮棉总产6点增产,1点减产,平均亩产籽指、皮棉和霜前皮棉分别为200.2 kg、79.5 kg和69.5 kg,分别比对照中棉所50增产1.4%、5.5%、3.5%,均居9个参试品种第3位。HVICC纤维上半部长度27.5 mm,断裂比强度28.2 cN/tex,马克隆值5.1,伸长率5.7%,反射率77.1%,黄度8.2,整齐度指数83.1%,纺纱均匀指数121.3。

2013年区域试验结果:7点汇总,皮棉总产6点增产,1点减产,平均亩产籽指、皮棉和霜前皮棉分别为232.5 kg、82.8 kg和78.1 kg,分别比对照中棉所50增产14.7%、8.3%、9.0%,分居8个参试品种第1、4、4位。HVICC纤维上半部长度27.2 mm,断裂比强度30.4 cN/tex,马克隆值5.5,伸长率5.6%,反射率77.2%,黄度7.5,整齐度指数84.7%,纺纱均匀指数 130. 6。

2014 年棉生产试验结果:8 点汇总,皮棉产量 7 点增产,1 点减产,增产点率达 87.5%;平均亩产籽棉、皮棉和霜前皮棉分别为 198.7 kg、79.4 kg 和 75.9 kg,分别比对照中棉所 50 增产 10.9%、6.6%和 6.7%,分居 5 个参试品种第 2、3、3 位。

(四)锦科 707

特征特性:该品种出苗好,长势稳健,整齐度好;植株塔形,较紧凑,叶片掌状,缺刻浅,叶色浅绿,叶片中等大小,铃圆形,较大,结铃性较强,吐絮畅;生育期 97.0 d,株高 67.8 cm,第一果枝节位 5.6 节,单株果枝数 9.9 台,单株结铃 10.6 个,单铃重 5.7 g,籽指 10.3 g,衣分 42.6%,霜前花率 95.7%;枯萎病指 11.1,耐枯萎病,黄萎病指 32.5,耐黄萎病;抗虫株率 98%,Bt 蛋白表达量 476,抗棉铃虫。

2012 年区域试验结果:7 点汇总,5 点增产,2 点减产,平均亩产籽指、皮棉和霜前皮棉分别为 204.5 kg、79.2 kg 和 71.4 kg,分别比对照中棉所 50 增产 3.6%、5.2%、6.3%,分居 9 个参试品种第 2、4、1 位。HVICC 纤维上半部长度 31.5 mm,断裂比强度 29.4 cN/tex,马克隆值 4.6,伸长率 5.1%,反射率 77.4%,黄度 7.5,整齐度指数 85.9%,纺纱均匀指数 148.2。

2013 年区域试验结果:7 点汇总,皮棉总产 7 点均增产,平均亩产籽指、皮棉和霜前皮棉分别为 224.3 kg、88.6 kg 和 84.4 kg,分别比对照中棉所 50 增产 10.6%、15.9%和 17.9%,分居 8 个参试品种第 2、1、1 位。HVICC 纤维上半部长度 29.0 mm,断裂比强度 31.1 cN/tex,马克隆值 5.3,伸长率 5.5%,反射率 76.8%,黄度 7.9,整齐度指数 84.9%,纺纱均匀指数 139.0。

2014 年生产试验结果:8 点汇总,皮棉产量 6 点增产,2 点减产,增产点率达 75.0%;平均亩产籽棉、皮棉和霜前皮棉分别为 191.4 kg、81.4 kg 和 77.6 kg,分别比对照中棉所 50 增产 6.8%、9.3%和 9.2%,分居 5 个参试品种第 3、2、2 位。

附表一　2014 年河南省夏棉生产试验各试点田间管理基本情况

试点	播种方式	密度（株/亩）	前作	播期（月/日）	灌/排水（次）	中耕除草（次）	整枝（次）	病虫防治（次）	收花（次）	基肥（kg/亩）	追肥（kg/亩）
新乡	直播	5 000	小麦	6/22	2	3	2	9	3	尿素 5、二铵 10、钾肥 10	尿素 15
延津	直播	5 000	小麦	5/31	1	2	4	7	4	复合肥 40	复合肥 20
邓州	直播	3 500	棉花	6/4	2	3	4	5	2	复合肥 25	复合肥 35
黄泛区	直播	5 000	小麦	5/22	2	3	4	4	2		复合肥 30、尿素 17.5
安阳	直播	6 000	棉花	5/23	0	2	3	8	2	复合肥 100	复合肥 15、尿素 15
原阳	直播	6 000	棉花	5/26	2	0	3	8	2	尿素 20、钾肥 10	尿素 10
内黄	直播	5 000	棉花	5/26	2	3	2	7	2	尿素 15、二胺 10、钾肥 10	尿素 7.5、复合肥 10
开封	直播	5483	小麦	5/29	2	1	2	6	2	尿素 50	复合肥 17.5

附表二 2014 年河南省夏棉生产试验品种农艺性状表

品种	试点	播-苗（d）	苗-花（d）	花-絮（d）	生育期（d）	第一果枝节位	株高（cm）	果枝（台/株）	株铃（个）	铃重（g）	籽指（g）	亩株数（株/亩）
中 361	开封	5	44	61	110	5.0	82.9	9.2	8.4	6.0	10.9	5 951
	内黄	5	43	53	101	5.2	62.5	10.0	12.1	6.6	11.0	4 758
	原阳	8	43	54	105	5.2	77.9	11.0	9.4	5.6	10.2	5 678
	邓州	6	47	41	94	5.0	88.5	12.2	16.0	6.4	10.5	3 500
	安阳	9	46	57	112	5.7	66.5	11.7	11.0	5.8	9.9	4 836
	新乡	9	49	61	119	6.1	74.0	9.6	10.7	4.9	10.0	4 968
	延津	4	50	56	110	6.2	80.0	11.1	12.3	6.3	10.7	5 000
	黄泛区	6	47	48	101	6.0	61.9	8.8	7.5	5.2	10.0	6 280
	平均	7	46	54	107	5.5	74.3	10.5	10.9	5.8	10.4	5 121
中 213	开封	5	44	61	110	4.9	77.2	9.4	10.1	5.3	10.8	6 196
	内黄	5	43	46	94	5.2	51.5	11.4	10.2	6.1	10.6	4 867
	原阳	8	46	52	106	4.8	51.9	9.3	7.9	5.4	10.1	5 788
	邓州	6	47	41	94	6.3	91.0	13.0	18.2	6.2	10.4	3 502
	安阳	9	43	61	113	5.9	52.6	10.6	10.7	5.4	9.3	4 735
	新乡	9	48	61	118	5.5	66.9	9.5	9.9	4.6	9.6	4 911
	延津	4	50	55	109	5.5	69.0	11.9	12.8	6.2	10.6	5 000
	黄泛区	6	47	48	101	6.4	55.3	9.0	6.6	4.9	10.0	6 485
	平均	7	46	53	106	5.6	64.4	10.5	10.8	5.5	10.2	5 186
中棉所 50	开封	5	43	61	109	4.9	75.7	9.7	7.8	6.1	10.8	6 156
	内黄	5	46	54	105	4.7	55.1	11.1	10.5	6.8	10.7	4 805
	原阳	8	44	54	106	5.7	65.8	10.4	7.8	5.8	9.7	6 118
	邓州	6	46	40	92	5.5	90.6	12.4	15.4	6.0	9.5	3 515

续附表二

品种	试点	播-苗（d）	苗-花（d）	花-絮（d）	生育期（d）	第一果枝节位	株高（cm）	果枝（台/株）	株铃（个）	铃重（g）	籽指（g）	亩株数（株/亩）
中棉所 50	安阳	9	46	57	112	5.0	48.3	9.3	9.3	5.8	9.6	4 936
	新乡	9	48	60	117	5.6	66.1	10.0	9.4	5.3	9.6	4 866
	延津	4	48	53	105	5.4	75.5	11.5	10.5	6.2	10.9	5 000
	黄泛区	6	47	46	99	5.5	58.4	8.4	7.3	5.3	10.8	6 305
	平均	7	46	53	106	5.3	66.9	10.4	9.8	5.9	10.2	5 213
百棉 17	开封	5	42	61	108	5.0	80.9	10.0	10.9	5.2	11.3	5 983
	内黄	5	42	47	94	5.0	57.6	10.1	11.2	5.5	11.6	4 867
	原阳	8	43	47	98	5.1	60.2	9.4	8.1	5.4	11.2	5 715
	邓州	6	47	41	94	5.8	91.0	13.6	18.7	5.8	10.8	3 522
	安阳	9	46	58	113	5.3	60.1	11.3	12.8	5.3	10.1	4 735
	新乡	9	47	60	116	5.7	83.2	11.0	13.0	4.6	9.4	4 893
	延津	4	48	54	106	5.9	73.0	11.9	12.7	5.8	11.0	5 000
	黄泛区	6	47	44	97	6.0	64.0	8.7	7.5	4.5	10.6	6 220
	平均	7	45	52	103	5.5	71.3	10.7	11.9	5.3	10.7	5 117
锦科 707	开封	5	42	61	108	5.0	76.3	9.4	9.2	5.6	10.2	6 023
	内黄	5	42	48	95	4.9	56.9	8.9	10.1	6.1	10.0	4 911
	原阳	8	44	53	105	5.4	62.9	9.5	8.6	5.6	10.3	5 825
	邓州	6	45	40	91	5.5	92.2	14.0	20.3	6.4	11.2	3 520
	安阳	9	46	54	109	5.6	53.8	9.9	8.3	5.6	9.3	4 969
	新乡	9	47	59	115	6.0	70.3	9.5	11.2	5.4	10.1	4 946
	延津	4	48	54	106	5.9	72.0	10.3	11.2	6.4	11.2	5 000
	黄泛区	6	47	48	101	6.4	58.4	7.4	5.8	4.5	9.9	6 260
	平均	7	45	52	104	5.6	67.8	9.9	10.6	5.7	10.3	5 182

附表三　2014 年河南省夏棉生产试验品种产量性状表

名称	地点	籽棉（kg/亩）	±CK%	位次	皮棉（kg/亩）	±CK%	位次	霜前皮棉（kg/亩）	±CK%	位次	衣分（%）	霜前花率（%）
中 361	开封	181.3	7.2	3	76.0	12.6	2	70.8	13.3	2	41.9	93.1
	内黄	242.0	17.5	1	108.9	24.8	1	105.8	23.5	1	45.0	97.2
	原阳	243.2	19.1	1	97.8	18.1	1	90.5	17.0	1	40.2	92.6
	邓州	200.3	5.5	4	83.0	6.0	4	74.2	3.4	4	41.4	89.4
	安阳	216.4	25.4	1	98.0	31.0	1	94.0	28.7	1	45.3	95.9
	新乡	167.5	10.4	3	68.2	12.3	2	63.3	7.7	2	40.7	92.9
	延津	244.9	17.3	1	107.8	21.4	1	93.6	11.3	3	44.0	86.9
	黄泛区	133.0	1.0	4	58.5	5.0	3	58.5	5.0	3	44.0	100.0
	平均	203.6			87.3			81.3			42.8	93.5
中 213	开封	176.1	4.1	4	71.3	5.7	4	65.3	4.6	4	40.5	91.6
	内黄	186.6	-9.6	5	82.2	-5.8	4	80.7	-5.9	4	44.1	98.1
	原阳	228.6	11.9	3	93.4	12.7	2	90.0	16.3	2	40.9	96.4
	邓州	214.0	12.7	3	87.4	11.8	3	81.0	12.8	3	40.9	92.6
	安阳	192.1	11.3	3	86.2	15.3	2	83.0	13.6	2	44.9	96.2
	新乡	130.8	-13.8	5	51.7	-14.9	5	49.8	-15.4	5	39.5	96.3
	延津	230.2	10.2	3	100.1	12.8	3	94.4	12.3	2	43.5	94.3
	黄泛区	133.7	1.5	3	55.9	0.3	4	55.9	0.3	4	41.8	100.0
	平均	186.5			78.5			75.0			42.0	95.7
中棉所 50	开封	169.1	0.0	5	67.5	0.0	5	62.4	0.0	5	39.9	92.5
	内黄	206.0	0.0	2	87.2	0.0	2	85.7	0.0	2	42.4	98.2
	原阳	204.3	0.0	5	82.8	0.0	5	77.4	0.0	5	40.6	93.4
	邓州	189.9	0.0	5	78.2	0.0	5	71.8	0.0	5	41.2	91.7
	安阳	172.6	0.0	4	74.8	0.0	4	73.0	0.0	4	43.4	97.6
	新乡	151.7	0.0	4	60.7	0.0	4	58.8	0.0	4	40.0	97.0
	延津	208.8	0.0	5	88.8	0.0	5	84.1	0.0	5	42.5	94.7
	黄泛区	131.7	0.0	5	55.7	0.0	5	55.7	0.0	5	42.3	100.0
	平均	179.3			74.5			71.1			41.5	95.7

续附表三

名称	地点	籽棉（kg/亩）	±CK%	位次	皮棉（kg/亩）	±CK%	位次	霜前皮棉（kg/亩）	±CK%	位次	衣分（%）	霜前花率（%）
百棉 17	开封	185.6	9.7	2	72.9	8.1	3	69.5	11.3	3	39.3	95.3
	内黄	201.6	-2.2	3	80.2	-8.1	5	79.6	-7.2	5	39.8	99.2
	原阳	234.3	14.7	2	87.8	6.0	4	84.3	9.0	4	37.5	96.0
	邓州	220.5	16.1	1	92.4	18.1	2	84.5	17.8	2	41.9	91.5
	安阳	192.6	11.6	2	80.5	7.6	3	79.0	8.2	3	41.8	98.1
	新乡	173.0	14.0	2	67.1	10.6	3	62.7	6.6	3	38.8	93.4
	延津	229.0	9.7	4	93.0	4.8	4	86.8	3.2	4	40.6	93.3
	黄泛区	153.2	16.3	1	60.8	9.2	2	60.8	9.2	2	39.7	100.0
	平均	198.7			79.4			75.9			39.9	95.9
锦科 707	开封	193.5	14.4	1	80.9	19.9	1	76.7	22.8	1	42	95
	内黄	191.2	-7.2	4	84.1	-3.7	3	82.9	-3.3	3	44	99
	原阳	223.6	9.5	4	90.9	9.7	3	86.9	12.2	3	41	96
	邓州	220.5	16.1	2	94.2	20.4	1	86.1	20.0	1	43	91
	安阳	137.2	-20.5	5	60.9	-18.6	5	59.5	-18.5	5	44	98
	新乡	180.4	18.9	1	75.6	24.5	1	69.5	18.1	1	42	92
	延津	238.4	14.1	2	102.5	15.5	2	97.6	16.1	1	43	95
	黄泛区	146.6	11.3	2	62.0	11.3	1	62.0	11.3	1	42	100
	平均	191.4			81.4			77.6			43	96

6　2015 年河南省常规春棉区域试验品种汇总总结

一、试验目的

通过河南省不同生态区多年多点试验,正确鉴定棉花新品种的丰产性、稳产性、纤维品质、抗病性、抗虫性及对环境适应能力等特性,为河南省棉花品种的审定与合理推广提供科学依据。

二、试验材料

参试品种 12 个,均为常规春棉,以鲁研棉 28 为对照,参试种子由参试单位提供,详见表 1。

表 1　2015 年河南省常规春棉区域试验参试品种来源及编号

品种名称	编号	品种来源	参试单位	年限
豫棉 54	7	(豫 668×R065)×银山 8 号	河南省农业科学院经济作物研究所	2
豫农棉 31	9	ym9822×(GK12 选系×郑 319)	河南农业大学农学院	2
许抗棉 1 号	1	豫杂 35×许选 2 号	许昌市农业科学技术研究所	2
鲁棉 418	2	鲁 735×鲁 401	山东棉花研究中心 新疆锦棉种业科技公司	2
锦 K113	3	T138×科能 0568 后代系选	南京木锦基因工程有限公司	2
汴棉 21	8	汴棉 331×2704-9	开封市农林科学研究院	2
豫棉 514	10	豫 668×银山 8 号	河南省农业科学院经济作物研究所	1
鲁棉 696	4	鲁棉研 21 号×(新 911×R2934)F2	山东棉花研究中心	1
中 1007	11	冀 1286×XU2006	中国农业科学院棉花研究所	1
鲁棉 424	5	鲁 1367 系×鲁棉研 18 号 F9	山东棉花研究中心	1
冀棉 818	13	冀 228 系统选育而成	河北冀棉经作科技有限公司、河北省农林科学院棉花研究所	1
豫棉 516	6	豫棉 21×银山 8 号	河南省农业科学院经济作物研究所	1
鲁研棉 28	12	对照(CK)	山东棉花研究中心	—

三、试验承试单位和试验设计

(一)试验承试单位

河南省农业科学院经济作物研究所(李武),商丘市农业科学院(刘卫星),南阳市农业科学院(强学杰),周口市农业科学院(贾朝阳、雷亚柯),郑州市农林科学研究所(贾新合),中国农业科学院棉花研究所(严根土),新乡市锦科棉花研究所(田土星),杞县棉花原种厂(许国志、张秀松),中国农业科学院棉花研究所植保室(朱荷琴),农业部棉花品质监督检验测试中心(唐淑荣)。

(二)试验设计

试验按随机区组设计,3 次重复,每小区 3~4 行,小区面积≥20 m^2,周边设置不少于4 行的保护行。

四、棉花生育期间气候特点及栽培管理

(一)气候特点

2015 年河南省气候情况是苗期墒情较好,利于棉苗生长发育;棉花生育中期,降水偏少,适时浇水,满足了棉花正常生长;整个吐絮期气温略高于常年,日照充足,降水偏少,有利于产量的形成,吐絮畅而集中,霜前花率较高,品质好。

1.苗期

4 月中下旬播,各试点墒情较好,气温较往年稍高,日照充足,出苗较好;出苗后,各试点气温偏高,降水适宜,光照充足,棉花发育稳健,苗病轻。

2.蕾铃期

蕾铃前期各试点不同程度出现旱情,高温,但降水大多较为适时,加之各试点及时浇水抗旱,棉花生殖生长正常,蕾铃脱落少;由于气温较高,2015 年棉花枯、黄萎病发病普遍较少;进入 8 月,各试点降水适中,利于棉花生长。

3.吐絮期

各试点降水较少,天气晴好,利于棉花吐絮和采收,僵瓣花少,霜前花率高,纤维品质好。

(二)栽培管理

各试点均按照当地主要栽培管理措施实行,田间管理均匀一致。密度 2 200~3 000 株/亩,前作有棉花、冬闲,播期多在 4 月下旬,播种方式为直播或直播盖膜;防治地老虎、棉蚜、红蜘蛛、棉铃虫、盲椿象等 6~15 次,浇地 0~5 次,排水 0~3 次,化调 1~3 次,中耕除草 2~6 次;基肥为有机肥、氮、磷、钾肥等,追肥以复合肥、尿素为主。

五、试验结果

本组试验共 8 个试点,8 个试点数据经过复核,试验误差均在规定范围内,予以汇总。总变异系数 C_V=6.23%。

(一)早熟性

2015 年结果:各参试品种生育期 115~119 d,第一果枝节位 6.2~7.7 节,霜前花率87.5%~94.3%。豫棉 516、豫棉 54 和豫农棉 31 霜前花率高,早熟性好;鲁棉 418、豫棉514 和冀棉 818 霜前花率低。

2014~2015 年平均结果:2 年参试品种生育期 112~116 d,第一果枝节位 6.3~7.5 节,霜前花率 91.8%~95.8%。

(二)主要特性

2015 年结果:各参试品种株高 99.3~119.6 cm,鲁棉研 28 最低,鲁棉 418 最高;单株果枝数 13.0~14.6 台,鲁棉 418 最少,豫棉 516 最多;单株结铃数 21.1~24.4 个,鲁棉 696 结铃性好;籽指在 9.8~11.6 g,豫棉 516 籽指小。

2014~2015 年平均结果:2 年参试品种株高 95.9~115.7 cm,果枝数 13.0~13.9 台/株,单株结铃数 20.8~21.6 个,籽指在 10.6~11.5 g(见表 2)。

表 2 2014~2015 年常规春棉区域试验品种农艺性状

品质	年份	编号	生育期(d)	第一果枝节位	株高(cm)	果枝(台/株)	株铃(个)	铃重(g)	籽指(g)	霜前花率(%)
许抗棉 1 号	2015	1	117	6.5	104.5	13.8	22.5	6.4	10.6	90.2
	2014	5	111	6	96.0	13.9	20.1	6.6	10.6	96.8
	平均	1	114	6.3	100.3	13.9	21.3	6.5	10.6	93.5
鲁棉 418	2015	2	118	7.5	119.6	13.0	21.7	6.4	11.1	87.5
	2014	10	113	7.4	111.8	12.9	20.1	6.8	11.4	96.1
	平均	2	116	7.5	115.7	13.0	20.9	6.6	11.3	91.8
锦 K113	2015	3	117	6.9	113.9	13.9	21.7	6.4	10.6	90.3
	2014	12	110	6.9	104.3	13.7	20.7	6.6	10.5	96.7
	平均	3	114	6.9	109.1	13.8	21.2	6.5	10.6	93.5
鲁棉 696	2015	4	117	7.3	108.3	13.8	24.4	5.6	10.4	91.6
鲁棉 424	2015	5	115	6.6	114.0	13.6	23.4	5.8	10.2	91.6
豫棉 516	2015	6	116	6.5	101.4	14.6	23.3	5.9	9.8	94.3
豫棉 54	2015	7	115	6.2	109.0	13.3	22.3	6.8	11.6	93.1
	2014	2	108	5.9	95.9	12.6	19.2	6.7	11.3	98.5
	平均	7	112	6.1	102.5	13.0	20.8	6.8	11.5	95.8
汴棉 21	2015	8	118	6.6	106.0	14.0	21.8	6.7	10.8	89.2
	2014	14	111	6.4	98.7	13.7	20.6	6.7	10.8	96.7
	平均	8	115	6.5	102.4	13.9	21.2	6.7	10.8	93.0
豫农棉 31	2015	9	116	6.7	109.5	14.1	22.8	6.3	10.7	93.4
	2014	3	110	6.5	100.5	13.5	20.4	6.6	10.9	97.7
	平均	9	113	6.6	105.0	13.8	21.6	6.5	10.8	95.5
豫棉 514	2015	10	118	6.6	105.8	13.8	23.4	6.1	10.8	88.2
中 1007	2015	11	116	6.4	110.5	13.9	24.1	6.2	10.6	92.7
鲁棉研 28	2015	12	118	6.4	99.3	13.6	21.4	6.3	10.8	89.9
冀棉 818	2015	13	119	7.7	115.0	13.6	21.1	7.4	11.4	88.9

(三)小区皮棉产量统计分析

皮棉产量方差分析表明:品种间、品种与地点互作效应均达极显著差异,说明需要对品种进行稳定性分析,并对各品种皮棉总产进行多重比较,以便确定表现优异的品种(见表3)。

表3 2015年河南省常规春棉区域试验品种方差分析(C_V=6.23%)

变异来源	df	皮棉总产			P
		SS	MS	F	
地点内区组	16	2.506	0.157	3.319**	0.000 1
地点	7	74.596	10.657	225.837**	0.000 1
品种	12	6.239	0.520	11.019**	0.000 1
品种×地点	84	13.966	0.166	3.524**	0.000 1
试验误差	192	9.06	0.047		
总变异	311	106.37			

参试的12个品种皮棉产量品种间差异显著(见表4)。汴棉21、豫棉514、冀棉818皮棉产量与对照鲁棉研28相比增产不显著,其他品种均比对照增产极显著。

表4 品种间皮棉产量多重比较

品种	编号	皮棉(kg/小区)	$LSR_{0.05}$	$LSR_{0.01}$
锦K113	3	3.81	a	A
豫棉54	7	3.76	a	A
许抗棉1号	1	3.72	ab	AB
鲁棉418	2	3.71	ab	AB
鲁棉424	5	3.67	abc	AB
中1007	11	3.66	bc	AB
豫棉516	6	3.64	bc	AB
豫农棉31	9	3.64	bc	AB
鲁棉696	4	3.53	cd	BC
汴棉21	8	3.45	de	CD
豫棉514	10	3.45	de	CD
冀棉818	13	3.41	de	CD
鲁棉研28	12	3.34	e	D

（四）品种稳定性分析

参试的 12 个品种在各试点的适应性有差异，锦 K113 和豫棉 54 在各点适应性、稳定性综合评价很好；许抗棉 1 号、鲁棉 418、鲁棉 424、中 1007、豫棉 516 和豫农棉 31 适应性、稳定性综合评价好；鲁棉 696 较好；汴棉 21、豫棉 514、冀棉 818 和鲁棉研 28 表现一般（见表 5）。

表 5　品种稳定性分析

品种	编号	丰产性参数	稳定性参数				适应地区	综合评价
		产量（kg/小区）	效益	方差	变异度	回归系数		
锦 K113	3	3.807	0.208	0.021	3.775	1.069	E1～E8	很好
豫棉 54	7	3.756	0.158	0.025	4.172	0.997	E1～E8	很好
许抗棉 1 号	1	3.715	0.117	0.025	4.225	0.987	E1～E8	好
鲁棉 418	2	3.71	0.112	0.052	6.174	0.725	E1～E8	好
鲁棉 424	5	3.67	0.072	0.053	6.248	0.708	E1～E8	好
中 1007	11	3.656	0.058	0.034	5.033	0.89	E1～E8	好
豫棉 516	6	3.644	0.045	0.116	9.36	1.095	E1～E8	好
豫农棉 31	9	3.642	0.044	0.069	7.218	0.913	E1～E8	好
鲁棉 696	4	3.535	−0.064	0.017	3.635	1.041	E1～E8	较好
汴棉 21	8	3.45	−0.148	0.034	5.371	1.09	E1～E8	一般
豫棉 514	10	3.446	−0.153	0.075	7.969	1.375	E1～E8	一般
冀棉 818	13	3.408	−0.191	0.12	10.166	0.919	E1～E8	一般
鲁棉研 28	12	3.339	−0.259	0.025	4.701	1.19	E1～E8	一般

（五）品种产量

2015 年产量结果：籽棉平均亩产 268.4～302.3 kg，较对照鲁棉研 28 增产 2.5%～12.6%；皮棉亩产 111.3～126.9 kg，较对照增产 2.1%～14.0%；霜前皮棉亩产 100.8～117.1 kg，较对照增产 0.6%～16.2%；衣分 40.2%～44.1%。

2014～2015 年平均结果：2 年参试品种籽棉亩产 274.9～284.3 kg，较对照鲁棉研 28 增产 7.1%～10.9%；皮棉亩产 114.2～120.6 kg，较对照增产 6.7%～12.7%；霜前皮棉亩产 107.1～112.7 kg，较对照增产 7.1%～12.7%；衣分 41.0%～42.8%（见表 6）。

表 6　2014~2015 年常规春棉区域试验品种产量性状

品种	年份	编号	籽棉		位次	皮棉		位次	霜前皮棉		位次	衣分（%）
			kg/亩	±CK%		kg/亩	±CK%		kg/亩	±CK%		
许抗棉 1 号	2015	1	301.7	12.4	2	123.8	11.3	3	112.0	11.1	7	41.0
	2014	5	257.9	5.8	7	107.9	5.3	6	104.2	5.1	8	41.7
	平均		279.8	9.1	4	115.9	8.3	3	108.1	8.1	4	41.4
鲁棉 418	2015	2	302.3	12.6	1	123.7	11.1	4	108.6	7.8	8	40.9
	2014	10	266.3	9.2	2	110.2	7.5	5	105.5	6.4	5	41.2
	平均		284.3	10.9	1	117.0	9.3	2	107.1	7.1	6	41.1
锦 K113	2015	3	299.2	11.5	4	126.9	14.0	1	115.2	14.3	2	42.3
	2014	12	263.1	7.9	3	114.3	11.5	2	110.1	11.0	2	43.3
	平均		281.2	9.7	2	120.6	12.7	1	112.7	12.7	1	42.8
鲁棉 696	2015	4	286.2	6.6	8	117.8	5.9	9	108.4	7.6	9	41.0
鲁棉 424	2015	5	293.7	9.4	7	122.3	9.9	5	112.4	11.6	6	41.6
豫棉 516	2015	6	275.2	2.5	12	121.5	9.1	7	114.8	13.9	3	44.1
豫棉 54	2015	7	299.5	11.6	3	125.2	12.5	2	117.1	16.2	1	41.7
	2014	2	250.4	2.7	10	106.3	3.7	10	104.4	5.3	7	42.3
	平均		274.9	7.1	6	115.7	8.1	4	110.7	10.7	2	42.0
汴棉 21	2015	8	284.8	6.1	9	115.0	3.3	10	103.2	2.4	10	40.2
	2014	14	276.2	13.3	1	116.0	13.1	1	112.1	13.0	1	41.8
	平均		280.5	9.7	5	115.5	8.2	5	107.6	7.7	5	41.0
豫农棉 31	2015	9	295.9	10.3	6	121.4	9.1	8	113.4	12.5	5	41.0
	2014	3	259.0	6.2	6	107.0	4.4	9	104.2	5.1	9	41.2
	平均		277.4	8.2	3	114.2	6.7	6	108.8	8.8	3	41.1
豫棉 514	2015	10	279.1	4.0	10	114.9	3.2	11	102.2	1.4	11	40.9
中 1007	2015	11	296.6	10.5	5	121.9	9.5	6	113.4	12.6	4	41.0
鲁棉研 28	2015	12	268.4	0.0	13	111.3	0.0	13	100.8	0.0	13	41.3
冀棉 818	2015	13	278.5	3.8	11	113.6	2.1	12	101.4	0.6	12	40.7

(六)抗病性

抗病性鉴定由中国农业科学院棉花所植保室按全国统一病情分级标准,以感病对照冀棉 11 病株率达 80%,或病指达 50 左右结果进行品种(系)的抗性评定(见表 7)。

2015 年鉴定结果:高抗枯萎病品种分别为鲁棉 418、鲁棉 696、豫棉 516、汴棉 21、豫农棉 31、豫棉 514、中 1007、鲁棉研 28 和冀棉 818,许抗棉 1 号、锦 K113 和豫棉 54 抗枯萎病;所有参试品种均为耐黄萎病品种。

2014~2015 年结果:鲁棉 418 和汴棉 21 高抗枯萎病,许抗棉 1 号、锦 K113、豫棉 54 和豫农棉 31 抗枯萎病;所有参试品种均为耐黄萎病品种。

表 7　2014~2015 年常规春棉区域试验品种枯、黄萎病鉴定结果

品种	年份	编号	枯萎病			黄萎病		
			病株率(%)	病指	反应型	病株率(%)	病指	反应型
许抗棉 1 号	2015	1	26.0	7.8	R	60.6	25.5	T
	2014	5	10.6	4.7	HR	64.8	33.7	T
	平均	1	26.0	7.8	R	64.8	33.7	T
鲁棉 418	2015	2	10.7	1.8	HR	51.2	27.9	T
	2014	10	10.0	2.8	HR	37.2	18.0	R
	平均	2	10.0	2.8	HR	51.2	27.9	T
锦 K113	2015	3	16.3	5.2	R	57.1	23.9	T
	2014	12	19.7	7.5	R	38.8	22.2	T
	平均	3	19.7	7.5	R	57.1	23.9	T
鲁棉 696	2015	4	8.5	1.8	HR	59.8	25.5	T
鲁棉 424	2015	5	23.8	8.3	R	65.8	32.0	T
豫棉 516	2015	6	11.2	2.3	HR	57.1	25.9	T
豫棉 54	2015	7	26.7	7.8	R	57.8	22.7	T
	2014	2	13.7	3.4	HR	24.7	15.7	R
	平均	7	26.7	7.8	R	57.8	22.7	T
汴棉 21	2015	8	10.9	3.3	HR	57.8	26.9	T
	2014	14	6.2	3.5	HR	39.8	20.7	T
	平均	8	10.9	3.3	HR	57.8	26.9	T
豫农棉 31	2015	9	14.1	1.9	HR	57.8	29.5	T
	2014	3	22.0	7.0	R	40.8	21.7	T
	平均	9	22.0	7.0	R	57.8	29.5	T
豫棉 514	2015	10	6.3	0.9	HR	47.0	23.2	T
中 1007	2015	11	13.8	4.4	HR	58.7	29.4	T
冀棉 818	2015	13	9.9	3.5	HR	62.4	30.9	T
鲁棉研 28	2015	12	6.3	2.6	HR	58.6	31.1	T
冀棉 11(SCK)	2015		80.0	50.0	S	80.0	50.0	S
中植棉 2 号(RCK)	2015		25.7	9.6	R	61.2	27.8	T

注:HR:高抗;R:抗病;T:耐病;S:感病。

（七）纤维品质

纤维品质由农业部棉花纤维品质检测中心分析（见表8）。

2015年结果：纤维上半部平均长度28.3~31.0 mm，断裂比强度29.6~33.1 cN/tex，马克隆值5.0~5.5。

2014~2015年结果：纤维上半部平均长度28.8~30.6 mm，断裂比强度29.5~32.0 cN/tex，马克隆值5.2~5.4。

表8 2014~2015年常规春棉区域试验品种品质检测结果

品种	年份	编号	长度（mm）	整齐度指数（%）	断裂比强度（cN/tex）	马克隆值	伸长率（%）	反射率（%）	黄度	纺纱均匀指数
许抗棉1号	2015	1	29.6	86.1	30.8	5.4	7.3	78.2	7.3	145.3
	2014	5	29.7	85.8	29.6	5.4	5.7	77.9	7.2	140.8
	平均	1	29.7	86.0	30.2	5.4	6.5	78.1	7.3	143.1
鲁棉418	2015	2	30.6	85.9	31.9	5.4	6.9	77.9	7.8	149.8
	2014	10	30.1	85.0	32.1	5.4	5.3	76.3	7.3	143.2
	平均	2	30.3	85.4	32.0	5.4	6.1	77.1	7.5	146.5
锦K113	2015	3	29.4	84.7	29.8	5.2	7.1	77.6	7.7	137.0
	2014	12	28.2	83.8	30.2	5.5	5.7	77.3	7.6	128.3
	平均	3	28.8	84.3	30.0	5.4	6.4	77.5	7.7	132.7
鲁棉696	2015	4	31.0	86.1	33.1	5.0	6.2	78.8	7.2	156.0
鲁棉424	2015	5	29.5	86.1	31.1	5.4	8.1	79.0	6.9	146.7
豫棉516	2015	6	29.8	85.7	30.2	5.5	6.4	79.3	6.6	142.3
豫棉54	2015	7	30.8	86.6	31.5	5.2	7.6	77.9	7.3	154.0
	2014	2	30.4	86.2	29.5	5.3	5.9	76.8	7.1	143.2
	平均	7	30.6	86.4	30.5	5.2	6.8	77.3	7.2	148.6
汴棉21	2015	8	28.7	85.3	29.6	5.5	6.7	77.9	7.3	135.0
	2014	14	29.4	86.4	29.4	5.4	5.4	77.7	7.3	141.5
	平均	8	29.1	85.8	29.5	5.4	6.1	77.8	7.3	138.3
豫农棉31	2015	9	28.3	85.4	31.5	5.5	8.2	76.2	7.9	140.0
	2014	3	28.7	85.6	30.5	5.4	6.7	76.2	7.7	138.7
	平均	9	28.5	85.5	31.0	5.5	7.4	76.2	7.8	139.3
豫棉514	2015	10	29.7	86.8	30.7	5.2	7.4	78.3	7.2	151.0
中1007	2015	11	29.4	85.8	31.7	5.4	6.8	76.6	7.4	144.8
鲁棉研28	2015	12	29.3	86.4	31.0	5.3	7.1	78.7	7.0	147.3
冀棉818	2015	13	28.7	86.5	30.5	5.5	7.6	78.6	7.2	143.2

六、品种评述

(一)许抗棉1号

特征特性:出苗较好,整个生育期长势稳健,整齐度较好;株型塔形,较松散,茎秆较硬且茸毛较少;叶片掌状,中等大小,叶色浅绿;铃卵圆形,中等大小,光滑有尖,结铃性较好,吐絮畅,早熟性好;抗枯萎病(枯萎病指7.8),耐黄萎病(黄萎病指33.7)。

2014年试验结果:9点汇总,皮棉总产7点增产,2点减产,增产点率达77.8%;平均亩产籽棉、皮棉和霜前皮棉分别为257.9 kg、107.9 kg和104.2 kg,分别比对照鲁棉研28增产5.8%、5.3%和5.1%,分居常规春棉14个参试品种第7、6、8位。HVICC纤维上半部长度29.7 mm,断裂比强度29.6 cN/tex,马克隆值5.4,伸长率5.7%,反射率77.9%,黄度7.2,整齐度指数85.8%,纺纱均匀指数140.8。

2015年试验结果:8点汇总,皮棉总产8点均增产,增产点率达100%;平均亩产籽棉、皮棉和霜前皮棉分别为301.7 kg、123.8 kg和112.0 kg,分别比对照鲁棉研28增产12.4%、11.3%和11.1%,分居常规春棉13个参试品种第2、3、7位。HVICC纤维上半部长度29.6 mm,断裂比强度30.8 cN/tex,马克隆值5.4,伸长率7.3%,反射率78.2%,黄度7.3,整齐度指数86.1%,纺纱均匀指数145.3。

2014~2015年该品种平均生育期114 d,株高100.3 cm,第一果枝节位6.3节,单株果枝数13.9台,单株结铃21.3个,单铃重6.5 g,籽指10.6 g,衣分41.4%,霜前花率93.5%。HVICC纤维上半部长度29.7 mm,断裂比强度30.2 cN/tex,马克隆值5.4,伸长率6.5%,反射率78.1%,黄度7.3,整齐度指数86.0%,纺纱均匀指数143.1。平均亩产籽棉、皮棉和霜前皮棉分别为279.8 kg、115.9 kg和108.1 kg,分别比对照鲁棉研28增产9.1%、8.3%和8.1%。

建议生产试验。

(二)鲁棉418

特征特性:出苗较好,整个生育期长势较强,整齐度较好;株型塔形,较松散,茎秆茸毛较少;叶片掌状,中等大小,叶色绿;铃卵圆形,中等大小,有钝尖,结铃性一般,吐絮畅较集中;高抗枯萎病(枯萎病指2.8),耐黄萎病(黄萎病指27.9)。

2014年试验结果:9点汇总,皮棉总产8点增产,1点减产,增产点率达88.9%;平均亩产籽棉、皮棉和霜前皮棉分别为266.3 kg、110.2 kg和105.5 kg,分别比对照鲁棉研28增产9.2%、7.5%和6.4%,分居常规春棉14个参试品种第2、5、5位。HVICC纤维上半部长度30.1 mm,断裂比强度32.1 cN/tex,马克隆值5.4,伸长率5.3%,反射率76.3%,黄度7.3,整齐度指数85.0%,纺纱均匀指数143.2。

2015年试验结果:8点汇总,皮棉总产7点增产,1点减产,增产点率达87.5%;平均亩产籽棉、皮棉和霜前皮棉分别为302.3 kg、123.7 kg和108.6 kg,分别比对照鲁棉研28增产12.6%、11.1%和7.8%,分居常规春棉13个参试品种第1、4、8位。HVICC纤维上半部长度30.6 mm,断裂比强度31.9 cN/tex,马克隆值5.4,伸长率6.9%,反射率77.9%,黄度7.8,整齐度指数85.9%,纺纱均匀指数149.8。

2014~2015年该品种平均生育期116 d,株高115.7 cm,第一果枝节位7.5节,单株果枝数13.0台,单株结铃20.9个,单铃重6.6 g,籽指11.3 g,衣分41.1%,霜前花率91.8%。

HVICC 纤维上半部长度 30.3 mm，断裂比强度 32.0 cN/tex，马克隆值 5.4，伸长率 6.1%，反射率 77.1%，黄度 7.5，整齐度指数 85.4%，纺纱均匀指数 146.5。平均亩产籽棉、皮棉和霜前皮棉分别为 284.3 kg、117.0 kg 和 107.0 kg，分别比对照鲁棉研 28 增产 10.9%、9.3%和 7.1%。

建议生产试验。

（三）锦 K113

特征特性：该品种出苗好，整个生育期长势和整齐度较好；植株塔形，较松散，茎秆茸毛稀；叶片掌状，叶色绿，叶功能一般；铃卵圆形，中等大小，结铃性一般，吐絮较好；抗枯萎病（枯萎病指 7.5），耐黄萎病（黄萎病指 23.9）。

2014 年试验结果：9 点汇总，皮棉总产 9 点均增产，增产点率达 100%；平均亩产籽棉、皮棉和霜前皮棉分别为 263.1 kg、114.3 kg 和 110.1 kg，分别比对照鲁棉研 28 增产 7.9%、11. 5%和 11.0%，分居常规春棉 14 个参试品种第 3、2、2 位。HVICC 纤维上半部长度 28.2 mm，断裂比强度 30.2 cN/tex，马克隆值 5.5，伸长率 5.7%，反射率 77.3%，黄度 7.6，整齐度指数 83.8%，纺纱均匀指数 128.3。

2015 年试验结果：8 点汇总，皮棉总产 8 点均增产，增产点率达 100%；平均亩产籽棉、皮棉和霜前皮棉分别为 299.2 kg、126.9 kg 和 115.2 kg，分别比对照鲁棉研 28 增产 11.5%、14.0%和 14.3%，分居常规春棉 13 个参试品种第 4、1、2 位。HVICC 纤维上半部长度 29.4 mm，断裂比强度 29.8 cN/tex，马克隆值 5.2，伸长率 7.1%，反射率 77.6%，黄度 7.7，整齐度指数 84.7%，纺纱均匀指数 137.0。

2014~2015 年该品种平均生育期 114 d，株高 109.1 cm，第一果枝节位 6.9 节，单株果枝数 13.8 台，单株结铃 21.2 个，单铃重 6.5 g，籽指 10.6 g，衣分 42.8%，霜前花率 93.5%。HVICC 纤维上半部长度 28.8 mm，断裂比强度 30.0 cN/tex，马克隆值 5.4，伸长率 6.4%，反射率 77.5%，黄度 7.7，整齐度指数 84.3%，纺纱均匀指数 132.7。平均亩产籽棉、皮棉和霜前皮棉分别为 281.2 kg、120.6 kg 和 112.7 kg，分别比对照鲁棉研 28 增产 9.7%、12.7%和 12.7%。

建议生产试验。

（四）鲁棉 696

2015 年区域试验结果：出苗好，前期长势较强，中后期长势稳；植株塔形，株型较松散，茎秆茸毛稀；叶片叶片掌状、较大，叶色绿，叶功能较好；结铃性较强，铃卵圆形，中等偏小，吐絮畅较集中；高抗枯萎病（枯萎病指 1.8），耐黄萎病（黄萎病指 25.5）。生育期 117 d，株高 108.3 cm，第一果枝节位 7.3 节，单株果枝数 13.8 台，单株结铃 24.4 个，单铃重 5.6 g，籽指 10.4 g，衣分 41.0%，霜前花率 91.6%。2015 年 8 点汇总，皮棉总产 7 点增产，1 点减产，增产点率达 87.5%；平均亩产籽棉、皮棉和霜前皮棉分别为 286.2 kg、117.8 kg 和 108.4 kg，分别比对照鲁棉研 28 增产 6.6%、5.9%和 7.6%，分居常规春棉 13 个参试品种第 8、9、9 位。HVICC 纤维上半部长度 31.0 mm，断裂比强度 33.1 cN/tex，马克隆值 5.0，伸长率 6.2%，反射率 78.8%，黄度 7.2，整齐度指数 86.1%，纺纱均匀指数 156.0。

继续试验。

（五）鲁棉 424

2015 年区域试验结果：该品种出苗较好，全生育期整齐度好，长势强；植株塔形，株型较松散,茎秆较粗壮,茸毛稀;叶片掌状、叶色绿;结铃性强,铃长卵圆形,较小,吐絮畅且较集中;抗枯萎病(枯萎病指 8.3),耐黄萎病(黄萎病指 32.0)。生育期 115 d,株高 114.0 cm,第一果枝节位 6.6 节,单株果枝数 13.6 台,单株结铃 23.4 个,单铃重 5.8 g,籽指 10.2 g,衣分 41.6%,霜前花率 91.6%。2015 年 8 点汇总,皮棉总产 7 点增产,1 点减产,增产点率达 87.5%;平均亩产籽棉、皮棉和霜前皮棉分别为 293.7 kg、122.3 kg 和 112.4 kg,分别比对照鲁棉研 28 增产 9.4%、9.9%和 11.6%,分居常规春棉 13 个参试品种第 7、5、6 位。HVICC 纤维上半部长度 29.5 mm,断裂比强度 31.1 cN/tex,马克隆值 5.4,伸长率 8.1%,反射率 79.0%,黄度 6.9,整齐度指数 86.1%,纺纱均匀指数 146.7。

(六)豫棉 516

2015 年区域试验结果:出苗较好,苗齐,前期长势强健,中期长势稳,后期长势弱;植株塔形,较松散,茎秆茸毛偏少;叶片中等大小,叶色绿,后期叶功能弱;结铃性较强,铃卵圆形,中等,吐絮畅且集中;高抗枯萎病(枯萎病指 2.3),耐黄萎病(黄萎病指 25.9)。生育期 116 d,株高 101.4 cm,第一果枝节位 6.5 节,单株果枝数 14.6 台,单株结铃 23.3 个,单铃重 5.9 g,籽指 9.8 g,衣分 44.1%,霜前花率 94.3%。2015 年 8 点汇总,皮棉总产 6 点增产,2 点减产,增产点率达 75%;平均亩产籽棉、皮棉和霜前皮棉分别为 275.2 kg、121.5 kg 和 114.8 kg,分别比对照鲁棉研 28 增产 2.5%、9.1%和 13.9%,分居常规春棉 13 个参试品种第 12、7、3 位。HVICC 纤维上半部长度 29.8 mm,断裂比强度 30.2 cN/tex,马克隆值 5.5,伸长率 6.4%,反射率 79.3%,黄度 6.6,整齐度指数 85.7%,纺纱均匀指数 142.3。

(七)豫棉 54

特征特性:该品种出苗好,整个生育期长势稳健,前期整齐度较好,后期一般;植株塔形,较松散,茎秆粗壮,茸毛稀,韧性较好;叶片掌状、叶色绿;结铃性较强,铃卵圆形,中等,吐絮畅且集中;抗枯萎病(枯萎病指 7.8),耐黄萎病(黄萎病指 22.7)。

2014 年试验结果:9 点汇总,皮棉总产 6 点增产,3 点减产,增产点率达 66.7%;平均亩产籽棉、皮棉和霜前皮棉分别为 250.4 kg、106.3 kg 和 104.4 kg,分别比对照鲁棉研 28 增产 2.7%、3.7%和 5.3%,分居常规春棉 14 个参试品种第 10、10、7 位。HVICC 纤维上半部长度 30.4 mm,断裂比强度 29.5 cN/tex,马克隆值 5.3,伸长率 5.9%,反射率 76.8%,黄度 7. 1,整齐度指数 86.2%,纺纱均匀指数 173.2。

2015 年试验结果:8 点汇总,皮棉总产 8 点均增产,增产点达 100%;平均亩产籽棉、皮棉和霜前皮棉分别为 299.5 kg、125.2 kg 和 117.1 kg,分别比对照鲁棉研 28 增产 11.6%、12.5%和 16.2%,分居常规春棉 13 个参试品种第 3、2、1 位。HVICC 纤维上半部长度 30.8 mm,断裂比强度 31.5 cN/tex,马克隆值 5.2,伸长率 7.6%,反射率 77.9%,黄度 7. 3,整齐度指数 86.6%,纺纱均匀指数 154.0。

2014~2015 年该品种平均生育期 112 d,株高 102.5 cm,第一果枝节位 6.1 节,单株果枝数 13.0 台,单株结铃 20.8 个,单铃重 6.8 g,籽指 11.5 g,衣分 42.0%,霜前花率 95.8%。HVICC 纤维上半部长度 30.6 mm,断裂比强度 30.5 cN/tex,马克隆值 5.2,伸长率 6.8%,反射率 77. 3%,黄度 7.2,整齐度指数 86.4%,纺纱均匀指数 148.6。平均亩产籽棉、皮棉和霜前皮棉分别为 274.9 kg、115.7 kg 和 110.7 kg,分别比对照鲁棉研 28 增产 7.1%、8.1%和 10.7%。

建议生产试验。

（八）汴棉21

特征特型：出苗较好，苗齐，前期长势强，中后期长势稳，整齐较好；植株塔形，松散，茸毛稀，韧性较好；叶片掌状，叶片中等大小，叶色浅绿，叶功能一般；结铃性强，铃卵圆形，中等大小，吐絮畅；高抗枯萎病（枯萎病指3.3），耐黄萎病（黄萎病指26.9）。

2014年试验结果：9点汇总，皮棉总产8点增产，1点减产，增产点率达88.9%；平均亩产籽棉、皮棉和霜前皮棉分别为276.2 kg、116.0 kg和112.1 kg，分别比对照鲁棉研28增产13.3%、13.1%和13.0%，分居常规春棉14个参试品种第1、1、1位。HVICC纤维上半部长度29.4 mm，断裂比强度29.4 cN/tex，马克隆值5.4，伸长率5.4%，反射率77.7%，黄度7.3，整齐度指数86.4%，纺纱均匀指数141.5。

2015年试验结果：8点汇总，皮棉总产5点增产，3点减产，增产点达62.5%；平均亩产籽棉、皮棉和霜前皮棉分别为284.8 kg、115.0 kg和103.2 kg，分别比对照鲁棉研28增产6.1%、3.3%和2.4%，分居常规春棉13个参试品种第9、10、10位。HVICC纤维上半部长度28.7 mm，断裂比强度29.6 cN/tex，马克隆值5.5，伸长率6.7%，反射率77.9%，黄度7.3，整齐度指数85.3%，纺纱均匀指数135.0。

2014~2015年该品种平均生育期115 d，株高102.4 cm，第一果枝节位6.5节，单株果枝数13.9台，单株结铃21.2个，单铃重6.7g，籽指10.8 g，衣分41.0%，霜前花率93.0%。HVICC纤维上半部长度29.1 mm，断裂比强度29.5 cN/tex，马克隆值5.4，伸长率6.1%，反射率77.8%，黄度7.3，整齐度指数85.8%，纺纱均匀指数138.3。平均亩产籽棉、皮棉和霜前皮棉分别为280.5 kg、115.5 kg和107.6 kg，分别比对照鲁棉研28增产9.7%、8.2%和7.7%。

建议生产试验。

（九）豫农棉31

特征特性：出苗较好，苗齐，整个生育期长势较好，整齐度较好；植株塔形，稍松散，叶片掌状，缺刻深，叶色绿；铃卵圆形，较大，有钝尖；结铃性好，吐絮畅；抗枯萎病（枯萎病指1.9），耐黄萎病（黄萎病指29.5）。

2014年试验结果：9点汇总，皮棉总产6点增产，3点减产，增产点率达66.7%；平均亩产籽棉、皮棉和霜前皮棉分别为259.0 kg、107.0 kg和104.2 kg，分别比对照鲁棉研28增产6.2%、4.4%和5.1%，分居常规春棉14个参试品种第6、9、9位。HVICC纤维上半部长度28.7 mm，断裂比强度30.5 cN/tex，马克隆值5.4，伸长率6.7%，反射率76.2%，黄度7.7，整齐度指数85.6%，纺纱均匀指数138.7。

2015年试验结果：8点汇总，皮棉总产7点增产，1点减产，增产点达87.5%；平均亩产籽棉、皮棉和霜前皮棉分别为295.9 kg、121.4 kg和113.4 kg，分别比对照鲁棉研28增产10.3%、9.1%和12.5%，分居常规春棉13个参试品种第6、8、5位。HVICC纤维上半部长28.3 mm，断裂比强度31.5 cN/tex，马克隆值5.5，伸长率8.2%，反射率76.2%，黄度7.9，整齐度指数85.4%，纺纱均匀指数140.0。

2014~2015年该品种平均生育期113 d，株高105.0 cm，第一果枝节位6.6节，单株果枝数13.8台，单株结铃21.6个，单铃重6.5 g，籽指10.8 g，衣分41.4%，霜前花率95.5%。HVICC纤维上半部长度28.5 mm，断裂比强度31.0 cN/tex，马克隆值5.5，伸长率7.4%，反射率76.2%，黄度7.8，整齐度指数85.5%，纺纱均匀指数139.3。平均亩产籽棉、皮棉和霜前皮棉分别为 277.4 kg、114.2 kg 和 108.8 kg，分别比对照鲁棉研 28 增产 8.2%、6.7%和 8.8%。

建议生产试验。

（十）豫棉 514

2015 年区域试验结果：出苗较好，前中期长势稳，后期长势较强；植株塔形，茎秆茸毛密；叶片掌状、叶片中等大小，叶色绿色，叶功能较好；铃圆形，中等大小，吐絮畅且较集中；高抗枯萎病（枯萎病指 0.9），耐黄萎病（黄萎病指 23.2）。生育期 118.0 d，株高 105.8 cm，第一果枝节位 6.6 节，单株果枝数 13.8 台，单株结铃 23.4 个，单铃重 6.1 g，籽指 10.8 g，衣分 40.9%，霜前花率 88.2%。2015 年 8 点汇总，皮棉总产 5 点增产，3 点减产，增产点率达 62. 5%；平均亩产籽棉、皮棉和霜前皮棉分别为 279.1 kg、114.9 kg 和 102.2 kg，分别比对照鲁棉研 28 增产 4.0%、3.2%和 1.4%，分居常规春棉 13 个参试品种第 10、11、11 位。HVICC 纤维上半部长度 29.7 mm，断裂比强度 30.7 cN/tex，马克隆值 5.2，伸长率 7.4%，反射率 78. 3%，黄度 7.2，整齐度指数 86.8%，纺纱均匀指数 151.0。

继续试验。

（十一）中 1007

2015 年区域试验结果：出苗较好，苗齐，前期长势较强，中后期长势稳，整齐度较好；植株塔形，较松散，茸毛较密；叶片掌状，中等大小，叶色绿色，叶功能一般；铃卵圆形，结铃性好；高抗枯萎病（枯萎病指 4.4），耐黄萎病（黄萎病指 29.4）。生育期 116 d，株高 110.5 cm，第一果枝节位 6.4 节，单株果枝数 13.9 台，单株结铃 24.1 个，单铃重 6.2 g，籽指 10.6 g，衣分 41.0%，霜前花率 92.7%。2015 年 8 点汇总，皮棉总产 7 点增产，1 点减产，增产点率达 87.5%；平均亩产籽棉、皮棉和霜前皮棉分别为 296.6 kg、121.9 kg 和 113.4 kg，分别比对照鲁棉研 28 增产 10.5%、9.5%和 12.6%，分居常规春棉 13 个参试品种第 5、6、4 位。HVICC 纤维上半部长度 29.4 mm，断裂比强度 31.7 cN/tex，马克隆值 5.4，伸长率 6.8%，反射率 76.6%，黄度 7.4，整齐度指数 85.8%，纺纱均匀指数 144.8。

继续试验。

（十二）冀棉 818

2015 年区域试验结果：出苗较好，苗齐，前期长势较稳，中后期长势强，整齐度较好；植株塔形，较松散，茎秆茸毛较少；叶片掌状、叶色浅绿色，叶功能较好；铃卵圆形，结铃一般，吐絮畅且集中；高抗枯萎病（枯萎病指 3.5），耐黄萎病（黄萎病指 30.9）。全生育期 126.0 d，株高 115.0 cm，第一果枝节位 7.7 节，单株果枝数 13.6 台，单株结铃 21.1 个，单铃重 7.4 g，籽指 11.4 g，衣分 40.7%，霜前花率 88.9%。2015 年 8 点汇总，皮棉总产 4 点增产，4 点减产，增产点率达 50%；平均亩产籽棉、皮棉和霜前皮棉分别为 278.5 kg、113.6 kg 和 101.4 kg，分别比对照鲁棉研 28 增产 3.8%、2.1%和 0.6%，分居常规春棉 13 个参试品种第 11、12、12 位。HVICC 纤维上半部长度 28.7 mm，断裂比强度 30.5 cN/tex，马克隆值 5. 5，伸长率 7.6%，反射率 78.6%，黄度 7.2，整齐度指数 86.5%，纺纱均匀指数 143.2。

继续试验。

附表一　2015 年河南省常规春棉区域试验品种农艺性状表

品种	试点	播-苗(d)	苗-花(d)	花-絮(d)	生育期(d)	第一果枝节位	株高(cm)	果枝(台/株)	株铃(个)	铃重(g)	籽指(g)	亩株数(株/亩)
许抗棉 1 号	南阳	7	61	54	122	6.0	136.8	14.9	25.2	6.8	10.8	2 500
许抗棉 1 号	杞县	8	60	57	125	6.4	116.2	14.4	28.3	6.8	11.2	2 467
许抗棉 1 号	商丘	11	65	55	131	7.1	91.8	14.5	22.4	7.0	11.0	2 535
许抗棉 1 号	新乡	10	64	52	126	6.3	94.1	14.0	21.9	5.45	9.22	3 116
许抗棉 1 号	郑州	6	59	54	119	5.5	95.8	13.8	24.8	5.8	11.0	2 810
许抗棉 1 号	周口	6	56	52	114	6.6	104.0	14.2	20.3	6.8	10.3	2 340
许抗棉 1 号	原阳	10	61	54	125	5.8	108.0	13.7	22.0	5.7	10.3	2 596
许抗棉 1 号	安阳	9	74	61	135	8.1	89.3	11.0	14.8	6.85	10.9	3 452
许抗棉 1 号	平均	8	63	55	125	6.5	104.5	13.8	22.5	6.4	10.6	2 727
鲁棉 418	南阳	7	63	53	123	7.8	156.6	15.7	21.1	6.9	11.1	2 616
鲁棉 418	杞县	8	61	55	124	6.7	133.3	13.8	25.5	6.5	11.2	2 522
鲁棉 418	商丘	9	68	52	129	7.8	107.2	13.1	20.1	7.0	11.9	2 535
鲁棉 418	新乡	10	67	50	127	7.4	107.0	13.4	23.9	5.7	10.6	3 000
鲁棉 418	郑州	6	62	51	119	6.3	110.6	14.1	25.6	6.3	11.8	2 926
鲁棉 418	周口	5	58	51	114	7.6	112.0	11.5	22.3	6.7	10.8	2 223
鲁棉 418	原阳	10	63	54	127	6.7	124.6	12.5	21.1	5.6	10.2	2 596
鲁棉 418	安阳	9	76	61	137	9.4	105.6	10.2	14.1	6.7	11.2	3 634
鲁棉 418	平均	8	65	53	125	7.5	119.6	13.0	21.7	6.4	11.1	2 757
锦 K113	南阳	7	63	51	121	6.7	142.9	14.8	22.5	6.8	10.5	2 517
锦 K113	杞县	8	60	57	125	6.2	134.6	15.4	26.0	6.6	10.7	2 500
锦 K113	商丘	11	64	54	129	7	98.5	14.8	23.2	7.4	11.9	2 535
锦 K113	新乡	10	65	52	127	6.9	106.9	14.1	25.4	5.4	9.3	3 033
锦 K113	郑州	6	60	53	119	6.6	103.8	14.2	18.2	5.8	10.6	2 909
锦 K113	周口	6	57	49	112	6.9	105.0	13.5	21.4	6.6	10.2	2 340

续附表一

品种	试点	播-苗（d）	苗-花（d）	花-絮（d）	生育期（d）	第一果枝节位	株高（cm）	果枝（台/株）	株铃（个）	铃重（g）	籽指（g）	亩株数（株/亩）
锦 K113	原阳	11	59	55	125	6	124.7	13.5	23.1	6.0	9.7	2 513
锦 K113	安阳	9	76	59	135	9.1	95.0	10.9	13.8	6.78	11.7	3 625
锦 K113	平均	9	63	54	124	6.9	113.9	13.9	21.7	6.4	10.6	2 747
鲁棉 696	南阳	7	62	52	121	7.4	132.8	14.8	25.8	6.2	10.6	2 434
鲁棉 696	杞县	8	59	59	126	6.4	119.4	15.2	32.0	5.6	10.5	2 556
鲁棉 696	商丘	11	66	54	131	7.7	96.2	13.5	22.4	6.4	11.4	2 535
鲁棉 696	新乡	10	65	51	126	7.2	99.5	14.3	24.8	4.9	8.9	3 000
鲁棉 696	郑州	6	60	53	119	6.7	107.2	14.1	25.1	5.4	10.5	2 909
鲁棉 696	周口	5	58	48	111	7.3	98.0	13.6	24.2	5.8	10.9	2 340
鲁棉 696	原阳	11	57	53	121	6.6	117.7	13.5	23.3	4.9	9.2	2 464
鲁棉 696	安阳	9	74	63	137	9.3	95.9	11.6	17.2	5.61	10.9	3 729
鲁棉 696	平均	8	63	54	124	7.3	108.3	13.8	24.4	5.6	10.4	2 746
鲁棉 424	南阳	7	63	50	120	6.2	144.3	14.6	25.1	6.5	10.9	2 434
鲁棉 424	杞县	8	61	56	125	6	122.6	14.3	25.8	6.0	10.1	2 545
鲁棉 424	商丘	11	64	50	125	7	106.9	13.9	24.9	6.6	11.1	2 535
鲁棉 424	新乡	10	66	48	124	6.3	102.2	14.1	26	4.59	8.4	3 066
鲁棉 424	郑州	6	61	51	118	5.7	103.5	14.2	23.0	5.4	10.4	2 909
鲁棉 424	周口	5	57	51	113	6.4	113.0	13.7	23.3	6.1	10.6	2 340
鲁棉 424	原阳	10	58	53	121	6.6	120.7	13.4	23.0	5.0	9.7	2 596
鲁棉 424	安阳	9	74	58	132	8.3	98.9	10.2	15.7	6.07	10.4	3 469
鲁棉 424	平均	8	63	52	122	6.6	114.0	13.6	23.4	5.8	10.2	2 737
豫棉 516	南阳	7	61	52	120	6.1	128.6	15.3	23.0	6.3	10	2 616
豫棉 516	杞县	8	61	54	123	6.2	114.8	17.0	30.8	5.8	10.1	2 467
豫棉 516	商丘	11	64	54	129	7.2	91.5	15.1	24.1	6.7	10.2	2 535

续附表一

品种	试点	播-苗（d）	苗-花（d）	花-絮（d）	生育期（d）	第一果枝节位	株高（cm）	果枝（台/株）	株铃（个）	铃重（g）	籽指（g）	亩株数（株/亩）
豫棉 516	新乡	10	64	50	124	6.4	92.5	15.1	24.3	5.5	8.6	2 966
豫棉 516	郑州	6	59	54	119	5.7	95.4	15.7	23.3	5.6	10.3	2 909
豫棉 516	周口	6	57	51	114	6.4	100.0	14.5	22.6	5.8	10.1	2 340
豫棉 516	原阳	10	58	54	122	6.0	101.2	12.6	21.6	5.5	9.3	2 596
豫棉 516	安阳	9	71	62	133	8.1	87.5	11.8	17.0	6.0	9.9	3 339
豫棉 516	平均	8	62	54	123	6.5	101.4	14.6	23.3	5.9	9.8	2 721
豫棉 54	南阳	7	62	53	122	5.5	127.6	14.9	22.4	6.9	11.6	2 583
豫棉 54	杞县	8	60	56	124	5.9	125.8	15.7	30.4	6.9	11.9	2 511
豫棉 54	商丘	11	63	52	126	6.5	97.4	13.5	21.2	6.9	12.1	2 535
豫棉 54	新乡	10	64	50	124	6.2	101.4	13.1	19.8	6.4	10.3	3 000
豫棉 54	郑州	6	58	54	118	5.3	108.9	14.3	24.9	6.5	12.3	2 810
豫棉 54	周口	6	58	48	112	6.5	104.0	11.8	22.3	7.1	11.0	2 340
豫棉 54	原阳	10	58	52	120	5.4	107.4	12.7	22.9	6.2	11.3	2 629
豫棉 54	安阳	9	74	59	133	8.0	99.3	10.3	14.5	7.11	12.5	3 400
豫棉 54	平均	8	62	53	122	6.2	109.0	13.3	22.3	6.8	11.6	2 726
汴棉 21	南阳	7	62	52	121	6.3	140.8	14.6	21.7	7.0	11.0	2 451
汴棉 21	杞县	8	59	63	130	6.4	119.7	15.2	26.3	7.0	11.3	2 422
汴棉 21	商丘	11	63	56	130	6.9	88.3	15.1	19.0	7.7	12.1	2 535
汴棉 21	新乡	10	64	51	125	6.6	99.8	14.8	24.3	5.82	9.4	2 900
汴棉 21	郑州	6	59	54	119	5.5	95.0	14.6	26.1	6.1	11.0	2 860
汴棉 21	周口	6	54	53	113	6.9	101.0	12.9	21.7	6.6	10.3	2 340
汴棉 21	原阳	10	64	53	127	5.6	111.0	13.2	20.9	6.1	10.4	2 530
汴棉 21	安阳	9	71	64	135	8.3	92.0	11.5	14.1	7.0	11.3	3 695
汴棉 21	平均	8	62	56	125	6.6	106.0	14.0	21.8	6.7	10.8	2 717

续附表一

品种	试点	播-苗（d）	苗-花（d）	花-絮（d）	生育期（d）	第一果枝节位	株高（cm）	果枝（台/株）	株铃（个）	铃重（g）	籽指（g）	亩株数（株/亩）
豫农棉 31	南阳	7	61	53	121	6.5	143.6	14.9	23.5	6.9	11.1	2 484
豫农棉 31	杞县	8	59	58	125	6.1	127.0	14.5	27.2	6.5	10.8	2 489
豫农棉 31	商丘	10	65	53	128	7.4	101.9	14.3	22.4	6.9	10.9	2 535
豫农棉 31	新乡	10	64	51	125	6.7	99.8	14.2	22.7	5.41	9.5	3 000
豫农棉 31	郑州	6	58	55	119	5.8	103.2	15.5	23.6	5.9	11.1	2 860
豫农棉 31	周口	6	56	49	111	6.7	95.0	14.1	23.2	6.6	10.4	2 340
豫农棉 31	原阳	9	62	51	122	6.3	112.0	13.5	23.2	5.9	11.0	2 480
豫农棉 31	安阳	9	68	66	134	8.0	93.6	11.4	16.9	6.6	10.9	3 244
豫农棉 31	平均	8	62	55	123	6.7	109.5	14.1	22.8	6.3	10.7	2 679
豫棉 514	南阳	7	64	52	123	6.5	134.7	15.1	24.7	6.4	10.9	2 534
豫棉 514	杞县	8	58	61	127	6.0	111.8	14.1	29.2	6.6	11.3	2 445
豫棉 514	商丘	11	65	52	128	7.1	101.4	14.3	23.2	6.5	11.4	2 535
豫棉 514	新乡	10	66	51	127	6.7	99.9	14.5	23.1	5.3	9.2	2 983
豫棉 514	郑州	6	59	54	119	5.6	100.5	13.8	26.0	6.2	11.2	2 943
豫棉 514	周口	6	59	49	114	6.8	106.0	13.4	20.9	6.5	10.8	2 340
豫棉 514	原阳	10	61	54	125	6.1	102.4	13.4	22.8	5.3	10.1	2 497
豫棉 514	安阳	9	75	60	135	8.2	89.5	11.4	17.2	6.2	11.4	3 400
豫棉 514	平均	8	63	54	125	6.6	105.8	13.8	23.4	6.1	10.8	2 710
中 1007	南阳	7	61	51	119	6.2	135.8	15.1	21.5	6.8	11.1	2 467
中 1007	杞县	8	54	61	123	6.0	120.4	14.7	32.4	6.4	10.8	2 422
中 1007	商丘	10	65	52	127	6.9	106.3	14.2	26.2	7.3	11.7	2 535
中 1007	新乡	10	64	50	124	6.1	96.5	14.4	25.7	5.5	9.41	2 916
中 1007	郑州	6	59	53	118	5.2	110.4	15.1	27.7	5.9	10.5	2 826
中 1007	周口	6	59	49	114	6.8	116.0	13.7	23.3	6.1	10.5	2 340

续附表一

品种	试点	播-苗（d）	苗-花（d）	花-絮（d）	生育期（d）	第一果枝节位	株高（cm）	果枝（台/株）	株铃（个）	铃重（g）	籽指（g）	亩株数（株/亩）
中 1007	原阳	11	63	54	128	6.0	104.7	12.2	21.7	5.3	10.0	2 629
中 1007	安阳	9	71	61	132	8.0	93.5	11.7	14.1	6.5	10.7	3 530
中 1007	平均	8	62	54	123	6.4	110.5	13.9	24.1	6.2	10.6	2 708
鲁研棉 28	南阳	7	60	56	123	5.9	125.2	14.8	19.4	6.7	10.9	2 583
鲁研棉 28	杞县	8	60	57	125	6.1	114.4	15.6	29.0	6.7	11.5	2 500
鲁研棉 28	商丘	11	65	55	131	6.9	88.5	14.0	20.9	6.8	11.0	2 535
鲁研棉 28	新乡	10	64	51	125	6.4	86.2	13.9	22.4	5.36	9.8	2 866
鲁研棉 28	郑州	6	58	55	119	5.3	93.9	14.4	21.3	6.3	11.0	2 893
鲁研棉 28	周口	5	55	55	115	6.8	97.0	11.4	21.2	6.5	10.1	2 340
鲁研棉 28	原阳	10	64	53	127	5.8	99.7	13.3	22.8	5.8	11.0	2 398
鲁研棉 28	安阳	9	73	62	135	8.0	89.3	11.0	13.9	6.6	11.4	3 686
鲁研棉 28	平均	8	62	56	125	6.4	99.3	13.6	21.4	6.3	10.8	2 725
冀棉 818	南阳	7	62	54	123	6.9	140.9	14.7	23.6	7.8	11.4	2 451
冀棉 818	杞县	8	61	62	131	7.1	131.0	14.4	26.4	7.4	11.2	2 578
冀棉 818	商丘	9	67	54	130	8.5	98.8	14.3	15.3	8.0	12.2	2 535
冀棉 818	新乡	10	67	51	128	7.7	109.4	13.9	21.1	6.9	10.7	3 016
冀棉 818	郑州	6	61	52	119	6.8	111.0	14.5	24.7	7.2	11.7	2 826
冀棉 818	周口	6	59	50	115	8.0	113.0	12.4	22.4	7.3	11.4	2 340
冀棉 818	原阳	11	62	54	127	7.1	120.7	13.4	21.1	7.0	11.1	2 480
冀棉 818	安阳	9	75	60	135	9.5	95.3	11.2	13.8	7.4	11.4	3 556
冀棉 818	平均	8	64	55	126	7.7	115.0	13.6	21.1	7.4	11.4	2 723

附表二　2015 年河南省常规春棉区域试验品种产量性状表

名称	地点	籽棉（kg/亩）	±CK%	位次	皮棉（kg/亩）	±CK%	位次	霜前皮棉（kg/亩）	±CK%	位次	衣分（%）	霜前花率（%）
许抗棉 1 号	南阳	378.1	2.0	2	165.2	3.5	3	157.8	2.2	4	43.7	95.5
许抗棉 1 号	杞县	294.9	12.8	3	122.9	12.8	5	110.8	13.1	6	41.7	90.2
许抗棉 1 号	商丘	301.2	14.1	5	127.1	13.8	3	120.3	15.6	2	42.2	94.6
许抗棉 1 号	新乡	282.4	11.5	9	111.4	11.3	10	108.4	10.7	10	39.5	97.3
许抗棉 1 号	郑州	315.9	29.5	1	114.7	22.1	3	83.6	23.5	4	36.3	72.9
许抗棉 1 号	周口	262.4	10.9	4	108.1	9.9	4	105.2	8.6	5	41.2	97.3
许抗棉 1 号	原阳	287.8	17.4	5	116.7	17.0	5	96.2	20.8	6	40.5	82.5
许抗棉 1 号	安阳	291.1	7.0	8	124.7	5.7	9	113.6	5.4	11	42.8	91.1
许抗棉 1 号	平均	301.7			123.8			112.0			41.0	90.2
鲁棉 418	南阳	352.9	-4.8	12	150.0	-6.1	12	145.0	-6.0	13	42.5	96.7
鲁棉 418	杞县	263.0	0.6	12	109.9	0.9	12	96.2	-1.8	11	41.8	87.5
鲁棉 418	商丘	303.6	14.9	4	126.6	13.3	6	113.0	8.7	7	41.7	89.3
鲁棉 418	新乡	302.0	19.2	2	121.1	21.0	3	117.5	20.0	4	40.1	97.0
鲁棉 418	郑州	308.6	26.5	2	117.3	24.9	2	79.1	16.8	8	38.0	67.4
鲁棉 418	周口	276.0	16.6	2	112.1	13.8	2	109.9	13.5	2	40.6	98.1
鲁棉 418	原阳	290.2	18.3	3	114.4	14.8	6	89.9	12.9	7	39.4	78.5
鲁棉 418	安阳	322.2	18.5	1	138.0	17.0	2	118.3	9.8	7	42.8	85.7
鲁棉 418	平均	302.3			123.7			108.6			40.9	87.5
锦 K113	南阳	377.6	1.9	3	165.0	3.3	4	161.0	4.4	3	43.7	97.6
锦 K113	杞县	293.9	12.5	4	129.0	18.4	2	114.6	16.9	5	43.9	88.8
锦 K113	商丘	299.9	13.6	6	126.9	13.6	5	119.9	15.3	5	42.3	94.5
锦 K113	新乡	285.8	12.8	7	116.0	15.9	7	112.3	14.8	8	40.6	96.9
锦 K113	郑州	274.8	12.7	9	106.4	13.3	8	77.4	14.3	10	38.7	72.8
锦 K113	周口	261.0	10.3	5	108.0	9.8	5	106.2	9.7	4	41.4	98.3
锦 K113	原阳	288.6	17.7	4	122.5	23.0	2	101.8	27.8	4	42.5	83.1
锦 K113	安阳	312.5	14.9	3	141.4	19.9	1	128.0	18.7	1	45.2	90.5
锦 K113	平均	299.3			126.9			115.2			42.3	90.3
鲁棉 696	南阳	356.6	-3.8	11	155.8	-2.4	8	151.9	-1.6	8	43.7	97.5
鲁棉 696	杞县	268.7	2.8	11	111.2	2.0	11	100.8	2.8	9	41.4	90.7
鲁棉 696	商丘	272.2	3.1	9	113.0	1.1	9	109.1	4.9	8	41.5	96.6

续附表二

名称	地点	籽棉（kg/亩）	±CK%	位次	皮棉（kg/亩）	±CK%	位次	霜前皮棉（kg/亩）	±CK%	位次	衣分（%）	霜前花率（%）
鲁棉696	新乡	288.9	14.1	5	114.8	14.8	8	112.4	14.8	7	39.8	97.9
鲁棉696	郑州	272.4	11.7	11	100.5	7.0	11	79.7	17.7	6	36.9	79.3
鲁棉696	周口	258.3	9.2	6	102.8	4.4	7	100.5	3.8	7	39.8	97.8
鲁棉696	原阳	262.8	7.2	8	109.1	9.5	8	88.6	11.2	8	41.5	81.2
鲁棉696	安阳	309.9	13.9	5	135.3	14.7	5	124.4	15.4	3	43.7	92.0
鲁棉696	平均	286.2			117.8			108.4			41.0	91.6
鲁棉424	南阳	347.6	-6.2	13	148.1	-7.3	13	145.2	-5.9	12	42.6	98.0
鲁棉424	杞县	269.3	3.1	9	113.9	4.5	8	109.6	11.8	7	42.3	96.2
鲁棉424	商丘	313.2	18.6	1	133.4	19.4	1	120.0	15.4	4	42.6	89.9
鲁棉424	新乡	283.1	11.8	8	116.1	16.0	6	113.5	16.0	5	41.0	97.8
鲁棉424	郑州	289.4	18.6	7	108.5	15.5	5	79.1	16.9	7	37.5	72.9
鲁棉424	周口	269.6	14.0	3	110.8	12.6	3	107.4	10.9	3	41.1	96.9
鲁棉424	原阳	283.6	15.7	6	118.2	18.5	4	102.1	28.2	3	41.7	86.4
鲁棉424	安阳	293.7	8.0	7	129.8	10.0	7	122.4	13.6	5	44.2	94.3
鲁棉424	平均	293.7			122.3			112.4			41.6	91.6
豫棉516	南阳	360.4	-2.7	8	165.4	3.6	2	163.2	5.7	1	45.9	98.6
豫棉516	杞县	296.0	13.3	2	130.0	19.3	1	125.9	28.5	1	43.9	96.9
豫棉516	商丘	241.6	-8.5	13	105.8	-5.3	12	103.1	-0.9	12	43.8	97.5
豫棉516	新乡	273.6	8.0	10	126.5	26.4	2	126.1	28.8	2	46.2	99.7
豫棉516	郑州	292.4	19.8	6	119.3	27.0	1	88.6	30.8	2	40.8	74.3
豫棉516	周口	245.8	3.9	10	103.0	4.6	6	101.5	4.8	6	41.9	98.5
豫棉516	原阳	213.1	-13.1	13	93.7	-6.0	13	88.0	10.5	9	44.0	93.9
豫棉516	安阳	278.8	2.5	11	128.0	8.5	8	121.7	12.9	6	45.9	95.1
豫棉516	平均	275.2			121.5			114.8			44.1	94.3
豫棉54	南阳	379.5	2.4	1	166.2	4.1	1	162.5	5.3	2	43.8	97.7
豫棉54	杞县	297.7	13.9	1	127.6	17.1	3	118.4	20.8	2	42.9	92.8
豫棉54	商丘	303.8	15.0	3	128.5	15.0	2	127.0	22.1	1	42.3	98.8
豫棉54	新乡	291.0	14.9	4	120.1	20.1	4	119.3	21.9	3	41.3	99.3
豫棉54	郑州	293.3	20.3	5	108.0	14.9	7	82.5	21.8	5	36.8	76.4
豫棉54	周口	277.4	17.2	1	113.7	15.5	1	111.7	15.3	1	41.0	98.2

续附表二

名称	地点	籽棉（kg/亩）	±CK%	位次	皮棉（kg/亩）	±CK%	位次	霜前皮棉（kg/亩）	±CK%	位次	衣分（%）	霜前花率（%）
豫棉 54	原阳	270.6	10.4	7	113.1	13.4	7	99.0	24.3	5	41.8	87.5
豫棉 54	安阳	282.5	3.9	9	124.5	5.5	10	116.7	8.3	10	44.1	93.8
豫棉 54	平均	299.5			125.2			117.1			41.7	93.1
汴棉 21	南阳	369.6	−0.3	7	155.6	−2.6	9	148.9	−3.5	9	42.1	95.7
汴棉 21	杞县	287.2	9.9	6	118.1	8.4	7	104.4	6.5	8	41.1	88.4
汴棉 21	商丘	272.4	3.2	8	109.5	−2.0	11	105.6	1.5	9	40.2	96.4
汴棉 21	新乡	267.7	5.7	12	104.8	4.7	11	102.3	4.5	11	39.1	97.6
汴棉 21	郑州	274.0	12.3	10	103.8	10.6	9	72.0	6.3	11	37.9	69.3
汴棉 21	周口	255.5	8.0	7	102.7	4.3	8	100.4	3.7	8	40.2	97.8
汴棉 21	原阳	247.5	0.9	10	94.1	−5.6	12	74.6	−6.3	13	38.0	79.3
汴棉 21	安阳	304.4	11.9	6	131.4	11.4	6	117.4	8.9	9	43.2	89.3
汴棉 21	平均	284.8			115.0			103.2			40.2	89.2
豫农棉 31	南阳	375.5	1.3	4	158.1	−1.0	7	155.1	0.5	5	42.1	98.1
豫农棉 31	杞县	292.3	11.9	5	123.3	13.2	4	117.2	19.6	3	42.2	95.1
豫农棉 31	商丘	298.0	12.8	7	125.2	12.0	7	117.6	13.1	6	42.0	94.0
豫农棉 31	新乡	268.7	6.1	11	103.5	3.4	12	101.8	4.0	12	38.5	98.3
豫农棉 31	郑州	301.4	23.6	3	113.0	20.4	4	94.5	39.5	1	37.5	83.6
豫农棉 31	周口	249.3	5.4	9	98.7	0.3	10	97.4	0.6	10	39.6	98.7
豫农棉 31	原阳	303.2	23.7	1	125.9	26.3	1	105.5	32.4	1	41.5	83.7
豫农棉 31	安阳	279.0	2.6	10	123.6	4.8	11	117.8	9.3	8	44.3	95.3
豫农棉 31	平均	295.9			121.4			113.4			41.0	93.4
豫棉 514	南阳	371.8	0.3	5	162.5	1.7	5	154.2	−0.1	7	43.7	94.9
豫棉 514	杞县	270.9	3.7	8	112.3	3.1	9	91.9	−6.2	12	41.5	81.9
豫棉 514	商丘	265.3	0.5	10	113.3	1.4	8	103.6	−0.4	11	42.7	91.4
豫棉 514	新乡	294.6	16.3	3	113.5	13.4	9	110.0	12.4	9	38.5	96.9
豫棉 514	郑州	235.6	−3.4	13	85.5	−8.9	13	63.1	−6.8	13	36.3	73.8
豫棉 514	周口	239.8	1.3	11	96.2	−2.3	12	94.0	−2.9	12	40.1	97.8
豫棉 514	原阳	238.2	−2.8	12	97.8	−1.9	11	78.4	−1.6	12	41.0	80.1
豫棉 514	安阳	316.7	16.4	2	137.8	16.8	3	122.7	13.8	4	43.5	89.0
豫棉 514	平均	279.1			114.9			102.2			40.9	88.2

续附表二

名称	地点	籽棉（kg/亩）	±CK%	位次	皮棉（kg/亩）	±CK%	位次	霜前皮棉（kg/亩）	±CK%	位次	衣分（%）	霜前花率（%）
中 1007	南阳	356.9	-3.7	10	150.6	-5.7	11	148.7	-3.6	10	42.2	98.7
中 1007	杞县	286.9	9.8	7	121.5	11.5	6	115.6	17.9	4	42.3	95.2
中 1007	商丘	306.1	15.9	2	127.0	13.7	4	120.3	15.6	3	41.5	94.7
中 1007	新乡	287.4	13.5	6	116.2	16.1	5	113.3	15.7	6	40.4	97.5
中 1007	郑州	281.8	15.5	8	103.4	10.1	10	78.7	16.2	9	36.7	76.1
中 1007	周口	250.1	5.7	8	100.0	1.6	9	98.6	1.8	9	40.0	98.6
中 1007	原阳	293.3	19.6	2	119.7	20.1	3	105.1	32.0	2	40.8	87.8
中 1007	安阳	310.2	14.0	4	136.6	15.8	4	127.2	18.0	2	44.0	93.1
中 1007	平均	296.6			121.9			113.4			41.0	92.7
鲁研棉 28	南阳	370.6	0.0	6	159.7	0.0	6	154.3	0.0	6	43.1	96.6
鲁研棉 28	杞县	261.3	0.0	13	109.0	0.0	13	98.0	0.0	10	41.7	90.0
鲁研棉 28	商丘	264.1	0.0	11	111.7	0.0	10	104.0	0.0	10	42.3	93.1
鲁研棉 28	新乡	253.3	0.0	13	100.1	0.0	13	97.9	0.0	13	39.5	97.8
鲁研棉 28	郑州	243.9	0.0	12	93.9	0.0	12	67.7	0.0	12	38.5	72.1
鲁研棉 28	周口	236.6	0.0	12	98.4	0.0	11	96.9	0.0	11	41.6	98.4
鲁研棉 28	原阳	245.2	0.0	11	99.7	0.0	10	79.6	0.0	11	40.7	79.9
鲁研棉 28	安阳	272.0	0.0	12	118.0	0.0	12	107.8	0.0	12	43.4	91.4
鲁研棉 28	平均	268.4			111.3			100.8			41.3	89.9
冀棉 818	南阳	358.0	-3.4	9	150.7	-5.6	10	146.8	-4.9	11	42.1	97.4
冀棉 818	杞县	269.0	2.9	10	112.2	2.9	10	84.5	-13.8	13	41.7	75.3
冀棉 818	商丘	247.4	-6.3	12	100.5	-10.1	13	89.9	-13.6	13	40.6	89.5
冀棉 818	新乡	317.3	25.3	1	132.4	32.3	1	129.3	32.1	1	41.7	97.7
冀棉 818	郑州	295.9	21.3	4	108.0	15.0	6	87.1	28.7	3	36.5	80.7
冀棉 818	周口	224.9	-5.0	13	87.9	-10.7	13	86.8	-10.4	13	39.1	98.7
冀棉 818	原阳	249.5	1.8	9	102.7	3.0	9	83.9	5.4	10	41.2	81.7
冀棉 818	安阳	265.6	-2.3	13	114.4	-3.1	13	102.8	-4.6	13	43.1	89.9
冀棉 818	平均	278.5			113.6			101.4			40.7	88.9

附表三　2015 年河南省常规春棉区域试验品种纤维品质性状表

品种	地点	长度（mm）	整齐度指数（%）	断裂比强度（cN/tex）	马克隆值	伸长率（%）	反射率（%）	黄度	纺纱均匀指数
许抗棉 1 号	新乡	26.7	84.4	31.6	5.2	7.1	78.6	7.6	137.0
许抗棉 1 号	商丘	30.4	86.0	31.9	5.4	6.9	77.5	8.0	149.0
许抗棉 1 号	周口	28.8	86.1	32.5	5.7	7.0	80.2	7.8	148.0
许抗棉 1 号	南阳	28.7	85.1	29.5	5.6	7.2	78.3	7.4	133.0
许抗棉 1 号	郑州	31.9	86.8	30.6	5.2	8.0	75.8	6.2	152.0
许抗棉 1 号	安阳	31.2	88.0	28.5	5.1	7.7	78.8	6.6	153.0
许抗棉 1 号	平均	29.6	86.1	30.8	5.4	7.3	78.2	7.3	145.3
鲁棉 418	新乡	29.9	85.6	31.9	5.4	6.8	78.3	7.9	147.0
鲁棉 418	商丘	31.2	87.2	33.4	5.3	7.3	77.6	8.1	162.0
鲁棉 418	周口	30.3	85.2	34.2	5.6	6.8	80.8	7.5	153.0
鲁棉 418	南阳	28.3	85.8	30.4	5.6	6.7	77.5	8.5	139.0
鲁棉 418	郑州	32.9	86.6	32.0	5.5	6.5	75.4	6.8	155.0
鲁棉 418	安阳	31.1	85.2	29.4	5.1	7.3	77.5	7.8	143.0
鲁棉 418	平均	30.6	85.9	31.9	5.4	6.9	77.9	7.8	149.8
锦 K113	新乡	26.7	84.7	29.2	5.2	6.5	77.9	7.4	130.0
锦 K113	商丘	30.1	86.0	29.7	5.5	6.8	77.9	7.8	142.0
锦 K113	周口	28.4	82.9	31.3	5.2	7.1	78.9	8.8	132.0
锦 K113	南阳	28.5	84.7	30.1	5.5	7.0	76.7	8.2	134.0
锦 K113	郑州	31.4	85.4	30.3	4.9	6.9	75.7	7.0	147.0
锦 K113	安阳	31.1	84.4	28.2	4.9	8.0	78.2	7.1	137.0
锦 K113	平均	29.4	84.7	29.8	5.2	7.1	77.6	7.7	137.0
鲁棉 696	新乡	28.2	84.4	34.2	5.1	6.2	79.1	7.0	148.0
鲁棉 696	商丘	32.2	87.7	33.2	5.1	5.7	79.9	7.3	169.0
鲁棉 696	周口	31.0	86.2	33.4	4.7	5.9	80.6	7.5	159.0
鲁棉 696	南阳	30.7	86.1	34.0	5.1	5.8	77.4	7.8	155.0
鲁棉 696	郑州	32.0	85.5	33.6	5.1	6.3	76.0	6.7	152.0
鲁棉 696	安阳	31.8	86.6	30.4	4.7	7.1	79.8	6.9	153.0
鲁棉 696	平均	31.0	86.1	33.1	5.0	6.2	78.8	7.2	156.0

续附表三

品种	地点	长度(mm)	整齐度指数(%)	断裂比强度(cN/tex)	马克隆值	伸长率(%)	反射率(%)	黄度	纺纱均匀指数
鲁棉 424	新乡	27.4	85.5	32.5	5.0	8.1	79.1	7.6	148.0
鲁棉 424	商丘	30.2	87.2	31.9	5.5	8.2	78.2	6.8	154.0
鲁棉 424	周口	28.8	84.4	31.8	5.6	7.6	80.0	7.5	139.0
鲁棉 424	南阳	29.7	86.0	31.0	5.6	8.2	79.8	7.0	145.0
鲁棉 424	郑州	31.2	86.0	30.8	5.3	8.4	78.1	6.4	148.0
鲁棉 424	安阳	29.4	87.2	28.8	5.2	8.1	79.0	6.3	146.0
鲁棉 424	平均	29.5	86.1	31.1	5.4	8.1	79.0	6.9	146.7
豫棉 516	新乡	28.2	85.3	28.5	5.4	6.1	80.4	6.7	134.0
豫棉 516	商丘	30.1	85.4	31.2	5.5	6.0	80.1	7.0	144.0
豫棉 516	周口	29.7	84.7	32.7	5.5	7.0	81.3	7.3	146.0
豫棉 516	南阳	28.6	85.8	30.2	5.5	6.1	80.0	6.7	140.0
豫棉 516	郑州	31.2	85.9	30.8	5.8	6.6	76.4	6.0	143.0
豫棉 516	安阳	31.2	87.2	27.9	5.1	6.7	77.5	6.0	147.0
豫棉 516	平均	29.8	85.7	30.2	5.5	6.4	79.3	6.6	142.3
豫棉 54	新乡	28.9	86.6	32.9	5.0	7.6	78.2	7.4	157.0
豫棉 54	商丘	32.3	88.4	31.9	4.9	7.5	78.1	7.3	169.0
豫棉 54	周口	29.0	84.3	32.8	5.6	6.8	81.7	7.0	142.0
豫棉 54	南阳	30.3	87.2	29.9	5.5	7.5	77.6	7.7	149.0
豫棉 54	郑州	32.6	86.4	32.4	5.2	7.6	74.5	7.1	157.0
豫棉 54	安阳	31.8	86.8	29.0	5.1	8.7	77.3	7.1	150.0
豫棉 54	平均	30.8	86.6	31.5	5.2	7.6	77.9	7.3	154.0
汴棉 21	新乡	27.2	84.8	29.5	5.4	6.8	77.8	7.4	130.0
汴棉 21	商丘	30.0	86.4	31.1	5.3	6.7	78.6	7.1	150.0
汴棉 21	周口	28.1	84.5	28.6	5.9	6.6	80.0	8.0	126.0
汴棉 21	南阳	28.5	84.8	29.5	5.8	6.3	78.8	8.0	130.0
汴棉 21	郑州	29.0	84.8	31.2	5.6	6.3	75.5	6.6	136.0
汴棉 21	安阳	29.6	86.3	27.6	5.2	7.3	76.8	6.6	138.0
汴棉 21	平均	28.7	85.3	29.6	5.5	6.7	77.9	7.3	135.0
豫农棉 31	新乡	26.9	83.1	31.7	5.2	8.2	77.8	8.1	130.0
豫农棉 31	商丘	28.4	85.8	31.8	5.5	8.3	75.8	7.7	143.0
豫农棉 31	周口	28.0	85.4	32.6	5.9	8.4	78.7	8.2	141.0
豫农棉 31	南阳	27.6	86.3	31.0	5.7	7.6	75.3	9.0	139.0

续附表三

品种	地点	长度(mm)	整齐度指数(%)	断裂比强度(cN/tex)	马克隆值	伸长率(%)	反射率(%)	黄度	纺纱均匀指数
豫农棉 31	郑州	29.1	83.4	32.0	5.4	8.3	73.7	7.5	132.0
豫农棉 31	安阳	29.8	88.2	30.1	5.1	8.1	76	7.0	155.0
豫农棉 31	平均	28.3	85.4	31.5	5.5	8.2	76.2	7.9	140.0
豫棉 514	新乡	26.5	85.3	30.9	5.0	7.3	77.0	8.0	139.0
豫棉 514	商丘	30.2	87.4	32.7	4.9	7.4	78.1	6.7	163.0
豫棉 514	周口	29.5	85.7	31.9	5.3	7.6	80.8	8.0	149.0
豫棉 514	南阳	28.9	87.8	28.6	5.4	7.3	79.6	7.5	147.0
豫棉 514	郑州	31.8	87.1	31.3	5.3	7.1	77.0	6.7	156.0
豫棉 514	安阳	31.0	87.6	28.6	5.0	7.4	77.5	6.5	152.0
豫棉 514	平均	29.7	86.8	30.7	5.2	7.4	78.3	7.2	151.0
中 1007	新乡	27.4	85.3	31.3	5.1	6.8	78.6	7.1	142.0
中 1007	商丘	30.2	85.9	32.3	5.5	6.7	76.1	7.7	148.0
中 1007	周口	28.6	84	30.9	5.5	6.8	78.7	8.5	134.0
中 1007	南阳	29.3	86.1	33.4	5.9	6.5	78.4	7.7	148.0
中 1007	郑州	30.6	87.4	32.2	5.1	7.0	74.2	6.9	158.0
中 1007	安阳	30.0	86.0	29.9	5.4	6.8	73.7	6.3	139.0
中 1007	平均	29.4	85.8	31.7	5.4	6.8	76.6	7.4	144.8
鲁研棉 28	新乡	27.5	85.7	29.1	5.2	6.6	81.1	7.2	138.0
鲁研棉 28	商丘	30.0	86.7	32.6	4.9	7.2	78.9	6.6	159.0
鲁研棉 28	周口	27.9	84.1	30.4	5.7	7.4	80.6	7.3	130.0
鲁研棉 28	南阳	28.4	86.1	31.9	5.7	6.9	78.8	7.3	144.0
鲁研棉 28	郑州	31.7	87.8	32.2	5.4	7.3	75.1	6.8	160.0
鲁研棉 28	安阳	30.3	87.7	29.5	5.1	7.3	77.7	6.6	153.0
鲁研棉 28	平均	29.3	86.4	31.0	5.3	7.1	78.7	7.0	147.3
冀棉 818	新乡	28.1	86.6	31.1	5.7	7.3	79.9	7.5	145.0
冀棉 818	商丘	29.2	85.8	30.1	5.7	7.4	78.3	7.5	139.0
冀棉 818	周口	28.1	84.5	31.7	5.3	7.5	80.8	7.9	140.0
冀棉 818	南阳	27	86.4	29.7	5.6	7.2	79.4	7.7	132.0
冀棉 818	郑州	30.3	87.2	30.2	5.3	8.1	77.1	6.7	151.0
冀棉 818	安阳	29.7	88.3	29.9	5.4	8.1	75.9	6.0	152.0
冀棉 818	平均	28.7	86.5	30.5	5.5	7.6	78.6	7.2	143.2

7　2015 年河南省杂交春棉区域试验品种汇总总结

一、试验目的

通过河南省不同生态区多年多点试验,正确鉴定棉花新品种的丰产性、稳产性、纤维品质、抗病性、抗虫性及对环境适应能力等特性,为河南省棉花品种的审定与合理推广提供科学依据。

二、试验材料

参试品种 5 个,均为杂交春棉,以鲁研棉 28 为对照,参试种子由参试单位提供,详见表 1。

表 1　2015 年河南省杂交春棉区域试验参试品种来源及编号

品种	编号	杂交组合	参试单位	年限
中 MB9029	1	鲁 7619×75195	中国农业科学院棉花研究所	1
GB856	2	GKz 中杂 A49-668 选系×海 607	中国农业科学院棉花研究所	1
郑 ZZM6	3	郑 HN323×郑 HN286	郑州市农林科学研究所	1
嘉星 101	4	圣棉 JXZ66 /GK12(优选系)	嘉祥县嘉星农业科学研究所	2
中杂 306	5	鲁棉研 21 号×318	中棉种业科技股份有限公司	2
鲁棉研 28	6	CK	山东棉花研究中心	1

三、试验承试单位和试验设计

(一)试验承试单位

河南省农业科学院植物保护研究所(王振宇),中国农业科学院棉花研究所(严根土),河南省科林种业有限公司(李方顺),郑州市农林科学研究所(贾新合),杞县棉花原种厂(许国志),商丘市睢阳区农科所(李圣华),黄泛区地神种业有限公司(白利明),中国农业科学院棉花研究所植保室(朱荷琴),农业部棉花品质监督检验测试中心(唐淑荣)。

(二)试验设计

按随机区组设计, 3 次重复,每小区 3~4 行,小区面积≥20 m^2,周边设置不少于 4 行的保护行。

四、棉花生育期间气候特点及栽培管理

(一)气候特点

2015 年河南省气候情况是苗期墒情较好,利于棉苗生长发育;棉花生育中期,降水偏少,适时浇水,满足了棉花正常生长;整个吐絮期气温略高于常年,日照充足,降水偏少,有利于产量的形成,吐絮畅且集中,霜前花率较高,品质好。

1.苗期

4 月中下旬播,各试点墒情较好,气温较往年稍高,日照充足,出苗较好;出苗后,各试点气温偏高,降水适宜,光照充足,棉花发育稳健,苗期病害轻。

2.蕾铃期

蕾铃前期各试点不同程度出现旱情,高温,但降水大多较为适时,加之各试点及时浇水抗旱,棉花生殖生长正常,蕾铃脱落少,由于气温较高,2015 年棉花枯萎病、黄萎病发病普遍较少,进入 8 月,各试点降水适中,利于棉花生长。

3.吐絮期

各试点降水较少,天气晴好,利于棉花吐絮和采收,僵瓣花少,霜前花率高,纤维品质好。

(二)栽培管理

各试点均按照当地主要栽培管理措施实行,田间管理均匀一致。密度 1 500~2 500 株/亩,前作有棉花、冬闲,播期多在 4 月下旬,播种方式为直播或直播盖膜;防治地老虎、棉蚜、红蜘蛛、棉铃虫、盲椿象等 6~15 次;浇地 0~5 次,排水 0~3 次;化调 1~3 次;中耕除草 2~6 次;基肥为有机肥、氮、磷、钾肥等,追肥以复合肥、尿素为主。

五、试验结果

本组试验共 7 个试点,7 个试点数据经过复核,试验误差均在规定范围内,予以汇总。总变异系数 $C_V=6.43\%$。

(一)早熟性

2015 年结果:各参试品种生育期 117~119 d,第一果枝节位 6.5~7.0 节,霜前花率在 94. 2%~95.1%。参试品种霜前花率高,早熟性好。

2014~2015 年平均结果:各参试品种生育期 115~117 d,果枝始节 6.8~6.9 节,霜前花率在 96.5%~97.8%,参试品种霜前花率高,早熟性好。

(二)主要特性

2015 年结果:各参试品种株高 109.7~118.1 cm,中杂 306 最低,中 MB9029 最高;果枝数 13.8~14.5 台/株,GB856 果枝数最少,嘉星 101 果枝数最多;单株结铃数 23.2~24.8 个,郑 ZZM6 结铃最多;籽指 10.7~11.5 g,嘉星 101 籽指较低。

2014~2015 年平均结果:2 年参试品种株高均为 106.9 cm,果枝数均为 14.4 台/株,单株结铃数 23.6~23.7 个,籽指 10.7~11.2 g(见表 2)。

表 2　2014~2015 年杂交春棉区域试验品种农艺性状

品质	年份	编号	生育期(d)	第一果枝节位	株高(cm)	果枝(台/株)	株铃(个)	铃重(g)	籽指(g)	霜前花率(%)
中 MB9029	2015	1	117	6.5	118.1	14.1	24.4	6.7	11.1	95.1
GB856	2015	2	118	6.9	112.9	13.8	23.3	7.3	11.4	94.2
郑 ZZM6	2015	3	118	6.6	110.9	14.1	24.8	7.0	11.5	94.2
嘉星 101	2015	4	118	7.0	113.9	14.5	23.2	6.9	10.7	94.3
	2014	4	115	6.9	106.9	14.3	24.0	6.5	10.6	96.5
	平均	4	117	7.0	110.4	14.4	23.6	6.7	10.7	95.4
中杂 306	2015	5	119	6.9	109.7	14.1	24.2	7.1	11.2	92.2
	2014	7	117	6.7	104.0	14.7	23.1	6.8	11.1	97.8
	平均	5	118	6.8	106.9	14.4	23.7	7.0	11.2	95.0
鲁棉研 28	2015	6	121	6.3	99.8	13.9	23.5	6.5	11.1	91.7

(三)小区皮棉产量统计分析

皮棉产量方差分析表明:品种间、品种和地点互作效应均达极显著差异,说明需要进行品种稳定性分析,并对各品种皮棉总产进行多重比较,以便确定表现优异的品种(见表 3)。

表 3　2015 年河南省杂交春棉区域试验品种方差分析(C_V=6.43%)

变异来源	df	皮棉总产			P
		SS	MS	F	
地点内区组	14	1.445	0.103	3.413**	0.000 3
地点	6	9.796	1.633	53.993**	0.000 1
品种	5	4.711	0.942	31.160**	0.000 1
品种×地点	30	3.339	0.111	3.681*	0.000 1
试验误差	70	2.117	0.030		
总的	125	21.407			

参试的 5 个品种皮棉产量品种间差异显著(见表 4)。中 MB9029 比对照增产不显著,其他品种均比对照增产极显著。

表 4　品种间皮棉产量多重比较

品种	编号	皮棉(kg/小区)	$LSR_{0.05}$	$LSR_{0.01}$
GB856	2	3.9	a	A
中杂 306	5	3.9	ab	AB
郑 ZZM6	3	3.9	ab	AB
嘉星 101	4	3.9	b	B
中 MB9029	1	3.8	c	C
鲁棉研 28	6	3.4	c	C

（四）品种稳定性分析

参试的5个品种在各试点的适应性有差异，GB856、中杂306、郑ZZM6和嘉星101在各点适应性、稳定性综合评价很好；中MB9029适应性、稳定性综合评价好（见表5）。

表5　品种皮棉产量稳定性分析

品种	编号	丰产性参数	稳定性参数				适应地区	综合评价
		产量（kg/小区）	效益	方差	变异度	回归系数		
GB856	2	3.93	0.13	0.02	3.46	0.95	E1～E7	很好
中杂306	5	3.90	0.10	0.04	4.90	1.34	E1～E7	很好
郑ZZM6	3	3.89	0.09	0.04	4.82	0.71	E1～E7	很好
嘉星101	4	3.88	0.08	0.02	3.50	1.15	E1～E7	很好
中MB9029	1	3.83	0.03	0.05	6.03	0.83	E1～E7	好
鲁棉研28	6	3.37	−0.43	0.02	4.56	1.01	E1～E7	较差

（五）品种产量

2015年产量结果：籽棉亩产305.4～317.7 kg，较对照鲁棉研28增产12.8%～17.7%；皮棉亩产123.8～127.4 kg，较对照鲁棉研28增产14.2%～16.9%；霜前皮棉亩产117.3～120.1 kg，较对照鲁棉研28增产16.2%～20.5%；衣分41.1%～42.2%。

2014～2015年平均结果：2年参试品种籽棉亩产283.2～286.0 kg，较对照鲁棉研28增产13.0%～14.0%；皮棉亩产117.4～118.8 kg，较对照鲁棉研28增产14.2%～15.7%；霜前皮棉亩产112.0～113.5 kg，较对照鲁棉研28增产15.4%～17.5%；衣分41.7%～42.7%（见表6）。

表6　2014～2015年常规春棉区域试验品种产量性状

品种	年份	编号	籽棉		位次	皮棉		位次	霜前皮棉		位次	衣分（%）
			kg/亩	±CK%		kg/亩	±CK%		kg/亩	±CK%		
中MB9029	2015	1	310.3	15.0	4	123.8	14.2	4	117.8	19.2	3	41.1
GB856	2015	2	317.7	17.7	1	127.4	16.9	1	120.1	20.5	1	41.2
郑ZZM6	2015	3	315.4	16.7	2	126.2	15.8	2	118.8	19.6	2	41.1
嘉星101	2015	4	305.4	12.8	5	125.6	15.0	5	118.7	18.7	4	42.2
	2014	4	260.9	13.1	4	112.0	16.3	2	108.3	16.3	2	43.2
	平均	4	283.2	13.0	2	118.8	15.7	2	113.5	17.5	1	42.7
中杂306	2015	5	312.7	15.6	3	126.3	15.7	3	117.3	16.2	5	41.5
	2014	7	259.3	12.4	6	108.5	12.7	6	106.6	14.5	5	41.8
	平均	5	286.0	14.0	1	117.4	14.2	1	112.0	15.4	2	41.7
鲁棉研28	2015	6	270.6	0.0	6	109.3	0.0	6	100.7	0.0	6	41.5

（六）抗病性

抗病性鉴定由中国农业科学院棉花所植保室按全国统一病情分级标准，以感病对照冀棉11病株率达80%，或病指达50左右结果进行品种（系）的抗性评定（见表7）。

2015 年鉴定结果：中 MB9029、郑 ZZM6、嘉星 101 和中杂 306 高抗枯萎病，GB856 耐枯萎病；中杂 306 抗黄萎病，其余参试品种为耐黄萎病品种。

2014~2015 年结果：嘉星 101、中杂 306 耐枯萎病；中杂 306 抗黄萎病，嘉星 101 耐黄萎病。

表 7　2014~2015 年常规春棉区域试验品种枯、黄萎病鉴定结果

品种	年份	编号	枯萎病			黄萎病		
			病株率(%)	病指	反应型	病株率(%)	病指	反应型
中 MB9029	2015	1	13.5	4.1	HR	59	30.5	T
GB856	2015	2	53.1	18.2	T	62	28.3	T
郑 ZZM6	2015	3	10.7	3.1	HR	66.3	32.2	T
嘉星 101	2015	4	10.7	1.8	HR	56.7	23.6	T
	2014	4	22.9	12.3	T	43.1	22.8	T
	平均	4	22.9	12.3	T	56.7	23.6	T
中杂 306	2015	5	18	4.1	HR	44.3	17.6	R
	2014	7	26.6	12.9	T	31.2	19.5	R
	平均	5	26.6	12.9	T	31.2	19.5	R
鲁棉研 28	2015	6	6.3	2.6	HR	58.6	31.1	T

注：HR：高抗；R：抗病；T：耐病；S：感病。

（七）纤维品质

纤维品质由农业部棉花纤维品质检测中心分析（见表 8）。

2015 年结果：纤维上半部平均长度 29.2~31.4 mm，断裂比强度 29.1~30.3 cN/tex，马克隆值 4.8~5.6。

2014~2015 年结果：2 年参试品种纤维上半部平均长度 28.9~29.3 mm，断裂比强度 29.0~29.2 cN/tex，马克隆值 5.4~5.7。

表 8　2014~2015 年杂交春棉区域试验品种品质检测结果

品种	年份	编号	长度(mm)	整齐度指数(%)	断裂比强度(cN/tex)	马克隆值	伸长率(%)	反射率(%)	黄度(%)	纺纱均匀指数
中 MB9029	2015	1	31.4	85.7	30.3	4.8	6.8	77.2	7.8	150.9
GB856	2015	2	29.2	85.6	29.7	5.3	6.7	77.6	7.8	140.3
郑 ZZM6	2015	3	29.8	85.9	30.2	5.5	7.2	77.0	7.5	141.4
嘉星 101	2015	4	29.6	86.0	30.2	5.3	6.8	78.6	7.1	144.1
	2014	4	29.0	84.6	28.3	5.5	5.7	76.4	6.9	127.4
	平均	4	29.3	85.3	29.2	5.4	6.2	77.5	7.0	135.8
中杂 306	2015	5	29.3	85.4	29.1	5.6	6.7	77.5	7.5	134.3
	2014	7	28.6	84.6	29.0	5.7	5.6	76.0	7.6	126.6
	平均	5	28.9	85.0	29.0	5.7	6.2	76.8	7.6	130.5
鲁棉研 28	2015	6	29.3	86.2	29.8	5.3	7.5	77.9	7.2	143.3

六、品种评述

(一)中 MB9029

2015 年试验结果:该品种出苗较好,前期生长势和整齐度较好,中后期一般;株型塔形、较松散,茎秆中毛;叶片掌状,中等大小,叶色深绿;铃卵圆形,中等大小,吐絮畅,易收摘;高抗枯萎病(枯萎病指 4.1),耐黄萎病(黄萎病指 30.5)。生育期 117 d,单铃重 6.7 g,衣分 41.1%,籽指 11.1 g,第一果枝节位 6.5 节,株高 118.1 cm,果枝数 14.1 台/株,单株结铃 24.4 个,霜前花率 95.1%。7 点汇总,皮棉产量 7 点均增产,增产点率 100%。平均亩产籽棉、皮棉和霜前皮棉分别为 310.3 kg、123.8 kg、117.8 kg,分别比对照鲁棉研 28 增产 15.0%、14.2%、19.2%,分居杂交春棉 6 个参试品种第 4、4、3 位。HVICC 纤维上半部长度 31.4 mm,整齐度指数 85.7%,马克隆值 4.8,断裂比强度 30.3 cN/tex,纺纱均匀指数 150.9。

继续试验。

(二)GB856

2015 年试验结果:该品种出苗较好,前中期表现一般、后期较好;株型塔形、较紧凑,茎秆多毛;叶片掌状,中等大小,叶色淡绿;铃卵圆形,中等大小,吐絮畅,易收摘;耐枯萎病(枯萎病指 18.2),耐黄萎病(黄萎病指 28.3)。生育期 118 d,单铃重 7.3 g,衣分 41.2%,籽指 11.4 g,第一果枝节位 6.9 节,株高 112.9 cm,果枝数 13.8 台/株,单株结铃 23.3 个,霜前花率 94.2%。7 点汇总,皮棉产量 7 点均增产,增产点率 100%;平均亩产籽棉、皮棉和霜前皮棉分别为 317.7 kg、127.4 kg 和 120.1 kg,分别比对照鲁棉研 28 增产 17.7%、16.9%、20.5%,均居杂交春棉 6 个参试品种第 1 位。HVICC 纤维上半部长度 29.2 mm,整齐度指数 85.6%,马克隆值 5.3,断裂比强度 29.7 cN/tex,纺纱均匀指数 140.3。

终止试验。

(三)郑 ZZM6

2015 年试验结果:该品种出苗较好,整个生育期生长势和整齐度较好;株型塔形、较松散,茎秆中毛;叶片掌状,中等大小,叶色淡绿;铃卵圆形,中等大小,吐絮畅,易收摘;高抗枯萎病(枯萎病指 3.1),耐黄萎病(黄萎病指 32.2)。生育期 118 d,单铃重 7.0 g,衣分 41.1%,籽指 11.5 g,第一果枝节位 6.6 节,株高 110.9 cm,果枝数 14.1 台/株,单株结铃 24.8 个,霜前花率 94.2%。7 点汇总,皮棉产量 7 点均增产,增产点率 100%;平均亩产籽棉、皮棉和霜前皮棉分别为 315.4 kg、126.2 kg 和 118.8 kg,分别比对照鲁棉研 28 增产 16.7%、15.8%、19.6%,均居杂交春棉 6 个参试品种第 2 位。HVICC 纤维上半部长度 29.8 mm,整齐度指数 85.9%,马克隆值 5.5,断裂比强度 30.2 cN/tex,纺纱均匀指数 141.4。

继续试验。

(四)嘉星 101

特征特性:该品种出苗好,整个生育期生长势和整齐度较好;株型塔形、株高中等、较松散,茎秆中毛;叶片掌状,中等大小,叶色深绿;铃卵圆形,中等偏大,吐絮畅,易收摘;耐枯萎病(枯萎病指 1.8),耐黄萎病(黄萎病指 23.6)。

2014 年试验结果:8 点汇总,7 点增产,1 点减产,增产点率 87.5%;平均亩产籽棉、皮棉和霜前皮棉分别为 260.9 kg、112.0 kg 和 108.3 kg,分别比对照鲁棉研 28 增产 13.1%、

16.3%、16.3%,分居杂交春棉 14 个参试品种第 4、2、2 位。HVICC 纤维上半部长度 29.0 mm,整齐度指数 84.6%,马克隆值 5.5,断裂比强度 28.3 cN/tex,纺纱均匀指数 127.4。

2015 年试验结果:7 点汇总,皮棉产量 7 点均增产,增产点率 100%;平均亩产籽棉、皮棉和霜前皮棉分别为 305.4 kg、125.6 kg 和 118.7 kg,分别比对照鲁棉研 28 增产 12.8%、15.0%、18.7%,分居杂交春棉 6 个参试品种第 5、4、4 位。HVICC 纤维上半部长度 29.6 mm,整齐度指数 86.0%,马克隆值 5.3,断裂比强度 30.2 cN/tex,纺纱均匀指数 144.1。

2014~2015 年该品种平均生育期 117 d,单铃重 6.7 g,衣分 42.7%,籽指 10.7 g,第一果枝节位 7.0 节,株高 110.4 cm,果枝数 14.4 台/株,单株结铃 23.6 个,霜前花率 95.4%。HVICC 纤维上半部长度 29.3 mm,断裂比强度 29.2 cN/tex,马克隆值 5.4,伸长率 6.2%,反射率 77.5%,黄度 7.0,整齐度指数 85.3%,纺纱均匀指数 135.8。平均亩产籽棉、皮棉和霜前皮棉分别为 283.2 kg、118.8 kg 和 113.5 kg,分别比对照鲁棉研 28 增产 13.0%、15.7%和 17.5%。

建议生产试验。

(五)中杂 306

特征特性:该品种出苗较好,整个生育期生长势和整齐度较好;株型塔形、株高中等、较松散,茎秆中毛;叶片掌状,中等偏大,叶色深绿;铃卵圆形,中等大小,吐絮畅,易收摘;耐枯萎病(枯萎病指 12.9),抗黄萎病(黄萎病指 19.5)。

2014 年试验结果:8 点汇总,皮棉产量 7 点增产,1 点减产,增产点率 87.5%;平均亩产籽棉、皮棉和霜前皮棉分别为 259.3 kg、108.5 kg 和 106.7 kg,分别比对照鲁棉研 28 增产 12.4%、12.7%、14.5%,分居 14 个参试品种第 6、6、5 位。HVICC 纤维上半部长度 28.6 mm,整齐度指数 84.6%,马克隆值 5.7,断裂比强度 29.0 cN/tex,纺纱均匀指数 126.6。

2015 年试验结果:7 点汇总,皮棉产量 7 点均增产,增产点率 100%;平均亩产籽棉、皮棉和霜前皮棉分别为 312.7 kg、126.3 kg 和 117.3 kg,分别比对照鲁棉研 28 号增产 15.6%、15.7%、16.2%,分居 6 个参试品种第 3、3、5 位。HVICC 纤维上半部长度 29.3 mm,整齐度指数 85.4%,马克隆值 5.6,断裂比强度 29.1 cN/tex,纺纱均匀指数 134.3。

2014~2015 年该品种平均生育期 118 d,单铃重 7.0 g,衣分 41.7%,籽指 11.2 g,第一果枝节位 6.8 节,株高 106.9 cm,果枝数 14.4 台/株,单株结铃 23.7 个,霜前花率 95.0%。HVICC 纤维上半部长度 28.9 mm,断裂比强度 29.0 cN/tex,马克隆值 5.7,伸长率 6.2%,反射率 76.8%,黄度 7.6,整齐度指数 85.0%,纺纱均匀指数 130.5。平均亩产籽棉、皮棉和霜前皮棉分别为 286.0 kg、117.4 kg 和 112.0 kg,分别比对照鲁棉研 28 增产 14. 0%、14.2%和 15.4%。

建议生产试验。

附表　2015 年河南省杂交春棉区域试验品种产量及农艺性状

地点	品种名称	密度（株/亩）	生育期（d）	铃重（g）	籽指（g）	第一果枝节位	株高（cm）	果枝（台/株）	株铃（个）	衣分（%）	籽棉（kg/亩）	位次	皮棉（kg/亩）	位次	霜前皮棉（kg/亩）	位次	霜前花率（%）
原阳	中 MB9029	2 535	114	6.3	10.6	6.3	142	14.0	26.8	44.4	318.7	1	110.11	1	110.11	1	100.0
原阳	GB856	2 535	116	6.1	10.8	6.9	138	13.1	24.7	42.0	299.3	3	97.63	4	97.63	4	100.0
原阳	郑 ZZM6	2 535	116	6.1	10.6	6.5	125	13.3	23.9	43.4	276.0	5	93.83	5	93.83	5	100.0
原阳	嘉星 101	2 535	115	6.3	9.9	6.4	140	13.3	23.7	44.7	284.9	4	99.23	3	99.23	3	100.0
原阳	中杂 306	2 535	116	6.3	10.4	7.2	128	13.3	26.1	43.6	300.5	2	102.41	2	102.41	2	100.0
原阳	鲁棉研 28	2 535	118	5.5	10.1	6.6	123	13.4	24.9	43.4	258.5	6	87.38	6	87.38	6	100.0
黄泛区	中 MB9029	2 567	117	7.1	11.7	6.3	122.6	13.2	19.9	38.6	303.15	5	117.02	5	117.02	5	100.0
黄泛区	GB856	2 517	117	8.2	11.9	6.9	113	12.3	20.3	40.2	308.15	3	123.88	4	123.88	4	100.0
黄泛区	郑 ZZM6	2 600	116	7.7	11.8	6.5	115.3	13.3	21.5	39.5	326.83	1	129.10	1	129.10	1	100.0
黄泛区	嘉星 101	2 467	117	7.4	11.4	6.4	117.9	14.4	21.9	40.8	304.82	4	124.37	3	124.37	3	100.0
黄泛区	中杂 306	2 750	116	7.4	11.5	7.2	107	12.3	19.4	40.8	311.16	2	126.95	2	126.95	2	100.0
黄泛区	鲁棉研 28	2 750	116	6.9	11.9	6.6	94.5	11.8	19.8	39.8	272.47	6	108.44	6	108.44	6	100.0
安阳	中 MB9029	3 057	113	6.7	10.7	7.4	103.9	13.1	16.8	44.4	318.83	3	135.18	3	132.21	3	97.8
安阳	GB856	3 000	115	7.7	11.2	7.7	98.6	13.0	15.4	44.5	333.50	2	141.74	2	140.04	2	98.8
安阳	郑 ZZM6	3 000	115	7.5	11.2	7.4	104.7	13.1	17.0	44.5	311.82	4	132.52	4	130.67	4	98.6
安阳	嘉星 101	3 067	114	6.8	10.0	7.4	94.7	14.1	14.5	45.4	301.82	5	130.99	5	129.55	5	98.9
安阳	中杂 306	3 000	115	7.2	11.0	7.0	98.9	13.1	16.9	44.4	344.17	1	145.93	1	144.32	1	98.9
安阳	鲁棉研 28	2 922	116	6.3	10.7	6.2	83.1	13.1	16.9	45.4	259.80	6	112.75	6	111.40	6	98.8
商丘	中 MB9029	2 535	121	7.6	12.0	6.5	100.9	14	21.1	42.5	296.82	5	124.66	5	119.43	4	95.8
商丘	GB856	2 535	120	8.4	12.2	7.0	98.1	13.4	20.0	42.5	321.83	3	133.24	3	125.51	3	94.2
商丘	郑 ZZM6	2 535	121	8.3	12.7	6.8	96.3	14.1	21.4	42.1	334.83	1	140.30	1	127.81	2	91.1
商丘	嘉星 101	2 535	119	7.9	11.9	7.5	102.1	14.3	22.5	42.3	330.17	2	138.67	2	129.79	1	93.6
商丘	中杂 306	2 535	123	8.3	12.3	7.2	102.9	14.6	22.6	42.2	304.82	4	126.50	4	115.11	5	91
商丘	鲁棉研 28	2 535	124	7.5	11.6	6.6	88.1	14.2	21.4	44.5	279.47	6	120.17	6	104.31	6	86.8

续附表

地点	品种名称	密度（株/亩）	生育期（d）	铃重（g）	籽指（g）	第一果枝节位	株高（cm）	果枝（台/株）	株铃（个）	衣分（%）	籽棉（kg/亩）	位次	皮棉（kg/亩）	位次	霜前皮棉（kg/亩）	位次	霜前花率（%）
郑州	中 MB9029	2 510	111	6.1	11.0	6.1	103.9	13.2	24.7	39.3	297.59	3	111.00	3	90.08	2	81.2
郑州	GB856	2 477	112	6.2	11.5	6.1	95.0	14.4	24.0	38.8	309.56	2	116.39	2	86.98	3	74.7
郑州	郑 ZZM6	2 427	112	6.3	11.4	5.8	94.4	13.5	26.7	38.4	314.55	1	117.64	1	90.83	1	77.2
郑州	嘉星 101	2 461	112	6.4	10.4	6.7	97.3	13.3	21.6	40.3	274.65	4	106.01	4	83.02	4	78.3
郑州	中杂 306	2 494	112	6.4	11.1	6.3	90.8	14.0	23.6	38.2	270.32	5	101.91	5	69.53	5	68.2
郑州	鲁棉研 28	2 477	112	6.2	10.8	5.9	83.4	13.8	16.9	38.4	250.04	6	91.52	6	63.68	6	69.6
杞县	中 MB9029	2 167	126	6.8	10.8	6.2	133.1	15.2	31.1	44.7	337.17	2	142.12	2	129.75	2	91.3
杞县	GB856	2 067	125	7.5	11.1	6.9	127.4	14.9	30.3	45.2	342.17	1	145.80	1	134.43	1	92.2
杞县	郑 ZZM6	2 011	125	7.0	11.2	6.6	121.6	15.1	31.6	44.3	332.50	3	138.69	4	129.53	3	93.4
杞县	嘉星 101	2 067	125	7.0	10.6	6.8	127.9	16.0	27.6	45.8	317.49	5	137.16	5	123.72	5	90.2
杞县	中杂 306	2 056	128	7.1	11.0	6.7	124.0	15.1	30.2	44.7	330.83	4	139.58	3	123.95	4	88.8
杞县	鲁棉研 28	2 067	130	6.8	11.4	6.3	116.3	15.1	31.7	44.6	278.14	6	116.90	6	102.99	6	88.1
新乡	中 MB9029	1 951	112	6.3	11.0	6.4	120.5	15.8	30.7	43.17	299.72	5	126.72	6	125.95	5	99.4
新乡	GB856	1 951	114	7.1	11.5	7.0	120.0	15.5	28.1	44.1	309.33	4	133.14	3	132.08	3	99.2
新乡	郑 ZZM6	1 951	114	6.4	11.4	6.5	118.7	16.2	31.8	43.31	311.50	3	131.20	4	129.76	4	98.9
新乡	嘉星 101	1 974	113	6.7	10.4	6.9	117.3	16.3	30.5	45.18	323.91	2	142.85	1	141.10	1	98.8
新乡	中杂 306	1 940	114	7.0	11.1	6.7	116.0	16.2	30.4	43.72	327.06	1	140.67	2	138.55	2	98.5
新乡	鲁棉研 28	1 876	115	6.0	10.8	6.3	110.3	16.1	33.2	44.59	296.14	6	127.87	5	126.49	6	98.9
平均	中 MB9029	2 475	117	6.7	11.0	6.5	118.1	14.1	24.4	42.4	310.28	3	123.83	5	117.79	4	95.1
平均	GB856	2 440	118	7.3	11.5	6.9	112.9	13.8	23.3	42.5	317.69	1	127.40	1	120.08	1	94.2
平均	郑 ZZM6	2 437	118	7.0	11.4	6.6	110.9	14.1	24.8	42.2	315.44	2	126.18	3	118.79	2	94.2
平均	嘉星 101	2 444	118	6.9	10.4	7.0	113.9	14.5	23.2	43.5	305.40	5	125.61	4	118.68	3	94.3
平均	中杂 306	2 473	119	7.1	11.1	6.9	109.7	14.1	24.2	42.5	312.69	4	126.28	2	117.26	5	92.2
平均	鲁棉研 28	2 452	121	6.5	10.8	6.3	99.8	13.9	23.5	43.0	270.65	6	109.29	6	100.67	6	91.7

8　2015 年河南省春棉生产试验品种汇总总结

一、试验目的

通过试验，进一步鉴定河南省棉花新品种的丰产性、稳定性、适应性、纤维品质和综合表现，客观评价参试品种特性与生产利用价值，为优良棉花新品种在河南省的审定和推广提供科学依据。

二、参试品种及承试单位

本组参试品种 3 个，对照品种为鲁棉研 28，承担试验的单位共 8 个，参试品种名称、试验年限、供种单位、承试单位见表 1。

表 1　2015 年春棉生产试验参试品种和承试点

编码	品种	组别	年限	品种来源	供种单位	承试点
1	嘉星 3H-2F1	杂交	3	(2000-58A×2000-58B)×科林 96-88R	嘉祥县嘉星农业科学研究所	中国农业科学院棉花研究所、杞县棉花原种厂、河南农业大学、河南省农业科学院植物保护研究所、许昌市农科所、河南黄泛区地神种业有限公司、南阳市农业科学院、新乡市锦科棉花研究所
2	郑杂棉 19	杂交	3	郑 HN323×郑 HN289	郑州市农林科学研究所	
3	中棉所 3018	常规	3	鲁棉 21 号×库车-6	中国农科院棉花研究所	

三、试验概况

（一）试验设计

按国家区域试验方案的要求，结合河南省区域试验实际，统一制订试验方案，严格田间设计、记载、管理、统计标准，并对参试品种实行密码编号，确保试验的客观公正性；试验重复两次，随机排列，小区面积 150 m^2，每小区 6～10 行；重复之间设走道，四周设 3 行保护行；种植密度 1 800～3 500 株/亩（按当地种植方式酌情合理稀植）。

（二）田间管理

根据试验方案要求，各承担试验单位由专职技术人员负责此项工作，从田间设计、观察、管理、数据的记载都严格按方案的要求进行；各点均选择前茬作物一致，地面平整，肥力均匀，灌溉排水便利的地块作为试验田；直播田和育苗移栽田出现缺苗及时查苗补缺，按密度要求补全苗保证一播全苗；田间管理水平应略高于大田生产水平，同一区组内肥水管理、病虫害防治、化调、打顶、收花等同一项管理措施均在同一天完成。

(三)气象因素对棉花生产的影响

2015 年河南省气候情况是苗期墒情较好,利于棉苗生长发育;棉花生育中期,降水偏少,适时浇水,满足了棉花正常生长;整个吐絮期气温略高于常年,日照充足,降水偏少,有利于产量的形成,吐絮畅且集中,霜前花率较高,品质好。

1.苗期

4 月中下旬播,各试点墒情较好,气温较往年稍高,日照充足,出苗较好;出苗后,各试点气温偏高,降水适宜,光照充足,棉花发育稳健,苗病轻。

2.蕾铃期

蕾铃前期各试点不同程度出现旱情,高温,但降水大多较为适时,加之各试点及时浇水抗旱,棉花生殖生长正常,蕾铃脱落少,由于气温较高,2015 年棉花枯、黄萎病发病普遍较少,进入 8 月,各试点降水适中,利于棉花生长。

3.吐絮期

各试点降水较少,天气晴好,利于棉花吐絮和采收,僵瓣花少,霜前花率高,纤维品质好。

四、试验结果

(一)汇总情况

试验点共 8 个,8 个试点经田间考察质量良好,数据调查、记载能严格按方案执行,年终报告经审核符合试验要求,参与汇总。抗病鉴定单位:中国农业科学院棉花研究所植保室;抗虫鉴定单位:中国农业科学院生物技术研究所;纤维品质分析单位:农业部棉花品质监督检验测试中心。

(二)农艺性状

参试品种的农艺性状主要包括生育期、株高、第一果枝节位、单株铃数、果枝数、铃重、衣分、籽指等(见表 2),来源于 8 个试点统计结果的平均数。结果表明参试品种的生育期 118~120 d,株高 110.9~120.5 cm,果枝数 12.9~13.8 台/株,铃重 6.5~6.8 g,衣分 41.4%~42.2%。

表 2　2015 年河南省春棉生产试验品种农艺性状

品质	生育期(d)	全生育期(d)	第一果枝节位	株高(cm)	果枝(台/株)	株铃(个)	铃重(g)	籽指(g)	衣分(%)
郑杂棉 19	120	129	7.1	118.3	13.1	23.2	6.8	11.2	41.7
中棉所 3018	118	127	7.2	112.0	12.9	22.6	6.5	11.7	41.4
嘉星 3H-2F1	119	128	7.0	120.5	13.8	23.7	6.8	10.8	42.2
鲁棉研 28	118	128	6.8	110.9	13.3	22.3	6.5	11.1	41.5

(三)产量性状

2015 年产量结果:籽棉亩产 275.4~298.9 kg,较对照鲁棉研 28 增产 6.2%~15.2%;皮棉亩产 114.9~125.3 kg,较对照鲁棉研 28 增产 6.3%~15.9%;霜前皮棉亩产 110.1~116.9 kg,较对照鲁棉研 28 增产 8.3%~15.0%;衣分 41.4%~42.2%(见表 3)。

表 3　2015 年河南省春棉生产试验品种产量性状

品种	籽棉		位次	皮棉		位次	霜前皮棉		位次	霜前花率（%）
	kg/亩	±CK%		kg/亩	±CK%		kg/亩	±CK%		
郑杂棉 19	298.9	15.2	1	125.3	15.9	1	116.9	15.0	1	94.0
中棉所 3018	275.4	6.2	3	114.9	6.3	3	110.1	8.3	3	95.9
嘉星 3H-2F1	280.4	8.1	2	118.5	9.7	2	111.3	9.5	2	94.3
鲁棉研 28	259.4	0	4	108.1	0	4	101.6	0	4	94.6

五、试验品种评述

（一）郑杂棉 19

特征特性：该品种出苗好，整个生育期长势和整齐度好；植株塔形，较松散，茸毛稀；叶片掌状，叶色绿，大小适中；铃圆形，有钝尖，结铃性较好，吐絮畅，易收摘；生育期 120 d，株高 118.3 cm，第一果枝节位 7.1 节，单株果枝数 13.1 个，单株结铃 23.2 个，单铃重 6.8 g，籽指 11.2 g，衣分 41.7%，霜前花率 94.0%；抗枯萎病（枯萎病指 8.8），抗黄萎病（黄萎病指 18.4）；抗虫株率 100%，Bt 蛋白表达量 603，抗棉铃虫。

2013 年区域试验结果：平均亩产籽棉、皮棉、霜前皮棉分别为 280.8 kg、109.6 kg 和 100.4 kg，分别比对照鲁棉研 28 增产 13.3%、13.8%、12.5%，均居 13 个参试品种第 1 位。HVICC 纤维上半部长度 29.3 mm，断裂比强度 29.7 cN/tex，马克隆值 5.3，伸长率 5.7%，反射率 79.8%，黄度 7.6，整齐度指数 85.5%，纺纱均匀指数 140.3。

2014 年试验结果：平均亩产籽棉、皮棉、霜前皮棉分别为 262.9 kg、111.2 kg 和 107.6 kg，分别比对照鲁棉研 28 增产 14.0%、15.5%、15.1%，均居 13 个参试品种第 3 位。HVICC 纤维上半部长度 28.4 mm，断裂比强度 28.6 cN/tex，马克隆值 5.6，伸长率 5. 3%，反射率 75.2%，黄度 7.3，整齐度指数 84.0%，纺纱均匀指数 122.4。

2013~2014 年区域试验结果：平均亩产籽棉、皮棉和霜前皮棉分别为 271.9 kg、110.4 kg 和 104.0 kg，分别比对照鲁棉研 28 增产 13.6%、14.7%和 14.0%。HVICC 纤维上半部长度 28.8 mm，断裂比强度 29.1 cN/tex，马克隆值 5.4，伸长率 5.5%，反射率 77.5%，黄度 7.4，整齐度指数 84.8%，纺纱均匀指数 131.3。

2015 年参加河南省生产试验，8 点汇总，皮棉总产 8 点均增产，增产点率 100%；平均亩产籽棉、皮棉和霜前皮棉分别为 298.9 kg、125.3 kg 和 116.9 kg，比对照鲁棉研 28 增产 15.2%、15.9%和 15.0%，均居 4 个参试品种第 1 位。

完成试验程序。

（二）中棉所 3018

特征特性：该品种出苗好，整个生育期长势和整齐度好；植株塔形，较紧凑，茸毛稀；叶片掌状，叶色绿，大小适中；铃卵圆形，结铃性强，铃中等大小，吐絮畅，易收摘；生育期 118 d，株高 112.0 cm，第一果枝节位 7.2 节，单株果枝数 12.9 个，单株结铃 22.6 个，单铃重 6.5 g，籽指 11.7 g，衣分 41.4%，霜前花率 95.9%；耐枯萎病（枯萎病指 14.0），抗黄萎病（黄萎病指 17.2）；抗虫株率 94%，Bt 蛋白表达量 515，高抗棉铃虫。

2013 年区域试验结果:平均亩产籽棉、皮棉、霜前皮棉分别为 270.7 kg、106.7 kg 和 98.4 kg,分别比对照增产 10.7%、10.1%、11.1%,分居 14 个参试品种第 3、4、5 位。HVICC 纤维上半部长度 28.0 mm,断裂比强度 31.2 cN/tex,马克隆值 5.3,伸长率 5.5%,反射率 76.7%,黄度 8.5,整齐度指数 84.7%,纺纱均匀指数 136.5。

2014 年区域试验结果:8 点汇总,平均亩产籽棉、皮棉和霜前皮棉分别为 254.0 kg、106.1 kg 和 103.2 kg,分别比对照鲁棉研 28 增产 4.1%、3.5%和 4.1%,分居 14 个参试品种第 9、11、11 位。HVICC 纤维上半部长度 28.3 mm,断裂比强度 30.8 cN/tex,马克隆值 5.3,伸长率 5.6%,反射率 77.5%,黄度 7.7,整齐度指数 85.2%,纺纱均匀指数 138.7。

2013~2014 年区域试验结果:平均亩产籽棉、皮棉和霜前皮棉分别为 262.3 kg、106.4 kg 和 100.8 kg,分别比对照鲁棉研 28 增产 7.4%、6.8%和 7.6%。HVICC 纤维上半部长度 28.1 mm,断裂比强度 31.0 cN/tex,马克隆值 5.3,伸长率 5.6%,反射率 77.1%,黄度 8.1,整齐度指数 85.0%,纺纱均匀指数 137.6。

2015 年生产试验结果:8 点汇总,皮棉总产 6 点增产,2 点减产,增产点率达 75%;平均亩产籽棉、皮棉和霜前皮棉分别为 275.4 kg、114.9 kg 和 110.1 kg,分别比对照鲁棉研 28 增产 6.2%、6.3%和 8.3%,均居 4 个参试品种第 3 位。

完成试验程序。

(三)嘉星 3H-2F1

特征特性:该品种出苗好,整个生育期长势好,整齐度一般;植株塔形,稍松散,茸毛稀;叶片掌状,叶色浅绿,大小适中;铃圆形,偏大,有钝尖;结铃较好,吐絮畅,易收摘;生育期 119.0 d,株高 120.5 cm,第一果枝节位 7.0 节,单株果枝数 13.8,单株结铃 23.7 个,单铃重 6.8 g,籽指 10.8 g,衣分 42.2%,霜前花率 94.3%;抗枯萎病(枯萎病指 9.3),耐黄萎病(黄萎病指 30.9);抗虫株率 96%,Bt 蛋白表达量 546,高抗棉铃虫。

2013 年区域试验结果:平均亩产籽棉、皮棉、霜前皮棉分别为 266.1 kg、107.7 kg 和 98.5 kg,分别比对照鲁棉研 28 增产 7.3%、11.9%、10.4%,分居 13 个参试品种第 3、2、2 位。2013 年纤维上半部平均长度 29.1 mm,断裂比强度 30.6 cN/tex,马克隆值 5.2,伸长率 5.4%,反射率 79.7%,黄度 7.5,整齐度指数 84.7%,纺纱均匀指数 139.0。

2014 年区域试验结果:平均亩产籽棉、皮棉、霜前皮棉分别为 255.4 kg、110.4 kg 和 106.5 kg,分别比对照鲁棉研 28 增产 10.7%、14.7%、14.4%,分居 13 个参试品种第 7、5、6 位。2014 年纤维上半部平均长度 29.1 mm,断裂比强度 28.8 cN/tex,马克隆值 5.5,伸长率 5.7%,反射率 77.6%,黄度 7.3,整齐度指数 84.9%,纺纱均匀指数 131.4。

2013~2014 年区域试验结果:平均亩产籽棉、皮棉和霜前皮棉分别为 260.8 kg、109.1 kg 和 102.5 kg,分别比对照鲁棉研 28 增产 9.0%、13.3%和 12.4%。HVICC 纤维上半部长度 29.1 mm,断裂比强度 29.7 cN/tex,马克隆值 5.4,伸长率 5.6%,反射率 78.7%,黄度 7.4,整齐度指数 84.8%,纺纱均匀指数 135.2。

2015 年生产试验结果:8 点汇总,皮棉总产 8 点均增产,增产点率达 100%;平均亩产籽棉、皮棉和霜前皮棉分别为 280.4 kg、118.5 kg 和 111.3 kg,比对照鲁棉研 28 增产 8.1%、9.7%和 9.5%, 均居 4 个参试品种第 2 位。

完成试验程序。

附表一　2015 年河南省春棉生产试验各试点田间管理基本情况

试点	播种方式	密度（株/亩）	前作	播期（月/日）	灌/排水（次）	中耕除草（次）	化调（次）	病虫防治（次）	收花（次）	基肥（kg/亩）	追肥（kg/亩）
黄泛区	开沟穴播	2 775	棉花	4/23	2	4	3	6	2	复合肥 25、有机肥 1 000	尿素 20
南阳	直播	2 500	棉花	5/8	2	3	3	5	5	复合肥 50	尿素 20、氯化钾 15
杞县	麦棉套种	2 200	小麦	4/23	2	2	3	7	2	尿素 20、过磷酸钙 50	复合肥 40
新乡	直播	2 222	春白	4/24	2	3	3	12	4	氯化钾 10、尿素 20	尿素 20
原阳	条播	2 535	棉花	4/23	—	5	2	5	2	鸡粪 1 000、复合肥 50	尿素 15
农大	直播	2 755	棉花	4/22	4	6	2	7	4	二胺 20、尿素 5	复合肥 20
许昌	直播	2 222	休闲	4/21	—	4	4	6	5	复合肥 15、尿素 10	复合肥 30、尿素 10
安阳	直播	3 500	休闲	4/21	1	3	6	7	2	复合肥 80、有机肥 200	复合肥 50

附表二　2015 年河南省春棉生产试验品种农艺性状表

品种	试点	播-苗（d）	苗-花（d）	花-絮（d）	生育期（d）	全生育期（d）	第一果枝节位	株高（cm）	果枝（台/株）	株铃（个）	铃重（g）	籽指（g）	亩株数（株/亩）
郑杂棉 19	农大	10	62	52	114	124	7.0	135.6	14.0	15.9	5.9	10.4	2 891
	新乡	13	57	56	113	126	5.7	86.0	13.4	25.3	7.0	10.4	2 743
	许昌	8	72	50	122	130	7.0	100.7	11.4	24.2	6.3	11.1	2 242
	安阳	9	75	67	142	151	9.1	101.0	11.1	14.9	7.1	11.7	3 624
	黄泛区	8	63	55	118	126	6.9	105.6	11.4	20.6	7.6	12.7	2 804
	杞县	8	61	57	118	126	6.6	130.3	15.1	32.4	7.0	11.2	2 320
	原阳	9	63	51	114	123	7.0	139.0	13.4	25.6	6.4	10.4	2 535
	南阳	9	61	55	116	125	7.4	148.2	14.7	26.5	6.8	11.4	2 507
	平均	9	64	55	120	129	7.1	118.3	13.1	23.2	6.8	11.2	2 708
中棉所 3018	农大	10	62	52	114	124	7.2	120.9	12.5	15.4	5.7	10.5	2 821
	新乡	13	56	56	112	125	6.5	92.5	13.9	25.8	7.1	11.4	2 737
	许昌	8	71	47	118	126	8.0	100.3	11.0	22.6	6.2	12.3	2 236
	安阳	9	76	61	137	146	8.6	92.7	11.8	15.2	6.6	12.1	3 572
	黄泛区	8	63	55	118	126	7.2	108.7	11.4	19.2	6.9	12.8	2 800
	杞县	8	59	58	117	125	6.5	113.3	13.9	29.8	6.7	11.8	2 370
	原阳	9	65	51	116	125	6.5	135.0	13.7	24.5	6.2	10.9	2 535
	南阳	8	64	49	113	121	7.1	132.7	15.3	28.3	6.6	11.4	2 480
	平均	9	65	54	118	127	7.2	112.0	12.9	22.6	6.5	11.7	2 694

续附表二

品种	试点	播-苗(d)	苗-花(d)	花-絮(d)	生育期(d)	全生育期(d)	第一果枝节位	株高(cm)	果枝(台/株)	株铃(个)	铃重(g)	籽指(g)	亩株数(株/亩)
嘉星 3H-2F1	农大	11	61	53	114	125	6.7	116.6	13.4	17.1	5.5	10.8	2 893
	新乡	13	57	56	113	126	6.4	126.0	15.3	26.4	7.2	10.6	2 748
	许昌	9	69	48	117	126	8.0	100.4	11.5	23.3	6.3	11.3	2 233
	安阳	10	76	66	142	152	8.4	99.9	12.7	16.6	7.2	10.5	3 494
	黄泛区	9	61	55	116	125	6.2	117.2	12.4	25.1	7.4	11.1	2 460
	杞县	8	60	57	117	125	6.6	128.9	15.5	29.5	7.1	11.2	2 307
	原阳	9	64	51	115	124	6.8	137.0	13.5	23.6	6.6	10.1	2 535
	南阳	8	62	54	116	124	7.2	137.8	16.0	27.7	7.0	10.9	2 437
	平均	10	64	55	119	128	7.0	120.5	13.8	23.7	6.8	10.8	2 638
鲁棉研 28	农大	10	61	55	116	126	6.9	127.0	13.8	14.9	5.7	10.9	2 799
	新乡	13	55	55	110	123	6.0	104.5	15.1	25.8	6.9	10.5	2 745
	许昌	9	70	50	120	129	7.0	90.8	10.5	22.2	6.0	11.2	2 238
	安阳	9	71	64	135	144	7.7	88.8	10.9	15.8	6.9	11.2	3 645
	黄泛区	8	62	55	117	125	6.3	107.6	12.6	21.5	7.1	12.2	2 780
	杞县	8	61	57	118	126	6.1	107.3	13.9	29.2	6.9	11.5	2 207
	原阳	10	65	52	117	127	7.5	130.0	13.6	23.3	5.7	10.0	2 535
	南阳	9	60	53	113	122	6.7	131.4	15.6	25.9	6.5	11.1	2 523
	平均	10	63	55	118	128	6.8	110.9	13.3	22.3	6.5	11.1	2 684

附表三　2015 年河南省春棉生产试验品种产量表

名称	地点	籽棉（kg/亩）	±CK%	位次	皮棉（kg/亩）	±CK%	位次	霜前皮棉（kg/亩）	±CK%	位次	衣分（%）	霜前花率（%）
	农大	255.6	9.6	1	103.2	8.7	1	94.9	12.0	1	40.4	91.9
	新乡	340.9	27.1	1	151.4	27.3	1	133.0	18.4	1	44.4	87.8
	许昌	267.1	21.0	1	112.4	27.0	1	112.4	27.0	1	42.1	100.0
	安阳	343.5	9.7	1	142.6	9.6	1	121.7	6.1	2	41.5	85.3
郑杂棉 19	黄泛区	238.6	14.3	1	89.0	10.2	2	89.0	10.2	2	37.3	100.0
	杞县	294.0	12.3	2	123.2	14.4	1	115.2	16.0	2	41.9	93.5
	原阳	243.7	23.1	1	103.8	23.7	1	103.8	23.7	1	42.6	100.0
	南阳	407.4	9.7	1	176.8	10.5	1	165.1	11.1	1	43.4	93.4
	平均	298.9			125.3			116.9			41.7	94.0
	农大	242.4	4.0	3	98.1	3.3	3	83.7	-1.2	4	40.5	85.3
	新乡	301.5	12.4	2	133.3	12.1	2	125.2	11.5	2	44.2	94.0
	许昌	241.7	9.5	3	100.6	13.7	3	100.6	13.7	3	41.6	100.0
	安阳	307.4	-1.8	4	126.9	-2.5	4	120.8	5.3	3	41.3	95.2
中棉所 3018	黄泛区	208.1	-0.3	4	77.4	-4.2	4	77.4	-4.2	4	37.2	100.0
	杞县	295.7	13.0	1	122.7	14.0	2	116.1	16.9	1	41.5	94.6
	原阳	223.7	13.0	2	92.8	10.6	3	92.8	10.6	3	41.5	100.0
	南阳	382.4	3.0	3	167.5	4.7	3	163.9	10.3	2	43.8	97.8
	平均	275.4			114.9			110.1			41.4	95.9
	农大	250.8	7.6	2	99.1	4.3	2	88.3	4.3	2	39.5	89.1
	新乡	276.0	2.8	3	127.9	7.5	3	113.2	0.8	3	46.3	88.5
	许昌	258.0	16.9	2	107.6	21.6	2	107.6	21.6	2	41.7	100.0
	安阳	326.3	4.3	2	137.1	5.3	2	122.3	6.6	1	42.0	89.2
嘉星 3H-2F1	黄泛区	229.5	10.0	2	91.8	13.7	1	91.8	13.7	1	40.0	100.0
	杞县	293.6	12.2	3	121.7	13.1	3	111.9	12.6	3	41.5	91.9
	原阳	219.5	10.9	3	93.9	11.9	2	93.9	11.9	2	42.8	100.0
	南阳	389.4	4.9	2	169.4	5.8	2	161.5	8.6	3	43.5	95.3
	平均	280.4			118.5			111.3			42.2	94.3
	农大	233.2	0.0	4	95.0	0.0	4	84.7	0.0	3	40.7	89.1
	新乡	268.3	0.0	4	118.9	0.0	4	112.3	0.0	4	44.3	94.4
	许昌	220.7	0.0	4	88.5	0.0	4	88.5	0.0	4	40.1	100.0
	安阳	313.0	0.0	3	130.1	0.0	3	114.7	0.0	4	41.6	88.2
鲁棉研 28	黄泛区	208.7	0.0	3	80.8	0.0	3	80.8	0.0	3	38.7	100.0
	杞县	261.7	0.0	4	107.6	0.0	4	99.3	0.0	4	41.1	92.3
	原阳	198.0	0.0	4	83.9	0.0	4	83.9	0.0	4	42.4	100.0
	南阳	371.3	0.0	4	160.0	0.0	4	148.6	0.0	4	43.1	92.9
	平均	259.4			108.1			101.6			41.5	94.6

9 2016年河南省常规春棉区域试验品种汇总总结

一、试验目的

通过河南省不同生态区多年多点试验,正确鉴定棉花新品种的丰产性、稳产性、纤维品质、抗病性、抗虫性及对环境适应能力等特性,为河南省棉花品种的审定与合理推广提供科学依据。

二、试验材料

参试品种13个,均为常规春棉,对照品种为鲁研棉28,参试种子由参试单位提供,详见表1。

表1 2016年河南省常规春棉区域试验参试品种来源及编号

品种	编号	品种来源	参试单位	年限
豫棉514	2	豫668×银山8号	河南省农业科学院经济作物研究所	2
鲁棉696	8	鲁棉研21号×(新911×R2934)F2	山东棉花研究中心	2
中1007	14	冀1286×XU2006	中国农业科学院棉花研究所	2
鲁棉424	7	鲁1367系×鲁棉研18号F9	山东棉花中心,新疆锦棉种业科技公司	2
豫棉516	3	豫棉21×银山8号	河南省农业科学院经济作物研究所	2
GB516	13	中棉所52×L918	中国农业科学院棉花研究所	1
中棉9213	4	冀棉616×(中棉所25×豫棉19号)F2	中国农业科学院棉花研究所	1
开棉25	10	汴169×开225	开封市农林科学研究院	1
鲁棉2632	5	鲁911×鲁881	山东棉花研究中心	1
商棉566	12	S07-4×S07-32	商丘市农林科学院	1
宛167	11	宛231×宛198	南阳市农业科学院	1
银山20	6	5A5-11×鲁棉研21	河南省农业科学院经济作物研究所	1
鲁棉432	9	57系×(鲁棉研32×鲁2109系F5)	山东棉花研究中心	1
鲁棉研28	1	对照	山东棉花研究中心	

三、试验承试单位和试验设计

（一）试验承试单位

河南省农业科学院经济作物研究所（李武），商丘市农业科学院（刘卫星），南阳市农业科学院（强学杰），郑州市农林科学研究所（贾新合），中国农业科学院棉花研究所（严根土），新乡市锦科棉花研究所（田土星），杞县棉花原种厂（许国志、张秀松），河南农业大学（马宗斌），中国农业科学院棉花研究所植保室（朱荷琴），农业部棉花品质监督检验测试中心（唐淑荣）。

（二）试验设计

试验按随机区组设计，3 次重复，每小区 3~4 行，小区面积≥20 m^2，周边设置不少于 4 行的保护行。

四、棉花生育期间气候特点及栽培管理

（一）气候特点

2016 年河南省气候情况是苗期低温寡照，棉苗生长缓慢；棉花生育中期，尤其是 7~8 月，多地出现强降雨，棉花中部落铃较多；9 月下旬至 10 月中下旬多阴雨天，影响棉花的正常吐絮与收摘晾晒。

1.苗期

4 月下旬至 5 月中上旬，气温较往年偏低，降雨量正常，日照偏少，棉苗生长缓慢，苗病偏重；5 月下旬至 6 月初河南天气以多云为主，高温、干旱，影响棉苗生长。

2.蕾铃期

6 月中下旬光照正常、降雨适宜，利于棉花生长，7 月光照充足，温度偏高，高温持续时间长，降水偏多，棉花中部落铃较多，对棉花产量和品种有一定影响；但后期棉花上部开花成铃较多，对产量有一定补偿作用。

3.吐絮期

吐絮前，各试点降水偏少，天气晴好，光照适宜，利于棉铃吐絮和摘收。9 月下旬至 10 月中下旬多阴雨天，影响棉花的正常吐絮与收摘晾晒。

（二）栽培管理

各试点均按照当地主要栽培管理措施实行，田间管理均匀一致。密度 2 000~3 500 株/亩，前作有棉花、冬闲，播期多在 4 月下旬，播种方式为直播或直播盖膜；防治地老虎、棉蚜、红蜘蛛、棉铃虫、盲椿象等 6~15 次；浇地 0~5 次，排水 0~3 次，化调 1~3 次，中耕除草 2~6 次。基肥为有机肥、氮、磷、钾肥等，追肥以复合肥、尿素为主。

五、试验结果

本组试验共 8 个试点，8 个试点数据经过复核，试验误差均在规定范围内，予以汇总。总变异系数 C_V=6.03%。

（一）早熟性

2016 年结果：各参试品种生育期 116~121 d，第一果枝节位 5.7~6.5 节，霜前花率在

88.1%~94.4%。豫棉516、鲁棉2632和银山20生育期短，霜前花率高，早熟性好；商棉566和中1007相对较晚熟。

2015~2016年平均结果：各参试品种生育期116~119 d，果枝始节6.1~6.8节，霜前花率在90.0%~93.8%。

（二）主要特性

2016年结果：各参试品种株高103.0~117.1 cm，豫棉514最低，GB516最高；果枝数13.6~14.7台/株，银山20果枝少，GB516、豫棉516果枝最多；单株结铃数17.9~20.4个；籽指9.8~11.6 g。

2015~2016年平均结果：2年参试品种株高102.6~113.4 cm，果枝数13.8~14.7台/株，单株结铃数21.1~22.1个，籽指10.1~11.0 g（见表2）。

表2　2015~2016年常规春棉区域试验品种农艺性状

品质	年份	编号	生育期（d）	第一果枝节位	株高（cm）	果枝（台/株）	株铃（个）	铃重（g）	籽指（g）	霜前花率（%）
鲁棉研28	2016	1	118	6.0	104.1	14.4	17.9	6.3	11.5	91.6
豫棉514	2016	2	118	6.0	103.0	14.2	18.8	6.3	11.1	91.8
	2015	10	118	6.6	105.8	13.8	23.4	6.1	10.8	88.2
	平均	2	118	6.3	104.4	14.0	21.1	6.2	11.0	90.0
豫棉516	2016	3	117	5.8	103.7	14.7	20.4	5.8	10.3	93.3
	2015	6	116	6.5	101.4	14.6	23.3	5.9	9.8	94.3
	平均	3	117	6.2	102.6	14.7	21.9	5.9	10.1	93.8
中棉9213	2016	4	117	5.9	107.9	13.8	20.3	6.6	11.3	92.2
鲁棉2632	2016	5	116	6.0	109.7	13.8	17.9	6.9	11.0	94.4
银山20	2016	6	118	6.5	106.7	13.6	18.3	6.5	11.2	93.0
鲁棉424	2016	7	117	5.8	112.7	14.0	20.5	5.8	10.6	92.8
	2015	5	115	6.6	114.0	13.6	23.4	5.8	10.2	91.6
	平均	7	116	6.2	113.4	13.8	22.0	5.8	10.4	92.2
鲁棉696	2016	8	121	6.3	109.3	14.0	19.8	5.7	11.1	91.3
	2015	4	117	7.3	108.3	13.8	24.4	5.6	10.4	91.6
	平均	8	119	6.8	108.8	13.9	22.1	5.7	10.8	91.5
鲁棉432	2016	9	118	6.3	109.0	14.5	19.5	5.9	10.8	91.8
开棉25	2016	10	118	6.2	113.5	14.2	18.1	6.4	11.8	90.5
宛167	2016	11	118	5.9	106.7	14.3	19.2	6.7	11.5	91.2
商棉566	2016	12	119	6.2	112.2	13.7	19.5	6.3	11.6	89.5
GB516	2016	13	120	6.1	117.1	14.7	18.8	6.5	11.6	88.1
中1007	2016	14	116	5.7	108.4	14.1	19.4	5.9	10.9	92.2
	2015	11	116	6.4	110.5	13.9	24.1	6.2	10.6	92.7
	平均	14	116	6.1	109.5	14.0	21.8	6.1	10.8	92.5

(三)小区皮棉产量统计分析

皮棉产量方差分析表明:品种间、品种和地点互作效应均达极显著差异,说明需要进行品种稳定性分析,并对各品种皮棉总产进行多重比较,以便确定表现优异的品种(见表3)。

表3 2016年河南省常规春棉区域试验品种方差分析(C_V=6.03%)

变异来源	df	皮棉总产			P
		SS	MS	F	
地点内区组	16	0.48	0.030	0.79**	0.695 1
地点	7	140.37	20.053	532.26**	0.000 1
品种	13	8.72	0.671	17.80**	0.000 1
品种×地点	91	13.41	0.147	3.91**	0.000 1
试验误差	208	7.84	0.038		
总变异	335	170.82			

参试的13个品种皮棉产量品种间差异显著(见表4)。鲁棉696比对照鲁棉研28增产不显著,开棉25比对照鲁棉研28减产显著;其他品种均比对照增产极显著。

表4 品种间皮棉产量多重比较

品种	编号	皮棉(kg/小区)	$LSR_{0.05}$	$LSR_{0.01}$
鲁棉432	9	3.75	a	A
鲁棉424	7	3.66	ab	AB
宛167	11	3.62	b	ABC
豫棉516	3	3.61	b	ABC
中棉9213	4	3.61	b	ABC
鲁棉2632	5	3.60	bc	ABC
商棉566	12	3.56	bcd	BC
银山20	6	3.54	bcd	BCD
中1007	14	3.49	cde	CD
豫棉514	2	3.47	de	CDE
鲁棉696	8	3.46	ef	DEF
鲁棉研28	1	3.33	f	EF
GB516	13	3.30	f	F
开棉25	10	3.13	g	G

(四)品种稳定性分析

参试的13个品种在各试点的适应性有差异,鲁棉432和鲁棉42在各点适应性、稳定性综合评价很好；宛 167、豫棉 516、中棉 9213、鲁棉 2632、商棉 566 和银山 20 适应性、稳定性综合评价好；中 1007、豫棉 514 和鲁棉 696 综合评价较好；鲁棉研 28、GB516 表现一般，开棉 25 综合评价较差（见表 5）。

表 5　品种皮棉产量稳定性分析

品种	编号	丰产性参数	稳定性参数				适应地区	综合评价
		产量（kg/小区）	效益	方差	变异度	回归系数		
鲁棉 432	9	3.746	0.243	0.061	6.618	1.041	E1～E8	很好
鲁棉 424	7	3.658	0.155	0.029	4.619	0.920	E1～E8	很好
宛 167	11	3.623	0.119	0.078	7.688	1.045	E1～E8	好
豫棉 516	3	3.611	0.107	0.040	5.512	0.951	E1～E8	好
中棉 9213	4	3.610	0.106	0.028	4.675	0.958	E1～E8	好
鲁棉 2632	5	3.604	0.100	0.032	4.989	0.841	E1～E8	好
商棉 566	12	3.562	0.059	0.110	9.327	1.365	E1～E8	好
银山 20	6	3.535	0.031	0.061	7.013	0.706	E1～E8	好
中 1007	14	3.485	−0.018	0.074	7.800	1.140	E1～E8	较好
豫棉 514	2	3.466	−0.038	0.042	5.880	1.136	E1～E8	较好
鲁棉 696	8	3.462	−0.107	0.016	3.682	0.988	E1～E8	较好
鲁棉研 28	1	3.326	−0.178	0.017	3.890	0.855	E1～E8	一般
GB516	13	3.302	−0.202	0.028	5.071	1.031	E1～E8	一般
开棉 25	10	3.125	−0.378	0.023	4.843	1.024	E1～E8	较差

（五）品种产量

2016 年产量结果：籽棉亩产 264.6～299.5 kg，较对照鲁棉研 28 增产−4.7%～7.8%；皮棉亩产 104.2～124.9 kg，较对照鲁棉研 28 增产−6.0%～12.7%；霜前皮棉亩产 94.0～114.7 kg，较对照鲁棉研 28 增产−7.0%～13.0%；衣分在 39.2%～42.3%。

2015～2016 年平均结果：2 年参试品种籽棉亩产 279.7～295.6 kg，较对照鲁棉研 28 增产 2.4%～8.3%；皮棉亩产 115.2～122.1 kg，较对照鲁棉研 28 增产 3.7%～10.0%；霜前皮棉亩产 104.1～113.8 kg，较对照鲁棉研 28 增产 2.7%～12.5%；衣分在 40.4%～43.2%（见表 6）。

表 6　2015~2016 年河南省常规春棉区域试验品种产量性状

品种	年份	编号	籽棉		位次	皮棉		位次	霜前皮棉		位次	衣分（%）
			kg/亩	±CK%		kg/亩	±CK%		kg/亩	±CK%		
鲁棉研 28	2016	1	277.7	0.0	12	110.9	0.0	12	101.5	0.0	12	39.8
豫棉 514	2016	2	284.3	2.4	10	115.5	4.2	10	106.0	4.0	10	40.4
	2015	10	279.1	4.0	10	114.9	3.2	11	102.2	1.4	11	40.9
	平均	2	281.7	3.2	4	115.2	3.7	5	104.1	2.7	5	40.7
豫棉 516	2016	3	284.2	2.3	11	120.4	8.6	4	112.8	11.0	4	42.3
	2015	6	275.2	2.5	12	121.5	9.1	7	114.8	13.9	3	44.1
	平均	3	279.7	2.4	5	121.0	8.9	2	113.8	12.5	1	43.2
中棉 9213	2016	4	288.5	3.9	8	120.3	8.5	5	111.1	9.0	5	41.5
鲁棉 2632	2016	5	290.5	4.6	7	120.1	8.4	7	113.5	12.0	2	41.3
银山 20	2016	6	291.1	4.8	6	117.8	6.3	8	109.7	8.0	7	40.4
鲁棉 424	2016	7	297.4	7.1	3	121.9	10.0	2	113.2	12.0	3	40.9
	2015	5	293.7	9.4	7	122.3	9.9	5	112.4	11.6	6	41.6
	平均	7	295.6	8.3	1	122.1	10.0	1	112.8	11.8	2	41.3
鲁棉 696	2016	8	284.9	2.6	9	115.5	4.2	11	105.7	4.0	11	40.5
	2015	4	286.2	6.6	8	117.8	5.9	9	108.4	7.6	9	41.0
	平均	8	285.6	4.6	3	116.7	5.1	4	107.1	5.8	4	40.8
鲁棉 432	2016	9	299.3	7.8	2	124.9	12.7	1	114.7	13.0	1	41.5
开棉 25	2016	10	264.6	−4.7	14	104.2	−6.0	14	94.0	−7.0	14	39.2
宛 167	2016	11	299.5	7.8	1	120.8	8.9	3	110.0	8.0	6	40.1
商棉 566	2016	12	296.4	6.7	4	118.7	7.1	7	106.1	5.0	9	39.8
GB516	2016	13	273.4	−1.6	13	110.1	−0.7	13	97.0	−4.0	13	40.1
中 1007	2016	14	291.6	5.0	5	116.2	4.8	9	107.4	6.0	8	39.7
	2015	11	296.6	10.5	5	121.9	9.5	6	113.4	12.6	4	41.0
	平均	14	294.1	7.8	2	119.1	7.2	3	110.4	9.3	3	40.4

（六）抗病性

抗病性鉴定由中国农业科学院棉花所植保室按全国统一病情分级标准，以感病对照冀棉 11 病株率达 80%,或病指达 50 左右结果进行品种(系)的抗性评定(见表 7)。

2016 年鉴定结果:豫棉 514、豫棉 516、中棉 9213、鲁棉 2632、银山 20、鲁棉 696 和宛 167 高抗枯萎病,鲁棉 424、开棉 25 和中 1007 抗枯萎病,鲁棉 432 和 GB516 感枯萎病;中棉 9213 和开棉 25 抗黄萎病,其余参试品种均为耐黄萎病品种。

2015~2016 年结果:豫棉 514、豫棉 516 和鲁棉 696 高抗枯萎病,鲁棉 424 和中 1007 抗枯萎病;所有参试品种均为耐黄萎病品种。

表 7　2015~2016 年河南省常规春棉区域试验品种枯、黄萎病鉴定结果

品种	年份	编号	枯萎病			黄萎病		
			病株率(%)	病指	反应型	病株率(%)	病指	反应型
鲁棉研 28	2016	1	9.1	2.9	HR	65.4	33.5	T
豫棉 514	2016	2	6.1	1.8	HR	56.2	26.1	T
	2015	10	6.3	0.9	HR	47.0	23.2	T
	平均	2	6.1	1.8	HR	56.2	26.1	T
豫棉 516	2016	3	1.2	0.2	HR	72.0	33.6	T
	2015	6	11.2	2.3	HR	57.1	25.9	T
	平均	3	11.2	2.3	HR	72.0	33.6	T
中棉 9213	2016	4	2.0	0.3	HR	41.5	15.7	R
鲁棉 2632	2016	5	6.9	1.4	HR	71.0	31.1	T
银山 20	2016	6	7.2	1.2	HR	56.6	22.1	T
鲁棉 424	2016	7	22.0	6.7	R	66.0	32.6	T
	2015	5	23.8	8.3	R	65.8	32.0	T
	平均	7	23.8	8.3	R	66.0	32.6	T
鲁棉 696	2016	8	16.0	4.2	HR	76.6	34.7	T
	2015	4	8.5	1.8	HR	59.8	25.5	T
	平均	8	16.0	4.2	HR	76.6	34.7	T
鲁棉 432	2016	9	67.1	23.7	S	50.8	21.3	T
开棉 25	2016	10	23.9	6.3	R	49.4	18.3	R
宛 167	2016	11	12.3	3.3	HR	58.7	26.1	T
商棉 566	2016	12	51.9	17.1	T	70.3	34.7	T
GB516	2016	13	69.4	33.0	S	67.9	32.6	T
中 1007	2016	14	30.0	9.4	R	70.6	30.4	T
	2015	11	13.8	4.4	HR	58.7	29.4	T
	平均	14	30.0	9.4	R	70.6	30.4	T
冀棉 11(SCK)			80.0	50.0	S	80.0	50.0	S
中植棉 2 号(RCK)			26.2	10.0	R	57.8	22.2	T

注:HR:高抗;R:抗病;T:耐病;S:感病。

(七)纤维品质

纤维品质由农业部棉花纤维品质检测中心分析(见表8)。

2016年结果:纤维上半部平均长度28.0~31.3 mm,断裂比强度28.4~32.2 cN/tex,马克隆值5.0~5.5,纤维品质偏粗、偏短。

2015~2016年结果:纤维上半部平均长度29.5~31.2 mm,断裂比强度29.3~32.7 cN/tex,马克隆值5.2~5.4。

表8 2015~2016年河南省常规春棉区域试验品种品质检测结果

品种	年份	编号	长度(mm)	整齐度指数(%)	断裂比强度(cN/tex)	马克隆值	伸长率(%)	反射率(%)	黄度	纺纱均匀指数
鲁棉研28	2016	1	29.2	84.5	30.0	5.2	5.6	79.1	7.4	137.2
豫棉514	2016	2	29.6	84.4	28.9	5.1	5.8	79.2	7.4	135.0
	2015	10	29.7	86.8	30.7	5.2	7.4	78.3	7.2	151.0
	平均	2	29.7	85.6	29.8	5.2	6.6	78.8	7.3	143.0
豫棉516	2016	3	29.2	83.4	28.4	5.2	5.1	80.0	7.0	127.5
	2015	6	29.8	85.7	30.2	5.5	6.4	79.3	6.6	142.3
	平均	3	29.5	84.6	29.3	5.4	5.8	79.7	6.8	134.9
中棉9213	2016	4	29.4	83.5	28.9	5.1	4.7	78.0	7.9	129.3
鲁棉2632	2016	5	29.0	85.1	30.7	5.3	5.5	77.1	7.9	140.0
银山20	2016	6	28.0	83.5	29.8	5.3	5.6	78.9	7.9	127.5
鲁棉424	2016	7	29.5	84.4	31.3	5.3	6.4	79.7	7.1	140.3
	2015	5	29.5	86.1	31.1	5.4	8.1	79.0	6.9	146.7
	平均	7	29.5	85.3	31.2	5.4	7.3	79.4	7.0	143.5
鲁棉696	2016	8	31.3	84.8	32.2	5.3	4.6	79.5	7.4	148.3
	2015	4	31.0	86.1	33.1	5.0	6.2	78.8	7.2	156.0
	平均	8	31.2	85.5	32.7	5.2	5.4	79.2	7.3	152.2
鲁棉432	2016	9	29.1	84.5	30.3	5.4	5.5	78.2	7.7	135.7
开棉25	2016	10	29.3	83.8	30.2	5.0	5.6	77.9	8.0	135.8
宛167	2016	11	28.9	83.6	28.7	5.5	4.9	78.6	7.7	125.2
商棉566	2016	12	29.3	83.6	29.7	5.3	5.3	78.5	7.8	131.0
GB516	2016	13	29.8	84.0	31.3	5.4	4.4	78.9	7.7	137.5
中1007	2016	14	29.7	84.1	31.7	5.3	5.1	78.2	7.7	139.8
	2015	11	29.4	85.8	31.7	5.4	6.8	76.6	7.4	144.8
	平均	14	29.6	85.0	31.7	5.4	6.0	77.4	7.6	142.3

六、品种评述

（一）豫棉 514

特征特性：出苗较好，前期长势一般，中后期长势较好，整齐度一般；株型塔形，稍松散，茎秆茸毛较少；叶片掌状，中等大小，叶色浓绿；铃卵圆形，中等大小，有凸尖，结铃性一般，吐絮畅且较集中；高抗枯萎病（枯萎病指 1.8），耐黄萎病（黄萎病指 26.1）。

2015 年试验结果：8 点汇总，皮棉总产 5 点增产，3 点减产，增产点率 62.5%；平均亩产籽棉、皮棉和霜前皮棉分别为 279.1 kg、114.9 kg 和 102.2 kg，比对照鲁棉研 28 增产 4. 0%、3.2%和 1.4%，分居常规春棉 13 个参试品种第 10、11、11 位。HVICC 纤维上半部长度 29.7 mm，断裂比强度 30.7 cN/tex，马克隆值 5.2，伸长率 7.4%，反射率 78.3%，黄度 7.2，整齐度指数 86.8%，纺纱均匀指数 151.0。

2016 年试验结果：8 点汇总，皮棉总产 6 点增产，2 点减产，增产点率 75%；平均亩产籽棉、皮棉和霜前皮棉分别为 284.3 kg、115.5 kg 和 106.0 kg，分别比对照鲁棉研 28 增产 2.4%、4.2%和 4.0%，均居常规春棉 14 个参试品种第 10 位。HVICC 纤维上半部长度 29.6 mm，断裂比强度 28.9 cN/tex，马克隆值 5.1，伸长率 5.8%，反射率 79.2%，黄度 7.4，整齐度指数 84.4%，纺纱均匀指数 135.0。

2015~2016 年该品种平均生育期 118 d，株高 104.4 cm，第一果枝节位 6.3 节，单株果枝数 14.0 台，单株结铃 21.1 个，单铃重 6.2 g，籽指 11.0 g，衣分 40.7%，霜前花率 90.0%。HVICC 纤维上半部长度 29.7 mm，断裂比强度 29.8 cN/tex，马克隆值 5.2，伸长率 6.6%，反射率 78. 8%，黄度 7.3，整齐度指数 85.6%，纺纱均匀指数 143.0。平均亩产籽棉、皮棉和霜前皮棉分别为 281.7 kg、115.2 kg 和 104.1 kg，分别比对照鲁棉研 28 增产 3.2%、3.7%和 2.7%。

建议生产试验。

（二）豫棉 516

特征特性：该品种出苗好，前期长势较好，中后期长势一般，整齐度较好；植株塔形，稍紧凑，茎秆茸毛稀；叶片掌状，叶色绿；铃卵圆形，中等大小、结铃性一般；高抗枯萎病（枯萎病指 0.2），耐黄萎病（黄萎病指 33.6）。

2015 年试验结果：8 点汇总，皮棉总产 6 点增产，2 点减产，增产点率 75%；平均亩产籽棉、皮棉和霜前皮棉分别为 275.2 kg、121.5 kg 和 114.8 kg，比对照鲁棉研 28 增产 2.5%、9.1%和 13.9%，分居常规春棉 13 个参试品种第 12、7、3 位。HVICC 纤维上半部长度 29.8 mm，断裂比强度 30.2 cN/tex，马克隆值 5.5，伸长率 6.4%，反射率 79.3%，黄度 6.6，整齐度指数 85.7%，纺纱均匀指数 142.3。

2016 年试验结果：8 点汇总，皮棉总产 8 点均增产，增产点率 100%；平均亩产籽棉、皮棉和霜前皮棉分别为 284.2 kg、120.4 kg 和 112.8 kg，分别比对照鲁棉研 28 增产 2.3%、8. 6%和 11.0%，分居常规春棉 14 个参试品种第 10、4、4 位。HVICC 纤维上半部长度 29.2 mm，断裂比强度 28.4 cN/tex，马克隆值 5.2，伸长率 5.1%，反射率 80.0%，黄度 7.0，整齐度指数 83.4%，纺纱均匀指数 127.5。

2015~2016 年该品种平均生育期 117 d，株高 102.6 cm，第一果枝节位 6.2 节，单株果枝数 14.7 台，单株结铃 21.9 个，单铃 5.9 g，籽指 10.1 g，衣分 43.2%，霜前花率 93.8%。HVICC

纤维上半部长度 29.5 mm，断裂比强度 29.3 cN/tex，马克隆值 5.4，伸长率 5.8%，反射率 79.7%，黄度 6.8，整齐度指数 84.6%，纺纱均匀指数 134.9。平均亩产籽棉、皮棉和霜前皮棉分别为 279.7 kg、121.0 kg 和 113.8 kg，分别比对照鲁棉研 28 增产 2.4%、8.9%和 12.5%。

建议生产试验。

（三）中棉 9213

2016 年试验结果：该品种出苗好，长势较好，整齐度一般；植株筒形，较松散，茎秆茸毛稀；叶片掌状，叶色绿，叶功能较好；铃卵圆形，中等偏大，结铃集中，吐絮畅。生育期 117 d，株高 107.9 cm，第一果枝节位 5.9 节，单株果枝数 13.8 台，单株结铃 20.3 个，单铃重 6.6 g，籽指 11.3 g，衣分 41.5%，霜前花率 92.2%。高抗枯萎病（枯萎病指 0.3），抗黄萎病（黄萎病指 15.7）。8 点汇总，皮棉总产 8 点均增产，增产点率 100%；平均亩产籽棉、皮棉和霜前皮棉分别为 288.5 kg、120.3 kg 和 111.1 kg，分别比对照鲁棉研 28 增产 3.9%、8.5%和 9.0%，分居常规春棉 14 个参试品种第 8、5、5 位。HVICC 纤维上半部长度 29.4 mm，断裂比强度 28.9 cN/tex，马克隆值 5.1，伸长率 4.7%，反射率 78.0%，黄度 7.9，整齐度指数 83. 5%，纺纱均匀指数 129.3。

继续试验。

（四）鲁棉 2632

2016 年试验结果：该品种出苗好，整个生育期长势一般，整齐度较好；植株塔形，较松散，果枝平展，茎秆茸毛稀；叶片掌状，叶色浓绿；铃卵圆形，中等偏大，结铃性一般，吐絮畅。生育期 116 d，株高 109.7 cm，第一果枝节位 6.0 节，单株果枝数 13.8 台，单株结铃 17. 9 个，单铃重 6.9 g，籽指 11.0 g，衣分 41.3%，霜前花率 94.4%；高抗枯萎病（枯萎病指 1. 4），耐黄萎病（黄萎病指 31.1）。8 点汇总，皮棉总产 8 点增产，增产点率 100%；平均亩产籽棉、皮棉和霜前皮棉分别为 290.5 kg、120.1 kg 和 113.5 kg，分别比对照鲁棉研 28 增产 4. 6%、8.4%和 12.0%，分居常规春棉 14 个参试品种第 7、7、2 位。HVICC 纤维上半部长度 29.0 mm，断裂比强度 30.7 cN/tex，马克隆值 5.3，伸长率 5.5 %，反射率 77.1%，黄度 7.9，整齐度指数 85.1%，纺纱均匀指数 140.0。

继续试验。

（五）银山 20

2016 年试验结果：该品种出苗好，整个生育期长势和整齐度较好；植株塔形，较松散，茎秆茸毛稀；叶片掌状，叶色绿；铃卵圆形，有尖，中等偏大，结铃集中，吐絮肥畅。生育期 118 d，株高 106.7 cm，第一果枝节位 6.5 节，单株果枝数 13.6 台，单株结铃 18.3 个，单铃重 6.5 g，籽指 11.2 g，衣分 40.4%，霜前花率 93.0%；高抗枯萎病（枯萎病指 1.2），耐黄萎病（黄萎病指 22.1）。8 点汇总，皮棉总产 7 点增产，1 点减产，增产点率 87.5%；平均亩产籽棉、皮棉和霜前皮棉分别为 291.1 kg、117.8 kg 和 109.7 kg，分别比对照鲁棉研 28 增产 4. 8%、6.3%和 8.0%，分居常规春棉 14 个参试品种第 6、8、7 位。HVICC 纤维上半部长度 28.0 mm，断裂比强度 29.8 cN/tex，马克隆值 5.3，伸长率 5.6%，反射率 78.9%，黄度 7.9，整齐度指数 83.5%，纺纱均匀指数 127.5。

继续试验。

（六）鲁棉 424

特征特性：该品种出苗好，前期长势强，中后期一般，整齐度较好；植株高大，塔形，较松散，果枝上仰，茎秆茸毛稀；叶片掌状，叶色绿；铃卵圆形，结铃性好，吐絮好；抗枯萎病（枯萎病指 8.3），耐黄萎病（黄萎病指 32.6）。

2015 年区域试验结果：8 点汇总，皮棉总产 7 点增产，1 点减产，增产点率 87.5%；平均亩产籽棉、皮棉和霜前皮棉分别为 293.7 kg、122.3 kg 和 112.4 kg，比对照鲁棉研 28 增产 9.4%、9.9%和 11.6%，分居常规春棉 13 个参试品种第 7、5、6 位。HVICC 纤维上半部长度 29.5 mm，断裂比强度 31.1 cN/tex，马克隆值 5.4，伸长率 8.1%，反射率 79.0%，黄度 6.9，整齐度指数 86.1%，纺纱均匀指数 146.7。

2016 年试验结果：8 点汇总，皮棉总产 8 点均增产，增产点率 100%；平均亩产籽棉、皮棉和霜前皮棉分别为 297.4 kg、121.9 kg 和 113.2 kg，分别比对照鲁棉研 28 增产 7.1%、10.0%和 12.0%，分居常规春棉 14 个参试品种第 3、2、3 位。HVICC 纤维上半部长度 29.5 mm，断裂比强度 31.3 cN/tex，马克隆值 5.3，伸长率 6.4%，反射率 79.7%，黄度 7.1，整齐度指数 84.4%，纺纱均匀指数 140.3。

2015~2016 年该品种平均生育期 116 d，株高 113.4 cm，第一果枝节位 6.2 节，单株果枝数 13.8 台，单株结铃 22.0 个，单铃重 5.8 g，籽指 10.4 g，衣分 41.3%，霜前花率 92.2%。HVICC 纤维上半部长度 29.5 mm，断裂比强度 31.2 cN/tex，马克隆值 5.4，伸长率 7.3%，反射率 79. 4%，黄度 7.0，整齐度指数 85.3%，纺纱均匀指数 143.5。平均亩产籽棉、皮棉和霜前皮棉分别为 295.6 kg、122.1 kg 和 112.8 kg，分别比对照鲁棉研 28 增产 8.3%、10.0%和 11.8%。

建议生产试验。

（七）鲁棉 696

特征特性：该品种出苗好，前期长势稍弱，中后期长势较好，整齐度较好；植株筒形，较松散，果枝平展，茎秆茸毛稀；叶片掌状，叶色浓绿；铃卵圆形，有凸尖，偏小，结铃性较好，吐絮较好；高抗枯萎病（枯萎病指 4.2），耐黄萎病（黄萎病指 34.7）。

2015 年试验结果：8 点汇总，皮棉总产 7 点增产，1 点减产，增产点率 87.5%；平均亩产籽棉、皮棉和霜前皮棉分别为 286.2 kg、117.8 kg 和 108.4 kg，比对照鲁棉研 28 增产 6.6%、5.9%和 7.6%，分居常规春棉 13 个参试品种第 8、9、9 位。HVICC 纤维上半部长度 31.0 mm，断裂比强度 33.1 cN/tex，马克隆值 5.0，伸长率 6.2%，反射率 78.8%，黄度 7.2，整齐度指数 86.1%，纺纱均匀指数 156.0。

2016 年试验结果：8 点汇总，皮棉总产 6 点增产，2 点减产，增产点率 75%；平均亩产籽棉、皮棉和霜前皮棉分别为 284.9 kg、115.5 kg 和 105.7 kg，分别比对照鲁棉研 28 增产 2.6%、4.2%和 4.0%，分居常规春棉 14 个参试品种第 9、11、11 位。HVICC 纤维上半部长度 31.3 mm，断裂比强度 32.2 cN/tex，马克隆值 5.3，伸长率 4.6%，反射率 79.5%，黄度 7. 4，整齐度指数 84.8%，纺纱均匀指数 148.3。

2015~2016 年该品种平均生育期 119 d，株高 108.8 cm，第一果枝节位 6.8 节，单株果枝数 13.9 台，单株结铃 22.1 个，单铃重 5.7 g，籽指 10.8 g，衣分 40.8%，霜前花率 91.5%。HVICC 纤维上半部长度 31.2 mm，断裂比强度 32.7 cN/tex，马克隆值 5.2，伸长率 5.4%，反射率 79. 2%，黄度 7.3，整齐度指数 85.5%，纺纱均匀指数 152.2。平均亩产籽棉、皮棉和霜前皮棉分别为 285.6 kg、116.7 kg 和 107.1 kg，分别比对照鲁棉研 28 增产 4.6%、5.1%和 5.8%。

建议生产试验。

(八)鲁棉 432

2016 年试验结果:该品种出苗一般,前期长势较弱,中后期长势强,整齐度较好;植株塔形,较松散,果枝上仰,茎秆茸毛稀;叶片掌状,叶色绿;铃卵圆形,结铃性好,吐絮较好;感枯萎病(枯萎病指 23.7),耐黄萎病(黄萎病指 21.3)。生育期 118 d,株高 109.0 cm,第一果枝节位 6.3 节,单株果枝数 14.5 台,单株结铃 19.5 个,单铃重 5.9 g,籽指 10.8 g,衣分 41.5%,霜前花率 91.8%。8 点汇总,皮棉总产 8 点均增产,增产点率 100%;平均亩产籽棉、皮棉和霜前皮棉分别为 299.3 kg、124.9 kg 和 114.7 kg,分别比对照鲁棉研 28 增产 7. 8%、12.7%和 13.0%,分居常规春棉 14 个参试品种第 2、1、1 位。HVICC 纤维上半部长度 29.1 mm,断裂比强度 30.3 cN/tex,马克隆值 5.4,伸长率 5.5%,反射率 78.2%,黄度 7.7,整齐度指数 84.5%,纺纱均匀指数 135.7。

终止试验。

(九)开棉 25

2016 年试验结果:该品种出苗弱,前期长势较弱,中后期长势强,整齐度较好;植株塔形,较松散,果枝上仰,茎秆茸毛稀;叶片掌状,叶色绿;铃卵圆形,中等大小,结铃性一般,吐絮肥畅;抗枯萎病(枯萎病指 6.3),抗黄萎病(黄萎病指 18.3)。生育期 118 d,株高 113. 5 cm,第一果枝节位 6.2 节,单株果枝数 14.2 台,单株结铃 18.1 个,单铃重 6.4 g,籽指 11.8 g,衣分 39.2%,霜前花率 90.5%。8 点汇总,皮棉总产 1 点增产,7 点减产,增产点率 12. 5%;平均亩产籽棉、皮棉和霜前皮棉分别为 264.6 kg、104.2 kg 和 94.0 kg,分别比对照鲁棉研 28 增产-4.7%、-6.0%和-7.4%,均居常规春棉 14 个参试品种末位。HVICC 纤维上半部长度 29.3 mm,断裂比强度 30.2 cN/tex,马克隆值 5.0,伸长率 5.6%,反射率 77.9%,黄度 8.0,整齐度指数 83.8%,纺纱均匀指数 135.8。

终止试验。

(十)宛 167

2016 年试验结果:该品种出苗较好,整个生育期长势较好,整齐度较好;植株筒形,较松散,果枝平展,茎秆茸毛稀;叶片掌状,叶色绿;铃卵圆形,偏大,结铃性较好,吐絮畅;高抗枯萎病(枯萎病指 3.3),耐黄萎病(黄萎病指 26.1)。生育期 118 d,株高 106.7 cm,第一果枝节位 5.9 节,单株果枝数 14.3 台,单株结铃 19.2 个,单铃重 6.7 g,籽指 11.5 g,衣分 40.1%,霜前花率 91.2%。8 点汇总,皮棉总产 6 点增产,2 点减产,增产点率 75%;平均亩产籽棉、皮棉和霜前皮棉分别为 299.5 kg、120.8 kg 和 110.0 kg,分别比对照鲁棉研 28 增产 7.8%、8. 9%和 8.0%,分居常规春棉 14 个参试品种第 1、3、6 位。HVICC 纤维上半部长度 28.9 mm,断裂比强度 28.7 cN/tex,马克隆值 5.5,伸长率 4.9%,反射率 78.6%,黄度 7.7,整齐度指数 83.6%,纺纱均匀指数 125.2。

继续试验。

(十一)商棉 566

2016 年试验结果:该品种出苗较好,整个生育期长势强,整齐度好;植株塔形,较松散,果枝上仰,茎秆茸毛稀;叶片掌状,叶色浓绿,中后期较郁闭;铃卵圆形,中等大小,吐絮好;耐枯萎病(枯萎病指 17.1),耐黄萎病(黄萎病指 34.7)。生育期 119 d,株高 112.2 cm,第一果枝节位 6.2 节,单株果枝数 13.7 台,单株结铃 19.5 个,单铃重 6.3 g,籽指 11.6 g,衣分 39. 8%，霜前花率 89.5%。8 点汇总，皮棉总产 6 点增产，2 点减产，增产点率 75%；平均亩产籽棉、皮棉和霜前皮棉分别为 296.4 kg、118.7 kg 和 106.1 kg，分别比对照鲁棉研 28 增产 6. 7%、7.1%和 5.0%，分居常规春棉 14 个参试品种第 4、7、9 位。HVICC 纤维上半部长度 29.3 mm，断裂比强度 29.7 cN/tex，马克隆值 5.3，伸长率 5.3%，反射率 78.5%，黄度 7. 8，整齐度指数 83.6%，纺纱均匀指数 131.0。

继续试验。

（十二）GB516

2016 年试验结果：该品种出较好，整个生育期长势较好，整齐度较好；植株高大，筒形，较松散，果枝上仰，茎秆茸毛密；叶片掌状，叶色浓绿，中等大小；铃卵圆形，较大，结铃性一般，吐絮较好；感枯萎病（枯萎病指 33.0），耐黄萎病（黄萎病指 32.6）。生育期 120.0 d，株高 117.1 cm，第一果枝节位 6.1 节，单株果枝数 14.7 台，单株结铃 18.8 个，单铃重 6.5 g，籽指 11.6 g，衣分 40.1%，霜前花率 88.1%。8 点汇总，皮棉总产 3 点增产，5 点减产，增产点率 37.5%；平均亩产籽棉、皮棉和霜前皮棉分别为 273.4 kg、110.1 kg 和 97.0 kg，分别比对照鲁棉研 28 增产-1.6%、-0.7%和-4.0%，均居常规春棉 14 个参试品种第 13 位。HVICC 纤维上半部长度 29.8 mm，断裂比强度 31.3 cN/tex，马克隆值 5.4，伸长率 4.4%，反射率 78.9%，黄度 7.7，整齐度指数 84.0%，纺纱均匀指数 137.5。

终止试验。

（十三）中 1007

特征特性：该品种出苗一般，前期长势较弱，后期长势强，整齐度一般；植株筒形，松散，果枝上仰，茎秆茸毛稀；叶片掌状，叶色绿；铃卵圆形，结铃性较好，吐絮肥畅；抗枯萎病（枯萎病指 9.4），耐黄萎病（黄萎病指 30.4）。

2015 年区域试验结果：8 点汇总，皮棉总产 7 点增产，1 点减产，增产点率 87.5%；平均亩产籽棉、皮棉和霜前皮棉分别为 296.6 kg、121.9 kg 和 113.4 kg，比对照鲁棉研 28 增产 10.5%、9.5%和 12.6%，分居常规春棉 13 个参试品种第 5、6、4 位。HVICC 纤维上半部长度 29.4 mm，断裂比强度 31.7 cN/tex，马克隆值 5.4，伸长率 6.8%，反射率 76.6%，黄度 7. 4，整齐度指数 85.8%，纺纱均匀指数 144.8。

2016 年区域试验结果：8 点汇总，皮棉总产 6 点增产，2 点减产，增产点率 75%；平均亩产籽棉、皮棉和霜前皮棉分别为 291.6 kg、116.2 kg 和 107.4 kg，分别比对照鲁棉研 28 增产 5.0%、4.8%和 6.0%，分居常规春棉 14 个参试品种第 5、9、8 位。HVICC 纤维上半部长度 29.7 mm，断裂比强度 31.7 cN/tex，马克隆值 5.3，伸长率 5.1%，反射率 78.2%，黄度 7. 7，整齐度指数 84.1%，纺纱均匀指数 139.8。

2015~2016 年该品种平均生育期 116 d，株高 109.5 cm，第一果枝节位 6.1 节，单株果枝数 14.0 台，单株结铃 21.8 个，单铃 6.1 g，籽指 10.8 g，衣分 40.4%，霜前花率 92.5%。HVICC 纤维上半部长度 29.6 mm，断裂比强度 31.7 cN/tex，马克隆值 5.4，伸长率 6.0%，反射率 77.4%，黄度 7.6，整齐度指数 85.0%，纺纱均匀指数 142.3。平均亩产籽棉、皮棉和霜前皮棉分别为 294.1 kg、119.1 kg 和 110.4 kg，分别比对照鲁棉研 28 增产 7.8%、7.2%和 9.3%。

建议生产试验。

附表一　2016 年河南省常规春棉区域试验品种农艺性状表

品种	试点	播-苗(d)	苗-花(d)	花-絮(d)	生育期(d)	全生育期(d)	第一果枝节位	株高(cm)	果枝(台/株)	株铃(个)	铃重(g)	籽指(g)	亩株数(株/亩)
鲁棉研 28	安阳	15	64	64	128	143	6.3	98.5	15.9	12.7	6.4	12.6	3 404
	新乡	9	67	52	119	128	6.7	94.7	12.2	18.5	6.5	11.2	3 216
	原阳	10	68	51	119	129	5.2	91.6	12.8	14.9	5.8	10.1	2 629
	郑州	11	58	55	113	124	5.7	89.5	13.8	18.4	6.4	11.5	2 960
	杞县	7	60	59	119	126	6.4	118.2	15.4	28.3	6.6	10.9	2 422
	商丘	11	66	58	124	135	5.5	104.5	14.2	13.4	7.2	13.0	2 668
	南阳	10	64	46	110	120	5.7	121.3	16.9	21.2	6.0	10.7	2 717
	农大	7	60	55	115	122	6.3	114.2	13.9	15.5	5.8	11.8	3 446
	平均	10	63	55	118	128	6.0	104.1	14.4	17.9	6.3	11.5	2 933
豫棉 514	安阳	13	66	63	129	142	6.4	96.2	16.0	14.1	6.4	11.7	3 693
	新乡	9	68	52	120	129	6.2	96.1	12.0	19.9	6.1	11.3	3 366
	原阳	10	69	51	120	130	5.7	88.0	13.2	15.2	5.8	10.1	2 596
	郑州	11	58	48	106	117	5.8	95.0	13.6	22.8	6.4	10.6	2 879
	杞县	7	62	56	118	125	6.1	108.3	14.8	25.5	6.4	10.5	2 489
	商丘	9	69	53	122	131	5.9	102.8	14.0	15.9	7.0	12.5	2 668
	南阳	10	64	46	110	120	5.9	129.1	17.8	20.9	6.0	10.9	2 867
	农大	7	62	57	119	126	6.2	108.7	11.8	16.4	6.1	11.6	3 428
	平均	10	65	53	118	128	6.0	103.0	14.2	18.8	6.3	11.1	2 998

续附表一

品种	试点	播-苗（d）	苗-花（d）	花-絮（d）	生育期（d）	全生育期（d）	第一果枝节位	株高（cm）	果枝（台/株）	株铃（个）	铃重（g）	籽指（g）	亩株数（株/亩）
豫棉 516	安阳	11	66	63	129	140	6.2	99.8	16.8	15.5	5.8	11.0	3 543
	新乡	9	67	51	118	127	5.6	90.0	13.2	20.9	5.5	10.3	3 200
	原阳	9	68	53	121	130	5.1	87.4	13.4	16.0	5.5	9.7	2 447
	郑州	11	59	46	105	116	5.7	85.0	14.1	28.7	5.8	9.9	2 944
	杞县	7	62	54	116	123	6.0	117.6	14.4	26.0	5.8	9.5	2 445
	商丘	12	65	60	125	137	6.1	113.2	16.3	21.2	6.5	11.3	2 668
	南阳	10	63	45	108	118	5.9	123.9	16.1	21.1	5.6	9.6	2 817
	农大	8	58	54	112	120	6.1	113.1	13.5	13.6	5.8	11.1	3 558
	平均	10	64	53	117	126	5.8	103.7	14.7	20.4	5.8	10.3	2 953
中棉 9213	安阳	12	65	63	128	140	6.2	105.7	16.1	16.8	6.6	11.2	3 439
	新乡	9	67	51	118	127	5.9	99.9	12.8	21.2	6.7	11.6	3 433
	原阳	11	67	53	120	131	5.7	94.5	13.0	15.1	6.1	10.4	2 530
	郑州	10	59	52	111	121	5.6	93.0	12.3	21.5	6.6	10.7	2 976
	杞县	7	61	56	117	124	6.0	120.4	13.2	32.0	6.7	10.8	2 422
	商丘	10	66	57	123	133	6.0	107.4	13.5	18.5	6.9	12.1	2 668
	南阳	10	64	46	110	120	5.9	124.5	17.1	21.7	6.3	11.2	2 867
	农大	8	59	53	112	120	5.7	117.5	12.7	15.4	6.5	12.1	3 335
	平均	10	64	54	117	127	5.9	107.9	13.8	20.3	6.6	11.3	2 959

续附表一

品种	试点	播-苗（d）	苗-花（d）	花-絮（d）	生育期（d）	全生育期（d）	第一果枝节位	株高（cm）	果枝（台/株）	株铃（个）	铃重（g）	籽指（g）	亩株数（株/亩）
鲁棉 2632	安阳	13	66	58	124	137	6.1	107.4	13.9	11.7	6.7	11.4	3 716
	新乡	9	68	50	118	127	6.5	105.0	12.6	19.5	7.1	10.7	3 233
	原阳	10	70	54	124	134	5.8	86.5	12.0	14.9	6.3	10.2	2 480
	郑州	11	59	47	106	117	5.7	95.0	12.5	18.6	7.1	10.2	2 879
	杞县	7	62	55	117	124	6.1	126.6	15.3	25.8	6.9	9.9	2 500
	商丘	12	66	55	121	133	6.1	112.5	13.8	17.8	7.6	12.1	2 668
	南阳	10	64	45	109	119	5.8	131.4	17.5	20.4	7.0	10.7	2 750
	农大	7	59	51	110	117	5.8	113.1	12.5	14.9	6.3	12.5	3 569
	平均	10	64	52	116	126	6.0	109.7	13.8	17.9	6.9	11.0	2 974
银山 20	安阳	13	66	61	127	140	6.9	113.3	14.1	12.2	6.7	11.4	3 797
	新乡	9	66	52	118	127	7.2	100.1	12.5	19.8	6.2	11.7	3 133
	原阳	10	65	53	118	128	5.7	88.3	12.9	15.5	6.1	10.7	2 530
	郑州	11	59	51	110	121	5.9	87.0	11.5	17.2	6.8	11.0	2 814
	杞县	7	61	57	118	125	7.1	118.8	15.0	30.8	6.5	10.2	2 578
	商丘	8	70	53	123	131	6.6	109.3	13.7	16.8	7.0	12.1	2 668
	南阳	10	64	47	111	121	6.3	122.3	16.7	19.3	6.4	11.0	2 883
	农大	8	61	59	120	128	6.3	114.4	12.7	15.1	6.4	11.8	3 359
	平均	10	64	54	118	128	6.5	106.7	13.6	18.3	6.5	11.2	2 970

续附表一

品种	试点	播-苗（d）	苗-花（d）	花-絮（d）	生育期（d）	全生育期（d）	第一果枝节位	株高（cm）	果枝（台/株）	株铃（个）	铃重（g）	籽指（g）	亩株数（株/亩）
鲁棉 424	安阳	11	68	57	125	136	6.1	108.2	14.6	13.9	5.8	11.1	3 358
	新乡	9	67	51	118	127	6.0	104.9	12.8	22.2	5.6	10.7	3 333
	原阳	9	68	52	120	129	5.7	102.5	13.0	14.4	5.1	9.1	2 546
	郑州	11	58	51	109	120	5.4	88.0	12.8	24.7	6.2	10.1	2 960
	杞县	7	62	56	118	125	6.2	125.8	14.7	30.4	6.1	10.4	2 467
	商丘	8	70	50	120	128	6.0	117.0	14.1	18.7	5.7	10.6	2 668
	南阳	10	63	43	106	116	5.8	139.8	17.3	23.0	5.9	11.0	2 733
	农大	7	66	57	123	130	5.5	115.3	12.8	16.9	5.8	11.5	3 491
	平均	9	65	52	117	126	5.8	112.7	14.0	20.5	5.8	10.6	2 945
鲁棉 696	安阳	13	67	64	131	144	7.2	99.9	14.5	13.6	5.5	11.6	3 427
	新乡	9	68	53	121	130	6.5	104.3	12.8	20.6	5.8	11.0	3 216
	原阳	9	69	52	121	130	5.7	93.6	13.3	15.6	4.9	10.3	2 513
	郑州	10	60	54	114	124	5.9	98.5	13.2	23.8	6.1	10.7	2 911
	杞县	7	60	63	123	130	6.4	110.7	12.2	26.3	5.6	10.7	2 522
	商丘	9	69	53	122	131	6.5	111.6	14.2	18.8	6.0	11.7	2 668
	南阳	10	63	48	111	121	6.1	140.2	18.5	22.9	5.5	10.8	2 800
	农大	6	64	57	121	127	6.5	115.3	12.9	16.4	5.9	12.3	3 469
	平均	9	65	56	121	130	6.3	109.3	14.0	19.8	5.7	11.1	2 941

续附表一

品种	试点	播-苗（d）	苗-花（d）	花-絮（d）	生育期（d）	全生育期（d）	第一果枝节位	株高（cm）	果枝（台/株）	株铃（个）	铃重（g）	籽指（g）	亩株数（株/亩）
鲁棉 432	安阳	12	67	61	128	140	7.4	111.5	16.0	14.2	5.7	10.7	3 427
	新乡	9	68	52	120	129	6.4	99.6	13.2	20.9	6.2	10.7	3 216
	原阳	10	68	53	121	131	5.5	96.6	13.4	15.8	5.2	9.6	2 546
	郑州	11	58	52	110	121	5.9	88.0	13.6	21.6	6.2	10.4	2 928
	杞县	7	60	58	118	125	6.7	114.0	15.5	27.2	6.1	10.2	2 500
	商丘	11	66	58	124	135	6.5	116.5	14.8	15.5	5.8	12.5	2 668
	南阳	10	64	45	109	119	6.1	130.6	16.9	23.7	5.7	10.2	2 833
	农大	7	63	54	117	124	6.1	115.3	12.5	17.0	6.4	11.8	3 458
	平均	10	64	54	118	128	6.3	109.0	14.5	19.5	5.9	10.8	2 947
开棉 25	安阳	19	61	63	124	143	6.7	108.6	15.4	15.6	6.3	12.5	3 207
	新乡	9	67	53	120	129	6.4	105.7	12.9	19.5	6.3	11.8	3 183
	原阳	11	68	54	122	133	6.2	101.7	12.0	14.2	5.9	10.8	2 216
	郑州	11	59	54	113	124	5.4	105.5	13.7	16.3	6.7	11.8	2 879
	杞县	7	60	60	120	127	6.2	120.8	15.1	29.2	6.5	11.0	2 556
	商丘	13	64	54	118	131	6.0	116.4	14.2	13.7	7.1	12.6	2 668
	南阳	11	63	46	109	120	6.1	132.8	17.6	20.6	6.2	11.2	2 850
	农大	9	60	57	117	126	6.2	116.3	13.1	15.4	6.2	12.4	3 480
	平均	11	63	55	118	129	6.2	113.5	14.2	18.1	6.4	11.8	2 880

续附表一

品种	试点	播-苗（d）	苗-花（d）	花-絮（d）	生育期（d）	全生育期（d）	第一果枝节位	株高（cm）	果枝（台/株）	株铃（个）	铃重（g）	籽指（g）	亩株数（株/亩）
宛167	安阳	13	66	64	130	143	6.2	106.9	15.3	13.0	6.7	12.6	3 450
	新乡	9	67	54	121	130	5.8	97.3	12.8	19.1	6.7	11.5	3 383
	原阳	9	70	49	119	128	5.3	102.4	14.6	15.8	6.0	10.5	2 414
	郑州	11	57	48	105	116	5.4	86.0	13.4	21.7	6.8	11.0	2 879
	杞县	7	62	54	116	123	6.4	109.4	14.7	26.4	6.8	10.8	2 545
	商丘	8	69	56	125	133	6.1	109.1	14.8	18.6	7.3	12.4	2 668
	南阳	10	63	49	112	122	5.8	122.8	16.6	22.6	6.7	10.9	2 900
	农大	7	61	54	115	122	6.1	119.6	12.5	16.6	6.2	12.2	3 369
	平均	9	64	54	118	127	5.9	106.7	14.3	19.2	6.7	11.5	2 951
商棉566	安阳	13	66	63	129	142	7.0	113.5	14.8	13.4	6.3	11.9	3 797
	新乡	9	67	53	120	129	6.2	102.9	11.9	20.4	6.6	12.0	3 200
	原阳	11	66	57	123	134	6.1	91.8	11.6	13.6	5.6	10.2	2 365
	郑州	10	59	53	112	122	5.7	95.5	12.4	23.6	6.7	12.0	2 960
	杞县	7	61	57	118	125	6.0	115.4	14.6	29.0	6.2	10.8	2 467
	商丘	10	66	54	120	130	6.4	119.8	13.9	18.8	7.0	11.6	2 668
	南阳	11	63	46	109	120	6.0	139.3	16.5	22.1	6.5	11.5	2 717
	农大	7	62	57	119	126	6.5	119.5	14.2	14.8	5.7	12.9	3 669
	平均	10	64	55	119	129	6.2	112.2	13.7	19.5	6.3	11.6	2 980

续附表一

品种	试点	播-苗（d）	苗-花（d）	花-絮（d）	生育期（d）	全生育期（d）	第一果枝节位	株高（cm）	果枝（台/株）	株铃（个）	铃重（g）	籽指（g）	亩株数（株/亩）
GB516	安阳	12	66	67	133	145	6.5	109.3	15.0	12.0	6.8	12.0	3 207
	新乡	9	67	54	121	130	6.2	108.6	12.7	20.5	6.4	11.5	3 016
	原阳	10	70	49	119	129	5.5	101.6	13.4	16.1	6.1	10.6	2 431
	郑州	11	58	49	107	118	5.8	104.5	15.2	23.4	6.4	11.4	2 928
	杞县	7	62	62	124	131	6.2	130.0	15.4	26.4	6.4	11.1	2 511
	商丘	9	69	54	123	132	6.3	123.6	14.5	15.5	7.3	12.4	2 668
	南阳	10	64	47	111	121	6.4	137.9	18.1	21.7	6.4	11.4	2 883
	农大	8	65	60	125	133	6.1	121.2	13.3	15.1	6.4	12.2	3 374
	平均	10	65	55	120	130	6.1	117.1	14.7	18.8	6.5	11.6	2 877
中 1007	安阳	12	66	59	125	137	6.2	103.4	14.9	14.0	5.9	11.6	3 612
	新乡	9	67	51	118	127	5.6	98.4	12.2	22.1	6.1	11.3	3 266
	原阳	11	67	53	120	131	5.3	91.6	13.6	16.4	5.2	10.7	2 530
	郑州	11	58	53	111	122	5.3	103.0	12.8	22.4	6.2	10.7	2 782
	杞县	7	61	57	118	125	5.9	115.0	14.0	30.3	6.2	10.2	2 522
	商丘	11	62	59	121	132	5.8	110.1	14.2	15.6	6.6	10.8	2 668
	南阳	10	64	43	107	117	5.6	128.9	16.6	19.9	5.9	10.7	2 883
	农大	8	58	50	108	116	5.7	116.9	14.1	14.8	5.5	11.3	3 558
	平均	10	63	53	116	126	5.7	108.4	14.1	19.4	5.9	10.9	2 978

附表二　2016 年河南省常规春棉区域试验品种产量性状表

名称	地点	总籽棉（kg/亩）	±CK%	位次	皮棉（kg/亩）	±CK%	位次	霜前皮棉（kg/亩）	±CK%	位次	霜前花率（%）	衣分（%）
鲁棉研 28	安阳	282.4	0.0	10	109.0	0.0	12	95.8	0.0	9	87.9	38.6
	新乡	303.8	0.0	11	122.7	0.0	11	116.5	0.0	12	94.9	40.4
	原阳	202.0	0.0	4	77.8	0.0	8	77.8	0.0	8	100.0	38.5
	郑州	288.6	0.0	13	115.7	0.0	13	95.6	0.0	13	82.6	40.1
	杞县	303.1	0.0	11	125.3	0.0	11	117.9	0.0	10	94.0	41.4
	商丘	249.1	0.0	9	95.4	0.0	11	87.4	0.0	11	91.6	38.3
	南阳	338.0	0.0	10	141.3	0.0	13	137.3	0.0	13	97.2	41.8
	农大	254.7	0.0	7	99.5	0.0	11	83.8	0.0	8	84.2	39.1
	平均	277.7			110.9			101.5			91.6	39.8
豫棉 514	安阳	308.3	9.2	4	121.5	11.4	4	112.7	17.7	4	92.8	39.4
	新乡	324.2	6.7	6	129.0	5.1	6	123.1	5.7	7	95.4	39.8
	原阳	176.3	-12.7	11	66.0	-15.2	12	66.0	-15.2	12	100.0	37.4
	郑州	295.1	2.3	12	119.2	3.0	11	98.9	3.5	12	83.0	40.4
	杞县	324.7	7.1	6	138.5	10.5	5	131.2	11.3	5	94.7	42.7
	商丘	225.5	-9.5	13	90.7	-5.0	14	82.5	-5.6	13	91.0	40.2
	南阳	348.4	3.1	5	149.8	6.0	6	146.3	6.5	5	97.6	43.0
	农大	271.9	6.8	6	109.4	10.0	5	87.4	4.4	6	79.9	40.2
	平均	284.3			115.5			106.0			91.8	40.4
豫棉 516	安阳	309.3	9.5	1	124.0	13.8	3	117.7	22.9	1	94.9	40.1
	新乡	287.6	-5.3	12	124.8	1.7	10	123.9	6.4	6	99.3	43.4
	原阳	199.8	-1.1	7	84.3	8.3	2	84.3	8.3	2	100.0	42.2
	郑州	323.7	12.2	1	137.6	18.9	1	128.0	33.9	1	93.1	42.5
	杞县	311.8	2.9	7	135.2	7.9	7	128.6	9.1	6	95.1	43.4
	商丘	254.4	2.1	11	103.0	8.0	8	91.5	4.7	9	88.8	40.5
	南阳	347.5	2.8	3	153.6	8.7	3	151.4	10.3	3	98.6	44.2
	农大	239.5	-5.9	13	100.3	0.9	10	77.2	-7.8	12	76.9	41.9
	平均	284.2			120.4			112.8			93.3	42.3

续附表二

名称	地点	总籽棉（kg/亩）	±CK%	位次	皮棉（kg/亩）	±CK%	位次	霜前皮棉（kg/亩）	±CK%	位次	霜前花率（%）	衣分（%）
中棉9213	安阳	313.0	10.8	5	129.9	19.2	1	116.4	21.6	3	89.6	41.5
	新乡	325.9	7.3	5	133.3	8.6	3	127.2	9.2	4	95.4	40.9
	原阳	201.8	-0.1	5	79.7	2.4	6	79.7	2.4	6	100.0	39.5
	郑州	292.6	1.4	10	121.4	4.9	10	107.4	12.4	10	88.5	41.5
	杞县	303.4	0.1	9	134.1	7.0	8	127.8	8.4	9	95.3	44.2
	商丘	252.3	1.3	10	103.5	8.4	7	93.1	6.5	7	90.0	41.0
	南阳	348.0	2.9	6	153.1	8.4	4	148.8	8.4	4	97.2	44.0
	农大	271.4	6.6	4	107.6	8.2	6	88.2	5.3	5	81.9	39.7
	平均	288.5			120.3			111.1			92.2	41.5
鲁棉2632	安阳	310.2	9.8	2	125.9	15.5	2	116.9	22.1	2	92.8	40.6
	新乡	317.2	4.4	4	133.2	8.6	4	131.1	12.6	2	98.4	42.0
	原阳	199.7	-1.1	8	79.7	2.4	5	79.7	2.4	5	100.0	39.9
	郑州	291.9	1.2	9	121.4	4.9	9	112.0	17.1	7	92.2	41.6
	杞县	302.3	-0.3	8	131.1	4.6	9	128.2	8.8	8	97.8	43.4
	商丘	289.7	16.3	2	113.3	18.7	3	102.9	17.8	3	90.9	39.1
	南阳	339.8	0.5	8	146.1	3.4	8	144.8	5.5	6	99.1	43.0
	农大	272.9	7.2	3	110.2	10.8	4	92.3	10.2	2	83.7	40.4
	平均	290.5			120.1			113.5			94.4	41.3
银山20	安阳	304.6	7.9	3	119.1	9.3	6	112.2	17.2	5	94.2	39.1
	新乡	320.1	5.4	7	129.7	5.6	5	124.0	6.5	5	95.7	40.5
	原阳	224.0	10.9	1	88.5	13.7	1	88.5	13.7	1	100.0	39.5
	郑州	321.8	11.5	3	129.0	11.5	6	115.8	21.1	3	89.7	40.1
	杞县	280.9	-7.3	14	122.1	-2.6	14	116.1	-1.5	13	95.1	43.5
	商丘	276.3	10.9	4	106.1	11.2	6	98.0	12.1	5	92.3	38.4
	南阳	334.2	-1.1	11	142.0	0.5	11	138.7	1.0	12	97.7	42.5
	农大	266.6	4.7	8	106.1	6.6	7	84.0	0.3	7	79.2	39.8
	平均	291.1			117.8			109.7			93.0	40.4

续附表二

名称	地点	总籽棉（kg/亩）	± CK%	位次	皮棉（kg/亩）	± CK%	位次	霜前皮棉（kg/亩）	± CK%	位次	霜前花率（%）	衣分（%）
鲁棉424	安阳	287.0	1.6	7	116.0	6.4	8	106.6	11.3	6	91.9	40.4
	新乡	334.1	10.0	2	134.7	9.7	2	129.8	11.4	3	96.4	40.3
	原阳	200.7	-0.6	6	79.3	1.9	7	79.3	1.9	7	100.0	39.5
	郑州	320.4	11.1	2	130.1	12.4	5	117.7	23.0	2	90.4	40.6
	杞县	348.3	14.9	2	147.9	18.0	4	142.9	21.3	3	96.6	42.5
	商丘	278.3	11.7	5	113.0	18.4	4	100.7	15.3	4	89.1	40.6
	南阳	333.1	-1.5	12	142.2	0.7	10	139.2	1.4	11	97.9	42.7
	农大	277.1	8.8	5	112.4	13.0	1	89.5	6.9	4	79.6	40.6
	平均	297.4			121.9			113.2			92.8	40.9
鲁棉696	安阳	266.7	-5.6	13	109.9	0.8	11	94.6	-1.2	11	86.1	41.2
	新乡	312.0	2.7	9	122.3	-0.3	12	117.2	0.6	11	95.8	39.2
	原阳	207.3	2.6	3	82.7	6.2	4	82.7	6.2	4	100.0	39.9
	郑州	306.2	6.1	4	122.5	5.9	8	113.2	18.4	5	92.4	40.0
	杞县	329.7	8.8	5	136.3	8.7	6	128.3	8.9	7	94.2	41.3
	商丘	245.4	-1.5	12	99.9	4.7	10	88.4	1.1	10	88.5	40.7
	南阳	341.8	1.1	9	144.2	2.1	9	139.6	1.7	10	96.8	42.2
	农大	270.2	6.1	10	105.9	6.5	8	81.2	-3.0	9	76.7	39.2
	平均	284.9			115.5			105.7			91.3	40.5
鲁棉432	安阳	297.2	5.3	8	120.1	10.2	5	105.1	9.7	7	87.5	40.4
	新乡	358.4	18.0	1	151.3	23.3	1	142.5	22.3	1	94.2	42.2
	原阳	209.0	3.5	2	83.0	6.6	3	83.0	6.6	3	100.0	39.7
	郑州	316.7	9.7	8	132.7	14.7	2	113.8	19.1	4	85.8	41.9
	杞县	340.8	12.4	3	151.9	21.2	2	147.4	25.1	1	97.1	44.6
	商丘	252.4	1.3	7	101.5	6.4	9	92.7	6.1	8	91.4	40.2
	南阳	333.3	-1.4	13	147.3	4.3	7	142.2	3.6	7	96.6	44.2
	农大	286.7	12.6	2	111.4	11.9	2	91.2	8.9	3	81.9	38.8
	平均	299.3			124.9			114.7			91.8	41.5

续附表二

名称	地点	总籽棉（kg/亩）	±CK%	位次	皮棉（kg/亩）	±CK%	位次	霜前皮棉（kg/亩）	±CK%	位次	霜前花率（%）	衣分（%）
开棉25	安阳	273.1	-3.3	11	102.7	-5.8	13	88.4	-7.7	12	86.1	37.6
	新乡	292.6	-3.7	14	112.1	-8.7	14	104.1	-10.6	14	92.9	38.3
	原阳	146.5	-27.5	14	54.7	-29.7	14	54.7	-29.7	14	100.0	37.3
	郑州	278.2	-3.6	14	108.5	-6.2	14	91.5	-4.3	14	84.3	39.0
	杞县	284.8	-6.1	13	124.8	-0.4	12	117.2	-0.5	12	93.9	43.8
	商丘	244.8	-1.7	8	93.3	-2.2	12	87.1	-0.3	12	93.4	38.1
	南阳	328.3	-2.9	14	135.6	-4.0	14	129.2	-5.9	14	95.3	41.3
	农大	268.5	5.4	9	101.7	2.2	9	79.8	-4.7	10	78.5	37.9
	平均	264.6			104.2			94.0			90.5	39.2
宛167	安阳	294.4	4.3	9	112.5	3.2	9	95.5	-0.3	10	84.9	38.2
	新乡	324.0	6.7	8	128.3	4.5	8	120.9	3.8	9	94.2	39.6
	原阳	198.4	-1.8	9	75.5	-3.0	9	75.5	-3.0	9	100.0	38.0
	郑州	325.6	12.8	6	132.5	14.5	3	112.7	17.8	6	85.0	40.7
	杞县	301.8	-0.4	10	124.5	-0.7	13	117.7	-0.1	11	94.5	41.3
	商丘	284.3	14.1	3	114.9	20.4	2	104.7	19.9	2	91.2	40.4
	南阳	387.6	14.7	1	167.4	18.5	1	159.9	16.4	1	95.5	43.2
	农大	279.6	9.8	1	110.5	11.1	3	93.4	11.5	1	84.5	39.5
	平均	299.5			120.8			110.0			91.2	40.1
商棉566	安阳	286.1	1.3	12	109.6	0.5	10	88.3	-7.8	13	80.6	38.3
	新乡	320.6	5.5	10	128.5	4.7	7	119.2	2.4	10	92.8	40.1
	原阳	155.3	-23.1	13	58.4	-25.0	13	58.4	-25.0	13	100.0	37.6
	郑州	334.8	16.0	5	130.2	12.6	4	109.1	14.1	9	83.8	38.9
	杞县	355.1	17.2	4	148.4	18.4	3	133.5	13.2	4	89.9	41.8
	商丘	284.6	14.3	1	115.8	21.4	1	107.7	23.3	1	93.0	40.7
	南阳	380.1	12.4	2	162.7	15.1	2	155.4	13.2	2	95.5	42.8
	农大	254.5	-0.1	12	96.3	-3.2	13	77.2	-7.8	11	80.2	37.8
	平均	296.4			118.7			106.1			89.5	39.8

续附表二

名称	地点	总籽棉（kg/亩）	±CK%	位次	皮棉（kg/亩）	±CK%	位次	霜前皮棉（kg/亩）	±CK%	位次	霜前花率（%）	衣分（%）
GB516	安阳	252.8	-10.5	14	99.1	-9.1	14	76.2	-20.4	14	76.9	39.2
	新乡	297.8	-2.0	13	121.5	-1.0	13	114.3	-1.9	13	94.1	40.8
	原阳	186.6	-7.6	10	72.7	-6.6	10	72.7	-6.6	10	100.0	38.9
	郑州	287.1	-0.5	11	117.4	1.5	12	100.9	5.5	11	85.9	40.9
	杞县	314.1	3.6	12	129.6	3.4	10	111.9	-5.0	14	86.3	41.3
	商丘	225.9	-9.3	14	91.0	-4.6	13	81.8	-6.4	14	89.9	40.3
	南阳	357.1	5.7	7	150.0	6.2	5	141.6	3.1	8	94.4	42.0
	农大	265.8	4.4	11	99.2	-0.3	12	76.9	-8.2	13	77.5	37.3
	平均	273.4			110.1			97.0			88.1	40.1
中1007	安阳	311.1	10.2	6	117.9	8.2	7	104.9	9.5	8	89.0	37.9
	新乡	329.7	8.5	3	126.3	2.9	9	121.8	4.6	8	96.5	38.3
	原阳	174.1	-13.8	12	66.5	-14.5	11	66.5	-14.5	11	100.0	38.2
	郑州	311.8	8.1	7	126.0	8.9	7	111.4	16.5	8	88.5	40.4
	杞县	360.6	19.0	1	152.3	21.5	1	145.9	23.8	2	95.8	42.2
	商丘	264.3	6.1	6	107.6	12.8	5	97.8	11.9	6	90.9	40.7
	南阳	345.8	2.3	4	141.8	0.3	12	139.9	1.9	9	98.7	41.0
	农大	235.9	-7.4	14	91.1	-8.4	14	71.1	-15.1	14	78.0	38.6
	平均	291.6			116.2			107.4			92.2	39.7

附表三　2016 年河南省常规春棉区域试验品种纤维品质性状表

品种	地点	长度（mm）	整齐度指数（%）	断裂比强度（cN/tex）	马克隆值	伸长率（%）	反射率（%）	黄度	纺纱均匀指数
鲁棉研28	南阳	28.1	82.3	31.5	5.0	4.9	82.2	7.5	132.0
	商丘	29.9	86.0	32.1	5.5	4.8	76.4	7.3	147.0
	原阳	29.6	85.8	30.2	5.5	6.3	76.7	6.8	139.0
	新乡	27.5	83.9	28.6	5.3	6.5	81.5	7.6	128.0
	农大	29.7	82.5	28.4	5.0	5.5	80.0	8.2	127.0
	安阳	30.1	86.7	29.2	4.8	5.6	77.7	7.0	150.0
	平均	29.2	84.5	30.0	5.2	5.6	79.1	7.4	137.2

续附表三

品种	地点	长度（mm）	整齐度指数（%）	断裂比强度（cN/tex）	马克隆值	伸长率（%）	反射率（%）	黄度	纺纱均匀指数
豫棉 514	南阳	28.2	84.8	26.7	5.0	5.4	81.4	7.4	130.0
	商丘	30.3	85.2	31.0	5.4	5.2	75.5	7.5	141.0
	原阳	30.3	86.5	28.9	5.3	6.5	77.3	7.7	143.0
	新乡	28.6	84.0	29.1	5.1	6.3	82.2	7.8	134.0
	农大	29.6	81.7	29.5	4.8	5.0	80.9	7.5	128.0
	安阳	30.6	84.2	28.4	5.0	6.1	77.8	6.5	134.0
	平均	29.6	84.4	28.9	5.1	5.8	79.2	7.4	135.0
豫棉 516	南阳	28.2	83.7	26.6	5.0	4.7	82.4	7.5	125.0
	商丘	30.3	84.4	30.2	5.5	4.3	77.5	6.4	134.0
	原阳	29.5	85.4	26.1	5.5	5.2	77.6	6.8	126.0
	新乡	27.5	80.8	27.2	5.1	5.9	81.4	7.0	110.0
	农大	29.3	81.8	29.2	4.6	5.3	82.0	7.6	130.0
	安阳	30.4	84.2	31.0	5.2	5.1	79.0	6.5	140.0
	平均	29.2	83.4	28.4	5.2	5.1	80.0	7.0	127.5
中棉 9213	南阳	28.1	83.2	27.0	5.3	4.2	80.8	8.2	120.0
	商丘	31.5	85.4	31.9	5.4	4.6	74.1	8.2	147.0
	原阳	29.0	84.4	27.1	5.6	4.9	75.4	7.9	121.0
	新乡	28.0	82.2	28.1	5.0	5.0	80.9	8.0	121.0
	农大	30.1	82.1	31.2	4.8	4.4	79.4	8.0	135.0
	安阳	29.9	83.6	28.2	4.7	4.8	77.2	6.8	132.0
	平均	29.4	83.5	28.9	5.1	4.7	78.0	7.9	129.3
鲁棉 2632	南阳	27.0	83.8	29.6	5.4	5.1	79.9	8.4	126.0
	商丘	30.7	86.7	32.2	5.5	5.0	74.8	7.8	152.0
	原阳	28.1	85.3	29.9	5.5	6.2	75.5	7.5	133.0
	新乡	27.6	84.4	29.2	5.3	5.7	80.4	7.9	132.0
	农大	29.8	84.5	30.2	5.0	4.9	76.4	8.8	140.0
	安阳	30.6	85.9	33.3	4.8	5.9	75.8	6.8	157.0
	平均	29.0	85.1	30.7	5.3	5.5	77.1	7.9	140.0

续附表三

品种	地点	长度（mm）	整齐度指数（%）	断裂比强度（cN/tex）	马克隆值	伸长率（%）	反射率（%）	黄度	纺纱均匀指数
银山20	南阳	28.7	83.9	27.9	5.3	5.1	82.1	8.2	124.0
	商丘	28.6	83.2	31.7	5.4	5.5	75.9	7.8	130.0
	原阳	28.2	85.1	29.0	5.8	6.4	77.7	6.9	128.0
	新乡	26.7	83.1	28.8	5.4	5.9	81.7	8.3	123.0
	农大	27.6	82.0	30.7	4.9	5.3	78.8	8.9	127.0
	安阳	28.3	83.8	30.4	5.1	5.5	77.2	7.1	133.0
	平均	28.0	83.5	29.8	5.3	5.6	78.9	7.9	127.5
鲁棉424	南阳	28.8	83.6	30.8	5.3	5.5	82.5	7.7	135.0
	商丘	30.2	85.1	32.1	5.4	6.0	78.3	6.5	145.0
	原阳	29.0	85.3	29.8	5.4	7.1	79.5	6.9	138.0
	新乡	28.1	83.3	30.4	5.1	6.9	81.9	7.3	133.0
	农大	29.9	83.9	32.8	5.1	6.1	79.4	8.0	145.0
	安阳	30.9	84.9	31.7	5.2	6.5	76.8	6.1	146.0
	平均	29.5	84.4	31.3	5.3	6.4	79.7	7.1	140.3
鲁棉696	南阳	30.6	84.3	30.1	5.3	3.9	81.1	7.9	139.0
	商丘	31.4	87.5	33.2	5.6	4.1	75.8	6.7	159.0
	原阳	32.6	85.3	29.9	5.3	5.4	79.6	7.2	146.0
	新乡	29.7	83.5	30.8	4.9	5.0	81.6	7.7	140.0
	农大	31.5	83.6	35.3	5.1	4.5	81.1	7.7	155.0
	安阳	31.7	84.6	34.0	5.4	4.8	77.5	7.0	151.0
	平均	31.3	84.8	32.2	5.3	4.6	79.5	7.4	148.3
鲁棉432	南阳	28.2	84.3	27.7	5.5	4.9	81.5	7.5	126.0
	商丘	30.0	86.4	29.3	5.5	5.3	74.2	7.9	140.0
	原阳	29.5	85.5	30.5	5.6	6.4	74.8	7.4	137.0
	新乡	27.6	83.6	28.8	5.3	6.2	82.5	8.2	127.0
	农大	29.5	82.9	31.7	5.1	5.0	78.4	8.8	136.0
	安阳	29.6	84.4	33.5	5.1	5.4	77.8	6.6	148.0
	平均	29.1	84.5	30.3	5.4	5.5	78.2	7.7	135.7

续附表三

品种	地点	长度（mm）	整齐度指数（%）	断裂比强度（cN/tex）	马克隆值	伸长率（%）	反射率（%）	黄度	纺纱均匀指数
开棉 25	南阳	28.1	83.1	27.9	5.2	5.3	80.3	8.5	123.0
	商丘	29.6	84.8	33.1	5.0	5.7	74.6	8.2	148.0
	原阳	31.4	85.5	30.0	5.4	5.1	75.9	7.7	142.0
	新乡	27.6	83.1	30.8	5.1	6.6	80.4	8.1	131.0
	农大	29.8	82.2	29.2	4.6	5.1	79.7	8.5	131.0
	安阳	29.4	84.2	30.1	4.6	5.7	76.5	7.2	140.0
	平均	29.3	83.8	30.2	5.0	5.6	77.9	8.0	135.8
宛 167	南阳	27.8	81.9	27.5	5.5	4.4	80.4	8.5	113.0
	商丘	28.8	85.3	28.2	5.6	5.0	76.0	7.1	129.0
	原阳	29.5	84.6	26.6	5.8	5.1	76.1	7.3	121.0
	新乡	27.6	82.0	28.0	5.4	5.2	82.3	8.0	116.0
	农大	29.1	83.3	30.7	5.1	5.0	79.2	8.5	134.0
	安阳	30.5	84.2	31.2	5.4	4.6	77.3	6.9	138.0
	平均	28.9	83.6	28.7	5.5	4.9	78.6	7.7	125.2
商棉 566	南阳	29.8	83.4	29.5	5.5	4.3	82.3	8.0	131.0
	商丘	29.3	83.8	31.4	5.5	4.8	74.8	7.6	133.0
	原阳	29.3	85.4	28.3	5.6	6.4	75.9	7.5	131.0
	新乡	27.9	82.2	28.8	5.1	5.5	81.8	8.1	123.0
	农大	29.4	81.8	30.8	4.7	5.2	78.6	8.5	131.0
	安阳	30.0	85.1	29.4	5.4	5.8	77.3	7.0	137.0
	平均	29.3	83.6	29.7	5.3	5.3	78.5	7.8	131.0
GB516	南阳	29.5	83.2	27.6	5.4	3.6	82.0	7.6	125.0
	商丘	30.7	85.6	33.3	5.7	4.0	76.5	6.8	148.0
	原阳	30.1	85.3	32.0	5.7	4.4	76.9	7.4	142.0
	新乡	28.2	83.4	31.1	5.3	5.5	81.5	8.0	134.0
	农大	29.3	81.5	31.0	4.9	4.6	77.9	8.7	128.0
	安阳	31.1	84.7	32.9	5.3	4.5	78.3	7.6	148.0
	平均	29.8	84.0	31.3	5.4	4.4	78.9	7.7	137.5

续附表三

品种	地点	长度（mm）	整齐度指数（%）	断裂比强度（cN/tex）	马克隆值	伸长率（%）	反射率（%）	黄度	纺纱均匀指数
中 1007	南阳	29.3	84.3	31.5	5.5	4.4	79.5	8.1	139.0
	商丘	29.7	83.0	31.0	5.6	4.8	74.0	7.8	127.0
	原阳	30.2	84.4	32.9	5.6	5.1	75.8	7.7	142.0
	新乡	28.2	83.6	29.4	5.1	5.7	80.5	8.1	131.0
	农大	30.5	83.6	34.1	4.8	5.3	81.2	7.6	153.0
	安阳	30.0	85.6	31.3	5.1	5.2	77.9	7.0	147.0
	平均	29.7	84.1	31.7	5.3	5.1	78.2	7.7	139.8

10　2016年河南省杂交春棉区域试验品种汇总总结

一、试验目的

通过河南省不同生态区多年多点试验,正确鉴定棉花新品种的丰产性、稳产性、纤维品质、抗病性、抗虫性及对环境适应能力等特性,为河南省棉花品种的审定与合理推广提供科学依据。

二、参试品种(系)及参试单位

参试品种7个,均为中熟杂交品种,以鲁棉研28为对照,种子由参试单位提供,具体见表1。

表1　2016年河南省杂交春棉区域试验参试品种来源及编号

品种名称	编码	组合来源	参试单位	年限
郑ZZM6	1	郑HN323/郑HN286	郑州市农林科学研究所	2
鲁棉研28	2	ck	山东棉花研究中心	—
中MB9029	3	鲁7619×75195	中国农业科学院棉花研究所	2
中棉9101	4	中278系×中201系	中国农业科学院棉花研究所	1
新德棉2号	5	新科棉1号×新21-16	新乡市农业科学院	1
GB814	6	A49-668×L9111	中国农业科学院棉花研究所	1
BM995	7	BMK156× BMG01	河南科技学院	1
中棉9934	8	冀棉616 ×中193029	中国农业科学院棉花研究所	1

三、试验承试单位和试验设计

(一)试验承试单位

河南省农业科学院植物保护研究所(王振宇、崔小伟),中国农业科学院棉花研究所(严根土),河南省科林种业有限公司(李方顺),郑州市农林科学研究所(贾新合),杞县棉花原种厂(许国志、张秀松),商丘市农林科学院(刘卫星),黄泛区地神种业有限公司(白利明),河南农业大学(马宗斌),中国农业科学院棉花研究所植保室(朱荷琴)、农业部棉花品质监督检验测试中心(唐淑荣)。

(二)试验设计

试验按随机区组设计,3次重复,每小区3~4行,小区面积≥20 m^2,周边设置不少于

4 行的保护行。

四、棉花生育期间气候特点及栽培管理

（一）气候特点

2016 年河南省气候情况是苗期低温寡照，棉苗生长缓慢；棉花生育中期，尤其是 7 ~ 8 月，多地出现强降雨，棉花中部落铃较多；9 月下旬至 10 月中下旬多阴雨天，影响棉花的正常吐絮与收摘。

1. 苗期

4 月下旬至 5 月中上旬，气温较往年偏低，降雨量正常，日照偏少，棉苗生长缓慢，苗期病害偏重；5 月下旬至 6 月初河南天气以多云为主，高温、干旱，影响棉苗生长。

2. 蕾铃期

6 月中下旬光照正常、降雨适宜，利于棉花生长，7 月光照充足，温度偏高，高温持续时间长，降水偏多，棉花中部落铃较多，对棉花产量和品种有一定影响，但后期棉花上部开花成铃较多，对产量有一定补偿作用。

3. 吐絮期

吐絮前期，各试点降水偏少，天气晴好，光照适宜，利于棉铃吐絮和摘收；9 月下旬至 10 月中下旬多阴雨天，影响棉花的正常吐絮与收摘晾晒。

（二）栽培管理

各试点均按照当地主要栽培管理措施实行，田间管理均匀一致。密度 2 200 ~ 3 000 株/亩，前作有棉花、冬闲，播期多在 4 月下旬，播种方式为直播或直播盖膜；防治地老虎、棉蚜、红蜘蛛、棉铃虫、盲椿象等 6 ~ 15 次；浇地 0 ~ 5 次，排水 0 ~ 3 次，化调 1 ~ 3 次，中耕除草 2 ~ 6 次。基肥为有机肥、氮、磷、钾肥等，追肥以复合肥、尿素为主。

五、试验结果

本组试验共 9 个试点，9 个试点数据经过复核，试验误差均在规定范围内，予以汇总。总变异系数 $C_V = 5.99\%$。

（一）早熟性

2016 年结果：各参试品种生育期 117 ~ 121 d，第一果枝节位 6.5 ~ 7.0 节，霜前花率 92.8% ~ 95.2%。

2015 ~ 2016 年平均结果：各参试品种生育期均为 118 ~ 119 d，果枝始节 6.6 ~ 6.7 节，霜前花率在 94.3% ~ 95.2%，参试品种霜前花率高，早熟性好。

（二）主要特性

2016 年结果：各参试品种株高 99.8 ~ 118.1 cm，GB814 最低，郑 ZZM6 最高；单株果枝数 13.9 ~ 14.5 台，GB814 最少，中棉 9101 最多；单株结铃数 23.2 ~ 24.8 个，BM995 结铃性好；籽指 10.7 ~ 11.5 g，BM995 籽指最小（见表 2）。

2014 ~ 2015 年平均结果：郑 ZZM6 和中 MB9029 株高均为 106.9 cm，果枝数均为 14.0 台/株，单株结铃数 23.6 ~ 23.7 个，籽指 10.7 ~ 11.2 g。

表 2　2015～2016 年河南省杂交春棉区域试验品种农艺性状

品种名称	年份	编号	生育期(d)	第一果枝节位	株高(cm)	果枝(台/株)	株铃(个)	铃重(g)	籽指(g)	霜前花率(%)
郑 ZZM6	2016	1	117	6.5	118.1	14.1	24.4	6.7	11.1	94.4
	2015	3	118	6.6	110.9	14.1	24.8	7.0	11.5	94.2
	平均	1	118	6.6	114.5	14.1	24.6	6.9	11.3	94.3
鲁棉研 28	2016	2	118	6.9	112.9	13.8	23.3	7.3	11.4	92.8
中 MB9029	2016	3	118	6.6	110.9	14.1	24.8	7.0	11.5	95.2
	2015	1	119	6.7	119.1	13.1	25.4	6.8	12.1	95.1
	平均	3	119	6.7	115.0	13.6	25.1	6.9	11.8	95.2
中棉 9101	2016	4	118	7.0	113.9	14.5	23.2	6.9	10.7	94.5
新德棉 2 号	2016	5	119	6.9	109.7	14.1	24.2	7.1	11.2	94.8
GB814	2016	6	121	6.3	99.8	13.9	23.5	6.5	11.1	94.8
BM995	2016	7	118	7.0	113.9	14.5	23.2	6.9	10.7	95.1
中棉 9934	2016	8	119	6.8	110.7	14.0	24.1	7.1	11.1	94.8

（三）小区皮棉产量统计分析

皮棉产量方差分析表明：品种间、品种和地点互作效应均达极显著差异，说明需要进行品种稳定性分析，并对各品种皮棉总产进行多重比较，以便确定表现优异的品种（见表 3）。

表 3　2016 年河南省杂交春棉区域试验品种方差分析（$C_V = 5.99\%$）

变异来源	df	皮棉总产			P
		SS	MS	F	
地点内区组	18	1.291	0.072	1.916**	0.020
地点	8	48.76	6.095	162.792**	0.000
品种	7	6.356	0.908	24.251**	0.000
品种 × 地点	56	6.459	0.115	3.081*	0.000
试验误差	126	4.717	0.037		
总变异	215	67.583			

参试的 7 个品种皮棉产量品种间差异显著（见表 4）。所有参试品种比对照鲁棉研 28 增产极显著，新德棉 2 号、郑 ZZM6、GB814 品种间产量差异不显著。

表 4　品种间皮棉产量多重比较

品种	编号	皮棉(kg/小区)	$LSR_{0.05}$	$LSR_{0.01}$
新德棉 2 号	5	3.77	a	A
郑 ZZM6	1	3.76	a	A
GB814	6	3.68	ab	AB
中棉 9934	8	3.6	bc	BC
中棉 9101	4	3.55	cd	BC
中 MB9029	3	3.54	cd	BC
BM995	7	3.46	d	C
鲁棉研 28	2	3.21	e	D

(四)品种稳定性分析

参试的 8 个品种在各试点的适应性有差异,郑 ZZM6 和新德棉 2 号在各点适应性、稳定性综合评价很好;GB814 和中棉 9934 适应性、稳定性综合评价好;中棉 9101、中 MB9029 和 BM995 适应性、稳定性综合评价较好(见表 5)。

表 5　品种皮棉产量稳定性分析

品种	编号	丰产性参数	稳定性参数				适应地区	评价综合
		产量(kg/小区)	效应	方差	变异度	回归系数		
新德棉 2 号	5	3.77	0.197	0.024	4.075	1.104	E1 ~ E9	很好
郑 ZZM6	1	3.76	0.188	0.02	3.726	0.972	E1 ~ E9	很好
GB814	6	3.68	0.113	0.058	6.556	0.930	E1 ~ E9	好
中棉 9934	8	3.60	0.034	0.062	6.892	1.042	E1 ~ E9	好
中棉 9101	4	3.55	-0.025	0.020	4.017	1.135	E1 ~ E9	较好
中 MB9029	3	3.54	-0.029	0.014	3.371	1.110	E1 ~ E9	较好
BM995	7	3.46	-0.114	0.032	5.202	1.019	E1 ~ E9	较好
鲁棉研 28	2	3.21	-0.365	0.039	6.160	0.688	E1 ~ E9	较差

(五)品种产量

2016 年产量结果:籽棉亩产 294.0 ~ 314.3 kg,较对照鲁棉研 28 增产 8.9% ~ 16.4%;皮棉亩产 114.2 ~ 124.4 kg,较对照鲁棉研 28 增产 9.1% ~ 18.8%;霜前皮棉亩产 110.6 ~ 120.2 kg,较对照鲁棉研 28 增产 9.8% ~ 19.3%,衣分 38.0% ~ 40.6%。

2015～2016 年平均结果：籽棉亩产 302.2～314.9 kg，较对照鲁棉研 28 增产 12.0%～16.6%；皮棉亩产 120.7～125.2 kg，较对照鲁棉研 28 增产 13.3%～17.2%；霜前皮棉亩产 115.7～119.5 kg，较对照鲁棉研 28 增产 15.9%～19.5%，衣分 40.5%～40.6%（见表 6）。

表 6　2015～2016 年河南省杂交春棉区域试验品种产量性状

品种	年份	编号	籽棉		位次	皮棉		位次	霜前皮棉		位次	衣分（%）
			kg/亩	±CK%		kg/亩	±CK%		kg/亩	±CK%		
郑 ZZM6	2016	1	314.3	16.4	1	124.2	18.6	2	120.2	19.3	1	39.8
	2015	3	315.4	16.7	2	126.2	15.8	2	118.8	19.6	2	41.1
	平均	1	314.9	16.6	1	125.2	17.2	1	119.5	19.5	1	40.5
鲁棉研 28	2016	2	269.9	0.0	8	104.7	0.0	8	100.8	0.0	8	39.6
中 MB9029	2016	3	294.0	8.9	7	117.5	12.3	5	113.5	12.6	5	40.0
	2015	1	310.3	15.0	4	123.8	14.2	4	117.8	19.2	3	41.1
	平均	3	302.2	12.0	2	120.7	13.3	2	115.7	15.9	2	40.6
中棉 9101	2016	4	310.0	14.9	2	115.9	10.7	6	112.6	11.7	6	38.0
新德棉 2 号	2016	5	307.2	13.8	3	124.4	18.8	1	120.2	19.2	2	40.8
GB814	2016	6	305.7	13.3	4	120.8	15.4	3	116.3	15.4	3	40.1
BM995	2016	7	296.1	9.7	5	114.2	9.1	7	110.6	9.8	7	38.8
中棉 9934	2016	8	295.9	9.6	6	117.8	12.6	4	114.8	13.9	4	40.6

（六）抗病性

抗病性鉴定由中国农业科学院棉花所植保室按全国统一病情分级标准，以感病对照冀棉 11 病株率达 80%，或病指达 50 左右结果进行品种（系）的抗性评定（见表 7）。

2016 年鉴定结果：郑 ZZM6、鲁棉研 28、中棉 9101 和中棉 9934 高抗枯萎病，中 MB9029 抗枯萎病，GB814 和 BM995 耐枯萎病，新德棉 2 号感枯萎病；参试品种均耐黄萎病。

2015～2016 年结果：郑 ZZM6 高抗枯萎病，中 MB9029 抗枯萎病；郑 ZZM6 和中 MB9029 耐黄萎病。

表 7 2015～2016 年杂交春棉区域试验品种枯、黄萎病鉴定结果

品种	年份	编号	枯萎病			黄萎病		
			病株率（%）	病指	反应型	病株率（%）	病指	反应型
郑 ZZM6	2016	1	21.1	3.1	HR	65.4	30.6	T
	2015	3	10.7	3.1	HR	66.3	32.2	T
	平均	1	21.1	3.1	HR	66.3	32.2	T
鲁棉研 28	2016	2	9.1	2.9	HR	65.4	33.5	T
中 MB9029	2016	3	33.4	7.7	R	65.1	30.9	T
	2015	1	13.5	4.1	HR	59	30.5	T
	平均	3	33.4	7.7	R	65.1	30.9	T
中棉 9101	2016	4	1.2	0.7	HR	57.6	22.3	T
新德棉 2 号	2016	5	63.8	20.2	S	66	34.8	T
GB814	2016	6	33.7	10.5	T	55.2	24.4	T
BM995	2016	7	49	19	T	62.5	27.2	T
中棉 9934	2016	8	8.1	0.9	HR	26.1	11.2	R

注：HR：高抗；R：抗病；T：耐病；S：感病。

（七）纤维品质

纤维品质由农业部棉花纤维品质检测中心分析，各参试品种本年度马克隆值普遍偏高，伸长率较往年偏低（见表 8）。

表 8 2015～2016 年河南省杂交春棉区域试验品种品质检测结果

品种	年份	编号	长度（mm）	整齐度指数（%）	断裂比强度（cN/tex）	马克隆值	伸长率（%）	反射率（%）	黄度	纺纱均匀指数
郑 ZZM6	2016	1	28.8	83.9	29.5	5.3	5.3	75.9	7.3	128.6
	2015	3	29.8	85.9	30.2	5.5	7.2	77.0	7.5	141.4
	平均	1	29.3	84.9	29.9	5.4	6.3	76.5	7.4	135.0
鲁棉研 28	2016	2	28.3	83.8	29.4	5.1	5.3	76.9	7.2	129.7
中 MB9029	2016	3	29.6	83.8	30.4	4.7	4.9	76.4	7.3	139.0
	2015	1	31.4	85.7	30.3	4.8	6.8	77.2	7.8	150.9
	平均	3	30.5	84.8	30.4	4.8	5.9	76.8	7.6	145.0
中棉 9101	2016	4	29.4	84.2	30.3	5.2	5.3	76.2	7.5	135.0
新德棉 2 号	2016	5	29.3	84.2	31.5	5.2	5.6	76.1	7.2	137.6
GB814	2016	6	29.1	83.4	30.3	5.5	4.6	75.9	7.2	126.6
BM995	2016	7	28.5	84.2	30.7	5.2	5.0	75.4	7.4	134.3
中棉 9934	2016	8	28.9	83.1	30.4	5.3	4.3	75.5	7.4	127.4

2016 年结果:纤维上半部平均长度 28. 5 ~29. 6 mm,断裂比强度 29. 5 ~31. 5 cN/tex,马克隆值 4. 7 ~5. 5,中 MB9029 品种纤维品质优良,其余品种纤维品质整体偏粗、偏短。

2015 ~2016 年结果:纤维上半部平均长度 29. 3 ~30. 5 mm,断裂比强度 29. 9 ~30. 4 cN/tex,马克隆值 4. 8 ~5. 4,中 MB9029 纤维品质优良,郑 ZZM6 纤维偏粗。

六、品种评述

(一)郑 ZZM6

特征特性:该品种出苗较好;前期生长势和整齐度较好,中后期一般;株型塔形、较松散,茎秆多毛;叶片掌状,中等大小,叶色深绿;铃卵圆形,中等大小,吐絮畅,易收摘;高抗枯萎病(枯萎病指 3. 1),耐黄萎病(黄萎病指 32. 2)。

2015 年试验结果:7 点汇总,皮棉产量 7 个试点均增产,增产点率 100%;平均亩产籽棉、皮棉和霜前皮棉分别为 315. 4 kg、126. 2 kg 和 118. 8 kg,分别比对照鲁棉研 28 增产 16. 7%、15. 8%、19. 6%,均居杂交春棉 6 个参试品种第 2 位。HVICC 纤维上半部长度 29. 8 mm,整齐度指数 85. 9%,马克隆值 5. 5,断裂比强度 30. 2 cN/tex,纺纱均匀指数 141. 4。

2016 年试验结果:9 点汇总,皮棉产量 9 点均增产,增产点率 100%;平均亩产籽棉、皮棉和霜前皮棉分别为 314. 3 kg、124. 2 kg 和 120. 2 kg,分别比对照鲁棉研 28 增产 16. 4%、18. 6%、19. 3%,分居杂交春棉 8 个参试品种第 1、2、1 位。HVICC 纤维上半部长度 28. 8 mm,整齐度指数 83. 9%,马克隆值 5. 3,断裂比强度 29. 5 cN/tex,纺纱均匀指数 128. 6。

2015 ~2016 年该品种平均生育期 118 d,株高 114. 5 cm,第一果枝节位 6. 6 节,单株果枝数 14. 1 台,单株结铃 24. 6 个,单铃重 6. 9 g,籽指 11. 3 g,衣分 40. 5%,霜前花率 94. 3%。HVICC 纤维上半部长度 29. 3 mm,断裂比强度 29. 9 cN/tex,马克隆值 5. 4,伸长率 6. 3%,反射率 76. 5%,黄度 7. 4,整齐度指数 84. 9%,纺纱均匀指数 135. 0。平均亩产籽棉、皮棉和霜前皮棉分别为 314. 9 kg、125. 2 kg 和 119. 5 kg,分别比对照鲁棉研 28 增产 16. 6%、17. 2%和 19. 5%。

建议生产试验。

(二)中 MB9029

特征特性:该品种出苗较好,前中期表现一般、后期较好;株型塔形、较紧凑,茎秆多毛;叶片掌状;中等大小,叶色淡绿;铃卵圆形,中等大小,吐絮畅,易收摘;抗枯萎病(枯萎病指 7. 7),耐黄萎病(黄萎病指 30. 9)。

2015 年试验结果:7 点汇总,皮棉产量 7 点均增产,增产点率 100%;平均亩产籽棉、皮棉和霜前皮棉分别为 310. 3 kg、123. 8 kg 和 117. 8 kg,分别比对照鲁棉研 28 增产 15. 0%、14. 2%、19. 2%,分居杂交春棉 6 个参试品种第 4、5、3 位。HVICC 纤维上半部长度 31. 4 mm,整齐度指数 85. 7%,马克隆值 4. 8,断裂比强度 30. 3 cN/tex,纺纱均匀指数 150. 9。

2016 年试验结果:9 点汇总,皮棉产量 8 点增产,1 点减产,增产点率 88. 9%;平均亩产籽棉、皮棉和霜前皮棉分别为 294. 0 kg、117. 5 kg 和 113. 5 kg,分别比对照鲁棉研 28 增产8.9%、12.3%、12.6%，分居杂交春棉8个参试品种第7、5、5位。HVICC纤维上半部长度29.6 mm，整齐度指数83.8%，马克隆值4.7，断裂比强度30.4 cN/tex，纺纱均匀指数139.0。

2015～2016年该品种平均生育期119 d，株高115.0 cm，第一果枝节位6.7节，单株果枝数13.6台，单株结铃25.1个，单铃重6.9 g，籽指11.8 g，衣分40.6%，霜前花率95.2%。HVICC纤维上半部长度30.5 mm，断裂比强度30.4 cN/tex，马克隆值4.8，伸长率5.9%，反射率76.8%，黄度7.6，整齐度指数84.8%，纺纱均匀指数145.0。平均亩产籽棉、皮棉和霜前皮棉分别为302.2 kg、120.7 kg和115.7 kg，分别比对照鲁棉研28增产12.0%、13.3%和15.9%。

建议生产试验。

（三）中棉9101

2016年试验结果：该品种出苗较好，整个生育期生长势和整齐度均表现一般；株型塔形，较松散，茎秆中毛；叶色浅绿，叶片掌状，中等大小；铃卵圆形，中等大小，吐絮畅，易收摘；高抗枯萎病（枯萎病指0.7），耐黄萎病（黄萎病指22.3）。生育期118 d，单铃重6.9 g，衣分38.0%，籽指10.7 g，第一果枝节位7.0节，株高113.9 cm，果枝数14.5台/株，单株结铃23.2个，霜前花率94.5%。9点汇总，7点增产，2点减产，增产点率77.8%；平均亩产籽棉、皮棉和霜前皮棉分别为310.0 kg、115.9 kg和112.6 kg，分别比对照鲁棉研28增产14.9%、10.7%、11.7%，分居杂交春棉8个参试品种第2、6、6位。HVICC纤维上半部长度29.4 mm，整齐度指数84.2%，马克隆值5.2，断裂比强度30.3 cN/tex，纺纱均匀指数135.0。

继续试验。

（四）新德棉2号

2016年试验结果：该品种出苗好，整个生育期生长势和整齐度较好；株型塔形，株高中等、较松散，茎秆中毛；叶色深绿，叶片掌状，中等大小；铃卵圆形，中等偏大，吐絮畅，易收摘；感枯萎病（枯萎病指20.2），耐黄萎病（黄萎病指34.8）。生育期119 d，单铃重7.1 g，衣分40.8%，籽指11.2 g，第一果枝节位6.9节，株高109.7 cm，果枝数14.1台/株，单株结铃24.2个，霜前花率94.8%。9点汇总，皮棉产量9点均增产，增产点率100%；平均亩产籽棉、皮棉和霜前皮棉分别为307.2 kg、124.4 kg和120.2 kg，分别比对照鲁棉研28增产13.8%、18.8%、19.2%，分居杂交春棉8个参试品种第3、1、2位。HVICC纤维上半部长度29.3 mm，整齐度指数84.2%，马克隆值5.2，断裂比强度31.5 cN/tex，纺纱均匀指数137.6。

继续试验。

（五）GB814

2016年试验结果：该品种出苗较好，整个生育期生长势和整齐度较好；株型塔形，株高中等，较松散，茎秆中毛；叶色深绿，叶片掌状，中等偏大；铃卵圆形，中等大小，吐絮畅，易收摘；耐枯萎病（枯萎病指10.5），耐黄萎病（黄萎病指24.4）。生育期121 d，单铃重6.5 g，衣分40.1%，籽指11.1 g，第一果枝节位6.3节，株高99.8 cm，果枝数13.9台/株，单株结铃23. 5个，霜前花率94. 8%。9点汇总，皮棉产量9点均增产，增产点率100%；平均亩产籽棉、皮棉和霜前皮棉分别为305. 7 kg、120. 8 kg和116. 3 kg，分别比对照鲁棉研28增产13. 3%、15. 4%、15. 4%，分居8个参试品种第4、3、3位。HVICC纤维上半部长度29. 1 mm，整齐度指数83. 4%，马克隆值5. 5，断裂比强度30. 3 cN/tex，纺纱均匀指数126. 6。

继续试验。

（六）BM995

2016年试验结果：该品种出苗较好，整个生育期生长势和整齐度均表现一般，株型塔形，较松散，茎秆中毛；叶色淡绿，叶片掌状，中等大小；铃卵圆形，中等大小，吐絮畅，易收摘；耐枯萎病（枯萎病指19. 0），耐黄萎病（黄萎病指27. 2）。生育期118 d，单铃重6. 9 g，衣分38. 8%，籽指10. 7 g，第一果枝节位7. 0节，株高113. 9 cm，果枝数14. 5台/株，单株结铃23. 2个，霜前花率95. 1%。9点汇总，皮棉产量8点增产，1点减产，增产点率88. 9%；平均亩产籽棉、皮棉和霜前皮棉分别为296. 1 kg、114. 2 kg和110. 6 kg，分别比对照鲁棉研28增产9. 7%、9. 1%、9. 8%，分居8个参试品种的第5、7、7位。HVICC纤维上半部长度28. 5 mm，整齐度指数84. 2%，马克隆值5. 2，断裂比强度30. 7 cN/tex，纺纱均匀指数134. 3。

继续试验。

（七）中棉9934

2016年试验结果：该品种出苗较好，整个生育期生长势和整齐度均表现一般，株型塔形、较松散，茎秆中毛；叶色浅绿，叶片掌状，中等大小；铃卵圆形，中等大小，吐絮畅，易收摘；高抗枯萎病（枯萎病指0. 9），抗黄萎病（黄萎病指11. 2）。生育期119 d，单铃重7. 1 g，衣分40. 6%，籽指11. 1 g，第一果枝节位6. 8节，株高110. 7 cm，果枝数14. 0台/株，单株结铃24. 1个，霜前花率94. 8%。9点汇总，8点增产，1点减产，增产点达88. 9%；平均亩产籽棉、皮棉和霜前皮棉分别为295. 9 kg、117. 8 kg和114. 8 kg，分别比对照鲁棉研28增产9. 6%、12. 6%、13. 9%，分居8个参试品种的第6、4、4位。HVICC纤维上半部长度28. 9 mm，整齐度指数83. 1%，马克隆值5. 3，断裂比强度30. 4 cN/tex，纺纱均匀指数127. 4。

继续试验。

（八）鲁棉研28

该品种出苗好，整个生育期生长势和整齐度较好；株型塔形，株高中等，较松散；叶片掌状，中等大小，叶片深绿；结铃性较强，铃卵圆形，中等大小；吐絮畅，易收摘。生育期118 d，单铃重7. 3 g，衣分39. 6%，籽指11. 4 g，第一果枝节位6. 9节，株高112. 9 cm，果枝数13. 8台/株，单株结铃23. 3个，霜前花率92. 8%。平均亩产籽棉、皮棉、霜前皮棉分别为269. 9 kg、104. 7 kg、100. 8 kg，均居8个参试品种末位。HVICC纤维上半部平均长度28. 3 mm，整齐度指数83. 8%，马克隆值5. 1，断裂比强度29. 4 cN/tex，纺纱均匀指数129. 7，枯萎病指2. 9，黄萎病指33. 5，高抗枯萎，耐黄萎。

附表　2016 年河南省杂交春棉区域试验品种产量性状表

地点	品种名称	密度（株/亩）	生育期（d）	铃重（g）	籽指（g）	第一果枝节位	株高（cm）	果枝（台/株）	株铃（个）	衣分（%）	籽棉（kg/亩）	位次	皮棉（kg/亩）	位次	霜前皮棉（kg/亩）	位次	霜前花率（%）
原阳	郑 ZZM6	2 535	114	6. 3	10. 6	6. 3	142. 0	14. 0	26. 8	41. 9	310. 2	3	129. 9	2	129. 9	2	100
原阳	鲁棉研 28	2 535	116	6. 1	10. 8	6. 9	138. 0	13. 1	24. 7	39. 8	274. 8	8	109. 4	8	109. 4	8	100
原阳	中 MB9029	2 535	116	6. 1	10. 6	6. 5	125. 0	13. 3	23. 9	42. 7	300. 2	4	128. 3	3	128. 3	3	100
原阳	中棉 9101	2 535	115	6. 3	9. 9	6. 4	140. 0	13. 3	23. 7	39. 0	297. 8	5	116. 2	6	116. 2	6	100
原阳	新德棉 2 号	2 535	116	6. 3	10. 4	7. 2	128. 0	13. 3	26. 1	39. 5	344. 8	1	136. 2	1	136. 2	1	100
原阳	GB814	2 535	118	5. 5	10. 1	6. 6	123. 0	13. 4	24. 9	40. 2	318. 2	2	127. 9	4	127. 9	4	100
原阳	BM995	2 535	117	7. 1	11. 7	6. 3	122. 6	13. 2	19. 9	40. 0	278. 1	7	111. 3	7	111. 3	7	100
原阳	中棉 9934	2 535	117	8. 2	11. 9	6. 9	113. 0	12. 3	20. 3	42. 4	286. 1	6	121. 3	5	121. 3	5	100
黄泛区	郑 ZZM6	2 600	116	7. 7	11. 8	6. 5	115. 3	13. 3	21. 5	36. 8	266. 1	2	98. 0	2	98. 0	2	100
黄泛区	鲁棉研 28	2 600	117	7. 4	11. 4	6. 4	117. 9	14. 4	21. 9	38. 3	220. 1	8	84. 3	8	84. 3	8	100
黄泛区	中 MB9029	2 600	116	7. 4	11. 5	7. 2	107. 0	12. 3	19. 4	36. 6	258. 1	3	94. 5	5	94. 5	5	100
黄泛区	中棉 9101	2 600	116	6. 9	11. 9	6. 6	94. 5	11. 8	19. 8	35. 9	257. 8	4	92. 5	7	92. 5	7	100
黄泛区	新德棉 2 号	2 600	113	6. 7	10. 7	7. 4	103. 9	13. 1	16. 8	38. 5	246. 8	6	95. 0	3	95. 0	3	100
黄泛区	GB814	2 600	115	7. 7	11. 2	7. 7	98. 6	13. 0	15. 4	38. 5	279. 8	1	107. 7	1	107. 7	1	100
黄泛区	BM995	2 600	115	7. 5	11. 2	7. 4	104. 7	13. 1	17. 0	36. 7	255. 5	5	93. 7	6	93. 7	6	100
黄泛区	中棉 9934	2 600	114	6. 8	10	7. 4	94. 7	14. 1	14. 5	38. 7	244. 5	7	94. 6	4	94. 6	4	100

续附表

地点	品种名称	密度（株/亩）	生育期（d）	铃重（g）	籽指（g）	第一果枝节位	株高（cm）	果枝（台/株）	株铃（个）	衣分（%）	籽棉（kg/亩）	位次	皮棉（kg/亩）	位次	霜前皮棉（kg/亩）	位次	霜前花率（%）
安阳	郑 ZZM6	3 000	115	7. 2	11	7. 0	98. 9	13. 1	16. 9	38. 4	350. 8	3	134. 7	2	131. 9	2	97. 9
安阳	鲁棉研 28	3 000	116	6. 3	10. 7	6. 2	83. 1	13. 1	16. 9	36. 8	285. 1	8	104. 9	8	103. 6	8	98. 8
安阳	中 MB9029	3 000	121	7. 6	12	6. 5	100. 9	14. 0	21. 10	38. 7	322. 8	6	125. 0	5	123. 6	5	98. 9
安阳	中棉 9101	3 000	120	8. 4	12. 2	7. 0	98. 1	13. 4	20. 0	37. 0	355. 5	2	131. 5	4	130. 2	4	99
安阳	新德棉 2 号	3 000	121	8. 3	12. 7	6. 8	96. 3	14. 1	21. 4	40. 6	324. 8	4	131. 9	3	130. 4	3	98. 9
安阳	GB814	3 000	119	7. 9	11. 9	7. 5	102. 1	14. 3	22. 5	38. 0	292. 5	7	111. 2	7	109. 8	7	98. 8
安阳	BM995	3 000	123	8. 3	12. 3	7. 2	102. 9	14. 6	22. 6	37. 6	324. 2	5	121. 9	6	120. 7	6	99
安阳	中棉 9934	3 000	124	7. 5	11. 6	6. 6	88. 1	14. 2	21. 4	39. 6	367. 2	1	145. 4	1	144. 0	1	99
南阳	郑 ZZM6	2 510	111	6. 1	11. 0	6. 1	103. 9	13. 2	24. 7	39. 6	325. 4	1	128. 7	3	114. 7	4	89
南阳	鲁棉研 28	2 510	112	6. 2	11. 5	6. 1	95. 0	14. 4	24. 0	40. 8	277. 2	8	113. 1	7	93. 8	8	83
南阳	中 MB9029	2 510	112	6. 3	11. 4	5. 8	94. 4	13. 5	26. 7	39. 9	305. 5	6	122. 1	6	112. 1	5	92
南阳	中棉 9101	2 510	112	6. 4	10. 4	6. 7	97. 3	13. 3	21. 6	39. 1	318. 3	4	124. 6	5	110. 4	6	89
南阳	新德棉 2 号	2 510	112	6. 4	11. 1	6. 3	90. 8	14. 0	23. 6	41. 2	322. 0	2	132. 5	2	116. 3	1	88
南阳	GB814	2 510	112	6. 2	10. 8	5. 9	83. 4	13. 8	16. 9	41. 5	319. 4	3	132. 6	1	115. 1	3	87
南阳	BM995	2 510	126	6. 8	10. 8	6. 2	133. 1	15. 2	31. 1	38. 7	289. 0	7	111. 9	8	101. 4	7	91
南阳	中棉 9934	2 510	125	7. 5	11. 1	6. 9	127. 4	14. 9	30. 3	40. 7	315. 0	5	128. 1	4	115. 9	2	90

续附表

地点	品种名称	密度（株/亩）	生育期（d）	铃重（g）	籽指（g）	第一果枝节位	株高（cm）	果枝（台/株）	株铃（个）	衣分（%）	籽棉（kg/亩）	位次	皮棉（kg/亩）	位次	霜前皮棉（kg/亩）	位次	霜前花率（%）
郑州	郑 ZZM6	2 510	125	7.0	11.2	6.6	121.6	15.1	31.6	41.2	361.2	1	148.9	1	135.9	1	91.3
郑州	鲁棉研 28	2 510	125	7.0	10.6	6.8	127.9	16.0	27.6	39.3	307.2	8	120.7	8	104.8	8	86.8
郑州	中 MB9029	2 510	128	7.1	11.0	6.7	124.0	15.1	30.2	41.3	327.5	6	135.3	7	123.7	5	91.5
郑州	中棉 9101	2 510	130	6.8	11.4	6.3	116.3	15.1	31.7	38.5	352.8	2	135.8	5	124.6	4	91.7
郑州	新德棉 2 号	2 510	112	6.3	11.0	6.4	120.5	15.8	30.7	42.6	323.5	7	137.8	3	123.7	6	89.8
郑州	GB814	2 510	114	7.1	11.5	7.0	120.0	15.5	28.1	40.8	342.8	3	139.8	2	128.7	2	92.1
郑州	BM995	2 510	114	6.4	11.4	6.5	118.7	16.2	31.8	40.2	337.5	4	135.7	6	126.0	3	92.8
郑州	中棉 9934	2 510	113	6.7	10.4	6.9	117.3	16.3	30.5	41.2	331.2	5	136.4	4	121.7	7	89.2
杞县	郑 ZZM6	2 535	114	7.0	11.1	6.7	116.0	16.2	30.4	42.0	350.5	5	147.0	6	140.3	5	95.4
杞县	鲁棉研 28	2 535	115	6.0	10.8	6.3	110.3	16.1	33.2	41.8	299.8	8	125.4	8	119.0	8	95.0
杞县	中 MB9029	2 535	117	6.7	11.0	6.5	118.1	14.1	24.4	42.4	349.8	6	148.4	5	137.5	6	92.7
杞县	中棉 9101	2 535	118	7.3	11.5	6.9	112.9	13.8	23.3	40.3	370.9	1	149.6	4	141.9	4	94.9
杞县	新德棉 2 号	2 535	118	7.0	11.4	6.6	110.9	14.1	24.8	43.5	365.5	3	159.1	1	153.7	1	96.6
杞县	GB814	2 535	118	6.9	10.4	7.0	113.9	14.5	23.2	41.9	366.2	2	153.3	2	146.2	2	95.4
杞县	BM995	2 535	119	7.1	11.1	6.9	109.7	14.1	24.2	41.7	362.5	4	151.1	3	143.7	3	95.1
杞县	中棉 9934	2 535	121	6.5	10.8	6.3	99.8	13.9	23.5	42.6	328.5	7	140.1	7	136.1	7	97.2

续附表

地点	品种名称	密度（株/亩）	生育期（d）	铃重（g）	籽指（g）	第一果枝节位	株高（cm）	果枝（台/株）	株铃（个）	衣分（%）	籽棉（kg/亩）	位次	皮棉（kg/亩）	位次	霜前皮棉（kg/亩）	位次	霜前花率（%）
新乡	郑 ZZM6	2 535	111	6. 1	11. 0	6. 1	103. 9	13. 2	24. 7	39. 1	292. 3	3	114. 4	6	110. 0	6	96. 27
新乡	鲁棉研 28	2 535	112	6. 2	11. 5	6. 1	95. 0	14. 4	24. 0	39. 3	266. 0	8	104. 4	8	100. 3	8	96. 02
新乡	中 MB9029	2 535	112	6. 3	11. 4	5. 8	94. 4	13. 5	26. 7	40. 5	287. 8	4	116. 6	3	114. 0	3	97. 77
新乡	中棉 9101	2 535	112	6. 4	10. 4	6. 7	97. 3	13. 3	21. 6	38. 4	309. 9	1	119. 1	2	114. 6	2	96. 27
新乡	新德棉 2 号	2 535	112	6. 4	11. 1	6. 3	90. 8	14. 0	23. 6	40. 9	281. 4	5	115. 0	5	112. 0	5	97. 38
新乡	GB814	2 535	112	6. 2	10. 8	5. 9	83. 4	13. 8	16. 9	40. 9	307. 0	2	125. 7	1	121. 0	1	96. 34
新乡	BM995	2 535	126	6. 8	10. 8	6. 2	133. 1	15. 2	31. 1	39. 0	275. 3	7	107. 3	7	104. 5	7	97. 32
新乡	中棉 9934	2 535	125	7. 5	11. 1	6. 9	127. 4	14. 9	30. 3	41. 3	281. 0	6	115. 9	4	113. 0	4	97. 37
农大	郑 ZZM6	2 535	125	7. 0	11. 2	6. 6	121. 6	15. 1	31. 6	38. 9	296. 8	1	104. 8	1	117. 8	1	87. 77
农大	鲁棉研 28	2 535	125	7. 0	10. 6	6. 8	127. 9	16. 0	27. 6	39. 7	257. 0	7	81. 8	7	98. 6	5	83. 13
农大	中 MB9029	2 535	128	7. 1	11. 0	6. 7	124. 0	15. 1	30. 2	38. 6	254. 7	8	93. 2	3	100. 0	4	91. 61
农大	中棉 9101	2 535	130	6. 8	11. 4	6. 3	116. 3	15. 1	31. 7	36. 6	266. 4	6	76. 1	8	90. 5	8	84. 71
农大	新德棉 2 号	2 535	112	6. 3	11. 0	6. 4	120. 5	15. 8	30. 7	39. 7	291. 4	2	104. 2	2	112. 8	2	89. 65
农大	GB814	2535	114	7. 1	11. 5	7. 0	120. 0	15. 5	28. 1	38. 8	274. 4	4	88. 6	5	97. 1	7	92. 24
农大	BM995	2 535	114	6. 4	11. 4	6. 5	118. 7	16. 2	31. 8	36. 9	271. 8	5	90. 4	4	97. 9	6	88. 74
农大	中棉 9934	2 535	113	6. 7	10. 4	6. 9	117. 3	16. 3	30. 5	38. 4	285. 1	3	88. 0	6	102. 4	3	87. 18

续附表

地点	品种名称	密度（株/亩）	生育期（d）	铃重（g）	籽指（g）	第一果枝节位	株高（cm）	果枝（台/株）	株铃（个）	衣分（%）	籽棉（kg/亩）	位次	皮棉（kg/亩）	位次	霜前皮棉（kg/亩）	位次	霜前花率（%）
商丘	郑 ZZM6	2 535	114	7. 0	11. 1	6. 7	116. 0	16. 2	30. 4	40. 5	275. 3	1	111. 4	1	103. 3	1	92. 7
商丘	鲁棉研 28	2 535	115	6. 0	10. 8	6. 3	110. 3	16. 1	33. 2	40. 6	242. 2	6	98. 3	5	93. 2	5	94. 8
商丘	中 MB9029	2 535	117	6. 7	11. 0	6. 5	118. 1	14. 1	24. 4	39. 4	239. 5	7	94. 4	7	88. 0	7	93. 2
商丘	中棉 9101	2 535	118	7. 3	11. 5	6. 9	112. 9	13. 8	23. 3	37. 3	260. 7	4	97. 3	6	92. 4	6	95. 0
商丘	新德棉 2 号	2 535	118	7. 0	11. 4	6. 6	110. 9	14. 1	24. 8	40. 8	264. 4	3	107. 9	2	101. 3	2	93. 9
商丘	GB814	2 535	118	6. 9	10. 4	7. 0	113. 9	14. 5	23. 2	40. 1	251. 4	5	100. 9	4	93. 4	4	92. 6
商丘	BM995	2 535	119	7. 1	11. 1	6. 9	109. 7	14. 1	24. 2	38. 6	271. 3	2	104. 7	3	96. 4	3	92. 0
商丘	中棉 9934	2 535	121	6. 5	10. 8	6. 3	99. 8	13. 9	23. 5	40. 3	225. 0	8	90. 6	8	84. 1	8	92. 8
平均	郑 ZZM6	2 588	117	6. 7	11. 1	6. 5	118. 1	14. 1	24. 4	39. 8	314. 3	1	124. 2	2	120. 2	1	94. 4
平均	鲁棉研 28	2 588	118	7. 3	11. 4	6. 9	112. 9	13. 8	23. 3	39. 6	269. 9	8	104. 7	8	100. 8	8	92. 8
平均	中 MB9029	2 588	118	7. 0	11. 5	6. 6	110. 9	14. 1	24. 8	40. 0	294. 0	7	117. 5	5	113. 5	5	95. 2
平均	中棉 9101	2 588	118	6. 9	10. 7	7. 0	113. 9	14. 5	23. 2	38. 0	310. 0	2	115. 9	6	112. 6	6	94. 5
平均	新德棉 2 号	2 588	119	7. 1	11. 2	6. 9	109. 7	14. 1	24. 2	40. 8	307. 2	3	124. 4	1	120. 2	2	94. 8
平均	GB814	2 588	121	6. 5	11. 1	6. 3	99. 8	13. 9	23. 5	40. 1	305. 7	4	120. 8	3	116. 3	3	94. 8
平均	BM995	2 588	118	6. 9	10. 7	7. 0	113. 9	14. 5	23. 2	38. 8	296. 1	5	114. 2	7	110. 6	7	95. 1
平均	中棉 9934	2 588	119	7. 1	11. 1	6. 8	110. 7	14. 0	24. 1	40. 6	295. 9	6	117. 8	4	114. 8	4	94. 8

11　2016 年河南省夏棉区域试验品种汇总总结

一、试验目的

通过河南省不同生态区多年多点试验，正确鉴定棉花新品种的丰产性、稳产性、纤维品质、抗病性、抗虫性及对环境适应能力等特性，为河南省棉花品种的审定与合理推广提供科学依据。

二、试验材料

参试品种 5 个(中棉所 50 为对照)，其中 2 个常规种，2 个杂交种，参试种子由参试单位提供，详见表 1。

表 1　2016 年河南省夏棉区域试验参试品种来源及编号

品种	编码	类型	杂交组合	供种单位	年限
鲁棉 532	1	常规	K640/ K836	山东棉花研究中心	2
银山 18	3	常规	豫 016 × 鲁棉研 19 号	河南省农业科学院经济作物研究所	1
BM16	5	杂交	BMW112 × BMW115	河南科技学院	1
CRIZ140201	2	杂交	RP24A × GKz 中杂 A49 - 668	中国农业科学院棉花研究所	1
中棉所 50	4	常规	—	山东棉花研究中心	—

三、试验承试单位和试验设计

(一)试验承试单位

河南省农业科学院经济作物研究所(李武)，中国农业科学院棉花研究所(范术丽)，河南中创种业短季棉有限公司(龚文萍)，新乡锦科棉花研究所(田土星)，黄泛区地神种业有限公司(白利明)，开封市农林科学研究院(楚宗艳)，邓州市先天下种业有限公司(李晓丽)，中国农业科学院棉花研究所植保室(朱荷琴)，农业部棉花品质监督检验测试中心(唐淑荣)。

(二)试验设计

试验按随机区组设计，3 次重复，每小区 4 ~ 6 行，小区面积≥20 m^2，周边设置不少于 4 行的保护行。

四、棉花生育期间气候特点及栽培管理

(一)气候特点

2016 年河南省气候情况是苗期天气好,气温高、少雨,趁墒播种,利于一播全苗;棉花生育中期,尤其是 7 ~ 8 月,多地出现强降雨,棉花中部落铃较多;9 月下旬至 10 月中下旬多阴雨天,影响棉花的正常吐絮与收摘晾晒。

1. 苗期

5 月下旬至 6 月初天气晴好,高温、少雨,趁墒播种,利于一播全苗;苗期光照充足,有利于苗期生长。

2. 蕾铃期

6 月下旬光照正常,降雨适宜,利于棉花生长,7 月光照充足,温度偏高,高温持续时间长,降水偏多,棉花中部落铃较多,对棉花产量和品种有一定影响,但后期棉花上部开花成铃较多,对产量有一定补偿作用。

3. 吐絮期

吐絮前,各试点降水偏少,天气晴好,光照适宜,利于棉铃吐絮和摘收;9 月下旬至 10 月中下旬多阴雨天,影响棉花的正常吐絮与收摘晾晒。

(二)栽培管理

各试点均按照当地主要栽培管理措施实行,田间管理均匀一致。密度 4 000 ~ 6 000 株/亩,前作有棉花、小麦,播期 5 月底 6 月初,播种方式为直播;防治地老虎、棉蚜、红蜘蛛、棉铃虫、盲椿象等 6 ~ 15 次,浇地 0 ~ 5 次,排水 0 ~ 3 次,化调 0 ~ 2 次,中耕除草 2 ~ 4 次;基肥为有机肥、氮、磷、钾肥等,追肥以复合肥、尿素为主。

五、试验结果

本组试验共 7 个试点,7 个试点数据经过复核,试验误差均在规定范围内,予以汇总。总变异系数 $C_V = 5.78\%$ 。

(一)早熟性

2016 年结果:各参试品种生育期 95 ~ 98 d,第一果枝节位 4.7 ~ 4.9 节,霜前花率在 89.2% ~ 91.7% 。鲁棉 532、BM16 生育期短,霜前花率高,早熟性好。

2014 年、2016 年试验结果:鲁棉 532 生育期 99 d,第一果枝节位 5.1 节,霜前花率在 93.3% ,生育期短,霜前花率高,早熟性好。

(二)主要特性

2016 年结果:各参试品种株高 77.0 ~ 85.9 cm,鲁棉 532 较低,CRIZ140201 最高;果枝数 10.6 ~ 11.3 台/株,鲁棉 532 果枝最少,CRIZ140201 果枝最多;单株结铃数 10.1 ~ 12.1 个;籽指 10.1 ~ 11.1 g。

2014 年、2016 年试验结果:鲁棉 532 株高 74.3 cm,果枝数 10.4 台/株,单株结铃数 10.4 个,铃重 6.0 g,籽指 10.6 g(见表 2)。

表 2　2016 年河南省夏棉区域试验品种农艺性状

品种	年份	编号	生育期(d)	第一果枝节位	株高(cm)	果枝(台/株)	株铃(个)	铃重(g)	籽指(g)	霜前花率(%)
鲁棉 532	2016	1	97	4.8	77.1	10.6	10.1	5.8	11.1	91.7
	2014	6	100	5.4	71.5	9.7	10.7	6.1	10.0	94.9
	平均	1	99	5.1	74.3	10.2	10.4	6.0	10.6	93.3
CRIZ140201	2016	2	98	4.7	85.9	11.3	12.1	5.8	10.7	89.5
银山 18	2016	3	98	4.7	81.7	10.9	11.8	5.1	10.1	89.2
中棉所 50	2016	4	96	4.9	77.0	10.8	10.1	5.4	11.0	91.5
BM16	2016	5	95	4.8	73.2	11.1	11.0	5.4	10.3	91.1

(三)小区皮棉产量统计分析

皮棉产量方差分析表明:品种间、品种和地点互作效应均达极显著差异,说明需要进行品种稳定性分析,并对各品种皮棉总产进行多重比较,以便确定表现优异的品种(见表 3)。

表 3　2016 年河南省夏棉区域试验品种方差分析(C_V = 5.78%)

变异来源	df	SS	MS	F	Prob.
地点内区组	14	1.055	0.075	3.496**	0.000 4
地点	6	19.999	3.333	154.603**	0.000 1
品种	4	4.212	1.053	48.838**	0.000 1
品种×地点	24	3.970	0.165	7.673**	0.00 01
试验误差	56	1.207	0.022		
总的	104	30.444			

参试的 4 个品种皮棉产量品种间差异显著(见表 4)。4 个品种均比对照中棉所 50 增产极显著。

表 4　品种间皮棉产量多重比较

品种	编码	均值	$LSR_{0.05}$	$LSR_{0.01}$
CRIZ140201	2	2.843	a	A
银山 18	3	2.653	b	B
BM16	5	2.545	c	BC
鲁棉 532	1	2.445	d	C
中棉所 50	4	2.245	e	D

(四)品种稳定性分析

参试的 4 个品种在各试点的适应性有差异,CRIZ140201 在各点适应性、稳定性综合评价很好；银山 18 和 BM16 适应性、稳定性综合评价好、较好；鲁棉 532 适应性、稳定性一般，中棉所 50 较差（见表 5）。

表 5　品种皮棉产量稳定性分析

品种	编号	丰产性参数	稳定性参数				适应地区	评价综合
		产量（kg/小区）	效应	方差	变异度	回归系数		
CRIZ140201	2	2.843	0.297	0.041	7.083	0.972	E1～E7	很好
银山 18	3	2.653	0.107	0.057	8.974	1.288	E1～E7	好
BM16	5	2.545	－0.001	0.052	8.993	1.206	E1～E7	较好
鲁棉 532	1	2.445	－0.102	0.049	9.076	0.801	E1～E7	一般
中棉所 50	4	2.245	－0.301	0.022	6.563	0.733	E1～E7	较差

（五）品种产量

2016 年产量结果：籽棉亩产 205.7～256.1 kg，较对照中棉所 50 增产 0.0%～24.5%；皮棉亩产 81.5～94.8 kg，较对照中棉所 50 增产 8.9%～26.6%；霜前皮棉亩产 75.2～84.9 kg，较对照中棉所 50 增产 9.2%～23.4%；衣分 37.0%～41.2%。

2014 年、2016 年平均结果：鲁棉 532 籽棉亩产 214.9 kg，较对照中棉所 50 增产 7.4%；皮棉亩产 85.4 kg，较对照中棉所 50 增产 9.0%；霜前皮棉亩产 80.0 kg，较对照中棉所 50 增产 9.2%；衣分 39.8%（见表 6）。

表 6　2016 年夏棉区域试验品种产量性状

品种	年份	编号	籽棉		位次	皮棉		位次	霜前皮棉		位次	衣分（%）
			kg/亩	±CK%		kg/亩	±CK%		kg/亩	±CK%		
鲁棉 532	2016	1	217.5	5.8	3	81.5	8.9	4	75.2	9.2	4	37.7
	2014	6	212.2	9.0	3	89.3	9.2	4	84.7	9.2	4	42.0
	平均	1	214.9	7.4		85.4	9.0		80.0	9.2		39.8
CRIZ140201	2016	2	256.1	24.5	1	94.8	26.6	1	84.9	23.4	1	37.0
银山 18	2016	3	224.5	9.2	2	88.4	18.2	2	79.1	14.9	2	39.1
中棉所 50	2016	4	205.7	0.0	4	74.8	0.0	5	68.8	0.0	5	36.4
BM16	2016	5	205.7	0.0	5	84.8	13.4	3	78.5	14.0	3	41.2

（六）抗病性

抗病性鉴定由中国农业科学院棉花研究所植保室按全国统一病情分级标准，以感病对照冀棉 11 病株率达 80%，或病指达 50 左右结果进行品种（系）的抗性评定（见表 7）。

2016 年鉴定结果：鲁棉 532 和银山 18 高抗枯萎病，BM16 抗枯萎病，CRIZ140201 感枯萎病；鲁棉 532 和 CRIZ140201 耐黄萎病，银山 18、中棉所 50 和 BM16 均感黄萎病。

2014 年、2016 年结果：鲁棉 532 高抗枯萎病，耐黄萎病。

表 7　2016 年河南省夏棉区域试验品种枯、黄萎病鉴定结果

品种	年份	编号	枯萎病			黄萎病		
			病株率（%）	病指	反应型	病株率（%）	病指	反应型
鲁棉 532	2016	1	4.7	0.9	HR	71.3	32.3	T
	2014	6	2.4	0.8	HR	46.1	28.5	T
	平均	1	4.7	0.9	HR	71.3	32.3	T
CRIZ140201	2016	2	53.1	21.9	S	64.4	32.6	T
银山 18	2016	3	13.5	2.1	HR	69.9	37.3	S
中棉所 50	2016	4	5.6	2.1	HR	74.0	40.9	S
BM16	2016	5	27.9	5.4	R	77.1	45.6	S
冀棉 11（SCK）			80.0	50	S	80.0	50.0	S
中植棉 2 号（RCK）			26.2	10	R	57.8	22.2	T

注：HR：高抗；R：抗病；T：耐病；S：感病。

（七）纤维品质

纤维品质由农业部棉花纤维品质检测中心分析（见表 8）。

表 8　河南省夏棉区域试验品种品质检测结果

品种	年份	编号	长度（mm）	整齐度指数（%）	断裂比强度（cN/tex）	马克隆值	伸长率（%）	反射率（%）	黄度	纺纱均匀指数
鲁棉 532	2016	1	30.5	84.5	31.9	4.9	5.6	78.3	7.7	147.7
	2014	6	30.4	86.1	30.8	4.9	6.5	79.4	7.4	152.3
	平均	1	30.4	85.3	31.4	4.9	6.0	78.9	7.5	150.0
CRIZ140201	2016	2	29.9	84.0	33.0	4.5	5.2	79.6	7.6	151.8
银山 18	2016	3	29.6	84.7	32.4	4.8	5.4	78.8	7.8	149.5
中棉所 50	2016	4	29.5	84.5	32.2	4.9	5.5	79.2	7.7	146.5
BM16	2016	5	25.9	83.6	29.9	5.4	5.7	76.9	8.1	122.8

2016 年结果：纤维上半部平均长度 25.9 ~ 30.5 mm，断裂比强度 29.9 ~ 33.0 cN/tex，马克隆值 4.5 ~ 5.4，鲁棉 532、CRIZ140201、银山 18 纤维品质协调一致。BM16 纤维短粗。

2014 年、2016 年结果：2 年参试品种鲁棉 532 纤维上半部平均长度 30.4 mm，断裂比强度 31.4 cN/tex，马克隆值 4.9，纤维品质较优。

六、品种评述

（一）鲁棉 532

特征特性：该品种出苗较好，前中期长势强健，后期长势稳；植株筒形，稍松散，茎秆茸毛稀；叶片较大，叶色深绿，叶功能一般；铃卵圆形，中等大小，结铃性较强，吐絮好；高抗枯萎病（枯萎病指 0.9），耐黄萎病（黄萎病指 32.3）。

2014 年试验结果：8 点汇总，皮棉总产 7 点增产，1 点减产，增产点率 87.5%；平均亩产籽棉、皮棉和霜前皮棉分别为 212.2 kg、89.3 kg 和 84.7 kg，比对照中棉所 50 增产 9.0%、9.2% 和 9.2%，分居夏棉 10 个参试品种第 3、4、4 位。HVICC 纤维上半部长度 30.4 mm，断裂比强度 30.8 cN/tex，马克隆值 4.9，伸长率 6.5%，反射率 79.4%，黄度 7.4，整齐度指数 86.1%，纺纱均匀指数 152.3。

2016 年试验结果：7 点汇总，皮棉总产 6 点增产，1 点减产，增产点率 85.7%；平均亩产籽棉、皮棉和霜前皮棉分别为 217.5 kg、81.5 kg 和 75.2 kg，分别比对照中棉所 50 增产 5.8%、8.9% 和 9.2%，分居夏棉 5 个参试品种第 3、4、4 位。HVICC 纤维上半部长度 30.5 mm，断裂比强度 31.9 cN/tex，马克隆值 4.9，伸长率 5.6%，反射率 78.3%，黄度 7.7，整齐度指数 84.5%，纺纱均匀指数 147.7。

2014 年、2016 年该品种平均生育期 99 d，株高 74.3 cm，第一果枝节位 5.1 节，果枝数 10.2 台/株，单株结铃 10.4 个，单铃重 6.0 g，籽指 10.6 g，衣分 39.8%，霜前花率 93.3%。HVICC 纤维上半部长度 30.4 mm，断裂比强度 31.4 cN/tex，马克隆值 4.9，伸长率 6.0%，反射率 78.9%，黄度 7.5，整齐度指数 85.3%，纺纱均匀指数 150.0。平均亩产籽棉、皮棉和霜前皮棉分别为 214.9 kg、85.4 kg 和 80.0 kg，分别比对照中棉所 50 增产 7.4%、9.0% 和 9.2%。

建议生产试验。

（二）CRIZ140201

2016 年试验结果：该品种出苗较好，长势好，整齐度好；株型塔形，紧凑，茎秆茸毛稀；叶色浅绿；铃圆形，中等大小，结铃性强，吐絮较畅；感枯萎病（枯萎病指 21.9），耐黄萎病（黄萎病指 32.6）。生育期 98.0 d，株高 85.9 cm，第一果枝节位 4.7 节，果枝数 11.3 台/株，单株结铃 12.1 个，单铃重 5.8 g，籽指 10.7 g，衣分 37.0%，霜前花率 89.5%。7 点汇总，皮棉总产 7 点均增产，增产点率 100%；平均亩产籽棉、皮棉和霜前皮棉分别为 256.1 kg、94.8 kg 和 84.9 kg，分别比对照中棉所 50 增产 24.5%、26.6% 和 23.4%，均居夏棉 5 个参试品种第 1 位。HVICC 纤维上半部长度 29.9 mm，断裂比强度 33.0 cN/tex，马克隆值 4.5，伸长率 5.2%，反射率 79.6%，黄度 7.6，整齐度指数 84.0%，纺纱均匀指数 151.8。

终止试验。

（三）银山 18

2016 年试验结果：该品种出苗较好，长势和整齐度较好；株型塔形，较松散，茎秆茸毛稀；叶片较小，清秀，叶色深绿；铃卵圆形，结铃性强，吐絮畅；高抗枯萎病（枯萎病指 2. 1），感黄萎病（黄萎病指 37. 3）。生育期 98. 0 d，株高 81. 7 cm，第一果枝节位 4. 7 节，单株果枝数 10. 9 台，单株结铃 11. 8 个，单铃重 5. 1 g，籽指 10. 1 g，衣分 39. 1%，霜前花率 89. 2%。7 点汇总，皮棉总产 6 点增产，1 点减产，增产点率 85. 7%；平均亩产籽棉、皮棉和霜前皮棉分别为 224. 5 kg、88. 4 kg 和 79. 1 kg，分别比对照中棉所 50 增产 9. 2%、18. 2% 和 14. 9%，均居夏棉 5 个参试品种第 2 位。HVICC 纤维上半部长度 29. 6 mm，断裂比强度 32. 4 cN/tex，马克隆值 4. 8，伸长率 5. 4%，反射率 78. 8%，黄度 7. 8，整齐度指数 84. 7%，纺纱均匀指数 149. 5。

终止试验。

（四）BM16

2016 年试验结果：该品种出苗一般，前期长势一般，中期长势较强；株型较松散，塔形，茎秆茸毛稀，叶色深绿，铃圆形，中等大小，结铃性较好，吐絮好；抗枯萎病（枯萎病指 5. 4），感黄萎病（黄萎病指 45. 6）。生育期 95 d，株高 73. 2 cm，第一果枝节位 4. 8 节，果枝数 11. 1 台/株，单株结铃 11. 0 个，单铃重 5. 4 g，籽指 10. 3 g，衣分 41. 2%，霜前花率 91. 1%。7 点汇总，皮棉总产 6 点增产，1 点减产，增产点率 85. 7%；平均亩产籽棉、皮棉和霜前皮棉分别为 205. 7 kg、84. 8 kg 和 78. 5 kg，分别比对照中棉所 50 增产 0. 0%、13. 4% 和 14. 0%，分居夏棉 5 个参试品种第 5、3、3 位。HVICC 纤维上半部长度 25. 9 mm，断裂比强度 29. 9 cN/tex，马克隆值 5. 4，伸长率 5. 7%，反射率 76. 9%，黄度 8. 1，整齐度指数 83. 6%，纺纱均匀指数 122. 8。

终止试验。

附表一　2016 年河南省夏棉区域试验品种农艺性状表

品种	试点	播－苗(d)	苗－花(d)	花－絮(d)	生育期(d)	全生育期(d)	第一果枝节位	株高(cm)	果枝(台/株)	株铃(个)	铃重(g)	籽指(g)	亩株数(株/亩)
鲁棉 532	安阳	6	50	54	104	110	5.4	59.0	9.7	8.9	6.1	9.4	4 869
	新乡	7	46	55	101	108	4.1	62.5	8.2	9.0	5.4	10.9	5 766
	中创	5	48	51	99	104	5.4	89.2	11.0	10.8	6.4	11.3	4 504
	原阳	5	49	54	103	108	3.5	68.4	10.6	9.1	5.8	11.3	4 626
	黄泛区	6	49	51	100	106	5.4	87.6	9.5	8.8	5.0	12.3	5 883
	开封	6	41	46	87	93	5.0	83.1	11.6	9.0	4.9	10.2	5 016
	邓州	8	43	45	88	96	4.8	89.8	13.7	15.0	6.8	12.5	3 500
	平均	6	47	51	97	104	4.8	77.1	10.6	10.1	5.8	11.1	4 881
CRIZ140201	安阳	6	51	55	106	112	5.6	66.6	10.8	10.2	5.9	10.0	4 986
	新乡	7	47	56	103	110	3.9	65.0	8.1	10.0	5.7	10.4	5866
	中创	5	49	51	100	105	5.2	99.5	12.1	12.6	6.3	11.0	4 210
	原阳	5	47	53	100	105	3.5	88.4	12.2	13.4	5.8	10.0	4 609
	黄泛区	6	50	49	99	105	5.4	92.3	10.3	9.3	4.9	11.6	5 966
	开封	6	41	49	90	96	4.9	81.0	11.2	10.4	5.0	9.9	5 048
	邓州	7	44	42	86	93	4.4	108.7	14.2	18.8	6.8	11.7	3 500
	平均	6	47	51	98	104	4.7	85.9	11.3	12.1	5.8	10.7	4 884

续附表一

品种	试点	播－苗 (d)	苗－花 (d)	花－絮 (d)	生育期 (d)	全生育期 (d)	第一果枝节位	株高 (cm)	果枝 (台/株)	株铃 (个)	铃重 (g)	籽指 (g)	亩株数 (株/亩)
银山 18	安阳	6	52	51	103	109	5.3	69.6	10.5	9.9	5.2	9.1	4 936
	新乡	7	47	54	101	108	4.0	62.4	7.5	9.4	4.6	9.2	5 949
	中创	5	48	51	99	104	5.2	85.0	10.3	10.6	5.6	10.6	4 678
	原阳	5	46	52	98	103	3.3	81.9	12.3	13.8	5.0	8.9	4 524
	黄泛区	6	50	49	99	105	5.2	87.9	10.2	9.8	4.6	11.1	6 083
	开封	6	40	56	96	102	5.0	76.1	11.3	11.0	4.6	10.2	5 048
	邓州	7	45	42	87	94	4.6	108.8	14.3	17.8	5.9	11.3	3 500
	平均	6	47	51	98	104	4.7	81.7	10.9	11.8	5.1	10.1	4 960
中棉所 50	安阳	6	50	54	104	110	5.6	63.1	10.9	9.2	5.6	9.4	4 902
	新乡	7	46	56	102	109	4.1	67.0	8.0	11.0	5.2	10.3	5 916
	中创	5	47	52	99	104	5.6	82.5	10.6	11.0	6.0	11.4	4 482
	原阳	5	47	54	101	106	3.6	74.8	12.0	9.5	5.4	10.2	4 728
	黄泛区	6	50	48	98	104	5.5	79.9	10.2	8.3	4.8	12.4	6 183
	开封	6	40	45	85	91	4.8	71.5	10.8	7.7	4.8	10.3	5 048
	邓州	7	43	43	86	93	5.1	100.2	13.0	14.1	6.3	12.9	3 500
	平均	6	46	50	96	102	4.9	77.0	10.8	10.1	5.4	11.0	4 966

续附表一

品种	试点	播－苗(d)	苗－花(d)	花－絮(d)	生育期(d)	全生育期(d)	第一果枝节位	株高(cm)	果枝(台/株)	株铃(个)	铃重(g)	籽指(g)	亩株数(株/亩)
BM16	安阳	6	51	50	101	107	5.7	58.7	10.8	9.3	5.3	9.7	4 986
	新乡	7	46	54	100	107	3.6	55.1	7.9	9.3	5.2	10.4	5 666
	中创	5	48	51	99	104	5.8	81.5	11.8	10.9	6.4	10.8	4 574
	原阳	5	48	51	99	104	3.4	66.3	11.8	12.3	4.9	9.3	4 592
	黄泛区	6	50	49	99	105	5.1	85.9	10.0	8.6	4.5	11.1	6 233
	开封	7	39	45	84	91	5.1	76.8	10.9	9.7	5.1	10.2	5 016
	邓州	7	44	41	85	92	5.0	87.8	14.5	16.6	6.3	10.9	3 500
	平均	6	47	49	95	101	4.8	73.2	11.1	11.0	5.4	10.3	4 938

附表二　2016 年河南省夏棉区域试验品种产量性状表

名称	地点	总籽棉（kg/亩）	± CK%	位次	皮棉（kg/亩）	± CK%	位次	霜前皮棉（kg/亩）	± CK%	位次	霜前花率（%）	衣分（%）
鲁棉 532	安阳	237.0	13.5	2	90.0	20.4	4	82.7	28.6	3	91.9	38.0
	新乡	235.3	15.6	2	93.7	22.4	1	82.8	19.5	1	88.4	39.8
	中创	248.4	4.3	4	95.2	9.8	4	89.4	12.2	4	93.9	38.3
	原阳	145.4	-5.4	4	57.5	1.6	3	42.3	-1.7	4	73.6	39.5
	黄泛区	188.9	3.0	3	66.5	6.7	3	66.5	6.7	3	100.0	35.2
	开封	202.1	1.1	5	83.7	7.1	5	83.7	7.1	5	100.0	41.4
	邓州	265.4	5.2	3	83.9	-5.6	5	78.7	-7.3	5	93.8	31.6
	平均	217.5			81.5			75.2			91.7	37.7
CRIZ140201	安阳	303.7	45.5	1	112.5	50.4	1	96.6	50.1	1	85.9	37.0
	新乡	241.2	18.5	1	92.2	20.4	2	75.9	9.6	2	82.4	38.2
	中创	288.9	21.3	1	106.9	23.3	1	97.3	22.1	1	91.0	37.0
	原阳	209.9	36.5	1	78.5	38.6	1	56.3	30.7	1	71.7	37.4
	黄泛区	209.2	14.1	1	68.8	10.4	2	68.8	10.4	2	100.0	32.9
	开封	236.1	18.1	2	93.7	19.9	4	93.7	19.9	3	100.0	39.7
	邓州	303.9	20.5	1	110.9	24.9	2	105.8	24.7	2	95.4	36.5
	平均	256.1			94.8			84.9			89.5	37.0
银山 18	安阳	236.8	13.4	3	91.1	21.8	3	72.8	13.1	4	79.9	38.5
	新乡	210.4	3.4	3	85.0	11.1	3	74.3	7.3	3	87.4	40.4
	中创	270.3	13.5	2	106.0	22.3	2	92.3	15.9	3	87.1	39.2
	原阳	167.3	8.8	2	65.5	15.6	2	49.7	15.4	2	76.0	39.1
	黄泛区	174.7	-4.7	5	58.2	-6.7	5	58.2	-6.7	5	100.0	33.3
	开封	223.2	11.7	3	94.9	21.4	3	93.0	18.9	4	98.0	42.5
	邓州	288.9	14.5	2	118.4	33.4	1	113.4	33.6	1	95.8	41.0
	平均	224.5			88.4			79.1			89.2	39.1

续附表二

名称	地点	总籽棉（kg/亩）	± CK%	位次	皮棉（kg/亩）	± CK%	位次	霜前皮棉（kg/亩）	± CK%	位次	霜前花率（%）	衣分（%）
中棉所 50	安阳	208.8	0.0	5	74.8	0.0	5	64.4	0.0	5	86.1	35.8
	新乡	203.6	0.0	4	76.5	0.0	5	69.3	0.0	5	90.5	37.6
	中创	238.1	0.0	5	86.7	0.0	5	79.7	0.0	5	91.9	36.4
	原阳	153.7	0.0	3	56.6	0.0	4	43.1	0.0	3	76.1	36.8
	黄泛区	183.3	0.0	4	62.3	0.0	4	62.3	0.0	4	100.0	34.0
	开封	199.9	0.0	6	78.2	0.0	6	78.2	0.0	6	100.0	39.1
	邓州	252.3	0.0	4	88.8	0.0	4	84.9	0.0	4	95.6	35.2
	平均	205.7			74.8			68.8			91.5	36.4
BM16	安阳	211.7	1.4	4	91.3	22.1	2	83.0	28.9	2	90.9	43.1
	新乡	202.8	-0.4	5	81.9	7.0	4	71.0	2.5	4	86.6	40.4
	中创	251.4	5.6	3	103.6	19.5	3	95.9	20.3	2	92.5	41.2
	原阳	112.2	-27.0	5	46.8	-17.4	5	34.2	-20.6	5	73.1	41.7
	黄泛区	199.2	8.7	2	71.7	15.1	1	71.7	15.1	1	100.0	36.0
	开封	223.1	11.6	4	98.6	26.2	2	98.1	25.5	2	99.5	44.2
	邓州	239.2	-5.2	5	100.0	12.6	3	95.4	12.3	3	95.4	41.8
	平均	205.7			84.8			78.5			91.1	41.2

附表三　2016 年河南省夏棉区域试验品种纤维品质性状表

品种	地点	长度（mm）	整齐度指数（%）	断裂比强度（cN/tex）	马克隆值	伸长率（%）	反射率（%）	黄度	纺纱均匀指数
鲁棉 532	开封	30.1	85.7	29.0	5.1	6.0	78.2	7.3	141.0
	新乡	30.5	84.0	33.1	4.4	5.8	80.9	7.7	155.0
	黄泛区	29.7	83.9	32.3	4.6	5.3	80.0	8.2	149.0
	邓州	30.9	85.6	34.9	5.3	6.1	78.3	8.0	159.0
	中创	32.0	83.5	30.3	5.2	5.2	75.3	7.5	136.0
	安阳	30.0	84.2	31.9	4.7	5.4	76.8	7.4	146.0
	平均	30.5	84.5	31.9	4.9	5.6	78.3	7.7	147.7

续附表三

品种	地点	长度（mm）	整齐度指数（%）	断裂比强度（cN/tex）	马克隆值	伸长率（%）	反射率（%）	黄度	纺纱均匀指数
CRIZ140201	开封	30.4	84.6	30.8	4.8	5.6	79.8	6.9	146.0
	新乡	29.6	81.3	30.5	4.1	5.8	80.5	7.6	135.0
	黄泛区	29.1	84.4	33.3	4.3	4.8	80.6	8.1	155.0
	邓州	29.3	84.9	36.4	4.8	5.1	81.6	8.1	164.0
	中创	31.1	83.8	35.5	4.4	4.9	76.6	7.6	159.0
	安阳	29.9	85.1	31.2	4.4	5.1	78.5	7.2	152.0
	平均	29.9	84.0	33.0	4.5	5.2	79.6	7.6	151.8
银山18	开封	30.9	85.8	32.5	4.8	5.8	78.5	7.4	157.0
	新乡	29.8	84.6	30.5	4.6	6.5	80.3	7.8	146.0
	黄泛区	28.9	82.9	31.4	4.0	4.9	80.5	8.3	145.0
	邓州	29.5	84.7	34.9	5.2	4.7	78.7	8.1	153.0
	中创	30.3	86.4	34.5	5.0	5.4	77.1	7.6	162.0
	安阳	28.4	83.5	30.8	5.0	4.9	77.5	7.8	134.0
	平均	29.6	84.7	32.4	4.8	5.4	78.8	7.8	149.5
中棉所50（对照）	开封	29.2	86.5	35.2	5.5	4.5	78.4	7.5	158.0
	新乡	30.4	83.5	30.6	4.4	6.4	81.1	7.5	145.0
	黄泛区	29.9	83.5	33.2	4.4	5.0	80.6	8.0	152.0
	邓州	30.1	84.7	34.0	5.2	5.1	81.0	8.2	153.0
	中创	27.4	84.3	29.1	5.6	5.7	75.5	7.8	125.0
	安阳	30.0	84.2	30.8	4.5	6.2	78.4	7.2	146.0
	平均	29.5	84.5	32.2	4.9	5.5	79.2	7.7	146.5
BM16	开封	24.6	83.7	27.6	5.9	5.6	76.1	7.5	109.0
	新乡	25.7	83.1	30.0	5.0	6.5	78.6	8.4	125.0
	黄泛区	24.7	82.5	31.1	4.9	5.3	77.0	8.8	124.0
	邓州	25.2	83.6	34.3	5.9	5.3	77.6	8.4	131.0
	中创	30.3	84.6	27.6	5.1	5.7	75.3	7.4	131.0
	安阳	24.7	84.3	29.0	5.8	5.7	76.8	8.3	117.0
	平均	25.9	83.6	29.9	5.4	5.7	76.9	8.1	122.8

12　2016 年河南省春棉生产试验品种汇总总结

一、试验目的

通过试验，进一步鉴定河南省春棉新品种的丰产性、稳定性、适应性、纤维品质和综合表现，客观评价参试品种特性与生产利用价值，为优良棉花新品种在河南省的审定和推广提供科学依据。

二、参试品种及承试单位

参试品种 7 个，除中杂 306 为杂交春棉外，其他品种均为常规春棉品种，对照品种为鲁棉研 28，承担试验的单位共 8 个，参试品种名称、试验年限、供种单位、承试单位见表 1。

表 1　2016 年生产试验参试品种和承试点

编码	品种	年限	类型	品种来源	供种单位	承试点
1	豫棉 54	3	常规	（豫 668 × R065）× 银山 8 号	河南省农业科学院经济作物研究所	中国农业科学院棉花研究所、杞县棉花原种厂、河南农业大学、河南省农业科学院植物保护研究所、许昌市农科所、河南黄泛区地神种业有限公司、南阳市农业科学院、商丘睢阳区科研所
2	豫农棉 31	3	常规	ym9822 ×（GK12 选系 × 郑 319）	河南农业大学农学院	
3	许抗棉 1 号	3	常规	豫杂 35 × 许选 2 号	许昌市农业科学研究所	
4	鲁棉 418	3	常规	鲁 735 × 鲁 401	山东棉花研究中心 新疆锦棉种业科技公司	
5	锦 K113	3	常规	T138 × 科能 0568 后代系选	南京木锦基因工程有限公司	
6	汴棉 21	3	常规	汴棉 331 ×2704 －9	开封市农林科学研究院	
7	中杂 306	3	杂交	鲁棉研 21 号 ×318	中棉种业科技股份有限公司	

三、试验概况

（一）试验设计

按国家区域试验方案的要求，结合河南省区域试验实际情况，统一制订试验方案，严格田间设计、记载、管理、统计标准，确保试验的客观公正性；试验重复两次，随机排列，小区面积 150 m^2，每小区 6 ~ 10 行；重复间设走道，四周设 3 行保护行；种植密度 1 800 ~

3 500株/亩(按当地种植方式酌情合理稀植)。

(二)田间管理

根据试验方案要求,各承担试点单位由专职技术人员负责此项工作,从田间设计、观察、管理、数据的记载都严格按方案的要求进行;各点均选择前茬作物一致,地面平整,肥力均匀,灌溉排水便利的地块作为试验田,直播田和育苗移栽田出现缺苗及时查苗补缺,按密度要求补全苗保证一播全苗;田间管理水平应略高于大田生产水平,同一区组内肥水管理、病虫害防治、化调、打顶、收花等同一项管理措施均在同一天完成。

(三)气象因素对棉花生产的影响

2016 年,河南省气候情况是苗期低温寡照,棉苗生长缓慢;棉花生育中期,尤其是 7 ~ 8 月,多地出现强降雨,棉花中部落铃较多;9 月下旬至 10 月中下旬多阴雨天,影响棉花的正常吐絮与收摘晾晒。

1. 苗期

4 月下旬至 5 月中上旬,气温较往年偏低,降雨量正常,日照偏少,棉苗生长缓慢,苗期病害偏重;5 月下旬至 6 月初河南天气以多云为主,高温、干旱,影响棉苗生长。

2. 蕾铃期

6 月中下旬光照正常、降雨适宜,利于棉花生长,7 月光照充足,温度偏高,高温持续时间长,降水偏多,棉花中部落铃较多,对棉花产量和品种有一定影响,但后期棉花上部开花成铃较多,对产量有一定补偿作用。

3. 吐絮期

吐絮前,各试点降水偏少,天气晴好,光照适宜,利于棉铃吐絮和摘收;9 月下旬至 10 月中下旬多阴雨天,影响棉花的正常吐絮与收摘晾晒。

四、试验结果

(一)汇总情况

试验点共 8 个,8 个点经田间考察质量良好,数据调查、记载能严格按方案执行,年终报告经审核符合试验要求,参与汇总。抗病鉴定单位:中国农业科学院棉花研究所植保室;抗虫鉴定单位:中国农业科学院生物技术研究所;纤维品质分析单位:农业部棉花品质监督检验测试中心。

(二)农艺性状

参试品种的农艺性状主要包括生育期、株高、第一果枝节位、单株铃数、果枝数、铃重、衣分、籽指等(见表 2),来源于 8 个试点统计结果的平均数。结果表明,参试品种的生育期在 116 ~121 d 之间,株高 106. 8 ~129. 3 cm,单株果枝数 13. 6 ~15. 0 台,铃重 6. 1 ~6. 6 g,衣分 40. 0% ~41. 0% 。

(三)产量性状

2016 年生产试验产量结果:籽棉亩产 272. 8 ~295. 0 kg,较对照鲁棉研 28 增产 5. 8% ~ 14. 4% ;皮棉亩产 111. 3 ~117. 9 kg,较对照鲁棉研 28 增产 6. 0% ~12. 2% ;霜前皮棉亩产 103. 3 ~112. 4 kg,较对照鲁棉研 28 增产 4. 0% ~13. 1% ;衣分 40. 0% ~41. 0% (见表 3)。

表 2　2016 年河南省春棉生产试验品种农艺性状

品种	生育期(d)	全生育期(d)	第一果枝节位	株高(cm)	果枝(台/株)	株铃(个)	铃重(g)	籽指(g)
豫农棉 31	118	128	6.2	122.0	14.9	22.7	6.4	11.4
鲁 418	118	128	6.7	129.3	13.8	21.8	6.4	11.5
锦 K113	117	126	6.1	118.5	15.1	23.6	6.1	10.7
汴棉 21	118	128	6.5	121.2	14.6	23.2	6.6	11.3
许抗 1 号	118	128	6.5	120.0	14.8	22.1	6.3	11.2
豫棉 54	116	126	6.3	106.8	13.6	22.5	6.4	11.8
中杂 306	118	127	6.4	123.2	14.7	22.5	6.4	11.8
鲁棉研 28	121	131	6.6	115.3	15.0	20.9	6.4	11.1

表 3　2016 年河南省春棉生产试验品种产量性状

品种	籽棉		位次	皮棉		位次	霜前皮棉		位次	霜前花率(%)	衣分(%)
	kg/亩	±CK%		kg/亩	±CK%		kg/亩	±CK%			
豫农棉 31	280.6	8.8	3	113.1	7.7	3	108.2	9.0	4	95.6	40.3
鲁 418	272.8	5.8	7	111.3	6.0	7	103.3	4.0	7	92.7	40.8
锦 K113	284.8	10.4	2	116.3	10.7	2	109.3	10.0	2	93.9	40.8
汴棉 21	277.0	7.4	4	112.4	7.0	6	106.5	7.2	5	94.7	40.5
许抗棉 1 号	274.6	6.5	6	112.7	7.3	4	106.3	7.0	6	94.0	41.0
豫棉 54	274.7	6.5	5	112.5	7.1	5	108.5	9.2	3	96.4	40.9
中杂 306	295.0	14.4	1	117.9	12.2	1	112.4	13.1	1	95.3	40.0
鲁棉研 28	257.9	0.0	8	105.0	0.0	8	99.3	0.0	8	94.5	40.7

五、试验品种评述

（一）豫农棉 31

出苗较好，苗齐，整个生育期长势较好，整齐度较好；植株塔形，稍松散；叶片掌状，缺刻深，叶色绿；铃卵圆形，较大有钝尖，结铃性好，吐絮畅；抗枯萎病（枯萎病指 7.0），耐黄萎病(黄萎病指 29.5);抗虫株率 100%,Bt 蛋白表达量 347.5 ng/g。

2014 年试验结果:9 点汇总,皮棉总产 6 点增产,3 点减产,增产点率 66.7%;平均亩产籽棉、皮棉和霜前皮棉分别为 259.0 kg、107.0 kg 和 104.2 kg,比对照鲁棉研 28 增产 6.2%、4.4%和 5.1%,分居春棉 14 个参试品种第 6、9、9 位。HVICC 纤维上半部长度 28.7 mm,断裂比强度 30.5 cN/tex,马克隆值 5.4,伸长率 6.7%,反射率 76.2%,黄度 7.7,整齐度指数 85.6%,纺纱均匀指数 138.7。

2015 年试验结果:8 点汇总,皮棉总产 7 点增产,1 点减产,增产点率 87.5%;平均亩产籽棉、皮棉和霜前皮棉分别为 295.9 kg、121.4 kg 和 113.4 kg,比对照鲁棉研 28 增产 10.3%、9.1%和 12.5%,分居春棉 13 个参试品种第 6、8、5 位。HVICC 纤维上半部长 28.3 mm,断裂比强度 31.5 cN/tex,马克隆值 5.5,伸长率 8.2%,反射率 76.2%,黄度 7.9,整齐度指数 85.4%,纺纱均匀指数 140.0。

2014~2015 年该品种平均生育期 113 d,株高 105.0 cm,第一果枝节位 6.6 节,单株果枝数 13.8 台,单株结铃 21.6 个,单铃重 6.5 g,籽指 10.8 g,衣分 41.4%,霜前花率 95.5%。HVICC 纤维上半部长度 28.5 mm,断裂比强度 31.0 cN/tex,马克隆值 5.5,伸长率 7.4%,反射率 76.2%,黄度 7.8,整齐度指数 85.5%,纺纱均匀指数 139.3。平均亩产籽棉、皮棉和霜前皮棉分别为 277.4 kg、114.2 kg 和 108.8 kg,分别比对照鲁棉研 28 增产 8.2%、6.7%和 8.8%。

2016 年生产试验结果:8 点汇总,皮棉总产 8 点均增产,增产点率 100%;平均亩产籽棉、皮棉和霜前皮棉分别为 280.6 kg、113.1 kg 和 108.2 kg,比对照鲁棉研 28 增产 8.8%、7.7%和 9.0%,分居春棉 8 个参试品种第 3、3、4 位。

完成试验程序。

(二)鲁棉 418

特征特性:出苗较好,整个生育期长势较强,整齐度较好;株型塔形,较松散,茎秆茸毛较少;叶片掌状,中等大小,叶色绿;铃卵圆形,中等大小,有钝尖,结铃性一般,吐絮畅且集中;高抗枯萎病(枯萎病指 2.8),耐黄萎病(黄萎病指 27.9);抗虫株率 100%,Bt 蛋白表达量 211.5 ng/g。

2014 年试验结果:9 点汇总,皮棉总产 8 点增产,1 点减产,增产点率 88.9%;平均亩产籽棉、皮棉和霜前皮棉分别为 266.3 kg、110.2 kg 和 105.5 kg,分别比对照鲁棉研 28 增产 9.2%、7.5%和 6.4%,分居春棉 14 个参试品种第 2、5、5 位。HVICC 纤维上半部长度 30.1 mm,断裂比强度 32.1 cN/tex,马克隆值 5.4,伸长率 5.3%,反射率 76.3%,黄度 7.3,整齐度指数 85.0%,纺纱均匀指数 143.2。

2015 年试验结果:8 点汇总,皮棉总产 7 点增产,1 点减产,增产点率 87.5%;平均亩产籽棉、皮棉和霜前皮棉分别为 302.3 kg、123.7 kg 和 108.6 kg,分别比对照鲁棉研 28 增产 12.6%、11.1%和 7.8%,分居春棉 13 个参试品种第 1、4、8 位。HVICC 纤维上半部长度 30.6 mm,断裂比强度 31.9 cN/tex,马克隆值 5.4,伸长率 6.9%,反射率 77.9%,黄度 7.8,整齐度指数 85.9%,纺纱均匀指数 149.8。

2014~2015 年该品种平均生育期 116 d,株高 115.7 cm,第一果枝节位 7.5 节,单株果枝数 13.0 台,单株结铃 20.9 个,单铃重 6.6 g,籽指 11.3 g,衣分 41.1%,霜前花率

91.8%。HVICC 纤维上半部长度 30.3 mm，断裂比强度 32.0 cN/tex，马克隆值 5.4，伸长率 6.1%，反射率 77.1%，黄度 7.5，整齐度指数 85.4%，纺纱均匀指数 146.5。平均亩产籽棉、皮棉和霜前皮棉分别为 284.3 kg、117.0 kg 和 107.0 kg，分别比对照鲁棉研 28 增产 10.9%、9.3% 和 7.1%。

2016 年生产试验结果：8 点汇总，皮棉总产 8 点均增产，增产点率 100%；平均亩产籽棉、皮棉和霜前皮棉分别为 272.8 kg、111.3 kg 和 103.3 kg，比对照鲁棉研 28 增产 5.8%、6.0% 和 4.0%，均居春棉 8 个参试品种第 7 位。

完成试验程序。

(三)锦 K113

特征特性：该品种出苗好，整个生育期长势和整齐度较好；植株塔形，较松散，茎秆茸毛稀；叶片掌状、叶色绿，叶功能一般；铃卵圆形，中等大小，结铃性一般，吐絮较好；抗枯萎病（枯萎病指 7.5），耐黄萎病（黄萎病指 23.9）；抗虫株率 100%，Bt 蛋白表达量 291.6 ng/g。

2014 年试验结果：9 点汇总，皮棉总产 9 点均增产，增产点率 100%；平均亩产籽棉、皮棉和霜前皮棉分别为 263.1 kg、114.3 kg 和 110.1 kg，比对照鲁棉研 28 增产 7.9%、11.5% 和 11.0%，分居春棉 14 个参试品种第 3、2、2 位。HVICC 纤维上半部长度 28.2 mm，断裂比强度 30.2 cN/tex，马克隆值 5.5，伸长率 5.7%，反射率 77.3%，黄度 7.6，整齐度指数 83.8%，纺纱均匀指数 128.3。

2015 年试验结果：8 点汇总，皮棉总产 8 点均增产，增产点率 100%；平均亩产籽棉、皮棉和霜前皮棉分别为 299.2 kg、126.9 kg 和 115.2 kg，比对照鲁棉研 28 增产 11.5%、14.0% 和 14.3%，分居春棉 13 个参试品种第 4、1、2 位。HVICC 纤维上半部长度 29.4 mm，断裂比强度 29.8 cN/tex，马克隆值 5.2，伸长率 7.1%，反射率 77.6%，黄度 7.7，整齐度指数 74.7%，纺纱均匀指数 137.0。

2014～2015 年该品种平均生育期 114 d，株高 109.1 cm，第一果枝节位 6.9 节，单株果枝数 13.8 台，单株结铃 21.2 个，单铃重 6.5 g，籽指 10.6 g，衣分 41.1%，霜前花率 93.5%。HVICC 纤维上半部长度 28.8 mm，断裂比强度 30.0 cN/tex，马克隆值 5.4，伸长率 6.4%，反射率 77.5%，黄度 7.7，整齐度指数 84.3%，纺纱均匀指数 132.7。平均亩产籽棉、皮棉和霜前皮棉分别为 281.2 kg、120.6 kg 和 112.7 kg，分别比对照鲁棉研 28 增产 9.7%、12.7% 和 12.7%。

2016 年生产试验结果：8 点汇总，皮棉总产 8 点均增产，增产点率 100%；平均亩产籽棉、皮棉和霜前皮棉分别为 284.8 kg、116.3 kg 和 109.3 kg，比对照鲁棉研 28 增产 10.4%、10.7% 和 10.0%，分居春棉 8 个参试品种第 2、2、2 位。

完成试验程序。

(四)汴棉 21

特征特性：出苗较好，苗齐，前期长势强，中后期长势稳，整齐较好；株型松散，塔形，茸毛稀，韧性较好；叶片掌状，叶片中等大小，叶色浅绿色，叶功能一般；铃卵圆形，中等大小，结铃性强，吐絮畅；高抗枯萎病（枯萎病指 3.5），耐黄萎病（黄萎病指 26.9）；抗虫株率 100%，Bt 蛋白表达量 422.1 ng/g。

2014 年试验结果:9 点汇总,皮棉总产 8 点增产,1 点减产,增产点率 88.9%;平均亩产籽棉、皮棉和霜前皮棉分别为 276.2 kg、116.0 kg 和 112.1 kg,比对照鲁棉研 28 增产 13.3%、13.1%和 13.0%,均居春棉 14 个参试品种第 1 位。HVICC 纤维上半部长度 29.4 mm,断裂比强度 29.4 cN/tex,马克隆值 5.4,伸长率 5.4%,反射率 77.7%,黄度 7.3,整齐度指数 86.4 %,纺纱均匀指数 141.5。

2015 年试验结果:8 点汇总,皮棉总产 5 点增产, 3 点减产,增产点率 62.5%;平均亩产籽棉、皮棉和霜前皮棉分别为 284.8 kg、115.0 kg 和 103.2 kg,比对照鲁棉研 28 增产 6.1%、3.3%和 2.4%,分居春棉 13 个参试品种第 9、10、10 位。HVICC 纤维上半部长度 28.7 mm,断裂比强度 29.6 cN/tex,马克隆值 5.5,伸长率 6.7%,反射率 77.9%,黄度 7.3,整齐度指数 85.3%,纺纱均匀指数 135.0。

2014~2015 年该品种平均生育期 115 d,株高 102.4 cm,第一果枝节位 6.5 节,单株果枝数 13.9 台,单株结铃 21.2 个,单铃重 6.7 g,籽指 10.8 g,衣分 41.0%,霜前花率 93.0%。HVICC 纤维上半部长度 29.1 mm,断裂比强度 29.5 cN/tex,马克隆值 5.4,伸长率 6.1%,反射率 77.8%,黄度 7.3,整齐度指数 85.8%,纺纱均匀指数 138.3。平均亩产籽棉、皮棉和霜前皮棉分别为 280.5 kg、115.5 kg 和 107.6 kg,分别比对照鲁棉研 28 增产 9.7%、8.2%和 7.7%。

2016 年参加生产试验结果:8 点汇总,皮棉总产 8 点均增产,增产点率 100%;平均亩产籽棉、皮棉和霜前皮棉分别为 277.0 kg、112.4 kg 和 106.5 kg,比对照鲁棉研 28 增产 7.39%、7.00%和 7.18%, 分居春棉 8 个参试品种第 4、6、5 位。

完成试验程序。

(五)许抗棉 1 号

特征特性:出苗较好,整个生育期长势稳健,整齐度较好;株型塔形,较松散,茎秆较硬且茸毛较少;叶片掌状,中等大小,叶色浅绿;铃卵圆形,中等大小,光滑有尖,结铃性较好,吐絮畅,早熟性好;抗枯萎病(枯萎病指 7.8),耐黄萎病(黄萎病指 33.7);抗虫株率 100%,Bt 蛋白表达量 315.0 ng/g。

2014 年试验结果:9 点汇总,皮棉总产 7 点增产,2 点减产,增产点率 77.8%;平均亩产籽棉、皮棉和霜前皮棉分别为 257.9 kg、107.9 kg 和 104.2 kg,分别比对照鲁棉研 28 增产 5.8%、5.3%和 5.1%,分居春棉 14 个参试品种第 7、6、8 位。HVICC 纤维上半部长度 29.7 mm,断裂比强度 29.6 cN/tex,马克隆值 5.4,伸长率 5.7%,反射率 77.9%,黄度 7.2,整齐度指数 85.8%,纺纱均匀指数 140.8。

2015 年试验结果:8 点汇总,皮棉总产 8 点均增产,增产点率 100%;平均亩产籽棉、皮棉和霜前皮棉分别为 301.7 kg、123.8 kg 和 112.0 kg,分别比对照鲁棉研 28 增产 12.4%、11.3%和 11.1%,分居春棉 13 个参试品种第 2、3、7 位。HVICC 纤维上半部长度 29.6 mm,断裂比强度 30.8 cN/tex,马克隆值 5.4,伸长率 7.3%,反射率 78.2%,黄度 7.3,整齐度指数 86.1%,纺纱均匀指数 145.3。

2014~2015 年该品种平均生育期 114 d,株高 100.3 cm,第一果枝节位 6.3 节,单株果枝数 13.9 台,单株结铃 21.3 个,单铃重 6.5 g,籽指 10.6 g,衣分 41.4%,霜前花率 93.5%。HVICC 纤维上半部长度 29.7 mm,断裂比强度 30.2 cN/tex,马克隆值 5.4,伸长率6.5%，反射率78.1%，黄度7.3，整齐度指数86.0%，纺纱均匀指数143.1。平均亩产籽棉、皮棉和霜前皮棉分别为279.8 kg、115.9 kg和108.1 kg，分别比对照鲁棉研28增产9.1%、8.3%和8.1%。

2016年生产试验结果：8点汇总，皮棉总产7点增产，1点减产，增产点率87.5%；平均亩产籽棉、皮棉和霜前皮棉分别为274.6 kg、112.7 kg和106.3 kg，比对照鲁棉研28增产6.5%、7.3%和7.0%，分居春棉8个参试品种第6、4、6位。

完成试验程序。

(六)豫棉54

特征特性：该品种出苗好，整个生育期长势稳健，前期整齐度较好，后期一般；植株塔形，较松散，茎秆粗壮，茸毛稀，韧性较好；叶片掌状、叶色绿；铃卵圆形，中等大小，结铃性较强，吐絮畅且集中；抗枯萎病(枯萎病指7.8)，耐黄萎病(黄萎病指22.7)；抗虫株率100%，Bt蛋白表达量338.7 ng/g。

2014年试验结果：9点汇总，皮棉总产6点增产，3点减产，增产点率66.7%；平均亩产籽棉、皮棉和霜前皮棉分别为250.4 kg、106.3 kg和104.4 kg，比对照鲁棉研28增产2.7%、3.7%和5.3%，分居春棉14个参试品种第10、10、7位。HVICC纤维上半部长度30.4 mm，断裂比强度29.5 cN/tex，马克隆值5.3，伸长率5.9%，反射率76.8%，黄度7.1，整齐度指数86.2%，纺纱均匀指数173.2。

2015年试验结果：8点汇总，皮棉总产8点增产，增产点率100%；平均亩产籽棉、皮棉和霜前皮棉分别为299.5 kg、125.2 kg和117.1 kg，比对照鲁棉研28增产11.6%、12.5%和16.2%，分居春棉13个参试品种第3、2、1位。HVICC纤维上半部长度30.8 mm，断裂比强度31.5 cN/tex，马克隆值5.2，伸长率7.6%，反射率77.9%，黄度7.3，整齐度指数86.6%，纺纱均匀指数154.0。

2014～2015年该品种平均生育期112 d，株高102.5 cm，第一果枝节位6.1节，单株果枝数13.0台，单株结铃20.8个，单铃重6.8 g，籽指11.5 g，衣分42.0%，霜前花率95.8%。HVICC纤维上半部长度30.6 mm，断裂比强度30.5 cN/tex，马克隆值5.2，伸长率6.8%，反射率77.3%，黄度7.2，整齐度指数86.4%，纺纱均匀指数148.6。平均亩产籽棉、皮棉和霜前皮棉分别为274.9 kg、115.7 kg和110.7 kg，分别比对照鲁棉研28增产7.1%、8.1%和10.7%。

2016年生产试验结果：8点汇总，皮棉总产8点均增产，增产点率100%；平均亩产籽棉、皮棉和霜前皮棉分别为274.7 kg、112.5 kg和108.5 kg，比对照鲁棉研28增产6.5%、7.1%和9.2%，分居春棉8个参试品种第5、5、3位。

完成试验程序。

(七)中杂306

特征特性：该品种出苗较好，整个生育期生长势和整齐度较好；株型塔形、株高中等、较松散，茎秆中毛；叶片掌状，中等偏大，叶色深绿；铃卵圆形，中等大小，吐絮畅，易收摘；耐枯萎病(枯萎病指12.9)，抗黄萎病(黄萎病指19.5)；抗虫株率100%，Bt蛋白表达量238.0 ng/g。

2014年试验结果：8点汇总，7点增产，1点减产，增产点率87.5%；平均亩产籽棉

259.3 kg、皮棉108.5 kg、霜前皮棉106.7 kg,分别比对照鲁棉研28增产12.4%、12.7%、14.5%,分居杂交春棉14个参试品种第6、6、5位。HVICC纤维上半部长度28.6 mm,整齐度指数84.6%,马克隆值5.7,断裂比强度29.0 cN/tex,纺纱均匀指数126.6。

2015年试验结果:7点汇总,皮棉产量7均增产,增产点率100%;平均亩产籽棉、皮棉和霜前皮棉分别为312.7 kg、126.3 kg和117.3 kg,分别比对照鲁棉研28增产15.6%、15.7%、16.2%,分居杂交春棉6个品种第4、3、5位。HVICC纤维上半部长度29.3 mm,整齐度指数85.4%,马克隆值5.6,断裂比强度29.1 cN/tex,纺纱均匀指数134.3。

2014～2015年该品种平均生育期118 d,生育期119 d,单铃重7.0 g,衣分41.7%,籽指11.2 g,第一果枝节位6.8,株高106.9 cm,果枝数14.4台/株,单株结铃23.7个,霜前花率95.0%。HVICC纤维上半部长度28.9 mm,断裂比强度29.0 cN/tex,马克隆值5.7,伸长率6.2%,反射率76.8%,黄度7.6,整齐度指数85.0%,纺纱均匀指数130.5。平均亩产籽棉、皮棉和霜前皮棉分别为286.0 kg、117.4 kg和112.0 kg,分别比对照鲁棉研28增产14.0%、14.2%和15.4%。

2016年生产试验结果:8点汇总,皮棉总产8点均增产,增产点率100%;平均亩产籽棉、皮棉和霜前皮棉分别为295.0 kg、117.9 kg和112.4 kg,比对照鲁棉研28增产14.4%、12.2%和13.1%,均居8个参试品种第1位。

完成试验程序。

附表一　2016 年河南省春棉生产试验各试点田间管理基本情况

试点	播种方式	密度（株/亩）	前作	播期（月/日）	灌/排水（次）	中耕除草（次）	化调（次）	病虫防治（次）	收花（次）	基肥（kg/亩）	追肥（kg/亩）
黄泛区	开沟穴播	2 775	棉花	4/23	2	4	3	6	2	复合肥 25、有机肥 1 000	尿素 20
南阳	直播	2 500	棉花	5/8	2	3	3	5	5	复合肥 50	尿素 20、氯化钾 15
杞县	麦棉套种	2 200	小麦	4/23	2	2	3	7	2	尿素 20、过磷酸钙 50	复合肥 40
商丘	直播	2 000	小麦	4/2	0	4	2	10	6	有机肥 35、尿素 10	尿素 40
原阳	条播	2 535	棉花	4/23		5	2	5	2	鸡粪 1 000、复合肥 50	尿素 15
农大	直播	2 755	棉花	4/22	4	6	2	7	4	二胺 20、尿素 5	复合肥 20
许昌	直播	2 222	休闲	4/21		4	4	6	5	复合肥 15、尿素 10	复合肥 30、尿素 10
安阳	直播	3 500	休闲	4/21	1	3	6	7	2	复合肥 80、有机肥 200	复合肥 50

附表二　2016 年河南省春棉生产试验品种农艺性状表

品种	试点	播－苗（d）	苗－花（d）	花－絮（d）	生育期（d）	全生育期（d）	第一果枝节位	株高（cm）	果枝（台/株）	株铃（个）	铃重（g）	籽指（g）	亩株数（株/亩）
豫农棉 31	安阳	13	64	62	126	139	6.2	109.9	16.0	16.3	6.5	12.1	3 484
	许昌	12	64	51	115	127	5.7	108.9	12.4	21.5	6.2	11.3	2 222
	黄泛区	8	63	53	116	124	6.5	123.3	14.9	21.8	5.9	11.5	2 730
	杞县	7	61	54	115	122	6.2	115.0	15.0	28.0	6.8	10.9	2 200
	南阳	10	63	45	108	118	6.2	128.3	17.4	19.9	6.3	11.0	2 835
	农大	8	54	58	112	120	6.0	118.2	14.1	16.6	5.9	11.4	3 487
	原阳	10	60	62	122	132	6.2	140.0	15.3	31.8	6.6	11.4	2 000
	杞县	12	69	63	132	144	6.4	132.1	13.8	26.1	7.0	11.8	2 000
	平均	10	62	56	118	128	6.2	122.0	14.9	22.7	6.4	11.4	2 620
鲁棉 418	安阳	13	67	62	129	142	7.1	108.9	14.3	16.2	6.6	13.2	3 507
	许昌	10	68	49	117	127	7.1	112.9	10.7	21.0	6.6	10.8	2 249
	黄泛区	8	65	52	117	125	6.9	129.6	14.8	20.1	6.1	11.4	2 670
	杞县	7	60	56	116	123	5.9	130.0	13.0	30.0	6.6	10.8	2 015
	南阳	11	62	48	110	121	6.3	147.7	17.0	18.9	6.6	11.0	2 717
	农大	8	54	55	109	117	7.3	125.9	13.5	16.6	6.1	12.2	3 365
	原阳	10	59	60	119	129	6.7	147.0	12.6	26.1	6.4	11.5	2 000
	杞县	12	71	54	125	137	6.4	132.2	14.8	25.9	6.0	11.4	2 000
	平均	10	63	55	118	128	6.7	129.3	13.8	21.8	6.4	11.5	2 565

续附表二

品种	试点	播－苗（d）	苗－花（d）	花－絮（d）	生育期（d）	全生育期（d）	第一果枝节位	株高（cm）	果枝（台/株）	株铃（个）	铃重（g）	籽指（g）	亩株数（株/亩）
锦 K113	安阳	10	66	61	127	137	5.7	109.2	16.1	17.2	5.9	10.6	3 602
	许昌	10	65	51	116	126	7.0	105.7	12.3	21.4	6.3	10.6	2 236
	黄泛区	8	65	51	116	124	6.8	107.9	14.3	21.9	6.2	11.1	2 610
	杞县	7	59	58	117	124	6.2	113.0	15.0	30.4	6.3	9.9	1 987
	南阳	10	63	43	106	116	5.3	121.7	18.0	22.1	5.7	10.4	2 734
	农大	7	59	46	105	112	5.8	118.3	14.9	17.0	5.7	10.4	3 412
	原阳	10	59	60	119	129	6.3	141.5	14.7	31.6	6.0	12.3	3 365
	杞县	12	71	57	128	140	6.0	130.5	15.6	27.6	6.5	10.7	2 000
	平均	9	63	53	117	126	6.1	118.5	15.1	23.6	6.1	10.7	2 743
汴棉 21	安阳	13	64	67	131	144	6.2	116.2	17.0	17.1	6.6	11.9	3 524
	许昌	10	67	50	117	127	6.8	105.1	11.8	21.2	6.4	11.3	2 240
	黄泛区	8	64	52	116	124	6.8	114.7	15.1	22.5	6.2	11.5	2 680
	杞县	7	61	56	117	124	6.4	119.0	13.0	30.4	6.9	10.8	2 000
	南阳	9	63	46	109	118	5.9	130.9	17.6	20.8	6.9	11.4	2 809
	农大	8	65	47	112	120	6.5	106.2	13.8	16.1	5.9	11.4	3 516
	原阳	10	58	59	117	127	6.0	142.5	14.8	32.2	6.7	11.5	2 000
	杞县	11	69	57	126	137	7.0	135.1	13.9	25.0	7.4	10.9	2 000
	平均	10	64	54	118	128	6.5	121.2	14.6	23.2	6.6	11.3	2 596

续附表二

品种	试点	播－苗(d)	苗－花(d)	花－絮(d)	生育期(d)	全生育期(d)	第一果枝节位	株高(cm)	果枝(台/株)	株铃(个)	铃重(g)	籽指(g)	亩株数(株/亩)
许抗棉 1 号	安阳	15	64	65	129	144	6.3	102.6	14.8	15.1	6.2	12.0	3 432
	许昌	11	65	53	118	129	6.9	106.4	11.3	21.4	6.4	11.1	2 242
	黄泛区	8	63	53	116	124	6.2	119.2	15.3	23.0	6.0	11.0	2 560
	杞县	7	61	55	116	123	6.8	120.0	15.0	25.8	6.6	10.7	2 013
	南阳	10	63	45	108	118	6.0	125.5	17.9	22.0	6.4	10.5	2 768
	农大	9	60	51	111	120	6.6	120.6	14.0	17.7	5.6	10.2	3 403
	原阳	10	58	59	117	127	6.5	140.5	16.1	28.1	6.6	11.8	2 000
	杞县	13	69	60	129	142	6.7	125.4	13.6	23.4	7.0	11.9	2 000
	平均	10	63	55	118	128	6.5	120.0	14.8	22.1	6.3	11.2	2 552
豫棉 54	安阳	15	63	58	121	136	6.2	113.6	14.0	17.8	6.6	13.0	3 524
	许昌	12	65	51	116	128	6.2	108.5	11.8	21.5	6.5	12.7	2 227
	黄泛区	8	64	52	116	124	6.1	113.9	13.4	20.5	6.1	12.3	2 580
	杞县	7	59	60	119	126	6.0	120.0	12.0	28.2	6.8	10.4	2 022
	南阳	10	63	45	108	118	5.7	122.8	16.8	20.0	6.6	12.0	2 764
	农大	8	61	44	105	113	6.1	116.0	13.8	16.8	5.8	12.4	3 439
	原阳	10	59	60	119	129	6.9	144.5	14.1	26.6	6.5	11.4	2 000
	杞县	12	69	56	125	137	7.3	15.4	13.3	28.3	6.5	10.2	2 000
	平均	10	63	53	116	126	6.3	106.8	13.6	22.5	6.4	11.8	2 570

续附表二

品种	试点	播－苗 (d)	苗－花 (d)	花－絮 (d)	生育期 (d)	全生育期 (d)	第一果枝节位	株高 (cm)	果枝 (台/株)	株铃 (个)	铃重 (g)	籽指 (g)	亩株数 (株/亩)
中杂306	安阳	12	64	63	127	139	6.0	118.1	15.5	18.3	6.6	12.4	3 450
	许昌	11	64	51	115	126	7.4	104.3	11.9	20.8	6.8	12.8	2 227
	黄泛区	8	63	53	116	124	5.7	114.3	15.3	23.5	6.3	11.8	2 300
	杞县	7	60	57	117	124	7.2	132.0	15.0	30.8	6.9	11.6	1 991
	南阳	9	64	43	107	116	6.0	118.4	17.0	19.6	6.5	12.0	2 731
	农大	8	61	48	109	117	6.5	110.0	13.6	17.2	5.9	12.0	3 436
	原阳	10	58	59	117	127	5.5	143.5	15.8	31.5	6.8	11.0	2 000
	杞县	12	77	55	132	144	7.2	145.0	13.1	18.5	5.5	10.9	2 000
	平均	10	64	54	118	127	6.4	123.2	14.7	22.5	6.4	11.8	2 517
鲁棉研28	安阳	14	65	67	132	146	6.5	101.7	19.1	13.5	6.5	11.8	3 693
	许昌	11	66	54	120	131	7.2	103.1	11.6	20.6	6.3	11.3	2 247
	黄泛区	8	64	52	116	124	6.4	115.7	15.0	21.4	6.1	11.4	2 770
	杞县	7	59	63	122	129	6.5	106.0	13.0	26.3	6.8	10.7	2 034
	南阳	10	63	45	108	118	6.1	123.9	17.7	20.2	6.2	10.8	2 760
	农大	8	58	54	112	120	6.4	112.2	14.1	15.4	5.9	10.9	3 464
	原阳	10	60	61	121	131	6.6	134.5	15.8	25.8	6.7	11.1	2 000
	杞县	12	69	66	135	147	6.7	125.0	13.3	23.6	6.5	11.2	2 000
	平均	10	63	58	121	131	6.6	115.3	15.0	20.9	6.4	11.1	2 621

附表三　2016 年河南省春棉生产试验品种产量表

名称	地点	籽棉（kg/亩）	±CK%	位次	皮棉（kg/亩）	±CK%	位次	霜前皮棉（kg/亩）	±CK%	位次	衣分（%）	霜前花率（%）
豫农棉 31	安阳	291.3	6.2	3	116.2	11.0	3	104.7	19.0	3	90.1	39.9
	许昌	248.0	6.9	5	104.2	6.9	6	104.2	6.9	6	100.0	42.0
	黄泛区	292.6	14.4	1	109.5	9.7	2	109.5	9.7	2	100.0	37.4
	杞县	284.3	10.5	3	118.6	7.0	4	114.9	9.8	4	96.8	41.7
	南阳	319.3	3.5	5	133.2	2.7	5	130.6	2.1	5	98.1	41.7
	农大	272.1	7.8	4	109.3	7.6	2	93.2	10.1	4	85.2	40.2
	原阳	297.6	11.6	3	119.6	9.2	2	119.6	9.2	2	100.0	40.2
	商丘	239.1	10.3	5	94.5	8.9	5	89.3	7.8	6	94.5	39.5
	平均	280.6			113.1			108.2			95.6	40.3
鲁棉 418	安阳	292.3	6.6	7	114.6	9.4	5	84.7	-3.7	7	73.9	39.2
	许昌	247.2	6.5	7	104.1	6.8	7	104.1	6.8	7	100.0	42.1
	黄泛区	273.6	7.0	7	107.0	7.3	7	107.0	7.3	7	100.0	39.1
	杞县	259.3	0.8	8	111.2	0.3	7	99.3	-5.1	8	89.3	42.9
	南阳	310.5	0.6	7	132.6	2.3	6	130.6	2.1	6	98.5	42.7
	农大	274.5	8.8	2	109.0	7.3	4	93.3	10.3	3	85.6	39.7
	原阳	280.6	5.3	6	116.2	6.0	5	116.2	6.0	5	100.0	41.4
	商丘	244.7	12.9	2	96.2	10.9	3	91.0	9.9	4	94.6	39.3
	平均	272.8	6.1		111.3			103.3			92.7	40.8
锦 K113	安阳	292.9	6.8	5	115.4	10.2	4	92.6	5.3	5	80.2	39.4
	许昌	250.8	8.1	4	106.3	9.1	3	106.3	9.1	3	100.0	42.4
	黄泛区	281.0	9.9	4	107.1	7.3	6	107.1	7.3	6	100.0	38.1
	杞县	324.8	26.3	1	138.1	24.6	1	131.9	26.1	1	95.5	42.5
	南阳	334.6	8.4	2	144.6	11.5	1	141.2	10.3	1	97.7	43.2
	农大	265.6	5.3	7	106.7	5.0	7	87.5	3.4	7	82.0	40.2
	原阳	291.4	9.3	4	115.4	5.3	6	115.4	5.3	6	100.0	39.6
	商丘	237.6	9.6	3	96.5	11.2	2	92.5	11.7	2	95.9	40.6
	平均	284.8			116.3			109.3			93.9	40.8

续附表三

名称	地点	籽棉(kg/亩)	±CK%	位次	皮棉(kg/亩)	±CK%	位次	霜前皮棉(kg/亩)	±CK%	位次	衣分(%)	霜前花率(%)
汴棉21	安阳	291. 7	6. 4	4	114. 3	9. 2	6	96. 5	9. 7	4	84. 4	39. 2
	许昌	247. 8	6. 8	6	104. 3	7. 0	5	104. 3	7. 0	5	100. 0	42. 1
	黄泛区	276. 2	8. 0	6	107. 2	7. 4	5	107. 2	7. 4	5	100. 0	38. 8
	杞县	269. 6	4. 8	5	115. 1	3. 8	6	108. 3	3. 6	6	94. 1	42. 7
	南阳	329. 8	6. 9	4	141. 2	8. 9	3	138. 3	8. 1	3	97. 9	42. 8
	农大	265. 6	5. 3	6	106. 9	5. 2	6	90. 3	6. 8	6	84. 5	40. 2
	原阳	302. 4	13. 4	1	119. 4	9. 0	3	119. 4	9. 0	3	100. 0	39. 5
	商丘	233. 1	7. 6	7	90. 7	4. 6	7	87. 4	5. 6	7	96. 4	38. 9
	平均	277. 0			112. 4			106. 5			94. 7	40. 5
许抗棉1号	安阳	262. 1	-4. 4	8	102. 2	-2. 4	8	81. 5	-7. 3	8	79. 7	39. 0
	许昌	254. 4	9. 6	2	108. 4	11. 2	2	108. 4	11. 2	2	100. 0	42. 6
	黄泛区	278. 8	9. 0	5	108. 2	8. 5	3	108. 2	8. 5	3	100. 0	38. 8
	杞县	273. 3	6. 3	6	117. 8	6. 2	5	108. 4	3. 6	5	92. 0	43. 1
	南阳	334. 1	8. 3	1	141. 3	9. 0	2	139. 1	8. 7	2	98. 4	42. 3
	农大	271. 3	7. 5	3	109. 2	7. 6	3	94. 0	11. 2	1	86. 1	40. 3
	原阳	286. 6	7. 5	5	118. 9	8. 5	4	118. 9	8. 5	4	100. 0	41. 5
	商丘	236. 5	9. 1	4	95. 8	10. 5	4	91. 9	11. 0	3	96. 0	40. 5
	平均	274. 6			112. 7			106. 3			94. 0	41. 0
豫棉54	安阳	293. 8	7. 1	2	118. 4	13. 0	2	108. 9	23. 8	2	92. 0	40. 3
	许昌	252. 7	8. 9	3	105. 9	8. 6	4	105. 9	8. 6	4	100. 0	41. 9
	黄泛区	287. 4	12. 4	3	109. 8	10. 1	1	109. 8	10. 1	1	100. 0	38. 2
	杞县	269. 1	4. 6	4	118. 8	7. 1	3	115. 8	10. 7	3	97. 5	44. 2
	南阳	309. 6	0. 3	6	130. 7	0. 8	7	129. 5	1. 2	7	99. 1	42. 2
	农大	269. 3	6. 7	1	107. 4	5. 8	5	93. 8	10. 9	2	87. 3	39. 9
	原阳	279. 9	5. 0	7	115. 0	5. 0	7	115. 0	5. 0	7	100. 0	41. 1
	商丘	235. 9	8. 8	6	93. 7	8. 0	6	89. 5	8. 1	5	95. 5	39. 7
	平均	274. 7			112. 5			108. 5			96. 4	40. 9

续附表三

名称	地点	籽棉（kg/亩）	±CK%	位次	皮棉（kg/亩）	±CK%	位次	霜前皮棉（kg/亩）	±CK%	位次	衣分（%）	霜前花率（%）
中杂 306	安阳	334.2	21.9	1	125.3	19.7	1	112.0	27.4	1	89.4	37.5
	许昌	270.0	16.3	1	109.6	12.5	1	109.6	12.5	1	100.0	40.6
	黄泛区	288.1	12.7	2	108.0	8.3	4	108.0	8.3	4	100.0	37.5
	杞县	316.7	23.1	2	130.1	17.3	2	125.7	20.2	2	96.6	41.1
	南阳	326.8	5.9	3	137.9	6.4	4	137.4	7.4	4	99.7	42.2
	农大	277.9	10.2	5	112.6	10.9	1	91.1	7.7	5	80.9	40.5
	原阳	300.9	12.8	2	121.2	10.6	1	121.2	10.6	1	100.0	40.3
	商丘	245.2	13.1	1	98.1	13.1	1	93.8	13.2	1	95.6	40.0
	平均	295.0			117.9			112.4			95.3	40.0
鲁棉研 28	安阳	274.2	0.0	6	104.7	0.0	7	87.9	0.0	6	84.0	38.2
	许昌	232.1	0.0	8	97.5	0.0	8	97.5	0.0	8	100.0	42.0
	黄泛区	255.7	0.0	8	99.7	0.0	8	99.7	0.0	8	100.0	39.0
	杞县	257.2	0.0	7	110.9	0.0	8	104.6	0.0	7	94.3	43.1
	南阳	308.6	0.0	8	129.6	0.0	8	128.0	0.0	8	98.7	42.0
	农大	252.3	0.0	8	101.6	0.0	8	84.6	0.0	8	83.3	40.3
	原阳	266.6	0.0	8	109.6	0.0	8	109.6	0.0	8	100.0	41.1
	商丘	216.8	0.0	8	86.7	0.0	8	82.8	0.0	8	95.5	40.0
	平均	257.9			105.0			99.3			94.5	40.7

13　2017 年河南省常规春棉区域试验品种汇总总结（Ⅰ）

一、试验目的

通过河南省不同生态区多年多点试验，鉴定春播棉花新品种（系）的丰产性、稳产性、抗病性、抗虫性、纤维品质及对环境适应能力等特性，为优良春棉品种在河南省审定与合理推广提供科学依据。

二、试验材料

参试品种 10 个，均为常规春棉，以鲁研棉 28 为对照，参试种子由参试单位提供，详见表 1。

表 1　2017 年河南省常规春棉区域试验参试品种来源及编号

品种名称	序号	品系来源	参试单位	年限
豫棉 508	1	豫 1424 × 中 50	河南省农业科学院经济作物研究所	1
中棉 9131	2	冀棉 616 × 中 2901	中国农业科学院棉花研究所、中棉种业科技股份有限公司	1
中棉所 96004	3	（中 1703 × GKz 中杂 A49 – 668 选系）× 中 1963	中国农业科学院棉花研究所	1
中棉 EB004	4	中棉 425 × 中 915	中国农业科学院棉花研究所	1
中棉 9213	5	冀棉 616 ×（中棉所 25 × 豫棉 19 号）F2	中国农业科学院棉花研究所	2
鲁棉 2632	6	鲁 911 × 鲁 881	山东棉花研究中心	2
商棉 566	7	S07 – 4 × S07 – 32	商丘市农林科学院	2
宛 167	8	宛 231 × 宛 198	南阳市农业科学院	2
银山 20	9	5A5 – 11 × 鲁棉研 21	河南省农业科学院经济作物研究所	2
鲁棉研 28	10	对照（CK）	山东棉花研究中心	—

三、试验承试单位和试验设计

（一）试验承试单位

河南省农业科学院经济作物研究所（李武），商丘市农业科学院（刘卫星），南阳市农业科学院（强学杰），郑州市农林科学研究所（贾新合），中国农业科学院棉花研究所（严根土），新乡市锦科棉花研究所（田土星），开封农林科学研究院（楚宗艳），河南农业大学（马宗斌），中国农业科学院棉花研究所植保室（朱荷琴），农业部棉花品质监督检验测试中心（唐淑荣）。

（二）试验设计

试验按随机区组设计，3 次重复，每小区 3 ~ 4 行，小区面积≥20 m^2，周边设置不少于 4 行的保护行。

四、棉花生育期间气候特点及栽培管理

（一）气候特点

2017 年气候总体情况：前期有利于棉花产量形成，后期吐絮期不利于吐絮采摘。苗期光照充足，气温高利于棉苗生长；中期整体利于棉花生长发育，吐絮前期天气晴好，利于吐絮；后期多阴雨，不利于晚熟品种的产量形成。

1. 苗期

苗期总的气候特点是：以晴天多云为主，光照充足，温度正常，降水适中，有利于棉花出苗及苗期生长。

2. 蕾铃期

光照充足，温度偏高，高温持续时间较长，降水量少。6 月中旬至 8 月中旬以晴天多云为主，光照充足，温度较高，降水少于常年，有利于棉花成铃。

3. 吐絮期

光照偏少，降水多，多阴雨天，温度较高，持续时间较长，对棉花收摘晾晒是弊多利少。8 月下旬至 9 月上旬多阴雨天，影响棉花的正常吐絮与收摘晾晒；9 月中下旬以晴天多云为主，光照充足，温度较高，有利于棉花吐絮与收摘晾晒；10 月上中旬多阴雨天，影响棉花的正常吐絮与收摘晾晒，10 月下旬至 11 月上旬以晴天多云为主，有利于棉花吐絮与收摘晾晒。

（二）栽培管理

各试点均按照当地主要栽培管理措施实行，田间管理均匀一致。密度 2 500 ~ 3 500 株/亩，前作有棉花、冬闲；播期多在 4 月下旬；播种方式为直播或直播盖膜；防治地老虎、棉蚜、红蜘蛛、棉铃虫、盲椿象等 6 ~ 15 次；浇地 0 ~ 5 次，排水 0 ~ 3 次；化调 1 ~ 3 次；中耕除草 2 ~ 6 次。基肥为有机肥、氮、磷、钾肥等，追肥以复合肥、尿素为主。

五、试验结果

本组试验共 8 个试点，8 个试点数据经过复核，试验误差均在规定范围内，予以汇总。总变异系数 C_V =5. 38% 。

（一）早熟性

2017 年结果：各参试品种生育期 113 ~ 119 d，果枝始节 6.1 ~ 6.7 节，霜前花率在 88.9% ~ 95.4%。豫棉 508、中棉 9131、鲁棉 2632 和银山 20 霜前花率高，早熟性好；中棉所 96004 和商棉 566 霜前花率较低，吐絮期较长。

2016 ~ 2017 年平均结果：各参试品种生育期均为 115 ~ 117 d，果枝始节 6.0 ~ 6.4 节，霜前花率在 89.2% ~ 94.9%，商棉 566 晚熟，其他品种早熟性较好。参试品种霜前花率高，早熟性好。

（二）主要特性

2017 年结果：各参试品种株高 100.6 ~ 116.3 cm，银山 20 最低，豫棉 508 最高；果枝数 13.6 ~ 15.0 台/株，中棉 9131 最少，宛 167 最多；单株结铃数 17.6 ~ 19.5 个，豫棉 508、中棉 EB004 结铃性好；籽指 10.2 ~ 11.9 g，豫棉 508 籽指最低。

2016 ~ 2017 年平均结果：2 年参试品种株高 103.7 ~ 113.8 cm，果枝数均为 13.9 ~ 14.7 台/株，单株结铃数 17.9 ~ 19.8 个，籽指 10.9 ~ 11.6 g。

表 2　2016 ~ 2017 年河南省常规春棉区域试验品种农艺性状

品种	年份	编号	生育期（d）	第一果枝节位	株高（cm）	果枝（台/株）	株铃（个）	铃重（g）	籽指（g）	霜前花率（%）
豫棉 508	2017	1	113	6.1	116.3	14.9	19.5	5.8	10.2	94.1
中棉 9131	2017	2	114	6.2	107.9	13.6	17.8	6.3	11.3	93.9
中棉所 96004	2017	3	113	6.4	110.4	14.2	18.0	6.0	11.1	89.8
中棉 EB004	2017	4	114	6.7	110.4	14.0	19.5	6.1	11.9	91.0
中棉 9213	2017	5	113	6.5	111.5	14.8	19.2	6.1	11.4	90.2
	2016	4	117	5.9	107.9	13.8	20.3	6.6	11.3	92.2
	平均	5	115	6.2	109.7	14.3	19.8	6.4	11.4	91.2
鲁棉 2632	2017	6	114	5.9	111.6	14.4	17.8	6.3	10.8	95.4
	2016	5	116	6.0	109.7	13.8	17.9	6.9	11.0	94.4
	平均	6	115	6.0	110.7	14.1	17.9	6.6	10.9	94.9
商棉 566	2017	7	114	6.6	115.4	14.4	19.3	5.9	11.6	88.9
	2016	12	119	6.2	112.2	13.7	19.5	6.3	11.6	89.5
	平均	7	117	6.4	113.8	14.1	19.4	6.1	11.6	89.2
宛 167	2017	8	113	6.0	107.9	15.0	18.8	6.2	11.2	91.5
	2016	11	118	5.9	106.7	14.3	19.2	6.7	11.5	91.2
	平均	8	116	6.0	107.3	14.7	19.0	6.5	11.4	91.4
银山 20	2017	9	112	6.3	100.6	14.2	17.6	6.0	11.2	93.6
	2016	6	118	6.5	106.7	13.6	18.3	6.5	11.2	93.0
	平均	9	115	6.4	103.7	13.9	18.0	6.3	11.2	93.3
鲁棉研 28	2017	10	113	6.1	103.2	14.8	17.7	6.2	11.6	89.0

（三）小区皮棉产量统计分析

皮棉产量方差分析表明：品种间、品种和地点互作效应均达极显著差异，说明需要进行品种稳定性分析，并对各品种皮棉总产进行多重比较，以便确定表现优异的品种（见表3）。

表3　2017年河南省常规春棉区域试验品种方差分析（C_V = 5.38%）

变异来源	df	皮棉总产			P
		SS	MS	F	
地点内区组	16	4.59	0.29	9.68**	0.000 1
地点	7	64.31	9.19	310.18**	0.000 1
品种	9	2.67	0.30	10.01**	0.000 1
品种×地点	63	7.14	0.11	3.83**	0.000 1
试验误差	144	4.27	0.03		
总变异	239	82.98			

参试的10个品种皮棉产量品种间差异显著（见表4）。除银山20外，其他品种均比对照鲁棉研28增产极显著。

表4　品种间皮棉产量多重比较

品种	编号	皮棉（kg/小区）	$LSR_{0.05}$	$LSR_{0.01}$
豫棉508	1	3.38	a	A
中棉9131	2	3.27	b	AB
中棉9213	5	3.26	b	AB
宛167	8	3.26	b	AB
中棉EB004	4	3.25	bc	AB
中棉所96004	3	3.23	bc	B
鲁棉2632	6	3.23	bc	B
商棉566	7	3.16	cd	BC
银山20	9	3.08	de	CD
鲁棉研28	10	2.99	e	D

（四）品种稳定性分析

参试的13个品种在各试点的适应性有差异，豫棉508在各点适应性、稳定性综合评价很好；中棉9131、中棉9213、宛167、中棉EB004和中棉所96004适应性、稳定性综合评价好；鲁棉2632和商棉566较好；银山20和鲁棉研28一般（见表5）。

表 5　品种皮棉产量稳定性分析

品种	编号	丰产性参数	稳定性参数				适应地区	综合评价
		产量（kg/小区）	效应	方差	变异度	回归系数		
豫棉 508	1	3. 379	0. 167	0. 061	7. 297	0. 602	E1 ~ E8	很好
中棉 9131	2	3. 273	0. 061	0. 061	7. 567	1. 156	E1 ~ E8	好
中棉 9213	5	3. 262	0. 051	0. 055	7. 215	1. 259	E1 ~ E8	好
宛 167	8	3. 261	0. 05	0. 033	5. 536	0. 87	E1 ~ E8	好
中棉 EB004	4	3. 25	0. 039	0. 017	4. 064	1. 055	E1 ~ E8	好
中棉所 96004	3	3. 234	0. 023	0. 024	4. 787	1. 164	E1 ~ E8	好
鲁棉 2632	6	3. 234	0. 023	0. 029	5. 252	1. 078	E1 ~ E8	较好
商棉 566	7	3. 16	-0. 051	0. 017	4. 133	0. 937	E1 ~ E8	较好
银山 20	9	3. 077	-0. 135	0. 017	4. 295	0. 859	E1 ~ E8	一般
鲁棉研 28	10	2. 985	-0. 226	0. 025	5. 315	1. 02	E1 ~ E8	一般

（五）品种产量

2017 年产量结果：籽棉亩产 253. 8 ~ 280. 0 kg，较对照鲁棉研 28 增产 2. 3% ~ 12. 8%；皮棉亩产 102. 6 ~ 112. 6 kg，较对照鲁棉研 28 增产 3. 1% ~ 13. 2%；霜前皮棉亩产 93. 9 ~ 106. 1 kg，较对照鲁棉研 28 增产 5. 2% ~ 19. 0%；衣分 39. 4% ~ 41. 2%。

2016 ~ 2017 年平均结果：籽棉亩产 272. 5 ~ 281. 5 kg，较对照鲁棉研 28 增产 3. 6% ~ 7. 1%；皮棉亩产 110. 2 ~ 114. 8 kg，较对照鲁棉研 28 增产 4. 7% ~ 9. 1%；霜前皮棉亩产 100. 0 ~ 108. 3 kg，较对照鲁棉研 28 增产 5. 1% ~ 13. 7%；衣分 39. 6% ~ 41. 2%（见表 6）。

表 6　2016 ~ 2017 年河南省常规春棉区域试验品种产量性状

品种	年份	编号	籽棉		位次	皮棉		位次	霜前皮棉		位次	衣分（%）
			kg/亩	± CK%		kg/亩	± CK%		kg/亩	± CK%		
豫棉 508	2017	1	280. 0	12. 8	1	112. 6	13. 2	1	106. 1	19. 0	1	40. 2
中棉 9131	2017	2	265. 9	7. 1	6	109. 1	9. 6	2	102. 7	15. 1	3	40. 9
中棉所 96004	2017	3	261. 2	5. 2	8	107. 8	8. 3	6	97. 3	9. 0	7	41. 2
中棉 EB004	2017	4	267. 9	8. 0	3	108. 3	8. 9	5	98. 7	10. 6	5	40. 4
中棉 9213	2017	5	266. 3	7. 3	5	108. 7	9. 3	3	98. 5	10. 4	6	40. 7
	2016	4	288. 5	3. 9	8	120. 3	8. 5	5	111. 1	9. 0	5	41. 5
	平均		277. 4	5. 6	3	114. 5	8. 9	2	104. 8	9. 7	3	41. 1
鲁棉 2632	2017	6	262. 0	5. 6	7	107. 8	8. 3	7	103. 0	15. 4	2	41. 1
	2016	5	290. 5	4. 6	7	120. 1	8. 4	7	113. 5	12. 0	2	41. 3
	平均		276. 3	5. 1	4	114. 0	8. 4	3	108. 3	13. 7	1	41. 2

续表 6

品种	年份	编号	籽棉		位次	皮棉		位次	霜前皮棉		位次	衣分
			kg/亩	±CK%		kg/亩	±CK%		kg/亩	±CK%		(%)
商棉 566	2017	7	266.6	7.4	4	105.4	5.9	8	93.9	5.2	9	39.4
	2016	12	296.4	6.7	4	118.7	7.1	7	106.1	5.0	9	39.8
	平均		281.5	7.1	2	112.1	6.5	4	100.0	5.1	5	39.6
宛 167	2017	8	269.9	8.8	2	108.7	9.2	4	99.8	11.9	4	40.2
	2016	11	299.5	7.8	1	120.8	8.9	3	110.0	8.0	6	40.1
	平均		284.7	8.3	1	114.8	9.1	1	104.9	10.0	2	40.2
银山 20	2017	9	253.8	2.3	9	102.6	3.1	9	96.1	7.7	8	40.4
	2016	6	291.1	4.8	6	117.8	6.3	8	109.7	8.0	7	40.4
	平均		272.5	3.6	5	110.2	4.7	5	102.9	7.9	4	40.4
鲁棉研 28	2017	10	248.2	0.0	10	99.5	0.0	10	89.2	0.0	10	40.0

（六）抗病性

抗病性鉴定由中国农业科学院棉花所植保室按全国统一病情分级标准，以感病对照冀棉 11 病株率达 80%，或病指达 50 左右结果进行品种（系）的抗性评定（见表 7）。

2017 年鉴定结果：豫棉 508、中棉 9131、中棉 9213、鲁棉 2632、宛 167 和银山 20 高抗枯萎病，中棉所 96004、中棉 EB004 和商棉 566 感枯萎病；豫棉 508、中棉 9131、中棉 9213 和宛 167 抗黄萎病，其余参试品种均耐黄萎病。

2016～2017 年结果：中棉 9213、鲁棉 2632、宛 167 和银山 20 高抗枯萎病，商棉 566 感枯萎病；中棉 9213 抗黄萎病，其余参试品种均耐黄萎病。

表 7　2016～2017 年河南省常规春棉区域试验品种枯、黄萎病鉴定结果

品种	年份	编号	枯萎病			黄萎病		
			病株率(%)	病指	反应型	病株率(%)	病指	反应型
豫棉 508	2017	1	4.5	1.8	HR	45.4	18.7	R
中棉 9131	2017	2	3.5	1.9	HR	39.1	17.7	R
中棉所 96004	2017	3	94.1	48.4	S	48.2	25.9	T
中棉 EB004	2017	4	63.7	32.7	S	47.3	24.2	T
中棉 9213	2017	5	2.0	1.0	HR	38.7	17.2	R
	2016	4	2.0	0.3	HR	41.5	15.7	R
	平均	5	2.0	1.0	HR	38.7	17.2	R
鲁棉 2632	2017	6	2.6	0.7	HR	58.1	28.7	T
	2016	5	6.9	1.4	HR	71.0	31.1	T
	平均	6	6.9	1.4	HR	71.0	31.1	T

续表 7

品种	年份	编号	枯萎病			黄萎病		
			病株率(%)	病指	反应型	病株率(%)	病指	反应型
商棉 566	2017	7	50.6	23.1	S	58.1	31.2	T
	2016	12	51.9	17.1	T	70.3	34.7	T
	平均	7	50.6	23.1	S	70.3	34.7	T
宛 167	2017	8	6.0	3.2	HR	35.7	19.7	R
	2016	11	12.3	3.3	HR	58.7	26.1	T
	平均	8	12.3	3.3	HR	58.7	26.1	T
银山 20	2017	9	2.9	1.3	HR	59.4	30.2	T
	2016	6	7.2	1.2	HR	56.6	22.1	T
	平均	9	2.9	1.3	HR	59.4	30.2	T
鲁棉研 28	2017	10	4.8	2.5	HR	45.4	20.8	T
冀棉 11(SCK)			80.0	50.0	S	80.0	50.0	S
中植棉 2 号(RCK)			21.2	10.5	R	41.7	17.0	T

注:HR:高抗;R:抗病;T:耐病;S:感病。

(七)纤维品质

纤维品质由农业部棉花纤维品质检测中心分析(见表 8)。

表 8　2016～2017 年河南省常规春棉区域试验品种品质检测结果

品种	年份	编号	长度(mm)	整齐度指数(%)	断裂比强度(cN/tex)	马克隆值	伸长率(%)	反射率(%)	黄度	纺纱均匀指数
豫棉 508	2017	1	30.5	84.8	30.2	5.4	5.6	78.5	7.9	138.3
中棉 9131	2017	2	30.5	84.0	30.3	5.0	4.4	78.4	8.4	139.8
中棉所 96004	2017	3	29.5	84.8	32.0	5.3	5.3	78.2	8.2	144.0
中棉 EB004	2017	4	28.9	85.7	31.9	5.4	5.6	79.5	7.5	146.2
中棉 9213	2017	5	30.1	85.8	31.7	5.3	5.5	78.1	8.0	148.7
	2016	4	29.4	83.5	28.9	5.1	4.7	78.0	7.9	129.3
	平均	5	29.8	84.7	30.3	5.2	5.1	78.1	8.0	139.0
鲁棉 2632	2017	6	28.7	86.0	31.4	5.5	5.6	77.5	7.8	143.8
	2016	5	29.0	85.1	30.7	5.3	5.5	77.1	7.9	140.0
	平均	6	28.9	85.6	31.1	5.4	5.6	77.3	7.9	141.9
商棉 566	2017	7	30.2	85.6	32.2	5.5	5.6	78.4	7.7	147.7
	2016	12	29.3	83.6	29.7	5.3	5.3	78.5	7.8	131.0
	平均	7	29.8	84.6	31.0	5.4	5.5	78.5	7.8	139.4

续表 8

品种	年份	编号	长度（mm）	整齐度指数（%）	断裂比强度（cN/tex）	马克隆值	伸长率（%）	反射率（%）	黄度	纺纱均匀指数
宛 167	2017	8	29.1	84.4	30.7	5.5	5.1	79.6	7.7	136.2
	2016	11	28.9	83.6	28.7	5.5	4.9	78.6	7.7	125.2
	平均	8	29.0	84.0	29.7	5.5	5.0	79.1	7.7	130.7
银山 20	2017	9	28.4	85.1	31.7	5.3	5.7	79.5	8.3	143.3
	2016	6	28.0	83.5	29.8	5.3	5.6	78.9	7.9	127.5
	平均	9	28.2	84.3	30.8	5.3	5.7	79.2	8.1	135.4
鲁棉研 28	2017	10	29.4	86.4	32.2	5.3	5.8	80.2	7.3	153.3

2017 年结果：纤维上半部平均长度 28.4～30.5 mm，断裂比强度 30.2～32.2 cN/tex，马克隆值 5.0～5.5。

2016～2017 年结果：纤维上半部平均长度 28.2～29.8 mm，断裂比强度 29.7～31.1 cN/tex，马克隆值 5.2～5.5。

六、品种评述

（一）豫棉 508

2017 年试验结果：出苗好，前中期长势较强，后期长势一般；植株高大，株型松散，塔形，茎秆粗壮，茸毛稀，中长，Ⅱ式果枝；叶柄较长，叶片中等偏小，叶色绿，叶片皱折一般，缺刻一般，叶功能一般；结铃性较强，铃卵圆形，中等大小，铃嘴尖，吐絮畅较集中；高抗枯萎病（枯萎病指 1.8），抗黄萎病（黄萎病指 18.7）。生育期 113 d，株高 116.3 cm，第一果枝节位 6.1 节，果枝数 14.9 台/株，单株结铃 19.5 个，单铃重 5.8 g，籽指 10.2 g，衣分 40.2%，霜前花率 94.1%。8 点汇总，皮棉总产 8 点均增产，增产点率 100%；平均亩产籽棉、皮棉和霜前皮棉分别为 280.0 kg、112.6 kg 和 106.1 kg，分别比对照鲁棉研 28 增产 12.8%、13.2%和 19.0%，均居常规春棉 10 个参试品种第 1 位。HVICC 纤维上半部长度 30.5 mm，断裂比强度 30.2 cN/tex，马克隆值 5.4，整齐度指数 84.8%，伸长率 5.6%，反射率 78.5%，黄度 7.9，纺纱均匀指数 138.3。

继续试验。

（二）中棉 9131

2017 年试验结果：出苗好，前中期长势较强，后期长势一般；植株高大，株型松散，果枝平展，塔形，茎秆粗壮，茸毛稀，较短，Ⅱ式果枝；叶柄较长，叶片较大，叶色深绿，叶片皱折一般，缺刻浅，叶功能一般；结铃性较强，铃圆形，中等大小，铃嘴钝尖，吐絮畅且较集中；高抗枯萎病（枯萎病指 1.9），抗黄萎病（黄萎病指 17.7）。生育期 114 d，株高 107.9 cm，第一果枝节位 6.2 节，果枝数 13.6 台/株，单株结铃 17.8 个，单铃重 6.3 g，籽指 11.3 g，衣分 40.9%，霜前花率 93.9%。8 点汇总，皮棉总产 7 点增产，1 点减产，增产点率 87.5%；平均亩产籽棉、皮棉和霜前皮棉分别为 265.9 kg、109.1 kg 和 102.7 kg，分别比对照鲁棉研 28 增产 7.1%、9.6% 和 15.1%，分居常规春棉 10 个参试品种第 6、2、3 位。HVICC 纤维上半部长度 30.5 mm，断裂比强度 30.3 cN/tex，马克隆值 5.0，整齐度指数 84.0%，伸长率 4.4%，反射率 78.4%，黄度 8.4，纺纱均匀指数 139.8。

继续试验。

(三)中棉所 96004

2017 年试验结果：出苗一般偏弱，全生育期长势较强；植株较高，株型较松散，塔形，茎秆粗细中等，茸毛稀，较短，Ⅱ式果枝；叶柄较长，叶片中等大小，叶色深绿，叶片皱折一般，缺刻较深，叶功能较好；结铃性强，铃卵圆形，中等大小，铃嘴钝尖，吐絮畅；感枯萎病(枯萎病指 48.4)，耐黄萎病(黄萎病指 25.9)。生育期 113 d，株高 110.4 cm，第一果枝节位 6.4 节，单株果枝数 14.2 台/株，单株结铃 18.0 个，单铃重 6.0 g，籽指 11.1 g，衣分 41.2%，霜前花率 89.8%。8 点汇总，皮棉总产 7 点增产，1 点减产，增产点率 87.5%；平均亩产籽棉、皮棉和霜前皮棉分别为 261.2 kg、107.8 kg 和 97.3 kg，分别比对照鲁棉研 28 增产 5.2%、8.3% 和 9.0%，分居常规春棉 10 个参试品种第 8、6、7 位。HVICC 纤维上半部长度 29.5 mm，断裂比强度 32.0 cN/tex，马克隆值 5.3，整齐度指数 84.8%，伸长率 5.3%，反射率 78.2%，黄度 8.2，纺纱均匀指数 144.0。

终止试验。

(四)中棉 EB004

2017 年试验结果：出苗一般，前中期长势较强，后期长势一般；植株较高，株型较松散，塔形，茎秆粗壮，茸毛稀，较短，Ⅱ式果枝；叶柄较长，叶片中等大小，叶色深绿，叶片皱折一般，缺刻较深，叶功能较好；结铃性强，铃卵圆形，中等大小，铃嘴钝尖，吐絮畅；感枯萎病(枯萎病指 32.7)，耐黄萎病(黄萎病指 24.4)。生育期 114 d，株高 110.4 cm，第一果枝节位 6.7 节，果枝数 14.0 台/株，单株结铃 19.5 个，单铃重 6.1 g，籽指 11.9 g，衣分 40.4%，霜前花率 91.0%。8 点汇总，皮棉总产 7 点增产，1 点减产，增产点率 87.5%；平均亩产籽棉、皮棉和霜前皮棉分别为 267.9 kg、108.3 kg 和 98.7 kg，分别比对照鲁棉研 28 增产 8.0%、8.9% 和 10.6%，分居常规春棉 10 个参试品种第 3、5、5 位。HVICC 纤维上半部长度 28.9 mm，断裂比强度 31.9 cN/tex，马克隆值 5.4，整齐度指数 85.7%，伸长率 5.6%，反射率 79.5%，黄度 7.5，纺纱均匀指数 146.2。

终止试验。

(五)中棉 9213

特征特性：出苗一般，前中期长势较强，后期长势一般；植株较高大，株型松散，塔形，茎秆较粗壮，茸毛稀，较短，Ⅱ式果枝；叶柄较长，叶片中等大小，叶色绿色，叶片皱折一般，缺刻一般，叶功能较好；结铃性较强，铃卵圆形，中等偏小，铃嘴钝尖，吐絮畅，早熟性较好；高抗枯萎病(枯萎病指 1.0)，抗黄萎病(黄萎病指 17.2)。

2016 年区域试验结果：8 点汇总，皮棉总产 8 点均增产，增产点率 100%；平均亩产籽棉、皮棉和霜前皮棉分别为 288.5 kg、120.3 kg 和 111.1 kg，分别比对照鲁棉研 28 增产 3.9%、8.5% 和 9.0%，分居常规春棉 14 个参试品种第 8、5、5 位。HVICC 纤维上半部长度 29.4 mm,断裂比强度 28.9 cN/tex,马克隆值 5.1,伸长率 4.7%,反射率 78.0%,黄度 7.9,整齐度指数 83.5%,纺纱均匀指数 129.3。

2017 年区域试验结果:8 点汇总,皮棉总产 8 点均增产,增产点率 100%;平均亩产籽棉、皮棉和霜前皮棉分别为 266.3 kg、108.7 kg 和 98.5 kg,分别比对照鲁棉研 28 增产 7.3%、9.3% 和 10.4%,分居常规春棉 10 个参试品种第 5、3、6 位。HVICC 纤维上半部长度 30.1 mm,断裂比强度 31.7 cN/tex,马克隆值 5.3,整齐度指数 85.8%,伸长率 5.5%,反射率 78.1%,黄度 8.0,纺纱均匀指数 148.7。

2016~2017 年该品种平均生育期 115 d,株高 109.7 cm,第一果枝节位 6.2 节,果枝数 14.3 台/株,单株结铃 19.8 个,单铃重 6.4 g,籽指 11.4 g,衣分 41.1%,霜前花率 91.2%。HVICC 纤维上半部长度 29.8 mm,断裂比强度 30.3 cN/tex,马克隆值 5.2,伸长率 5.1%,反射率 78.1%,黄度 8.0,整齐度指数 84.7%,纺纱均匀性指数 139.0。平均亩产籽棉、皮棉和霜前皮棉分别为 277.4 kg、114.5 kg 和 104.8 kg,分别比对照鲁棉研 28 增产 5.6%、8.9% 和 9.7%。

建议生产试验。

(六)鲁棉 2632

特征特性:出苗一般,前中期长势较强,后期长势一般;植株高大,株型较松散,塔形,茎秆较粗壮,茸毛稀,较长,Ⅱ式果枝;叶柄较长,叶片中等大小,叶色绿,叶片皱折明显,缺刻较浅,叶功能一般;结铃性一般,铃卵圆形,偏大,铃嘴尖,吐絮畅;高抗枯萎病(枯萎病指 1.4),耐黄萎病(黄萎病指 31.1)。

2016 年区域试验结果:8 点汇总,皮棉总产 8 点均增产,增产点率 100%;平均亩产籽棉、皮棉和霜前皮棉分别为 290.5 kg、120.1 kg 和 113.5 kg,分别比对照鲁棉研 28 增产 4.6%、8.4% 和 12.0%,分居常规春棉 14 个参试品种第 7、6、2 位。HVICC 纤维上半部长度 29.0 mm,断裂比强度 30.7 cN/tex,马克隆值 5.3,伸长率 5.5 %,反射率 77.1%,黄度 7.9,整齐度指数 85.1%,纺纱均匀指数 140.0。

2017 年区域试验结果:8 点汇总,皮棉总产 7 点增产,1 点减产,增产点率 87.5%;平均亩产籽棉、皮棉和霜前皮棉分别为 262.0 kg、107.8 kg 和 103.0 kg,分别比对照鲁棉研 28 增产 5.6%、8.3% 和 15.4%,分居常规春棉 10 个参试品种第 7、7、2 位。HVICC 纤维上半部长度 28.7 mm,断裂比强度 31.4 cN/tex,马克隆值 5.5,整齐度指数 86.0%,伸长率 5.6%,反射率 77.5%,黄度 7.8,纺纱均匀指数 143.8。

2016~2017 年该品种平均生育期 115 d,株高 110.7 cm,第一果枝节位 6.0 节,果枝数 14.1 台/株,单株结铃 17.9 个,单铃重 6.6 g,籽指 10.9 g,衣分 41.2%,霜前花率 94.9%。HVICC 纤维上半部长度 28.9 mm,断裂比强度 31.1 cN/tex,马克隆值 5.4,伸长率 5.6%,反射率 77.3%,黄度 7.9,整齐度指数 85.6%,纺纱均匀指数 141.9。平均亩产籽棉、皮棉和霜前皮棉分别为 276.3kg、114.0 kg 和 108.3 kg,分别比对照鲁棉研 28 增产 5.1%、8.4% 和 13.7%。

建议生产试验。

(七)商棉 566

特征特性:出苗好,全生育期长势较强;植株高大,株型较松散,塔形,茎秆粗壮,茸毛稀,较短,Ⅱ式果枝;叶柄较长,叶片中等大小,叶色深绿,叶片皱折一般,缺刻较浅,叶功能较好;结铃性较强,铃卵圆形,中等大小,铃嘴钝尖,吐絮畅较集中,较早熟;感枯萎病(枯萎病指 23.1),耐黄萎病(黄萎病指 34.7)。

2016 年区域试验结果: 8 点汇总,皮棉总产 6 点增产,2 点减产,增产点率 75%;平均亩产籽棉、皮棉和霜前皮棉分别为 296.4 kg、118.7 kg 和 106.1 kg,分别比对照鲁棉研 28 增产 6.7%、7.1% 和 5.0%, 分居常规春棉 14 个参试品种第 4、7、9 位。HVICC 纤维上半部长度 29.3 mm,断裂比强度 29.7 cN/tex,马克隆值 5.3,伸长率 5.3%,反射率 78.5%,黄度 7.8,整齐度指数 83.6%,纺纱均匀指数 131.0。

2017 年区域试验结果: 8 点汇总,皮棉总产 7 点增产,1 点减产,增产点率 87.5%;平均亩产籽棉、皮棉和霜前皮棉分别为 266.6 kg、105.4 kg 和 93.9 kg,分别比对照鲁棉研 28 增产 7.4%、5.9% 和 5.2%, 分居春棉 10 个参试品种第 4、8、9 位。HVICC 纤维上半部长度 30.2 mm,断裂比强度 32.2 cN/tex,马克隆值 5.5,整齐度指数 85.6%,伸长率 5.6%,反射率 78.4%,黄度 7.7,纺纱均匀指数 147.7。

2016~2017 年该品种平均生育期 117 d,株高 113.8 cm,第一果枝节位 6.4 节,果枝数 14.1 台/株,单株结铃 19.4 个,单铃重 6.1 g,籽指 11.6 g,衣分 39.6%,霜前花率 89.2%。HVICC 纤维上半部长度 29.8 mm,断裂比强度 31.0 cN/tex,马克隆值 5.4,伸长率 5.5%,反射率 78.5%,黄度 7.8,整齐度指数 84.6%,纺纱均匀指数 139.4。平均亩产籽棉、皮棉和霜前皮棉分别为 281.5 kg、112.1 kg 和 100.0 kg,分别比对照鲁棉研 28 增产 7.1%、6.5% 和 5.1%。

终止试验。

(八)宛 167

特征特性:出苗一般,前期长势一般,中期长势较强,后期长势稳;植株较高,株型松散,塔形,茎秆较粗壮,茸毛稀,中长,Ⅱ式果枝;叶柄较长,叶片中等大小,叶色深绿,叶片皱折一般,缺刻较浅,叶功能一般;结铃性一般,铃卵圆形,中等大小,铃嘴钝尖,吐絮畅;高抗枯萎病(枯萎病指 3.3),耐黄萎病(黄萎病指 26.1)。

2016 年区域试验结果:8 点汇总,皮棉总产 6 点增产,2 点减产,增产点率 75%;平均亩产籽棉、皮棉和霜前皮棉分别为 299.5 kg、120.8 kg 和 110.0 kg,分别比对照鲁棉研 28 增产 7.8%、8.9% 和 8.0%,分居常规春棉 14 个参试品种第 1、3、6 位。HVICC 纤维上半部长度 28.9 mm,断裂比强度 28.7 cN/tex,马克隆值 5.5,伸长率 4.9%,反射率 78.6%,黄度 7.7,整齐度指数 83.6%,纺纱均匀指数 125.2。

2017 年区域试验结果: 8 点汇总,皮棉总产 7 点增产,1 点减产,增产点率 87.5%;平均亩产籽棉、皮棉和霜前皮棉分别为 269.9 kg、108.7 kg 和 99.8 kg,分别比对照鲁棉研 28 增产 8.8%、9.2% 和 11.9%,分居常规春棉 10 个参试品种第 2、4、4 位。HVICC 纤维上半部长度 29.1 mm,断裂比强度 30.7cN/tex,马克隆值 5.5,整齐度指数 84.4%,伸长率 5.1%,反射率 79.6%,黄度 7.7,纺纱均匀指数 136.2。

2016~2017 年该品种平均生育期 116 d,株高 107.3 cm,第一果枝节位 6.0 节,果枝数 14.7 台/株,单株结铃 19.0 个,单铃重 6.5 g,籽指 11.4 g,衣分 40.2%,霜前花率 91.4%。HVICC 纤维上半部长度 29.0 mm,断裂比强度 29.7 cN/tex,马克隆值 5.5,伸长率 5.0%，反射率 79.1%，黄度 7.7，整齐度指数 84.0%，纺纱均匀指数 130.7。平均亩产籽棉、皮棉和霜前皮棉分别为 284.7 kg、114.8 kg 和 104.9 kg，分别比对照鲁棉研 28 增产 8.3%、9.3% 和 10.0%。

建议生产试验。

（九）银山 20

特征特性：苗一般，全生育期长势较稳；植株中等，株型较松散，塔形，茎秆较粗壮，茸毛稀，较长，Ⅱ式果枝；叶柄较长，叶片中等大小，叶色绿，叶片皱折一般，缺刻一般，叶功能一般；结铃性较强，铃卵圆形，中等大小，铃嘴尖，吐絮畅；高抗枯萎病（枯萎病指 1.3），耐黄萎病（黄萎病指 30.2）。

2016 年区域试验结果：8 点汇总，皮棉总产 7 点增产，1 点减产，增产点率 87.5%；平均亩产籽棉、皮棉和霜前皮棉分别为 291.1 kg、117.8 kg 和 109.7 kg，分别比对照鲁棉研 28 增产 4.8%、6.3% 和 8.0%，分居常规春棉 14 个参试品种第 6、8、7 位。HVICC 纤维上半部长度 28.0 mm，断裂比强度 29.8 cN/tex，马克隆值 5.3，伸长率 5.6%，反射率 78.9%，黄度 7.9，整齐度指数 83.5%，纺纱均匀指数 127.5。

2017 年参区域试验结果：8 点汇总，皮棉总产 4 点增产，4 点减产，增产点率 50%；平均亩产籽棉、皮棉和霜前皮棉分别为 253.8 kg、102.6 kg 和 96.1 kg，分别比对照鲁棉研 28 增产 2.3%、3.1% 和 7.7%，分居常规春棉 10 参试品种第 9、9、8 位。HVICC 纤维上半部长度 28.4 mm，断裂比强度 31.7 cN/tex，马克隆值 5.3，整齐度指数 85.1%，伸长率 5.7%，反射率 79.5%，黄度 8.3，纺纱均匀指数 143.3。

2016～2017 年该品种平均生育期 115 d，株高 103.7 cm，第一果枝节位 6.4 节，果枝数 13.9 台/株，单株结铃 18.0 个，单铃重 6.3 g，籽指 11.2 g，衣分 40.4%，霜前花率 93.3%。HVICC 纤维上半部长度 28.2 mm，断裂比强度 30.8 cN/tex，马克隆值 5.3，伸长率 5.7%，反射率 79.2%，黄度 8.1，整齐度指数 84.3%，纺纱均匀指数 135.4。平均亩产籽棉、皮棉和霜前皮棉分别为 272.5 kg、110.2 kg 和 102.9 kg，分别比对照鲁棉研 28 增产 3.6%、4.7% 和 7.9%。

建议生产试验。

附表一　2017 年河南省常规春棉区域试验各试点田间管理基本情况

试点	播种方式	密度（株/亩）	前作	播期（月/日）	灌/排水（次）	中耕除草（次）	化调（次）	病虫防治（次）	收花（次）	基肥（kg/亩）	追肥（kg/亩）
安阳	直播	3 500	棉花	4/21	1/0	3	6	7	3	复合肥 50、有机肥 200	复合肥 50
南阳	直播	2 600	棉花	4/26	1/0	4	0	6	4	复合肥 50	尿素 25、氯化钾 15
农大	直播	3 367	棉花	4/23	4/0	4	2	5	3	复合肥 25	复合肥 20
郑州	直播	2 778	棉花	4/28	3/1	2	3	9	2	复合肥 50、尿素 15	尿素 15
商丘	直播	2 645	棉花	4/22	1/0	4	3	5	2	复合肥 40	尿素 15
原阳	条播	2 750	棉花	4. 26	2/0	5	3	6	2	复合肥 50	尿素 20
开封	直播	2 222	棉花	4/29	4/0	4	2	6	3	复合肥 40	复合肥 30
新乡	直播	2 900	棉花	4/15	5/0	4	2	9	4	二铵 15、尿素 5	二铵 15、尿素 22. 5

附表二 2017 年河南省常规春棉区域试验品种农艺性状表

品种	试点	播 - 苗 (d)	苗 - 花 (d)	花 - 絮 (d)	生育期 (d)	全生育期 (d)	第一果枝节位	株高 (cm)	果枝 (台/株)	株铃 (个)	铃重 (g)	籽指 (g)	亩株数 (株/亩)
豫棉 508	安阳	10	61	52	113	123	7.1	103.0	13.5	17.1	6.0	9.8	3 212
豫棉 508	新乡	14	66	52	118	132	5.3	109.7	13.4	20.5	6.2	10.3	3 100
豫棉 508	原阳	10	63	56	119	129	5.0	119.6	16.8	26.2	5.8	10.2	2 705
豫棉 508	郑州	6	59	47	106	112	5.6	114.5	16.2	20.8	5.6	9.4	3 013
豫棉 508	商丘	13	61	62	123	136	6.9	125.1	15.2	15.8	5.6	11.1	2 645
豫棉 508	开封	7	59	50	109	116	6.6	108.1	14.1	20.5	5.8	10.8	2 667
豫棉 508	南阳	9	57	44	101	110	5.3	129.8	15.7	18.0	5.8	9.2	2 616
豫棉 508	农大	9	58	57	115	124	6.7	120.7	14.2	16.9	5.8	11.1	3 514
豫棉 508	平均	10	61	53	113	123	6.1	116.3	14.9	19.5	5.8	10.2	2 934
中棉 9131	安阳	11	61	53	114	125	6.6	101.3	12.8	16.2	7.1	11.5	3 409
中棉 9131	新乡	17	64	50	114	131	5.7	111.1	13.0	19.3	6.8	10.7	3 250
中棉 9131	原阳	10	66	55	121	131	6.1	96.7	12.4	20.6	6.0	11.3	2 768
中棉 9131	郑州	8	59	48	107	115	5.8	110.0	14.4	16.3	5.7	10.8	2 939
中棉 9131	商丘	12	61	61	122	134	6.2	113.2	13.2	15.6	6.1	12.0	2 645
中棉 9131	开封	7	57	53	110	117	6.6	89.2	12.7	18.6	6.6	12.1	2 667
中棉 9131	南阳	9	59	43	102	111	5.4	114.8	16.6	19.6	6.6	11.2	2 567
中棉 9131	农大	9	61	58	119	128	6.9	127.0	13.9	16.5	5.3	10.9	3 448
中棉 9131	平均	10	61	53	114	124	6.2	107.9	13.6	17.8	6.3	11.3	2 962

续附表二

品种	试点	播－苗（d）	苗－花（d）	花－絮（d）	生育期（d）	全生育期（d）	第一果枝节位	株高（cm）	果枝（台/株）	株铃（个）	铃重（g）	籽指（g）	亩株数（株/亩）
中棉所 96004	安阳	12	60	54	114	126	7. 5	93. 1	13. 1	16. 5	6. 4	11. 6	3 247
中棉所 96004	新乡	17	64	53	117	134	5. 5	107. 4	12. 5	21. 0	6. 2	11. 4	2 933
中棉所 96004	原阳	12	63	57	120	132	6. 7	104. 2	14. 3	20. 2	5. 4	11. 4	2 756
中棉所 96004	郑州	7	58	47	105	112	6. 0	120. 0	14. 6	18. 2	5. 2	11. 1	3 013
中棉所 96004	商丘	11	63	61	124	135	6. 8	122. 9	14. 1	14. 3	6. 2	11. 9	2 645
中棉所 96004	开封	8	58	51	109	117	6. 9	106. 0	14. 1	20. 1	6. 3	11. 1	2 667
中棉所 96004	南阳	9	59	42	101	110	5. 5	124. 1	16. 5	17. 5	6. 1	10. 3	2 616
中棉所 96004	农大	9	57	56	113	122	6. 2	105. 7	14. 8	16. 0	5. 9	9. 9	3 404
中棉所 96004	平均	11	60	53	113	124	6. 4	110. 4	14. 2	18. 0	6. 0	11. 1	2 910
中棉 EB004	安阳	11	61	53	114	125	7. 4	93. 4	12. 3	18. 0	6. 7	12. 2	3 340
中棉 EB004	新乡	17	64	53	117	134	6. 3	104. 2	12. 5	21. 4	6. 4	12. 3	2 916
中棉 EB004	原阳	10	67	54	121	131	6. 4	114. 8	14. 2	23. 1	5. 9	11. 8	2 755
中棉 EB004	郑州	7	59	54	113	120	6. 4	121. 5	15. 7	22. 5	6. 2	11. 9	3 010
中棉 EB004	商丘	13	62	60	122	135	7. 5	123. 1	13. 6	16. 9	6. 0	12. 4	2 645
中棉 EB004	开封	8	57	51	108	116	7. 4	87. 8	12. 1	18. 6	5. 7	12. 0	2 639
中棉 EB004	南阳	9	59	45	104	113	5. 5	125. 9	17. 2	19. 1	6. 3	11. 2	2 550
中棉 EB004	农大	9	60	50	110	119	6. 4	112. 4	14. 2	16. 8	6. 0	11. 4	3 437
中棉 EB004	平均	11	61	53	114	124	6. 7	110. 4	14. 0	19. 5	6. 1	11. 9	2 912

续附表二

品种	试点	播－苗（d）	苗－花（d）	花－絮（d）	生育期（d）	全生育期（d）	第一果枝节位	株高（cm）	果枝（台/株）	株铃（个）	铃重（g）	籽指（g）	亩株数（株/亩）
中棉 9213	安阳	10	61	54	115	125	7.1	99.0	13.6	18.2	6.7	11.9	3 220
中棉 9213	新乡	17	63	51	114	131	5.6	106.5	12.7	20.6	6.6	10.9	3 083
中棉 9213	原阳	10	66	55	121	131	6.8	98.4	14.7	22.4	6.0	11.5	2 769
中棉 9213	郑州	7	60	47	107	114	6.6	118.5	16.3	20.7	5.1	11.4	2 995
中棉 9213	商丘	12	62	62	124	136	7.2	128.5	14.9	13.8	6.0	12.6	2 645
中棉 9213	开封	8	58	51	109	117	6.7	100.9	15.2	21.9	6.1	12.0	2 667
中棉 9213	南阳	9	58	44	102	111	5.4	127.0	16.4	19.3	6.0	10.4	2 550
中棉 9213	农大	9	61	53	114	123	6.2	112.9	14.8	16.7	6.1	10.7	3 492
中棉 9213	平均	10	61	52	113	124	6.5	111.5	14.8	19.2	6.1	11.4	2 928
鲁棉 2632	安阳	10	61	45	106	116	6.6	97.8	13.3	15.3	6.9	11.0	3 397
鲁棉 2632	新乡	14	66	52	118	132	5.2	110.5	13.9	18.1	7.0	10.8	2 916
鲁棉 2632	原阳	12	61	79	140	152	5.8	111.7	15.1	19.4	6.0	10.9	2 776
鲁棉 2632	郑州	6	61	47	108	114	5.5	108.5	14.9	17.9	5.7	12.4	3 015
鲁棉 2632	商丘	13	61	60	121	134	6.1	124.1	13.9	17.3	5.3	11.2	2 645
鲁棉 2632	开封	7	58	51	109	116	6.5	102.3	13.5	18.0	6.8	11.2	2 667
鲁棉 2632	南阳	9	59	42	101	110	5.1	129.0	16.4	19.5	6.5	9.7	2 500
鲁棉 2632	农大	10	60	51	111	121	6.2	108.6	14.5	16.7	6.0	9.5	3 459
鲁棉 2632	平均	10	61	53	114	124	5.9	111.6	14.4	17.8	6.3	10.8	2 922

续附表二

品种	试点	播－苗(d)	苗－花(d)	花－絮(d)	生育期(d)	全生育期(d)	第一果枝节位	株高(cm)	果枝(台/株)	株铃(个)	铃重(g)	籽指(g)	亩株数(株/亩)
商棉566	安阳	10	61	54	115	125	7.7	91.1	12.4	16.7	6.4	11.9	3 278
商棉566	新乡	15	64	51	115	130	5.6	112.2	13.7	19.7	6.3	11.7	3 033
商棉566	原阳	10	64	57	121	131	6.5	111.3	14.2	23.4	5.8	11.3	2 764
商棉566	郑州	6	60	46	106	112	6.4	104.5	14.9	21.4	5.4	11.8	2 976
商棉566	商丘	12	62	60	122	134	7.1	133.7	14.2	16.8	5.3	12.1	2 645
商棉566	开封	7	57	54	111	118	7.8	110.0	14.9	22.0	6.1	12.3	2 667
商棉566	南阳	9	57	45	102	111	5.5	138.6	16.2	17.9	5.8	10.6	2 533
商棉566	农大	9	60	57	117	126	6.4	122.0	14.3	16.5	5.9	10.9	3 415
商棉566	平均	10	61	53	114	123	6.6	115.4	14.4	19.3	5.9	11.6	2 914
宛167	安阳	10	62	52	114	124	7.0	94.4	13.8	16.7	6.9	11.7	3 386
宛167	新乡	14	61	55	116	130	5.4	106.7	13.9	18.5	6.8	10.7	3 016
宛167	原阳	10	64	56	120	130	5.2	80.6	14.6	20.9	5.5	11.7	2 780
宛167	郑州	6	59	47	106	112	5.7	113.0	16.3	21.9	5.7	11.2	3 010
宛167	商丘	11	62	61	123	134	6.5	121.1	15.1	14.1	5.7	11.9	2 645
宛167	开封	6	57	55	112	118	6.5	111.3	15.3	20.6	6.8	11.6	2 695
宛167	南阳	9	58	43	101	110	5.3	123.4	16.7	20.6	6.8	10.4	2 583
宛167	农大	9	61	48	109	118	6.4	112.6	14.4	17.0	5.3	10.6	3 503
宛167	平均	9	61	52	113	122	6.0	107.9	15.0	18.8	6.2	11.2	2 952

续附表二

品种	试点	播－苗（d）	苗－花（d）	花－絮（d）	生育期（d）	全生育期（d）	第一果枝节位	株高（cm）	果枝（台/株）	株铃（个）	铃重（g）	籽指（g）	亩株数（株/亩）
银山 20	安阳	10	61	51	112	122	7.2	88.8	13.1	13.7	6.6	11.8	3 293
银山 20	新乡	17	61	52	113	130	5.9	97.5	13.3	19.8	6.4	11.0	3 133
银山 20	原阳	12	62	54	116	128	5.1	81.5	14.0	20.5	6.3	11.5	2 779
银山 20	郑州	7	59	48	107	114	6.2	102.2	15.4	18.5	5.3	10.7	3 032
银山 20	商丘	12	62	61	123	135	7.0	123.5	13.9	14.0	5.0	11.8	2 645
银山 20	开封	7	57	53	110	117	6.6	95.7	13.6	20.7	6.2	11.5	2 667
银山 20	南阳	9	57	45	102	111	5.5	112.3	16.2	18.0	6.2	10.5	2 517
银山 20	农大	9	59	56	115	124	6.5	103.2	14.1	15.8	5.7	10.6	3 481
银山 20	平均	10	60	53	112	123	6.3	100.6	14.2	17.6	6.0	11.2	2 943
鲁棉研 28	安阳	11	61	52	113	124	7.0	82.7	15.1	15.2	6.6	12.1	3 582
鲁棉研 28	新乡	17	62	53	115	132	4.8	96.3	13.2	17.5	6.4	11.9	2 983
鲁棉研 28	原阳	10	66	54	120	130	6.9	97.3	14.1	20.9	5.6	11.8	2 723
鲁棉研 28	郑州	7	59	47	106	113	5.7	106.5	16.5	20.6	5.8	11.1	2 958
鲁棉研 28	商丘	12	61	63	124	136	6.1	109.4	14.7	14.3	6.2	12.2	2 645
鲁棉研 28	开封	7	56	56	112	119	6.8	103.2	15.0	18.4	6.5	11.8	2 667
鲁棉研 28	南阳	9	57	45	102	111	5.4	117.5	16.4	19.4	6.3	10.5	2 550
鲁棉研 28	农大	9	61	52	113	122	6.3	112.7	13.6	15.6	5.9	11.4	3 485
鲁棉研 28	平均	10	60	53	113	123	6.1	103.2	14.8	17.7	6.2	11.6	2 949

附表三　2017 年河南省常规春棉区域试验品种产量性状表

名称	地点	总籽棉亩产（kg/亩）	±CK%	位次	皮棉亩产（kg/亩）	±CK%	位次	霜前皮棉亩产（kg/亩）	±CK%	位次	衣分（%）	霜前花率（%）
豫棉 508	安阳	327.1	5.0	7	131.2	5.0	7	126.8	9.1	6	40.1	96.7
豫棉 508	新乡	300.5	3.3	6	122.0	2.6	7	119.8	8.2	3	40.6	98.2
豫棉 508	原阳	281.7	29.6	1	112.1	34.1	1	99.2	43.9	1	39.8	88.5
豫棉 508	郑州	263.1	21.6	1	108.4	26.2	1	93.8	44.6	1	41.2	86.5
豫棉 508	商丘	236.7	21.7	1	92.1	22.0	1	87.4	22.1	1	38.9	94.9
豫棉 508	开封	269.5	26.7	2	104.3	26.4	3	100.6	43.8	1	38.7	96.4
豫棉 508	南阳	267.1	-0.2	5	115.1	0.3	5	115.1	0.3	5	43.1	100.0
豫棉 508	农大	294.1	7.1	2	115.8	5.3	4	106.6	9.9	3	39.4	92.0
豫棉 508	平均	280.0			112.6			106.1			40.2	94.1
中棉 9131	安阳	339.6	9.0	3	143.7	15.0	3	138.1	18.8	3	42.3	96.1
中棉 9131	新乡	320.4	10.2	4	136.5	14.7	1	130.9	18.3	1	42.6	95.9
中棉 9131	原阳	235.7	8.4	5	93.8	12.2	2	84.6	22.7	3	39.8	90.1
中棉 9131	郑州	237.1	9.6	5	101.3	17.8	2	91.0	40.3	2	42.7	89.9
中棉 9131	商丘	196.0	0.8	7	75.9	0.5	8	74.7	4.4	7	38.7	98.4
中棉 9131	开封	269.8	26.9	1	106.6	29.2	1	97.6	39.6	3	39.5	91.6
中棉 9131	南阳	272.0	1.7	2	118.5	3.3	3	118.5	3.3	3	43.6	100.0
中棉 9131	农大	256.5	-6.6	10	96.5	-12.3	10	86.2	-11.1	10	37.6	89.4
中棉 9131	平均	265.9			109.1			102.7			40.9	93.9
中棉所 96004	安阳	343.2	10.1	2	144.9	15.9	2	134.9	16.1	4	42.2	93.1
中棉所 96004	新乡	313.6	7.8	5	129.8	9.2	3	116.3	5.1	6	41.4	89.6
中棉所 96004	原阳	221.7	2.0	9	90.9	8.7	8	78.0	13.2	8	41.0	85.8
中棉所 96004	郑州	219.0	1.2	9	90.2	5.0	9	69.2	6.7	9	41.2	76.7
中棉所 96004	商丘	201.1	3.4	5	80.9	7.2	5	78.3	9.4	5	40.2	96.8
中棉所 96004	开封	250.9	18.0	4	101.6	23.2	4	88.5	26.5	4	40.5	87.1
中棉所 96004	南阳	266.6	-0.3	6	119.1	3.8	2	119.1	3.8	2	44.7	100.0
中棉所 96004	农大	273.0	-0.6	7	105.1	-4.4	8	94.1	-2.9	9	38.5	89.6
中棉所 96004	平均	261.2			107.8			97.3			41.2	89.8

续附表三

名称	地点	总籽棉亩产（kg/亩）	± CK%	位次	皮棉亩产（kg/亩）	± CK%	位次	霜前皮棉亩产（kg/亩）	± CK%	位次	衣分（%）	霜前花率（%）
中棉 EB004	安阳	338.0	8.4	5	141.9	13.6	5	130.9	12.6	5	42.0	92.2
中棉 EB004	新乡	323.9	11.4	2	129.2	8.6	4	116.9	5.6	5	39.9	90.4
中棉 EB004	原阳	239.0	10.0	3	92.8	11.0	4	83.3	20.8	5	38.8	89.7
中棉 EB004	郑州	238.9	10.4	4	97.9	14.0	3	76.8	18.4	7	41.0	78.4
中棉 EB004	商丘	218.9	12.6	3	86.0	14.0	3	82.7	15.6	3	39.3	96.1
中棉 EB004	开封	236.9	11.4	8	91.2	10.5	8	82.9	18.4	7	38.5	90.8
中棉 EB004	南阳	255.2	-4.6	10	110.9	-3.3	9	110.9	-3.3	9	43.5	100.0
中棉 EB004	农大	292.6	6.6	3	116.6	6.0	3	105.1	8.4	4	39.9	90.1
中棉 EB004	平均	267.9			108.3			98.7			40.4	91.0
中棉 9213	安阳	366.6	17.6	1	155.1	24.1	1	146.4	25.9	1	42.3	94.4
中棉 9213	新乡	287.9	-1.0	10	119.8	0.7	8	106.3	-4.0	10	41.6	88.7
中棉 9213	原阳	230.1	5.9	7	91.1	8.9	7	79.8	15.8	7	39.6	87.7
中棉 9213	郑州	237.0	9.5	6	96.0	11.7	6	75.2	15.9	8	40.5	78.3
中棉 9213	商丘	192.2	-1.1	9	76.1	0.9	7	73.0	2.1	8	39.6	96.0
中棉 9213	开封	246.6	15.9	5	98.4	19.2	5	83.4	19.3	6	39.9	84.8
中棉 9213	南阳	267.1	-0.1	4	116.1	1.2	4	116.1	1.2	4	43.5	100.0
中棉 9213	农大	302.4	10.2	1	117.4	6.7	1	107.8	11.2	1	38.8	91.8
中棉 9213	平均	266.3			108.7			98.5			40.7	90.2
鲁棉 2632	安阳	339.6	9.0	4	142.3	13.9	4	138.3	19.0	2	41.9	97.2
鲁棉 2632	新乡	299.4	3.0	7	124.0	4.2	6	120.9	9.2	2	41.4	97.5
鲁棉 2632	原阳	228.7	5.2	8	89.0	6.4	9	84.2	22.1	4	38.9	94.6
鲁棉 2632	郑州	221.3	2.3	8	93.9	9.2	7	86.8	33.9	3	42.4	92.5
鲁棉 2632	商丘	199.2	2.5	6	78.3	3.8	6	75.5	5.6	6	39.3	96.5
鲁棉 2632	开封	260.2	22.3	3	106.2	28.6	2	99.0	41.5	2	40.8	93.2
鲁棉 2632	南阳	258.2	-3.5	8	111.7	-2.7	8	111.7	-2.7	8	43.3	100.0
鲁棉 2632	农大	289.5	5.4	4	117.2	6.6	2	107.3	10.7	2	40.5	91.6
鲁棉 2632	平均	262.0			107.8			103.0			41.1	95.4

续附表三

名称	地点	总籽棉亩产（kg/亩）	± CK%	位次	皮棉亩产（kg/亩）	± CK%	位次	霜前皮棉亩产（kg/亩）	± CK%	位次	衣分（%）	霜前花率（%）
商棉 566	安阳	327. 2	5. 0	6	131. 5	5. 3	6	120. 2	3. 4	8	40. 2	91. 4
商棉 566	新乡	321. 4	10. 5	3	128. 3	7. 8	5	113. 9	2. 9	7	39. 9	88. 8
商棉 566	原阳	232. 3	6. 9	6	92. 2	10. 3	6	74. 6	8. 2	9	39. 7	80. 9
商棉 566	郑州	244. 6	13. 0	2	97. 1	13. 0	5	77. 5	19. 5	6	39. 7	79. 8
商棉 566	商丘	215. 8	11. 0	4	84. 2	11. 5	4	80. 9	13. 1	4	39. 0	96. 1
商棉 566	开封	242. 0	13. 8	6	89. 3	8. 2	9	74. 6	6. 7	9	36. 9	83. 6
商棉 566	南阳	266. 6	－0. 3	7	108. 0	－5. 9	10	108. 0	－5. 9	10	40. 5	100. 0
商棉 566	农大	283. 1	3. 1	5	112. 2	2. 1	5	101. 3	4. 5	5	39. 7	90. 3
商棉 566	平均	266. 6			105. 4			93. 9			39. 4	88. 9
宛 167	安阳	318. 4	2. 2	8	130. 2	4. 2	8	122. 5	5. 4	7	40. 9	94. 1
宛 167	新乡	326. 3	12. 2	1	131. 2	10. 3	2	119. 4	7. 8	4	40. 2	91. 0
宛 167	原阳	259. 5	19. 4	2	100. 8	20. 5	3	94. 4	37. 0	2	38. 8	93. 7
宛 167	郑州	243. 9	12. 7	3	97. 8	13. 8	4	77. 5	19. 6	5	40. 1	79. 3
宛 167	商丘	224. 6	15. 5	2	88. 9	17. 9	2	84. 3	17. 9	2	39. 6	94. 8
宛 167	开封	237. 1	11. 5	7	92. 2	11. 8	7	82. 7	18. 2	8	38. 9	89. 7
宛 167	南阳	279. 7	4. 6	1	122. 8	7. 0	1	122. 8	7. 0	1	43. 9	100. 0
宛 167	农大	269. 8	－1. 7	8	105. 8	－3. 8	7	94. 9	－2. 1	8	39. 2	89. 7
宛 167	平均	269. 9			108. 7			99. 8			40. 2	91. 5
银山 20	安阳	302. 5	－2. 9	10	126. 1	0. 9	9	119. 4	2. 7	9	41. 7	94. 6
银山 20	新乡	294. 6	1. 3	8	118. 7	－0. 2	10	112. 8	1. 9	8	40. 3	95. 0
银山 20	原阳	251. 2	15. 6	4	98. 7	18. 0	5	88. 4	28. 3	6	39. 3	89. 6
银山 20	郑州	231. 9	7. 1	7	93. 2	8. 5	8	81. 9	26. 3	4	40. 2	87. 8
银山 20	商丘	190. 0	－2. 3	10	75. 2	－0. 3	10	73. 0	2. 1	9	39. 6	97. 0
银山 20	开封	235. 6	10. 8	9	92. 9	12. 5	6	86. 6	23. 9	5	39. 4	93. 3
银山 20	南阳	256. 9	－4. 0	9	111. 8	－2. 6	7	111. 8	－2. 6	7	43. 5	100. 0
银山 20	农大	267. 5	－2. 6	9	103. 8	－5. 6	9	95. 0	－2. 0	7	38. 8	91. 5
银山 20	平均	253. 8			102. 6			96. 1			40. 4	93. 6

续附表三

名称	地点	总籽棉亩产（kg/亩）	± CK%	位次	皮棉亩产（kg/亩）	± CK%	位次	霜前皮棉亩产（kg/亩）	± CK%	位次	衣分（%）	霜前花率（%）
鲁棉研 28	安阳	311.7	0.0	9	125.0	0.0	10	116.3	0.0	10	40.1	93.0
鲁棉研 28	新乡	290.8	0.0	9	119.0	0.0	9	110.7	0.0	9	40.9	93.1
鲁棉研 28	原阳	217.4	0.0	10	83.6	0.0	10	68.9	0.0	10	38.5	82.4
鲁棉研 28	郑州	216.4	0.0	10	85.9	0.0	10	64.8	0.0	10	39.7	75.5
鲁棉研 28	商丘	194.4	0.0	8	75.4	0.0	9	71.5	0.0	10	38.8	94.8
鲁棉研 28	开封	212.7	0.0	10	82.5	0.0	10	70.0	0.0	10	38.8	84.8
鲁棉研 28	南阳	267.5	0.0	3	114.7	0.0	6	114.7	0.0	6	42.9	100.0
鲁棉研 28	农大	274.5	0.0	6	110.0	0.0	6	96.9	0.0	6	40.1	88.1
鲁棉研 28	平均	248.2			99.5			89.2			40.0	89.0

附表四　2017 年河南省常规春棉区域试验品种纤维品质性状表

品种	地点	长度（mm）	整齐度指数（%）	断裂比强度（cN/tex）	马克隆值	伸长率（%）	反射率（%）	黄度	纺纱均匀指数
豫棉 508	南阳	27.6	83.8	28.6	5.5	5.1	79.5	8.1	124.0
豫棉 508	商丘	32.6	87.1	32.2	5.5	6.1	78.8	7.4	160.0
豫棉 508	开封	31.3	84.2	31.6	5.7	5.5	78.5	7.8	139.0
豫棉 508	郑州	29.4	81.3	29.7	5.2	5.5	78.7	8.7	121.0
豫棉 508	新乡	31.5	86.5	28.9	5.4	5.2	76.4	7.8	144.0
豫棉 508	安阳	30.5	85.9	28.9	5.3	6.0	79.3	7.8	142.0
豫棉 508	平均	30.5	84.8	30.2	5.4	5.6	78.5	7.9	138.3
中棉 9131	南阳	28.8	83.4	27.4	5.2	4.3	80.2	8.0	124.0
中棉 9131	商丘	31.6	84.7	30.6	4.7	4.3	78.0	8.5	148.0
中棉 9131	开封	31.0	83.9	31.1	5.2	3.9	77.1	7.5	140.0
中棉 9131	郑州	29.1	81.2	30.7	4.7	5.1	79.7	8.5	128.0
中棉 9131	新乡	31.0	86.8	30.2	5.1	4.5	75.9	9.0	151.0
中棉 9131	安阳	31.6	84.0	31.5	4.8	4.3	79.3	8.6	148.0
中棉 9131	平均	30.5	84.0	30.3	5.0	4.4	78.4	8.4	139.8

续附表四

品种	地点	长度(mm)	整齐度指数(%)	断裂比强度(cN/tex)	马克隆值	伸长率(%)	反射率(%)	黄度	纺纱均匀指数
中棉所96004	南阳	28.3	84.7	33.0	5.5	4.8	78.6	8.3	142
中棉所96004	商丘	29.5	85.4	29.9	5.3	5.6	77.7	7.9	140
中棉所96004	开封	29.9	83.3	31.8	5.2	5.0	76.7	8.6	137
中棉所96004	郑州	28.2	82.9	33.4	5.2	5.5	79.8	8.1	138
中棉所96004	新乡	30.1	86.7	30.7	5.4	5.4	77.5	8.2	149
中棉所96004	安阳	30.7	85.9	33.3	5.1	5.6	78.9	8.3	158
中棉所96004	平均	29.5	84.8	32.0	5.3	5.3	78.2	8.2	144
中棉EB004	南阳	27.7	84.5	31.5	5.7	5.0	81.2	7.4	135.0
中棉EB004	商丘	29.1	85.1	32.6	5.2	6.1	78.9	7.5	147.0
中棉EB004	开封	28.4	86.0	33.0	5.6	5.5	78.5	6.7	147.0
中棉EB004	郑州	28.8	84.9	32.0	5.1	5.8	81.4	7.8	147.0
中棉EB004	新乡	29.7	86.0	29.6	5.5	5.4	77.4	7.9	140.0
中棉EB004	安阳	29.9	87.6	32.6	5.3	5.6	79.8	7.7	161.0
中棉EB004	平均	28.9	85.7	31.9	5.4	5.6	79.5	7.5	146.2
中棉9213	南阳	27.4	84.7	31.3	5.7	4.6	79.6	7.8	134.0
中棉9213	商丘	31.5	86.7	30.4	5.4	5.7	77.5	8.5	151.0
中棉9213	开封	29.5	84.6	32.9	5.5	5.1	77.1	7.1	143.0
中棉9213	郑州	29.3	84.6	31.9	5.2	5.6	79.9	8.2	144.0
中棉9213	新乡	30.9	86.7	31.2	5.3	5.0	75.8	8.1	151.0
中棉9213	安阳	32.2	87.3	32.5	4.6	6.7	78.7	8.3	169.0
中棉9213	平均	30.1	85.8	31.7	5.3	5.5	78.1	8.0	148.7
鲁棉2632	南阳	26.9	86.7	30.3	5.6	5.5	79.2	7.8	140.0
鲁棉2632	商丘	30.2	85.5	31.6	5.2	5.9	77.0	8.2	147.0
鲁棉2632	开封	27.4	85.5	31.6	5.8	5.6	74.4	7.1	134.0
鲁棉2632	郑州	28.7	84.3	32.1	5.3	5.2	80.8	8.1	142.0
鲁棉2632	新乡	28.7	86.2	31.2	5.6	5.8	75.9	8.1	143.0
鲁棉2632	安阳	30.2	87.7	31.6	5.3	5.7	77.9	7.7	157.0
鲁棉2632	平均	28.7	86.0	31.4	5.5	5.6	77.5	7.8	143.8

续附表四

品种	地点	长度（mm）	整齐度指数（%）	断裂比强度（cN/tex）	马克隆值	伸长率（%）	反射率（%）	黄度	纺纱均匀指数
商棉 566	南阳	27.9	84.6	30.9	5.6	5.5	80.5	7.6	134.0
商棉 566	商丘	30.1	84.6	31.6	5.3	6.0	77.1	8.1	142.0
商棉 566	开封	31.0	86.1	33.4	5.7	5.0	76.3	7.4	152.0
商棉 566	郑州	29.2	83.3	31.4	5.2	6.3	79.7	7.9	136.0
商棉 566	新乡	32.3	88.1	32.9	5.4	5.0	77.1	7.6	166.0
商棉 566	安阳	30.8	86.8	33.0	5.7	5.6	79.9	7.4	156.0
商棉 566	平均	30.2	85.6	32.2	5.5	5.6	78.4	7.7	147.7
宛 167	南阳	26.3	83.4	28.1	5.7	4.6	80.9	7.8	117.0
宛 167	商丘	30.8	85.3	33.5	5.4	5.4	77.7	8.7	152.0
宛 167	开封	28.8	84.5	31.2	5.8	4.6	78.4	7.6	134.0
宛 167	郑州	28.2	82.2	31.1	4.9	5.4	82.1	7.5	132.0
宛 167	新乡	30.3	85.5	29.5	5.7	5.3	77.9	7.2	137.0
宛 167	安阳	30.4	85.7	30.6	5.5	5.1	80.5	7.1	145.0
宛 167	平均	29.1	84.4	30.7	5.5	5.1	79.6	7.7	136.2
银山 20	南阳	26.7	83.9	31.8	5.5	5.4	82.6	7.3	133.0
银山 20	商丘	28.5	84.0	30.8	5.2	6.0	77.7	9.6	136.0
银山 20	开封	28.1	85.0	30.5	5.6	5.4	78.0	7.7	135.0
银山 20	郑州	28.0	83.6	31.9	4.8	5.9	80.8	9.1	142.0
银山 20	新乡	29.5	87.1	31.9	5.1	5.7	77.1	8.4	155.0
银山 20	安阳	29.6	86.9	33.1	5.3	5.5	80.7	7.6	159.0
银山 20	平均	28.4	85.1	31.7	5.3	5.7	79.5	8.3	143.3
鲁棉研 28	南阳	27.5	86.3	30.6	5.4	5.5	81.0	7.1	143.0
鲁棉研 28	商丘	30.6	86.5	32.2	4.9	6.2	80.1	7.2	159.0
鲁棉研 28	开封	29.3	86.2	33.5	5.4	5.9	79.0	7.4	154.0
鲁棉研 28	郑州	28.0	84.5	32.1	5.2	5.8	81.7	8.0	143.0
鲁棉研 28	新乡	30.3	87.4	31.3	5.4	5.8	78.5	7.1	155.0
鲁棉研 28	安阳	30.9	87.6	33.4	5.2	5.6	80.6	7.0	166.0
鲁棉研 28	平均	29.4	86.4	32.2	5.3	5.8	80.2	7.3	153.3

14　2017 年河南省常规春棉区域试验品种汇总总结(Ⅱ)

一、试验目的

通过河南省不同生态区多年多点试验,鉴定春播棉花新品种(系)的丰产性、稳产性、抗病性、抗虫性、纤维品质与对照鲁研棉 28 的差异,为优良春棉品种在河南省审定与合理推广提供科学依据。

二、试验材料

参试品种 10 个,均为常规春棉,以鲁研棉 28 对照,参试种子由参试单位提供,详见表 1。

表 1　2017 年河南省常规春棉Ⅱ组区域试验参试品种来源及编号

品种名称	序号	品系来源	参试单位	年限
GB828	1	(A49－668 选系×FD－9133)选系	中国农业科学院棉花研究所	1
锦科 68	2	锦科 28×锦科 04－7	新疆桑塔木种业股份有限公司、新乡市锦科棉花研究所	1
鲁棉 319	3	鲁 4029×鲁 6269	山东棉花研究中心	1
鲁棉 431	4	57 系×(鲁棉研 32 号×鲁 2109 系)F5	山东棉花研究中心	1
中 MBC31776	5	(鲁 6269/Hn1209)/(鲁 6269/69307)	中国农业科学院棉花研究所	1
豫棉 616	6	豫棉 21 号×豫棉 508	河南省农业科学院经济作物研究所	1
中生棉 3 号	7	(新陆棉 1 号×GK12)×新陆中 36	中国农科院生物技术研究所	1
中棉 612	8	鑫秋 1 号×423386	中棉种业科技股份有限公司	1
FR168	9	—	河南省中创种业短季棉有限公司、邯郸市农业科学院	1
鲁棉研 28	10	对照(CK)	山东棉花研究中心	—

三、试验承试单位和试验设计

(一)试验承试单位

河南省农业科学院经济作物研究所(李武),商丘市农业科学院(刘卫星)、南阳市农业科学院(强学杰)、郑州市农林科学研究所(贾新合)、中国农业科学院棉花研究所(严根土)、新乡市锦科棉花研究所(田土星),开封农林科学研究院(楚宗艳)、河南农业大学

(马宗斌)、中国农业科学院棉花研究所植保室(朱荷琴)、农业部棉花品质监督检验测试中心(唐淑荣)。

(二)试验设计

试验按随机区组设计,3 次重复,每小区 3 ~4 行,小区面积≥20 m^2,周边设置不少于 4 行的保护行。

四、棉花生育期间气候特点及栽培管理

(一)气候特点

2017 年气候总体情况:前期有利于棉花产量形成,后期吐絮期不利于吐絮采摘。苗期光照充足,气温高利于棉苗生长;中期整体利于棉花生长发育,吐絮前期天气晴好,利于吐絮,后期多阴雨,不利于晚熟品种的产量形成。

1. 苗期

苗期总的气候特点是:以晴天多云为主,光照充足,温度正常,降水适中,有利于棉花出苗及苗期生长。

2. 蕾铃期

光照充足,温度偏高,高温持续时间较长,降水量少。6 月中旬至 8 月中旬以晴天多云为主,光照充足,温度较高,降水少于常年,有利于棉花成铃。

3. 吐絮期

光照偏少,降水多,多阴雨天,温度较高,持续时间较长,对棉花收摘晾晒是弊多利少。8 月下旬至 9 月上旬多阴雨天,影响棉花的正常吐絮与收摘晾晒;9 月中下旬以晴天多云为主,光照充足,温度较高,有利于棉花吐絮与收摘晾晒;10 月上中旬多阴雨天,影响棉花的正常吐絮与收摘晾晒,10 月下旬至 11 月上旬以晴天多云为主,有利于棉花吐絮与收摘晾晒。

(二)栽培管理

各试点均按照当地主要栽培管理措施实行,田间管理均匀一致。密度 2 500 ~3 500 株/亩,前作有棉花、冬闲;播期多在 4 月下旬,播种方式为直播或直播盖膜;防治地老虎、棉蚜、红蜘蛛、棉铃虫、盲椿象等 6 ~15 次;浇地 0 ~5 次,排水 0 ~3 次;化调 1 ~3 次;中耕除草 2 ~6 次。基肥为有机肥、氮、磷、钾肥等,追肥以复合肥、尿素为主。

五、试验结果

本组试验共 8 个试点,8 个试点数据经过复核,试验误差均在规定范围内,予以汇总。总变异系数 C_V =6.17% 。

(一)早熟性

2017 年结果:各参试品种生育期 113 ~115 d,第一果枝节位 6.1 ~6.8 节,霜前花率 89.4% ~94.6% 。GB828、鲁棉 431 和豫棉 616 号品种霜前花率高,早熟性好;FR168 晚熟。

(二)主要特性

2017 年结果:各参试品种株高 102.6 ~113.9 cm,FR168 较低,中棉 612 最高;果枝数

13.7～14.3 台/株，单株结铃数 16.9～19.5 个，FR168 结铃最多；籽指 10.3～12.0 g，FR168 籽指较小，鲁棉 319 籽指较大（见表2）。

表2　2017 年河南省常规春棉区域试验品种农艺性状

品种	年份	编号	生育期（d）	第一果枝节位	株高（cm）	果枝（台/株）	株铃（个）	铃重（g）	籽指（g）	霜前花率（%）
GB828	2017	1	113	6.3	110.1	14.3	18.2	5.6	11.1	94.2
锦科 68	2017	2	113	6.4	109.5	13.9	18.6	6.0	11.3	92.5
鲁棉 319	2017	3	113	6.7	112.9	14.3	18.6	6.0	12.0	91.7
鲁棉 431	2017	4	113	6.8	110.9	13.7	18.2	5.9	10.9	94.6
中 MBC31776	2017	5	112	6.3	112.3	14.3	18.7	5.6	11.2	92.9
豫棉 616	2017	6	112	6.5	106.5	14.1	18.3	5.6	11.4	94.3
中生棉 3 号	2017	7	114	6.2	111.2	14.2	18.1	6.1	10.9	90.6
中棉 612	2017	8	115	6.6	113.9	14.0	16.9	6.6	12.7	91.4
FR168	2017	9	115	6.1	102.6	14.2	19.5	5.4	10.3	89.4
鲁棉研 28	2017	10	113	5.9	101.5	14.0	17.4	6.2	11.2	90.0

（三）小区皮棉产量统计分析

皮棉产量方差分析表明：品种间、品种和地点互作效应均达极显著差异，说明需要进行品种稳定性分析，并对各品种皮棉总产进行多重比较，以便确定表现优异的品种（见表3）。

表3　2017 年河南省常规春棉区域试验品种方差分析（C_V =6.17%）

变异来源	df	皮棉总产			P
		SS	MS	F	
地点内区组	16	1.90	0.12	3.21**	0.000 1
地点	7	52.29	7.47	201.49**	0.000 1
品种	9	6.59	0.73	19.76**	0.000 1
品种×地点	63	8.85	0.14	3.79**	0.000 1
试验误差	144	5.34	0.04		
总变异	239	74.97			

参试 10 个品种皮棉产量品种间差异显著（见表4）。鲁棉 431、中棉 612、中生棉 3 号、锦科 68、豫棉 616、FR168 比对照鲁棉研 28 增产极显著。GB828 比对照减产显著。

表 4　品种间皮棉产量多重比较

品种	编号	皮棉(kg/小区)	$LSR_{0.05}$	$LSR_{0.01}$
鲁棉 431	4	3.301	a	A
中棉 612	8	3.300	a	A
中生棉 3 号	7	3.291	a	A
锦科 68	2	3.234	a	A
豫棉 616	6	3.196	a	AB
FR168	9	3.08	b	BC
鲁棉 319	3	3.049	bc	CD
中 MBC31776	5	2.970	cd	CD
鲁棉研 28	10	2.924	d	DE
GB828	1	2.813	e	E

(四)品种稳定性分析

参试的 10 个品种在各试点的适应性有差异,鲁棉 431、中棉 612、中生棉 3 号和锦科 68 在各点适应性、稳定性综合评价很好;豫棉 616 适应性、稳定性综合评价好;FR168 和鲁棉 319 较好;中 MBC31776、鲁棉研 28 和 GB828 综合表现一般(见表 5)。

表 5　品种皮棉产量稳定性分析

品种	编号	丰产性参数	稳定性参数				适应地区	综合评价
		产量(kg/小区)	效应	方差	变异度	回归系数		
鲁棉 431	4	3.301	0.185	0.021	4.416	0.989	E1 ~ E8	很好
中棉 612	8	3.300	0.184	0.034	5.621	1.316	E1 ~ E8	很好
中生棉 3 号	7	3.291	0.175	0.025	4.819	1.288	E1 ~ E8	很好
锦科 68	2	3.234	0.118	0.027	5.095	1.065	E1 ~ E8	很好
豫棉 616	6	3.196	0.08	0.086	9.187	0.675	E1 ~ E8	好
FR168	9	3.080	-0.036	0.046	6.931	1.086	E1 ~ E8	较好
鲁棉 319	3	3.049	-0.066	0.037	6.315	1.038	E1 ~ E8	较好
中 MBC31776	5	2.970	-0.146	0.047	7.268	0.819	E1 ~ E8	一般
鲁棉研 28	10	2.924	-0.192	0.027	5.65	1.111	E1 ~ E8	一般
GB828	1	2.813	-0.303	0.071	9.449	0.612	E1 ~ E8	一般

(五)品种产量

2017 年产量结果:籽棉亩产 236.5 ~274.9 kg,较对照鲁棉研 28 增产 -2.6% ~13.2%;皮棉亩产 93.8 ~110.0 kg,较对照鲁棉研 28 增产 -3.8% ~12.9%;霜前皮棉亩产 88.3 ~104.2 kg,较对照鲁棉研 28 增产 0.2% ~18.2%;衣分 39.2% ~41.8%(见表 6)。

表 6　2017 年河南省常规春棉区域试验品种产量性状

品种	年份	编号	籽棉		位次	皮棉		位次	霜前皮棉		位次	衣分(%)
			kg/亩	±CK%		kg/亩	±CK%		kg/亩	±CK%		
GB828	2017	1	236.5	-2.6	10	93.8	-3.8	10	88.3	0.2	9	39.6
锦科 68	2017	2	274.9	13.2	1	107.8	10.6	4	100.1	13.5	4	39.2
鲁棉 319	2017	3	255.7	5.4	7	101.6	4.3	7	93.5	6.0	6	39.7
鲁棉 431	2017	4	268.2	10.5	2	110.0	12.9	1	104.2	18.2	1	41.0
中 MBC31776	2017	5	257.1	5.9	6	99.0	1.6	8	92.1	4.5	7	38.5
豫棉 616	2017	6	261.5	7.7	5	106.5	9.3	5	100.6	14.1	3	40.7
中生棉 3 号	2017	7	262.0	7.9	4	109.7	12.6	3	99.8	13.2	5	41.8
中棉 612	2017	8	264.3	8.9	3	110.0	12.9	2	101.0	14.5	2	41.6
FR168	2017	9	246.6	1.6	8	102.7	5.3	6	92.0	4.3	8	41.6
鲁棉研 28	2017	10	242.8	0.0	9	97.5	0.0	9	88.2	0.0	10	40.1

(六)抗病性

抗病性鉴定由中国农业科学院棉花所植保室按全国统一病情分级标准,以感病对照冀棉 11 病株率达 80%,或病指达 50 左右结果进行品种(系)的抗性评定(见表 7)。

2017 年鉴定结果:鲁棉 319 和中棉 612 高抗枯萎病,锦科 68 和中 MBC31776 抗枯萎病,鲁棉 431、豫棉 616、中生棉 3 号和 FR168 感枯萎病;锦科 68 和中棉 612 抗黄萎病,鲁棉 431 和 FR168 感黄萎病,其余参试品种均耐黄萎病。

表 7　2017 年河南省常规春棉区域试验品种枯、黄萎病鉴定结果

品种	年份	编号	枯萎病			黄萎病		
			病株率(%)	病指	反应型	病株率(%)	病指	反应型
GB828	2017	1	38.4	19.5	T	50.3	20.7	T
锦科 68	2017	2	11.0	5.7	R	39.1	18.8	R
鲁棉 319	2017	3	5.7	2.1	HR	62.6	24.3	T
鲁棉 431	2017	4	49.3	23.3	S	69.2	41.6	S
中 MBC31776	2017	5	21.5	6.4	R	49.9	22.0	T
豫棉 616	2017	6	92.4	46.4	S	50.4	28.1	T
中生棉 3 号	2017	7	87.0	43.2	S	64.9	31.5	T
中棉 612	2017	8	6.1	2.9	HR	39.5	19.2	R
FR168	2017	9	90.3	49.0	S	68.0	37.2	S
鲁棉研 28	2017	10	4.8	2.5	HR	45.4	20.8	T
冀棉 11(SCK)			80.0	50.0	S	80.0	50.0	S
中植棉 2 号(RCK)			21.2	10.5	R	41.7	17.0	T

（七）纤维品质

纤维品质由农业部棉花纤维品质检测中心分析（见表8）。

2016年结果：纤维上半部平均长度29.0～32.7 mm，断裂比强度31.9～36.6 cN/tex，马克隆值5.0～5.7，纤维品质偏粗、偏短。

表8　2017年河南省常规春棉区域试验品种品质检测结果

品种	年份	编号	长度（mm）	整齐度指数（%）	断裂比强度（cN/tex）	马克隆值	伸长率（%）	反射率（%）	黄度	纺纱均匀指数
GB828	2017	1	30.2	86.0	34.2	5.4	4.8	77.2	8.0	155.8
锦科68	2017	2	32.7	86.2	34.9	5.1	3.9	80.0	7.4	168.0
鲁棉319	2017	3	29.4	85.7	32.4	5.3	5.5	78.9	7.9	149.0
鲁棉431	2017	4	31.9	86.7	35.6	5.5	4.9	77.8	7.9	165.7
中MBC31776	2017	5	30.6	85.3	36.6	5.3	5.0	78.5	7.3	161.5
豫棉616	2017	6	30.3	86.8	32.7	5.0	5.5	77.8	8.0	159.0
中生棉3号	2017	7	29.6	85.9	32.5	5.5	5.8	78.8	7.7	149.2
中棉612	2017	8	29.0	85.6	31.9	5.7	4.7	78.2	8.1	141.8
FR168	2017	9	31.0	86.2	32.4	5.0	5.5	77.9	8.2	157.5
鲁棉研28	2017	10	29.5	85.9	30.7	5.4	5.5	78.7	7.6	144.2

六、品种评述

（一）GB828

2017年区域试验结果：出苗一般，前中期长势较强，后期长势一般；植株较高，株型较松散，塔形，茎秆粗壮，茎叶多茸毛，中长，Ⅱ式果枝；叶柄较长，叶片中等大小，叶色浅绿，叶片皱折明显，缺刻一般，叶功能一般偏差，花冠柱头与花药相平，花粉量一般；结铃性较强，铃卵圆形，中等大小，铃嘴钝尖，吐絮畅且集中；耐枯萎病（枯萎病指19.5），耐黄萎病（黄萎病指20.7）。生育期113 d，株高110.1 cm，第一果枝节位6.3节，果枝数14.3台/株，单株结铃18.2个，单铃重5.6 g，籽指11.1 g，衣分39.6%，霜前花率94.2%。8点汇总，皮棉总产3点增产，5点减产，增产点率37.5%；平均亩产籽棉、皮棉和霜前皮棉分别为236.5 kg、93.8 kg和88.3 kg，分别比对照鲁棉研28增产－2.6%、－3.8%和0.2%，分居常规春棉10个参试品种第10、10、9位。HVICC纤维上半部长度30.2 mm，断裂比强度34.2 cN/tex，马克隆值5.4，整齐度指数86.0%，伸长率4.8%，反射率77.2%，黄度8.0，纺纱均匀指数155.8。

终止试验。

（二）锦科68

2017年区域试验结果：出苗好，全生育期长势强健；植株高大，株型较松散，塔形，茎秆粗壮，茸毛稀，较长，Ⅱ式果枝；叶柄较长，叶片中等大小，叶色深绿，叶片皱折一般，缺刻较深,叶功能好,花冠柱头与花药相平,花粉量一般;结铃性较强,铃卵圆形,中等大小,铃嘴钝尖,吐絮畅而集中;抗枯萎病(枯萎病指5.7),抗黄萎病(黄萎病指18.8)。生育期113 d,株高109.5 cm,第一果枝节位6.4节,果枝数13.9台/株,单株结铃18.6个,单铃重6.0 g,籽指11.3 g,衣分39.2%,霜前花率92.5%。8点汇总,皮棉总产7点增产,1点减产,增产点率87.5%;平均亩产籽棉、皮棉和霜前皮棉分别为274.9 kg、107.8 kg和100.1 kg,分别比对照鲁棉研28增产13.2%、10.6%和13.5%,分居常规春棉10个参试品种第1、4、4位。HVICC纤维上半部长度32.7 mm,断裂比强度34.9 cN/tex,马克隆值5.1,整齐度指数86.2%,伸长率3.9%,反射率80.0%,黄度7.4,纺纱均匀指数168.0。

继续试验。

(三)鲁棉319

2017年区域试验结果:出苗偏弱,全生育期长势较强;植株中等,株型松散,塔形,茎秆粗细中等,茸毛稀,较长,Ⅱ式果枝;叶柄较长,叶片中等大小,叶色绿色,叶片皱折明显,缺刻一般,叶功能一般偏弱,花冠柱头与花药相平,花粉量一般;结铃性较强,铃卵圆形,中等大小,铃嘴尖,吐絮畅较集中;高抗枯萎病(枯萎病指2.1),耐黄萎病(黄萎病指24.3)。生育期113 d,株高112.9 cm,第一果枝节位6.7节,果枝数14.3台/株,单株结铃18.6个,单铃重6.0 g,籽指12.0 g,衣分39.7%,霜前花率91.7%。8点汇总,皮棉总产6点增产,2点减产,增产点率75%;平均亩产籽棉、皮棉和霜前皮棉分别为255.7 kg、101.6 kg和93.5 kg,分别比对照鲁棉研28增产5.4%、4.3%和6.0%,分居常规春棉10个参试品种第7、7、6位。HVICC纤维上半部长度29.4 mm,断裂比强度32.4 cN/tex,马克隆值5.3,整齐度指数85.7%,伸长率5.5%,反射率78.9%,黄度7.9,纺纱均匀指数149.0。

(四)鲁棉431

2017年区域试验结果:出苗一般,前期长势稳,中期长势较强,后期长势一般;植株中等,株型较松散,塔形,茎秆粗壮,茸毛稀,较长,Ⅱ式果枝;叶柄中长,叶片中等大小,叶色绿,叶片皱折一般,缺刻一般,叶功能较好,花冠柱头与花药相平,花粉量一般,花冠窄苞叶;结铃性较强,铃长卵圆形,中等大小,铃嘴尖,吐絮畅且集中;感枯萎病(枯萎病指23.3),感黄萎病(黄萎病指41.6)。生育期113 d,株高110.9 cm,第一果枝节位6.8节,果枝数13.7台/株,单株结铃18.2个,单铃重5.9 g,籽指10.9 g,衣分41.0%,霜前花率94.6%。8点汇总,皮棉总产8点均增产,增产点率100%;平均亩产籽棉、皮棉和霜前皮棉分别为268.2 kg、110.0 kg和104.2 kg,分别比对照鲁棉研28增产10.5%、12.9%和18.2%,分居常规春棉10个参试品种第2、1、1位。HVICC纤维上半部长度31.9 mm,断裂比强度35.6 cN/tex,马克隆值5.5,整齐度指数86.7%,伸长率4.9%,反射率77.8%,黄度7.9,纺纱均匀指数165.7。

终止试验。

(五)中MBC31776

2017年区域试验结果:出苗一般,全生育期长势较强;植株较高,株型较松散,塔形,茎秆较粗壮,茸毛稀,较长,Ⅱ式果枝;叶柄较长,叶片中等偏小,叶色绿色,叶片皱折一般,缺刻较深,叶功能一般偏差,花冠柱头与花药相平,花粉量一般;结铃性一般,铃卵圆形,中等大小,铃嘴尖,吐絮畅且集中,早熟性较好;抗枯萎病(枯萎病指6.4),耐黄萎病(黄萎病指 22.0)。生育期 112 d,株高 112.3 cm,第一果枝节位 6.3 节,果枝数 14.3 台/株,单株结铃 18.7 个,单铃重 5.6 g,籽指 11.2 g,衣分 38.5%,霜前花率 92.9%。8 点汇总,皮棉总产 6 点增产,2 点减产,增产点率 75%;平均亩产籽棉、皮棉和霜前皮棉分别为 257.1 kg、99.0 kg 和 92.1 kg,分别比对照鲁棉研 28 增产 5.9%、1.6% 和 4.5%,分居常规春棉 10 个参试品种第 6、8、7 位。HVICC 纤维上半部长度 30.6 mm,断裂比强度 36.6 cN/tex,马克隆值 5.3,整齐度指数 85.3%,伸长率 5.0%,反射率 78.5%,黄度 7.3,纺纱均匀指数 161.5。

继续试验。

(六)豫棉 616

2017 年区域试验结果:出苗较好,前中期长势较强,后期长势一般;植株中等,株型较松散,塔形,茎秆较粗壮,茸毛稀,较长,Ⅱ式果枝;叶柄较长,叶片中等偏小,叶色绿色,叶片皱折明显,缺刻较深,叶功能弱,花冠柱头低于花药,花粉量一般;结铃性较强,铃长卵圆形,中等大小,铃嘴尖,吐絮畅且集中;感枯萎病(枯萎病指 46.4),耐黄萎病(黄萎病指 28.1)。生育期 112 d,株高 106.5 cm,第一果枝节位 6.5 节,果枝数 14.1 台/株,单株结铃 18.3 个,单铃重 5.6 g,籽指 11.4 g,衣分 40.7%,霜前花率 94.3%。8 点汇总,皮棉总产 7 点增产,1 点减产,增产点率 87.5%;平均亩产籽棉、皮棉和霜前皮棉分别为 261.5 kg、106.5 kg 和 100.6 kg,分别比对照鲁棉研 28 增产 7.7%、9.3% 和 14.1%,分居常规春棉 10 个参试品种第 5、5、3 位。HVICC 纤维上半部长度 30.3 mm,断裂比强度 32.7 cN/tex,马克隆值 5.0,整齐度指数 86.8%,伸长率 5.5%,反射率 77.8%,黄度 8.0,纺纱均匀指数 159.0。

终止试验。

(七)中生棉 3 号

2017 年区域试验结果:出苗较好,前期长势较强,中期长势稳,后期长势较强;植株中等偏小,株型较松散,塔形,茎秆粗壮,茸毛稀,中长,Ⅱ式果枝;叶柄较长,叶片中等偏大,叶色深绿,叶片皱折一般,缺刻一般,叶功能较好,花冠柱头与花药相平,花粉量一般;结铃性较强,铃卵圆形,中等偏大,铃嘴钝尖,吐絮畅且较集中;感枯萎病(枯萎病指 43.2),耐黄萎病(黄萎病指 31.5)。生育期 114 d,株高 111.2 cm,第一果枝节位 6.2 节,果枝数 14.2 台/株,单株结铃 18.1 个,单铃重 6.1 g,籽指 10.9 g,衣分 41.8%,霜前花率 90.6%。8 点汇总,皮棉总产 8 点均增产,增产点率 100%;平均亩产籽棉、皮棉和霜前皮棉分别为 262.0 kg、109.7 kg 和 99.8 kg,分别比对照鲁棉研 28 增产 7.9%、12.6% 和 13.2%,分居常规春棉 10 个参试品种第 4、3、5 位。HVICC 纤维上半部长度 29.6 mm,断裂比强度 32.5 cN/tex,马克隆值 5.5,整齐度指数 85.9%,伸长率 5.8%,反射率 78.8%,黄度 7.7,纺纱均匀指数 149.2。

终止试验。

(八)中棉 612

2017 年区域试验结果:出苗较好,前中期长势较强,后期长势一般;植株较高,株型松散,塔形,茎秆较粗壮,茸毛稀,较长,Ⅱ式果枝;叶柄中长,叶片中等大小,叶色绿,叶片皱折一般,缺刻较深,叶功能较好,花冠柱头低于花药,花粉量较多;结铃性一般,铃卵圆形,中等大小,铃嘴尖,吐絮畅且集中;高抗枯萎病(枯萎病指 2.9),抗黄萎病(黄萎病指 19.2)。生育期115 d,株高113.9 cm,第一果枝节位6.6 节,果枝数14.0 台/株,单株结铃 16.9 个,单铃重6.6 g,籽指12.7 g,衣分41.6%,霜前花率91.4%。8 点汇总,皮棉总产8 点均增产,增产点率100%;平均亩产籽棉、皮棉和霜前皮棉分别为264.3 kg、110.0 kg 和 101.0 kg,分别比对照鲁棉研28 增产8.9%、12.9%和14.5%,分居常规春棉10 个参试品种第3、2、2 位。HVICC 纤维上半部长度29.0 mm,断裂比强度31.9 cN/tex,马克隆值5.7,整齐度指数85.6%,伸长率4.7%,反射率78.2%,黄度8.1,纺纱均匀指数141.8。

(九)FR168

2017 年区域试验结果:出苗一般,前中期长势较稳,后期较强;植株中等偏低,株型较紧凑,塔形,茎秆较粗壮,茸毛稀,较长,Ⅱ式果枝;叶柄较长,叶片中等偏大,叶色绿色,叶片皱折一般,缺刻较浅,叶功能较好,花冠柱头与花药相平,花粉量较少;结铃性一般,铃卵圆形,中等大小,铃嘴钝尖,吐絮畅;感枯萎病(枯萎病指 49.0),感黄萎病(黄萎病指 37.2)。生育期115 d,株高102.6 cm,第一果枝节位6.1 节,果枝数14.2 台/株,单株结铃 19.5 个,单铃重5.4 g,籽指10.3 g,衣分41.6%,霜前花率89.4%。8 点汇总,皮棉总产6 点增产,2 点减产,增产点率75%;平均亩产籽棉、皮棉和霜前皮棉分别为246.6 kg、102.7 kg 和92.0 kg,分别比对照鲁棉研28 增产1.6%、5.3%和4.3%,分居常规春棉10 个参试品种第8、6、8 位。HVICC 纤维上半部长度31.0 mm,断裂比强度32.4 cN/tex,马克隆值5.0,整齐度指数86.2%,伸长率5.5%,反射率77.9%,黄度8.2,纺纱均匀指数157.5。

终止试验。

附表一 2017 年河南省常规春棉Ⅱ组区域试验各试点田间管理基本情况

试点	播种方式	密度	前作	播期(月/日)	灌/排水(次)	中耕除草(次)	化调(次)	病虫防治(次)	收花(次)	基肥(kg/亩)	追肥(kg/亩)
安阳	直播	3 500	棉花	4/21	1/0	3	6	7	3	复合肥50、有机肥200	复合肥50
南阳	直播	2 600	棉花	4/26	1/0	4	0	6	4	复合肥50	尿素25、氯化钾15
农大	直播	3 367	棉花	4/23	4/0	4	2	5	3	复合肥25	复合肥20
郑州	直播	2 778	棉花	4/28	3/0	2	3	9	2	复合肥50、尿素15	尿素15
商丘	直播	2 645	棉花	4/22	1/0	4	3	5	2	复合肥40	尿素15
原阳	条播	2 750	棉花	4/26	2/0	5	3	6	2	复合肥50	尿素20
开封	直播	2 222	棉花	4/29	4/0	4	2	6	3	复合肥40	复合肥30
新乡	直播	2 900	棉花	4/15	5/0	4	2	9	4	中华二铵15、尿素5	中华二铵15、尿素22.5

附表二　2017 年河南省常规春棉Ⅱ组区域试验品种农艺性状表

品种	试点	播 - 苗 (d)	苗 - 花 (d)	花 - 絮 (d)	生育期 (d)	全生育期 (d)	第一果枝节位	株高 (cm)	果枝 (台/株)	株铃 (个)	铃重 (g)	籽指 (g)	亩株数 (株/亩)
GB828	安阳	10	62	52	114	124	7.5	99.8	12.8	15.1	6.1	11.5	3 467
GB828	新乡	17	62	51	113	130	5.0	102.3	13.8	20.8	5.5	10.7	3 100
GB828	原阳	10	65	59	124	134	5.6	91.1	14.7	22.6	5.4	11.7	2 715
GB828	郑州	7	62	44	106	113	6.1	118.8	15.5	18.1	5.8	10.8	2 939
GB828	商丘	11	61	61	122	133	6.9	117.9	13.9	17.3	5.0	11.6	2 645
GB828	开封	7	57	54	111	118	6.6	114.7	13.4	17.9	6.0	11.8	2 667
GB828	南阳	9	58	43	101	110	6.0	118.3	16.5	17.0	5.8	10.1	2 633
GB828	农大	9	57	53	110	119	6.4	117.7	13.6	16.5	5.0	10.5	3 452
GB828	平均	10	61	52	113	123	6.3	110.1	14.3	18.2	5.6	11.1	2 952
锦科 68	安阳	10	61	47	108	118	7.7	93.9	12.8	17.2	6.4	11.4	3 270
锦科 68	新乡	14	65	51	116	130	5.1	103.6	12.4	19.1	6.5	11.5	3 250
锦科 68	原阳	10	63	53	116	126	5.1	107.0	15.5	21.2	5.9	11.3	2 769
锦科 68	郑州	7	63	49	112	119	6.6	118.1	14.8	21.6	5.6	10.5	3 088
锦科 68	商丘	10	63	61	124	134	6.9	116.8	13.7	16.8	5.8	12.6	2 645
锦科 68	开封	6	60	51	111	117	6.9	107.8	12.2	16.7	6.3	12.1	2 667
锦科 68	南阳	9	58	43	101	110	6.0	117.5	16.5	19.3	6.3	10.4	2 550
锦科 68	农大	9	59	56	115	124	6.6	111.0	13.3	17.1	5.4	10.9	3 458
锦科 68	平均	9	62	51	113	122	6.4	109.5	13.9	18.6	6.0	11.3	2 962

续附表二

品种	试点	播 - 苗（d）	苗 - 花（d）	花 - 絮（d）	生育期（d）	全生育期（d）	第一果枝节位	株高（cm）	果枝（台/株）	株铃（个）	铃重（g）	籽指（g）	亩株数（株/亩）
鲁棉 319	安阳	10	61	53	114	124	7.7	96.0	13.2	16.0	6.6	12.3	3 355
鲁棉 319	新乡	14	65	50	115	129	5.5	99.6	13.1	19.2	6.0	11.0	2 933
鲁棉 319	原阳	10	63	54	117	127	6.1	117.9	16.0	22.1	5.8	12.1	2 766
鲁棉 319	郑州	7	63	51	114	121	6.9	128.8	16.2	22.7	5.7	11.5	2 939
鲁棉 319	商丘	12	63	59	122	134	7.5	122.4	14.3	16.4	5.3	13.3	2 645
鲁棉 319	开封	8	58	52	110	118	7.8	105.5	13.0	18.5	5.8	13.1	2 667
鲁棉 319	南阳	9	58	44	102	111	5.9	120.6	16.0	17.4	6.4	10.6	2 566
鲁棉 319	农大	8	62	49	111	119	6.5	112.1	12.7	16.5	6.0	12.3	3 468
鲁棉 319	平均	10	62	52	113	123	6.7	112.9	14.3	18.6	6.0	12.0	2 917
鲁棉 431	安阳	10	63	51	114	124	7.8	94.3	12.6	15.2	6.0	11.0	3 351
鲁棉 431	新乡	17	65	49	114	131	5.7	96.5	12.1	19.6	5.8	10.9	2 916
鲁棉 431	原阳	10	63	56	119	129	6.2	106.5	13.5	19.7	5.3	11.1	2 775
鲁棉 431	郑州	7	65	45	110	117	7.4	118.6	14.7	20.4	6.2	10.1	2 939
鲁棉 431	商丘	11	62	60	122	133	7.2	120.6	13.9	17.1	5.8	12.5	2 645
鲁棉 431	开封	8	58	50	108	116	7.7	113.2	12.1	15.3	6.1	11.6	2 667
鲁棉 431	南阳	9	57	45	102	111	6.3	131.9	17.0	21.1	6.4	9.6	2 533
鲁棉 431	农大	9	58	56	114	123	6.1	105.9	13.7	17.2	5.9	10.8	3 431
鲁棉 431	平均	10	61	52	113	123	6.8	110.9	13.7	18.2	5.9	10.9	2 907

续附表二

品种	试点	播－苗（d）	苗－花（d）	花－絮（d）	生育期（d）	全生育期（d）	第一果枝节位	株高（cm）	果枝（台/株）	株铃（个）	铃重（g）	籽指（g）	亩株数（株/亩）
中 MBC31776	安阳	11	59	53	112	123	7.2	100.1	13.3	16.8	6.1	11.4	3 236
中 MBC31776	新乡	17	61	52	113	130	5.1	103.0	12.9	18.0	6.0	11.2	3 083
中 MBC31776	原阳	10	61	55	116	126	5.7	108.3	15.5	22.5	5.3	11.1	2 763
中 MBC31776	郑州	8	61	45	106	114	6.9	126.4	15.9	21.1	5.3	10.8	2 828
中 MBC31776	商丘	11	62	61	123	134	6.6	122.4	15.4	16.5	5.0	11.8	2 645
中 MBC31776	开封	8	56	53	109	117	7.4	113.0	12.8	20.0	5.9	11.5	2 667
中 MBC31776	南阳	9	57	44	101	110	5.9	120.6	16.6	18.6	5.6	9.9	2 583
中 MBC31776	农大	8	60	53	113	121	5.5	104.5	11.9	16.4	5.4	11.8	3 374
中 MBC31776	平均	10	60	52	112	122	6.3	112.3	14.3	18.7	5.6	11.2	2 897
豫棉 616	安阳	10	62	52	114	124	7.7	91.7	12.6	14.5	5.9	11.8	3 386
豫棉 616	新乡	17	61	52	113	130	4.9	96.6	13.7	19.3	5.8	10.3	2 916
豫棉 616	原阳	10	63	52	115	125	6.5	99.3	14.6	20.7	5.4	11.2	2 769
豫棉 616	郑州	7	62	43	105	112	6.9	117.2	15.5	19.7	5.4	10.4	3 051
豫棉 616	商丘	11	62	60	122	133	6.7	105.9	13.9	15.0	5.2	12.7	2 645
豫棉 616	开封	6	59	54	113	119	7.0	111.8	13.0	20.0	6.0	12.8	2 667
豫棉 616	南阳	9	57	44	101	110	5.9	121.3	16.3	20.5	5.7	10.4	2 566
豫棉 616	农大	9	57	57	114	123	6.1	108.4	13.6	16.6	5.2	11.6	3 447
豫棉 616	平均	10	60	52	112	122	6.5	106.5	14.1	18.3	5.6	11.4	2 931

续附表二

品种	试点	播－苗（d）	苗－花（d）	花－絮（d）	生育期（d）	全生育期（d）	第一果枝节位	株高（cm）	果枝（台/株）	株铃（个）	铃重（g）	籽指（g）	亩株数（株/亩）
中生棉 3 号	安阳	10	62	53	115	125	6.8	86.7	12.6	16.7	6.3	11.3	3 266
中生棉 3 号	新乡	17	62	52	114	131	5.2	91.2	12.4	18.2	6.4	10.5	3 033
中生棉 3 号	原阳	10	65	60	125	135	5.1	99.9	14.8	20.7	5.8	11.1	2 774
中生棉 3 号	郑州	7	63	47	110	117	6.3	159.4	16.4	18.7	6.2	10.7	2 828
中生棉 3 号	商丘	11	63	60	123	134	6.8	113.4	14.8	15.3	5.3	11.5	2 645
中生棉 3 号	开封	7	58	53	111	118	7.5	106.2	12.8	18.5	6.2	11.3	2 667
中生棉 3 号	南阳	9	57	45	102	111	5.8	112.3	16.8	19.6	6.3	9.8	2 566
中生棉 3 号	农大	9	56	55	111	120	6.1	120.7	13.3	16.9	5.9	10.7	3 416
中生棉 3 号	平均	10	61	53	114	124	6.2	111.2	14.2	18.1	6.1	10.9	2 899
中棉 612	安阳	10	62	53	115	125	7.6	95.3	12.5	16.4	7.3	13.1	3 212
中棉 612	新乡	14	66	52	118	132	5.2	99.7	12.6	17.7	7.2	12.6	3 016
中棉 612	原阳	10	63	64	127	137	6.3	108.7	15.0	19.6	6.3	12.3	2 781
中棉 612	郑州	7	63	49	112	119	6.5	135.7	15.7	17.6	6.0	12.8	2 976
中棉 612	商丘	12	61	61	122	134	7.0	121.1	14.7	14.1	6.3	13.3	2 645
中棉 612	开封	6	59	53	112	118	7.6	111.7	12.8	16.7	6.9	13.2	2 667
中棉 612	南阳	9	57	45	102	111	6.2	122.9	15.2	17.3	6.6	11.6	2 533
中棉 612	农大	8	60	50	110	118	6.0	116.1	13.1	16.1	6.0	12.6	3 455
中棉 612	平均	10	61	53	115	124	6.6	113.9	14.0	16.9	6.6	12.7	2 911

续附表二

品种	试点	播－苗(d)	苗－花(d)	花－絮(d)	生育期(d)	全生育期(d)	第一果枝节位	株高(cm)	果枝(台/株)	株铃(个)	铃重(g)	籽指(g)	亩株数(株/亩)
FR168	安阳	10	62	54	116	126	7.0	93.1	13.6	15.0	6.0	10.9	3 285
FR168	新乡	17	64	52	116	133	4.9	88.3	12.5	18.7	5.2	9.8	3 133
FR168	原阳	12	65	60	125	137	6.0	102.9	14.2	26.0	5.2	10.7	2 779
FR168	郑州	7	63	52	115	122	6.2	106.8	16.2	25.9	5.1	10.3	2 939
FR168	商丘	13	61	60	121	134	6.6	104.7	14.4	14.0	4.7	10.3	2 645
FR168	开封	8	58	52	110	118	7.1	106.4	13.1	18.0	5.8	10.4	2 667
FR168	南阳	9	58	45	103	112	5.5	110.2	16.1	20.9	5.5	9.8	2 633
FR168	农大	8	61	50	111	119	5.8	108.4	13.4	17.3	5.9	10.6	3 416
FR168	平均	11	62	53	115	125	6.1	102.6	14.2	19.5	5.4	10.3	2 937
鲁棉研 28	安阳	10	61	53	114	124	6.7	88.9	13.6	14.9	6.6	11.7	3 370
鲁棉研 28	新乡	17	64	52	116	133	4.9	88.6	13.4	17.9	6.0	11.2	2 983
鲁棉研 28	原阳	10	65	50	115	125	5.4	86.3	14.4	18.6	5.7	11.8	2 733
鲁棉研 28	郑州	7	62	49	111	118	5.9	109.9	16.3	21.3	5.9	10.6	3 088
鲁棉研 28	商丘	10	62	62	124	134	5.7	112.4	15.4	14.7	5.9	11.2	2 645
鲁棉研 28	开封	7	58	54	112	119	6.7	110.9	13.8	17.0	7.1	11.9	2 667
鲁棉研 28	南阳	9	57	45	102	111	5.4	103.9	15.6	18.6	6.3	10.3	2 617
鲁棉研 28	农大	8	61	52	113	121	6.3	111.3	13.8	15.8	6.0	11.2	3 425
鲁棉研 28	平均	10	61	52	113	123	5.9	101.5	14.5	17.4	6.2	11.2	2 941

附表三　2017 年河南省常规春棉Ⅱ组区域试验品种产量性状表

名称	地点	总籽棉亩产（kg/亩）	± CK%	位次	皮棉亩产（kg/亩）	± CK%	位次	霜前皮棉亩产（kg/亩）	± CK%	位次	衣分（%）	霜前花率（%）
GB828	安阳	279.4	-5.8	10	109.3	-8.3	10	104.1	-8.1	10	39.1	95.2
GB828	新乡	229.3	-17.6	10	95.9	-16.6	10	94.0	-11.7	10	41.8	98.1
GB828	原阳	231.5	8.5	3	89.0	9.2	4	82.8	13.8	2	38.4	93.0
GB828	郑州	212.6	-2.8	10	87.4	-1.8	10	80.6	22.2	6	41.1	92.3
GB828	商丘	193.0	-0.4	9	73.9	-2.7	10	72.8	2.1	8	38.3	98.4
GB828	开封	231.7	18.1	6	86.6	14.7	7	76.6	16.5	7	37.4	88.4
GB828	南阳	252.3	5.1	6	107.1	2.9	6	107.1	2.9	6	42.5	100.0
GB828	农大	262.3	-14.0	10	100.9	-15.6	9	88.7	-16.1	10	38.5	87.9
GB828	平均	236.5			93.8			88.3			39.6	94.2
锦科 68	安阳	338.1	14.0	2	133.5	12.0	3	127.8	12.9	3	39.5	95.7
锦科 68	新乡	327.0	17.4	1	134.1	16.6	1	128.9	21.0	1	41.0	96.1
锦科 68	原阳	233.4	9.3	2	90.5	11.1	3	80.7	11.0	3	38.8	89.2
锦科 68	郑州	246.4	12.8	4	96.6	8.6	6	79.0	19.7	8	39.2	81.7
锦科 68	商丘	224.3	15.8	2	84.8	11.6	3	79.7	11.8	3	37.8	94.0
锦科 68	开封	279.6	42.5	2	100.1	32.5	3	95.1	44.7	2	35.8	95.0
锦科 68	南阳	253.4	5.6	4	109.3	4.9	5	109.3	4.9	5	43.1	100.0
锦科 68	农大	296.8	-2.7	7	113.5	-5.0	7	100.0	-5.3	7	38.3	88.1
锦科 68	平均	274.9			107.8			100.1			39.2	92.5
鲁棉 319	安阳	318.5	7.4	4	129.3	8.5	4	126.0	11.3	4	40.6	97.4
鲁棉 319	新乡	278.1	-0.1	9	108.2	-5.9	9	102.7	-3.6	9	38.9	94.9
鲁棉 319	原阳	219.9	3.0	7	83.1	2.0	8	72.3	-0.6	10	37.8	87.0
鲁棉 319	郑州	256.0	17.1	2	102.7	15.4	3	83.2	26.2	4	40.1	81.1
鲁棉 319	商丘	204.6	5.6	5	80.4	5.8	6	76.2	7.0	6	39.3	94.8
鲁棉 319	开封	219.9	12.1	8	84.0	11.2	8	74.3	13.0	8	38.2	88.4
鲁棉 319	南阳	232.0	-3.4	9	102.5	-1.5	9	102.5	-1.5	9	44.2	100.0
鲁棉 319	农大	316.9	3.9	3	123.0	2.9	5	110.5	4.5	5	38.8	89.8
鲁棉 319	平均	255.7			101.6			93.5			39.7	91.7

续附表三

名称	地点	总籽棉亩产（kg/亩）	± CK%	位次	皮棉亩产（kg/亩）	± CK%	位次	霜前皮棉亩产（kg/亩）	± CK%	位次	衣分（%）	霜前花率（%）
鲁棉431	安阳	314.9	6.2	5	127.9	7.3	5	125.2	10.6	5	40.6	97.9
鲁棉431	新乡	295.0	6.0	4	125.1	8.8	4	121.2	13.8	4	42.4	96.9
鲁棉431	原阳	227.1	6.4	5	88.7	8.8	5	79.7	9.6	4	39.1	89.9
鲁棉431	郑州	263.7	20.6	1	108.9	22.4	1	97.6	47.9	1	41.3	89.6
鲁棉431	商丘	226.2	16.7	1	90.9	19.7	1	88.9	24.8	1	40.2	97.8
鲁棉431	开封	240.6	22.6	4	93.8	24.2	5	89.3	35.9	4	39.0	95.2
鲁棉431	南阳	257.7	7.3	1	114.7	10.1	1	114.7	10.1	1	44.5	100.0
鲁棉431	农大	320.8	5.2	2	130.2	9.0	1	116.7	10.4	1	40.6	89.6
鲁棉431	平均	268.2			110.0			104.2			41.0	94.6
中MBC31776	安阳	313.8	5.8	6	119.9	0.6	8	115.8	2.3	7	38.2	96.6
中MBC31776	新乡	294.7	5.8	5	118.8	3.3	7	111.0	4.2	7	40.3	93.4
中MBC31776	原阳	215.7	1.0	8	82.9	1.8	9	73.3	0.8	8	38.4	88.4
中MBC31776	郑州	243.0	11.2	5	94.5	6.3	8	82.0	24.3	5	38.9	86.7
中MBC31776	商丘	202.4	4.5	6	76.9	1.3	7	73.9	3.7	7	38.0	96.0
中MBC31776	开封	273.7	39.5	3	101.0	33.7	2	93.3	42.0	3	36.9	92.4
中MBC31776	南阳	238.9	-0.5	8	97.7	-6.2	10	97.7	-6.2	10	40.9	100.0
中MBC31776	农大	274.4	-10.0	9	100.3	-16.0	10	89.66	-15.16	9	36.6	89.4
中MBC31776	平均	257.1			99.0			92.10			38.5	92.9
豫棉616	安阳	299.5	1.0	7	126.1	5.8	6	122.64	8.31	6	42.1	97.2
豫棉616	新乡	278.9	0.2	7	121.3	5.5	6	119.77	12.45	5	43.5	98.7
豫棉616	原阳	240.1	12.5	1	92.4	13.4	2	88.11	21.17	1	38.5	95.3
豫棉616	郑州	232.3	6.3	7	98.0	10.2	5	88.90	34.74	2	42.2	90.7
豫棉616	商丘	220.7	13.9	3	86.7	14.2	2	82.88	16.31	2	39.3	95.6
豫棉616	开封	290.1	47.9	1	114.6	51.7	1	99.41	51.23	1	39.5	86.8
豫棉616	南阳	254.8	6.1	3	109.4	5.1	4	109.42	5.07	4	43.0	100.0
豫棉616	农大	275.3	-9.7	8	103.6	-13.3	8	93.34	-11.68	8	37.6	90.1
豫棉616	平均	261.5			106.5			100.60			40.7	94.3

续附表三

名称	地点	总籽棉亩产（kg/亩）	±CK%	位次	皮棉亩产（kg/亩）	±CK%	位次	霜前皮棉亩产（kg/亩）	±CK%	位次	衣分（%）	霜前花率（%）
中生棉3号	安阳	324.8	9.6	3	137.1	15.0	2	128.36	13.36	2	42.2	93.6
中生棉3号	新乡	306.9	10.2	2	133.5	16.1	2	125.52	17.85	2	43.5	94.0
中生棉3号	原阳	223.0	4.5	6	88.1	8.2	6	78.50	7.95	5	39.5	89.1
中生棉3号	郑州	232.9	6.6	6	100.1	12.6	4	79.93	21.15	7	43.0	79.8
中生棉3号	商丘	206.1	6.4	4	83.1	9.4	4	78.18	9.72	4	40.3	94.1
中生棉3号	开封	231.4	17.9	7	92.8	22.8	6	79.61	21.10	6	40.1	85.8
中生棉3号	南阳	256.8	7.0	2	114.2	9.7	2	114.23	9.68	2	44.5	100.0
中生棉3号	农大	314.1	3.0	4	128.7	7.7	2	113.68	7.56	2	41.0	88.3
中生棉3号	平均	262.0			109.7			99.80			41.8	90.6
中棉612	安阳	352.8	19.0	1	145.3	22.0	1	139.74	23.41	1	41.2	96.1
中棉612	新乡	302.6	8.7	3	127.7	11.0	3	122.76	15.25	3	42.2	96.1
中棉612	原阳	212.8	-0.3	10	85.5	4.9	7	76.27	4.89	7	40.2	89.2
中棉612	郑州	247.0	13.0	3	104.2	17.2	2	86.74	31.47	3	42.2	83.2
中棉612	商丘	198.8	2.6	7	81.7	7.6	5	76.49	7.35	5	41.1	93.6
中棉612	开封	240.4	22.5	5	97.4	28.9	4	83.29	26.70	5	40.5	85.6
中棉612	南阳	252.7	5.3	5	111.8	7.3	3	111.75	7.31	3	44.2	100.0
中棉612	农大	307.5	0.8	5	126.4	5.8	4	110.78	4.83	4	41.1	87.6
中棉612	平均	264.3			110.0			101.00			41.6	91.4
FR168	安阳	289.4	-2.4	9	120.1	0.8	7	111.90	-1.18	9	41.5	93.2
FR168	新乡	282.3	1.4	6	122.0	6.1	5	113.38	6.45	6	43.2	93.0
FR168	原阳	231.5	8.4	4	94.4	15.8	1	78.14	7.46	6	40.8	82.8
FR168	郑州	228.1	4.4	8	96.5	8.5	7	73.46	11.34	9	42.3	76.1
FR168	商丘	185.2	-4.4	10	74.3	-2.2	9	68.35	-4.08	10	40.1	92.0
FR168	开封	203.2	3.6	9	82.7	9.5	9	73.67	12.08	9	40.7	89.1
FR168	南阳	230.3	-4.1	10	103.6	-0.5	8	103.63	-0.49	8	45.0	100.0
FR168	农大	323.0	5.9	1	127.9	7.0	3	113.34	7.24	3	39.6	88.6
FR168	平均	246.6			102.7			92.00			41.6	89.4

续附表三

名称	地点	总籽棉亩产（kg/亩）	±CK%	位次	皮棉亩产（kg/亩）	±CK%	位次	霜前皮棉亩产（kg/亩）	±CK%	位次	衣分（%）	霜前花率（%）
鲁棉研 28	安阳	296.5	0.0	8	119.2	0.0	9	113.23	0.00	8	40.2	95.0
鲁棉研 28	新乡	278.4	0.0	8	115.0	0.0	8	106.51	0.00	8	41.3	92.6
鲁棉研 28	原阳	213.5	0.0	9	81.5	0.0	10	72.72	0.00	9	38.2	89.3
鲁棉研 28	郑州	218.6	0.0	9	89.0	0.0	9	65.98	0.00	10	40.7	74.2
鲁棉研 28	商丘	193.8	0.0	8	76.0	0.0	8	71.26	0.00	9	39.2	93.8
鲁棉研 28	开封	196.2	0.0	10	75.5	0.0	10	65.7	0.0	10	38.5	87.0
鲁棉研 28	南阳	240.1	0.0	7	104.1	0.0	7	104.1	0.0	7	43.4	100.0
鲁棉研 28	农大	305.0	0.0	6	119.5	0.0	6	105.7	0.0	6	39.2	88.4
鲁棉研 28	平均	242.8			97.5			88.2			40.1	90.0

附表四　2017 年河南省常规春棉Ⅱ组区域试验品种纤维品质性状表

品种	地点	长度（mm）	整齐度指数（%）	断裂比强度（cN/tex）	马克隆值	伸长率（%）	反射率（%）	黄度	纺纱均匀指数
GB828	南阳	28.0	84.6	34.1	5.5	4.6	80.1	8.1	145.0
GB828	商丘	30.0	85.6	33.8	5.1	4.7	77.3	8.4	155.0
GB828	开封	30.2	86.3	36.6	5.7	4.4	74.9	8.1	160.0
GB828	郑州	29.8	85.0	34.1	5.1	4.4	76.8	7.5	152.0
GB828	新乡	31.6	87.8	33.7	5.4	5.0	75.4	7.7	164.0
GB828	安阳	31.3	86.9	33.1	5.5	5.4	78.7	8.1	159.0
GB828	平均	30.2	86.0	34.2	5.4	4.8	77.2	8.0	155.8
锦科 68	南阳	29.8	83.8	32.7	5.2	3.5	82.7	7.1	145.0
锦科 68	商丘	34.3	87.5	35.1	5.0	4.1	79.0	7.5	178.0
锦科 68	开封	33.3	87.1	37.2	5.3	3.7	79.8	7.7	178.0
锦科 68	郑州	31.3	84.3	35.1	5.1	4.2	77.7	7.3	155.0
锦科 68	新乡	34.3	87.2	32.4	4.8	4.3	79.7	7.2	171.0
锦科 68	安阳	33.1	87.2	36.8	5.0	3.6	81.2	7.8	181.0
锦科 68	平均	32.7	86.2	34.9	5.1	3.9	80.0	7.4	168.0

续附表四

品种	地点	长度（mm）	整齐度指数（%）	断裂比强度（cN/tex）	马克隆值	伸长率（%）	反射率（%）	黄度	纺纱均匀指数
鲁棉 319	南阳	27.4	86.0	30.1	5.6	5.6	81.3	7.9	139.0
鲁棉 319	商丘	29.8	86.2	31.6	5.2	6.5	76.6	8.2	150.0
鲁棉 319	开封	29.2	85.7	34.9	5.6	5.3	79.6	7.6	153.0
鲁棉 319	郑州	28.7	85.0	32.6	5.1	5.7	77.3	7.1	146.0
鲁棉 319	新乡	31.6	85.6	31.6	5.0	4.2	79.4	8.8	154.0
鲁棉 319	安阳	29.9	85.6	33.5	5.5	5.7	79.0	7.9	152.0
鲁棉 319	平均	29.4	85.7	32.4	5.3	5.5	78.9	7.9	149.0
鲁棉 431	南阳	29.4	87.6	34.6	5.7	4.7	80.6	8	162.0
鲁棉 431	商丘	33.4	87.8	37.1	5.3	5.1	78.5	7.4	181.0
鲁棉 431	开封	33.3	85.6	34.3	5.4	4.7	77.6	8.2	160.0
鲁棉 431	郑州	31.3	85.5	35.8	5.2	5.1	76.9	7.5	162.0
鲁棉 431	新乡	32.0	87.8	32.8	5.9	4.9	76.0	8.0	158.0
鲁棉 431	安阳	31.7	85.8	38.8	5.4	5.0	77.2	8.0	171.0
鲁棉 431	平均	31.9	86.7	35.6	5.5	4.9	77.8	7.9	165.7
中 MBC31776	南阳	28.6	84.8	37.0	5.5	5.0	81.3	6.8	156.0
中 MBC31776	商丘	30.6	85.7	37.6	5.2	5.8	77.5	7.8	167.0
中 MBC31776	开封	31.3	85.0	34.2	5.4	4.6	79.3	6.9	154.0
中 MBC31776	郑州	29.8	84.2	36.5	5.3	4.9	77.9	6.7	154.0
中 MBC31776	新乡	32.1	86.3	35.6	5.3	4.5	76	7.8	165.0
中 MBC31776	安阳	31.2	85.8	38.4	5.1	4.9	79.2	7.8	173.0
中 MBC31776	平均	30.6	85.3	36.6	5.3	5.0	78.5	7.3	161.5
豫棉 616	南阳	27.8	84.9	30.6	5.1	5.4	79.3	8.4	139.0
豫棉 616	商丘	31.5	87.4	32.0	4.8	6.3	77.6	8.7	165.0
豫棉 616	开封	31.4	86.5	31.7	5.3	5.1	77.9	7.8	155.0
豫棉 616	郑州	29.6	86.1	34.9	5.0	5.4	77.5	7.3	161.0
豫棉 616	新乡	30.5	87.6	30.8	5.0	4.9	75.0	8.2	156.0
豫棉 616	安阳	30.9	88.2	35.9	4.9	5.6	79.7	7.7	178.0
豫棉 616	平均	30.3	86.8	32.7	5.0	5.5	77.8	8.0	159.0

续附表四

品种	地点	长度 (mm)	整齐度指数 (%)	断裂比强度 (cN/tex)	马克隆值	伸长率 (%)	反射率 (%)	黄度	纺纱均匀指数
中生棉 3 号	南阳	27.3	85.1	30.0	5.7	5.3	83.1	7.2	134.0
中生棉 3 号	商丘	30.8	85.2	31.6	5.2	6.4	78.7	8.4	148.0
中生棉 3 号	开封	28.9	85.0	32.7	5.7	5.5	77.9	7.4	141.0
中生棉 3 号	郑州	29.1	85.1	32.8	5.2	6.0	78.3	7.6	147.0
中生棉 3 号	新乡	31.3	88.8	33.1	5.5	6.4	75.5	8.1	166.0
中生棉 3 号	安阳	30.4	86.1	34.9	5.5	5.3	79.1	7.3	159.0
中生棉 3 号	平均	29.6	85.9	32.5	5.5	5.8	78.8	7.7	149.2
中棉 612	南阳	27.0	84.5	30.4	5.8	4.4	81.2	7.9	129.0
中棉 612	商丘	29.1	86	32.8	5.6	4.8	78.1	8.7	148.0
中棉 612	开封	29.7	85.2	31.9	5.7	4.4	77.3	7.7	141.0
中棉 612	郑州	28.9	84.6	34.5	5.5	5.2	77.5	8.3	147.0
中棉 612	新乡	29.0	85.8	30.1	6.1	4.8	76.5	8.2	133.0
中棉 612	安阳	30.1	87.2	31.7	5.5	4.8	78.5	8.0	153.0
中棉 612	平均	29.0	85.6	31.9	5.7	4.7	78.2	8.1	141.8
FR168	南阳	28.9	85.1	31.9	5.5	5.1	81.7	7.2	144.0
FR168	商丘	31.4	86.2	32.3	4.1	6.2	76.9	9.4	166.0
FR168	开封	31.4	86.3	33.5	4.9	5.5	77.1	8.4	162.0
FR168	郑州	30.2	84.9	32.1	4.7	5.4	77.2	8.9	151.0
FR168	新乡	31.8	87.4	30.6	5.3	5.7	75.1	7.9	154.0
FR168	安阳	32.5	87.3	33.8	5.2	5.2	79.3	7.4	168.0
FR168	平均	31.0	86.2	32.4	5.0	5.5	77.9	8.2	157.5
鲁棉研 28	南阳	27.4	85.7	28.2	5.6	5.6	80.2	7.5	131.0
鲁棉研 28	商丘	29.5	85.5	30.1	4.9	6.0	77.8	8.4	144.0
鲁棉研 28	开封	31.2	87.1	33.1	5.5	5.1	78.8	7.4	159.0
鲁棉研 28	郑州	28.5	84.3	32.1	5.2	5.3	77.5	7.4	139.0
鲁棉研 28	新乡	30.5	86.5	30.9	5.5	5.8	78.4	7.5	149.0
鲁棉研 28	安阳	29.7	86.2	29.8	5.5	5.3	79.6	7.3	143.0
鲁棉研 28	平均	29.5	85.9	30.7	5.4	5.5	78.7	7.6	144.2

15　2017 年河南省杂交春棉区域试验品种汇总总结

一、试验目的

通过河南省不同生态区多年多点试验，正确鉴定棉花新品种的丰产性、稳产性、纤维品质、抗病性、抗虫性及对环境适应能力等特性，为河南省棉花品种的审定与合理推广提供科学依据。

二、参试品种（系）及参试单位

参试品种 10 个，均为中熟杂交品种，以鲁棉研 28 为对照，种子由参试单位提供，具体见表 1。

表 1　2017 年河南省杂交春棉区域试验参试品种来源及编号

品种名称	编码	品系来源	参试单位	年限
中棉所 9713	1	SR－1×GKz 中杂 A49－668	中国农业科学院棉花研究所	1
CRIZ140205	2	P521A×GKz 中杂 A49－668	中国农业科学院棉花研究所	1
南农 992	3	y26－6×NU9224	南京农业大学	1
冀杂 529	4	冀棉 616×1299 系	河北省农林科学院棉花研究所	1
中 M03	5	豫 7C0109 选系×中 3017	中国农业科学院棉花研究所	1
中棉 9101	6	中 278 系×中 201 系	中国农业科学院棉花研究所	2
GB814	7	A49－668×L9111	中国农业科学院棉花研究所	2
BM995	8	BMK156×BMG01	河南科技学院	2
中棉 9934	9	冀棉 616 ×中 193029	中国农业科学院棉花研究所	2
新德棉 2 号	10	新科棉 1 号×新 21－16	河南省新乡市农业科学院，新疆德佳科技种业有限公司	2
鲁研棉 28	11	对照（CK）	山东棉花研究中心	—

三、试验承试单位和试验设计

（一）试验承试单位

河南省农业科学院经济作物研究所（李武），商丘市农林科学院（刘卫星），南阳市农业科学院（强学杰），郑州市农林科学研究所（贾新合），中国农业科学院棉花研究所（严根土），新乡市锦科棉花研究所（田土星），开封市农林科学研究院（楚宗艳），河南农业大学

（马宗斌），中国农业科学院棉花研究所植保室（朱荷琴），农业部棉花品质监督检验测试中心（唐淑荣）。

（二）试验设计

试验按随机区组设计，3 次重复，每小区 3 ~ 4 行，小区面积≥20 m^2，周边设置不少于 4 行的保护行。

四、棉花生育期间气候特点及栽培管理

（一）气候特点

2017 年气候总体情况：前期有利于棉花产量形成，后期吐絮期不利于吐絮采摘。苗期光照充足，气温高利于棉苗生长；中期整体利于棉花生长发育，吐絮前期天气晴好，利于吐絮，后期多阴雨，不利于晚熟品种的产量形成。

1. 苗期

苗期总的气候特点是：以晴天多云为主，光照充足，温度正常，降水适中，有利于棉花出苗及苗期生长。

2. 蕾铃期

光照充足，温度偏高，高温持续时间较长，降水量少。6 月中旬至 8 月中旬以晴天多云为主，光照充足，温度较高，降水少于常年，有利于棉花成铃。

3. 吐絮期

光照偏少，降水多，多阴雨天，温度较高，持续时间较长，对棉花收摘晾晒是弊多利少。8 月下旬至 9 月上旬多阴雨天，影响棉花的正常吐絮与收摘晾晒；9 月中下旬以晴天多云为主，光照充足，温度较高，有利于棉花吐絮与收摘晾晒；10 月上中旬多阴雨天，影响棉花的正常吐絮与收摘晾晒，10 月下旬至 11 月上旬以晴天多云为主，有利于棉花吐絮与收摘晾晒。

（二）栽培管理

各试点均按照当地主要栽培管理措施实行，田间管理均匀一致。密度 2 200 ~ 3 000 株/亩，前作有棉花、冬闲；播期多在 4 月下旬，播种方式为直播或直播盖膜；防治地老虎、棉蚜、红蜘蛛、棉铃虫、盲椿象等 6 ~ 15 次；浇地 0 ~ 5 次，排水 0 ~ 3 次；化调 1 ~ 3 次；中耕除草 2 ~ 6 次。基肥为有机肥、氮、磷、钾肥等，追肥以复合肥、尿素为主。

五、试验结果

本组试验共 8 个试点，8 个试点数据经过复核，试验误差均在规定范围内，予以汇总。总变异系数 C_V = 5.02%。

（一）早熟性

2017 年结果：各参试品种生育期 110 ~ 113 d，第一果枝节位 5.5 ~ 6.7 节，霜前花率 91.6% ~ 95.2%。

2016 ~ 2017 年平均结果：各参试品种生育期 114 ~ 116 d，第一果枝节位 6.3 ~ 6.8 节，霜前花率 92.5% ~ 94.9%。

（二）主要特性

2017 年结果：各参试品种株高 100.4 ~ 117.8 cm，CRIZ140205 最低，中 M03 最高；果枝数13.5 ~ 15.1 台/株，新德棉 2 号果枝数最少，中棉所 9713 最多；单株结铃数 19.2 ~ 21.2 个，中棉 9101 结铃性好；籽指 10.8 ~ 11.9 g，冀杂 529 籽指最高。

2016 ~ 2017 年平均结果：5 个参试品种株高 106.1 ~ 114.2 m，果枝数 13.8 ~ 14.7 台/株，单株结铃数 21.3 ~ 22.0 个，籽指 11.1 ~ 11.4 g。

表 2　2016 ~ 2017 年杂交春棉区域试验品种农艺性状

品种	年份	编号	生育期 (d)	第一果枝节位	株高 (cm)	单株果枝 (台)	株铃 (个)	铃重 (g)	籽指 (g)	霜前花率 (%)
中棉所 9713	2017	1	112	6.2	112.6	15.1	19.2	6.1	11.2	93.1
CRIZ140205	2017	2	110	5.6	100.4	14.9	21.2	6.0	10.8	92.3
南农 992	2017	3	111	5.9	102.7	14.7	19.8	6.7	11.6	92.2
冀杂 529	2017	4	113	6.7	115.8	14.1	19.7	6.8	11.9	91.6
中 M03	2017	5	112	6.7	117.8	14.9	20.2	6.2	11.1	93.1
中棉 9101	2017	6	111	6.1	114.4	14.5	19.3	6.5	11.5	95.2
	2016	4	118	7.0	113.9	14.5	23.2	6.9	10.7	94.5
	平均	6	115	6.6	114.2	14.5	21.3	6.7	11.1	94.9
GB814	2017	7	111	6.3	112.3	14.9	20.5	6.5	11.1	90.2
	2016	6	121	6.3	99.8	13.9	23.5	6.5	11.1	94.8
	平均	7	116	6.3	106.1	14.4	22.0	6.5	11.1	92.5
BM995	2017	8	110	5.5	102.2	14.9	19.7	6.3	11.4	93.4
	2016	7	118	7.0	113.9	14.5	23.2	6.9	10.7	95.1
	平均	8	114	6.3	108.1	14.7	21.5	6.6	11.1	94.3
中棉 9934	2017	9	110	6.5	112.4	14.6	19.6	6.9	11.6	93.1
	2016	8	119	6.8	110.7	14.0	24.1	7.1	11.1	94.8
	平均	9	115	6.7	111.6	14.3	21.9	7.0	11.4	94.0
新德棉 2 号	2017	10	112	6.7	117.8	13.5	19.6	6.4	11.2	92.7
	2016	5	119	6.9	109.7	14.1	24.2	7.1	11.2	94.8
	平均	10	116	6.8	113.8	13.8	21.9	6.8	11.2	93.8
鲁棉研 28	2017	11	113	6.1	103.8	14.6	19.7	6.1	11.4	87.6

（三）小区皮棉产量统计分析

皮棉产量方差分析表明：品种间、品种和地点互作效应均达极显著差异，说明需要进行品种稳定性分析，并对各品种皮棉总产进行多重比较，以便确定表现优异的品种（见表 3）。

表 3　2017 年河南省杂交春棉区域试验品种方差分析(C_V =5.02%)

变异来源	df	皮棉总产			P
		SS	MS	F	
地点内区组	16	1.27	0.08	2.57	0.001 4
地点	7	76.85	10.98	356.88	0.000 1
品种	10	12.69	1.27	41.25	0.000 1
品种×地点	70	11.42	0.16	5.30	0.000 1
试验误差	160	4.92	0.03		
总变异	263	107.1 4			

参试 11 个品种皮棉产量差异显著(见表 4)。11 个品种比对照鲁棉研 28 增产均达显著。

表 4　品种间皮棉产量多重比较

品种	编号	皮棉(kg/小区)	$LSR_{0.05}$	$LSR_{0.01}$
中棉 9934	9	3.743	a	A
GB814	7	3.702	a	AB
中棉 9101	6	3.574	b	BC
BM995	8	3.572	b	BC
中 M03	5	3.552	b	CD
新德棉 2 号	10	3.535	bc	CD
冀杂 529	4	3.436	cd	DE
CRIZ140205	2	3.403	d	E
南农 992	3	3.391	d	E
中棉所 9713	1	3.1	e	F
鲁棉研 28	11	2.999	f	F

(四)品种稳定性分析

参试的 10 个品种在各试点的适应性有差异,中棉 9934 和 GB814 在各点适应性、稳定性综合评价很好;中棉 9101、BM995、中 M03 和新德棉 2 号适应性、稳定性综合评价好;冀杂 529、CRIZ140205、南农 992 和中棉所 9713 适应性、稳定性综合评价较好(见表 5)。

表 5　品种皮棉产量稳定性分析

品种	编号	丰产性参数	稳定性参数				适应地区	综合评价
		产量(kg/小区)	效应	方差	变异度	回归系数		
中棉 9934	9	3.743	0.288	0.079	7.501	1.457	E1～E8	很好
GB814	7	3.702	0.247	0.036	5.148	1.154	E1～E8	很好
中棉 9101	6	3.574	0.119	0.062	6.990	1.321	E1～E8	好
BM995	8	3.572	0.117	0.044	5.847	0.764	E1～E8	好
中 M03	5	3.552	0.096	0.003	1.584	1.056	E1～E8	好
新德棉 2 号	10	3.535	0.08	0.068	7.380	0.903	E1～E8	好
冀杂 529	4	3.436	-0.02	0.006	2.193	1.037	E1～E8	较好
CRIZ140205	2	3.403	-0.052	0.028	4.883	1.077	E1～E8	较好
南农 992	3	3.391	-0.064	0.018	3.922	0.946	E1～E8	较好
中棉所 9713	1	3.1	-0.355	0.103	10.363	0.602	E1～E9	较好
鲁棉研 28	11	2.999	-0.456	0.097	10.385	0.684	E1～E8	一般

(五)品种产量

2017 年产量结果:籽棉亩产 258.2～297.4 kg,较对照鲁棉研 28 增产 3.2%～18.9%;皮棉亩产 103.3～124.8 kg,较对照鲁棉研 28 增产 3.4%～24.8%;霜前皮棉亩产 96.0～116.1 kg,较对照鲁棉研 28 增产 9.2%～32.0%;衣分 39.1%～42.5%。

2016～2017 年平均结果:籽棉亩产 294.4～301.6 kg,较对照鲁棉研 28 增产 13.4%～16.1%;皮棉亩产 116.7～122.1 kg,较对照鲁棉研 28 增产 14.1%～19.4%;霜前皮棉亩产 110.9～115.5 kg,较对照鲁棉研 28 增产 18.1%～23.0%;衣分 39.8%～41.6%(见表 6)。

表 6　2016～2017 年河南省杂交春棉区域试验品种产量性状

品种	年份	编号	籽棉		位次	皮棉		位次	霜前皮棉		位次	衣分(%)
			kg/亩	±CK%		kg/亩	±CK%		kg/亩	±CK%		
中棉所 9713	2017	1	258.2	3.2	10	103.3	3.4	10	96.0	9.2	10	40.0
CRIZ140205	2017	2	288.0	15.1	5	113.4	13.5	8	104.6	19.0	8	39.3
南农 992	2017	3	276.5	10.5	9	113.0	13.1	9	104.1	18.3	9	40.9
冀杂 529	2017	4	293.7	17.4	2	114.5	14.6	7	104.8	19.2	7	39.1
中 M03	2017	5	285.8	14.3	8	118.4	18.4	5	110.0	25.1	5	41.4
中棉 9101	2017	6	286.0	14.3	7	119.1	19.2	3	113.3	28.8	2	41.6
	2016	4	310.0	14.9	2	115.9	10.7	6	112.6	11.7	6	38.0
	平均	6	298.0	14.6	2	117.5	15.0	4	113.0	20.3	4	39.8

续表 6

品种	年份	编号	籽棉		位次	皮棉		位次	霜前皮棉		位次	衣分(%)
			kg/亩	±CK%		kg/亩	±CK%		kg/亩	±CK%		
GB814	2017	7	297.4	18.9	1	123.4	23.4	2	110.8	26.0	4	41.4
	2016	6	305.7	13.3	4	120.8	15.4	3	116.3	15.4	3	40.1
	平均	7	301.6	16.1	1	122.1	19.4	1	113.6	20.7	3	40.8
BM995	2017	8	293.7	17.4	3	119.1	19.1	4	111.1	26.3	3	40.7
	2016	7	296.1	9.7	5	114.2	9.1	7	110.6	9.8	7	38.8
	平均	8	294.9	13.6	4	116.7	14.1	5	110.9	18.1	5	39.8
中棉 9934	2017	9	292.9	17.1	4	124.8	24.8	1	116.1	32.0	1	42.5
	2016	8	295.9	9.6	6	117.8	12.6	4	114.8	13.9	4	40.6
	平均	9	294.4	13.4	5	121.3	18.7	2	115.5	23.0	1	41.6
新德棉 2 号	2017	10	287.2	14.8	6	117.8	17.9	6	109.1	24.1	6	41.1
	2016	5	307.2	13.8	3	124.4	18.8	1	120.2	19.2	2	40.8
	平均	10	297.2	14.3	3	121.1	18.4	3	114.7	21.7	2	41.0
鲁棉研 28	2017	11	250.1	0.0	11	100.0	0.0	11	87.9	0.0	11	40.0

（六）抗病性

抗病性鉴定由中国农业科学院棉花所植保室按全国统一病情分级标准，以感病对照冀棉 11 病株率达 80%，或病指达 50 左右结果进行品种（系）的抗性评定（见表 7）。

表 7　2016～2017 年杂交春棉区域试验品种枯、黄萎病鉴定结果

品种	年份	编号	枯萎病			黄萎病		
			病株率(%)	病指	反应型	病株率(%)	病指	反应型
中棉所 9713	2017	1	19.7	10.1	T	62.7	29.4	T
CRIZ140205	2017	2	33.3	11.6	T	42.8	19.6	R
南农 992	2017	3	9.5	3.3	HR	57.1	24.7	T
冀杂 529	2017	4	20.8	7.7	R	56.4	22.5	T
中 M03	2017	5	49.6	24.4	S	51.9	19.0	R
中棉 9101	2017	6	8.3	2.5	HR	28.7	15.8	R
	2016	4	1.2	0.7	HR	57.6	22.3	T
	平均	6	8.3	2.5	HR	57.6	22.3	T
GB814	2017	7	54.2	19.1	T	58.4	24.0	T
	2016	6	33.7	10.5	T	55.2	24.4	T
	平均	7	54.2	19.1	T	55.2	24.4	T

续表 7

品种	年份	编号	枯萎病			黄萎病		
			病株率(%)	病指	反应型	病株率(%)	病指	反应型
BM995	2017	8	44.6	19.7	T	51.4	19.9	R
	2016	7	49.0	19.0	T	62.5	27.2	T
	平均	8	44.6	19.7	T	62.5	27.2	T
中棉 9934	2017	9	3.5	1.0	HR	48.6	19.3	R
	2016	8	8.1	0.9	HR	26.1	11.2	R
	平均	9	3.5	1.0	HR	48.6	19.3	R
新德棉 2 号	2017	10	74.7	34.4	S	66.9	36.3	S
	2016	5	63.8	20.2	S	66.0	34.8	T
	平均	10	74.7	34.4	S	66.9	36.3	S
鲁棉研 28	2017	11	4.8	2.5	HR	45.4	20.8	T
冀棉 11(SCK)			80.0	50.0	S	80.0	50.0	S
中植棉 2 号(RCK)			21.2	10.5	R	41.7	17.0	T

注:HR:高抗;R:抗病;T:耐病;S:感病。

2017 年鉴定结果:南农 992、中棉 9101 和中棉 9934 高抗枯萎病,冀杂 529 抗枯萎病,中棉所 9713、CRIZ140205、GB814 和 BM995 耐枯萎病,中 M03 和新德棉 2 号感枯萎病;CRIZ140205、中 M03、中棉 9101、BM995 和中棉 9934 抗黄萎病,新德棉 2 号感黄萎病,其余均为耐黄萎病品种。

2016～2017 年结果:中棉 9101 和中棉 9934 高抗枯萎病,GB814 和 BM995 耐枯萎病,新德棉 2 号感枯萎病;中棉 9934 抗黄萎病,中棉 9101、GB814 和 BM995 耐黄萎病,新德棉 2 号感黄萎病。

(七)纤维品质

纤维品质由农业部棉花纤维品质检测中心分析(见表 8)。

2017 年结果:纤维上半部平均长度 29.2～31.3 mm,断裂比强度 29.4～33.8 cN/tex,马克隆值 5.1～5.8,参试品种长度、断裂比强度整体较往年有提升,但纤维整体偏粗、偏短。

2016～2017 年结果:纤维上半部平均长度 28.9～30.4 mm,断裂比强度 30.8～31.7 cN/tex,马克隆值 5.2～5.5。

表 8　2016～2017 年河南省杂交春棉区域试验品种品质检测结果

品种	年份	编号	长度（mm）	整齐度指数（%）	断裂比强度（cN/tex）	马克隆值	伸长率（%）	反射率（%）	黄度	纺纱均匀指数
中棉所 9713	2017	1	31.1	86.3	33.2	5.1	4.6	77.8	8.1	159.2
CRIZ140205	2017	2	29.9	85.9	33.8	5.4	5.1	78.3	7.5	154.3
南农 992	2017	3	29.4	85.1	29.4	5.2	4.6	78.5	7.9	137.7
冀杂 529	2017	4	29.2	85.5	32.2	5.8	5.2	77.4	7.9	142.3
中 M03	2017	5	28.9	85.3	31.3	5.5	5.0	77.2	8.0	139.7
中棉 9101	2017	6	31.3	85.0	31.3	5.1	4.6	78.8	8.0	145.8
	2016	4	29.4	84.2	30.3	5.2	5.3	76.2	7.5	135.0
	平均	6	30.4	84.6	30.8	5.2	5.0	77.5	7.8	140.4
GB814	2017	7	29.4	85.0	31.7	5.5	5.0	78.8	7.6	140.2
	2016	6	29.1	83.4	30.3	5.5	4.6	75.9	7.2	126.6
	平均	7	29.3	84.2	31.0	5.5	4.8	77.4	7.4	133.4
BM995	2017	8	29.2	85.6	32.6	5.5	5.1	77.9	7.8	146.5
	2016	7	28.5	84.2	30.7	5.2	5.0	75.4	7.4	134.3
	平均	8	28.9	84.9	31.7	5.4	5.1	76.7	7.6	140.4
中棉 9934	2017	9	30.7	84.5	31.9	5.2	4.7	78.2	8.1	145.0
	2016	8	28.9	83.1	30.4	5.3	4.3	75.5	7.4	127.4
	平均	9	29.8	83.8	31.2	5.3	4.5	76.9	7.8	136.2
新德棉 2 号	2017	10	30.4	86.0	31.9	5.4	5.0	79.2	7.4	149.7
	2016	5	29.3	84.2	31.5	5.2	5.6	76.1	7.2	137.6
	平均	10	29.9	85.1	31.7	5.3	5.3	77.7	7.3	143.7
鲁棉研 28	2017	11	30.0	86.4	31.6	5.4	5.3	79.1	7.7	150.8

六、品种评述

（一）中棉所 9713

2017 区域试验结果：出苗一般，前中期长势较强，后期长势稳；植株较高，株型较紧凑，塔形，茎秆粗壮，茎叶多茸毛，中长，Ⅱ式果枝；叶柄中长，叶片中等大小，叶色绿，叶片皱折明显，缺刻较深，叶功能一般偏差；花冠柱头低于花药，花粉量较多；结铃性较强，铃卵圆形，中等偏大，铃嘴尖，吐絮畅且集中；耐枯萎病（枯萎病指 10.1），耐黄萎病（黄萎病指 29.4）。生育期 112 d，株高 112.6 cm，第一果枝节位 6.2 节，果枝数 15.1 台/株，单株结铃 19.2 个，单铃重 6.1 g，籽指 11.2 g，衣分 40.0%，霜前花率 93.14%。8 点汇总，皮棉总产

5 点增产,3 点减产,增产点率 62.5%;平均亩产籽棉、皮棉和霜前皮棉分别为 258.2 kg、103.3 kg 和 96.0 kg,分别比对照鲁棉研 28 增产 3.2%、3.4% 和 9.2%,均居杂交春棉 11 个参试品种第 10 位。HVICC 纤维上半部长度 31.1 mm,断裂比强度 33.2 cN/tex,马克隆值 5.1,整齐度指数 86.3%,伸长率 4.6%,反射率 77.8%,黄度 8.1,纺纱均匀指数159.2。

继续试验。

(二)CRIZ140205

2017 区域试验结果:出苗一般,前期长势较强,中期长势稳,后期长势一般;植株中等偏小,株型松散,果枝平展,塔形,茎秆粗壮,茸毛稀,较长,Ⅱ式果枝;叶柄较长,叶片中等偏大,叶色浅绿,叶片皱折一般,缺刻较深,叶功能一般偏差;花冠柱头高于花药,花粉量一般;结铃性较强,铃卵圆形,中等大小,铃嘴钝尖,吐絮畅且较集中;耐枯萎病(枯萎病指 11.6),抗黄萎病(黄萎病指 19.6)。生育期 110 d,株高 100.4 cm,第一果枝节位 5.6 节,果枝数 14.9 台/株,单株结铃 21.2 个,单铃重 6.0 个,籽指 10.8 ,衣分 39.3%,霜前花率 92.3%。8 点汇总,皮棉总产 7 点增产,1 点减产,增产点率 87.5%;平均亩产籽棉、皮棉和霜前皮棉分别为 288.0 kg、113.4 kg 和 104.6 kg,分别比对照鲁棉研 28 增产 15.1%、13.5% 和 19.0%,分居杂交春棉 11 个参试品种第 5、8、8 位。HVICC 纤维上半部长度 29.9 mm,断裂比强度 33.8 cN/tex,马克隆值 5.4,整齐度指数 85.9%,伸长率 5.1%,反射率 78.3%,黄度 7.5,纺纱均匀指数 154.3。

继续试验。

(三)南农 992

2017 区域试验结果:出苗一般,前期长势较强,中期长势稳,后期长势一般;植株中等,株型松散,塔形,果枝平展,茎秆粗细中等,茸毛稀,较长,Ⅱ式果枝;叶柄较长,叶片中等偏小,叶色绿色,叶片皱折明显,缺刻较深,叶功能一般偏弱,花冠柱头与花药相平,花粉量较多;结铃性较强,铃卵圆形,中等大小,铃嘴钝尖,吐絮畅且较集中;高抗枯萎病(枯萎病指 3.3),耐黄萎病(黄萎病指 24.7)。生育期 111 d,株高 102.7 cm,第一果枝节位 5.9 节,果枝数 14.7 台/株,单株结铃 19.8 个,单铃重 6.7 g,籽指 11.6 g,衣分 40.9%,霜前花率 92.2%。8 点汇总,皮棉总产 8 点均增产,增产点率 100%;平均亩产籽棉、皮棉和霜前皮棉分别为 276.5 kg、113.0 kg 和 104.1 kg,分别比对照鲁棉研 28 增产 10.5%、13.1% 和 18.3%,均居杂交春棉 11 个参试品种第 9 位。HVICC 纤维上半部长度 29.4 mm,断裂比强度 29.4 cN/tex,马克隆值 5.2,整齐度指数 85.1%,伸长率 4.6%,反射率 78.5%,黄度 7.9,纺纱均匀指数 137.7。

继续试验。

(四)冀杂 529

2017 区域试验结果:出苗一般,全生育期长势较强;植株高大,株型松散,塔形,茎秆粗壮,茎叶多茸毛,中长,Ⅱ式果枝;叶柄较长,叶片中等大小,叶色绿,叶片皱折一般,缺刻较深,叶功能一般;花冠柱头高于花药,花粉量一般;结铃性较强,铃卵圆形,较大,铃嘴尖,吐絮畅;抗枯萎病(枯萎病指 7.7),耐黄萎病(黄萎病指 22.5)。生育期 113 d,株高 115.8 cm,第一果枝节位 6.7 节,果枝数 14.1 台/株,单株结铃 19.7 个,单铃重 6.8 g,籽指 11.9 g,衣分 39.1%,霜前花率 91.6%。8 点汇总,皮棉总产 8 点均增产,增产点率 100%;平均亩产籽棉、皮棉和霜前皮棉分别为 293.7 kg、114.5 kg 和 104.8 kg，分别比对照鲁棉研 28 增产 17.4%、14.6% 和 19.2%，分居杂交春棉 11 个参试品种第 2、7、7 位。HVICC 纤维上半部长度 29.2 mm，断裂比强度 32.2 cN/tex，马克隆值 5.8，整齐度指数 85.5%，伸长率 5.2%，反射率 77.4%，黄度 7.9，纺纱均匀指数 142.3。

继续试验。

（五）中 M03

2017 区域试验结果：出苗好，前中期长势较好，后期长势稳；植株高大，株型较松散，塔形，茎秆较粗壮，茎叶多茸毛，中长，Ⅱ式果枝；叶柄较长，叶片中等偏小，叶色绿，叶片皱折明显，缺刻较深，叶功能一般偏差；花冠柱头与花药相平，花粉量较多；结铃性一般，铃卵圆形、中等，铃嘴尖，吐絮畅且较集中，早熟性较好；感枯萎病（枯萎病指 24.4），抗黄萎病（黄萎病指 19.0）。生育期 112 d，株高 117.8 cm，第一果枝节位 6.7 节，果枝数 14.9 台/株，单株结铃 20.2 个，单铃重 6.2 g，籽指 11.1 g，衣分 41.4%，霜前花率 93.1%。8 点汇总，皮棉总产 8 点均增产，增产点率 100%；平均亩产籽棉、皮棉和霜前皮棉分别为 285.8 kg、118.4 kg 和 110.0 kg，分别比对照鲁棉研 28 增产 14.3%、18.4% 和 25.1%，分居杂交春棉 11 个参试品种第 8、5、5 位。HVICC 纤维上半部长度 28.9 mm，断裂比强度 31.3 cN/tex，马克隆值 5.5，整齐度指数 85.3%，伸长率 5.0%，反射率 77.2%，黄度 8.0，纺纱均匀指数 139.67。

终止试验。

（六）中棉 9101

特征特性：出苗好，前中期长势强健，后期长势一般；植株较高大，株型松散，塔形，茎秆较粗壮，茸毛稀，较长，Ⅱ式果枝；叶柄较长，叶片中等大小，叶色深绿，叶片皱折明显，缺刻较深，叶功能一般；花冠柱头稍高于花药，花粉量一般；结铃性较强，铃圆形、较大，铃嘴较尖，吐絮畅且集中，早熟性好；高抗枯萎病（枯萎病指 2.5），耐黄萎病（黄萎病指 22.3）。

2016 年区域试验结果：9 点汇总，皮棉总产 7 点增产，2 点减产，增产点率 77.8%；平均亩产籽棉、皮棉和霜前皮棉分别为 310.0 kg、115.9 kg 和 112.6 kg，分别比对照鲁棉研 28 增产 14.9%、10.7% 和 11.7%，分居杂交春棉 9 个参试品种第 2、6、6 位。HVICC 纤维上半部长度 29.4 mm，断裂比强度 30.3 cN/tex，马克隆值 5.2，整齐度指数 84.2%，伸长率 5.3%，反射率 76.2%，黄度 7.5，纺纱均匀指数 135.0。

2017 区域试验结果：8 点汇总，皮棉总产 7 点增产，1 点减产，增产点率 87.5%；平均亩产籽棉、皮棉和霜前皮棉分别为 286.0 kg、119.1 kg 和 113.3 kg，分别比对照鲁棉研 28 增产 14.3%、19.2% 和 28.8%，分居杂交春棉 11 个参试品种第 7、3、2 位。HVICC 纤维上半部长度 31.3 mm，断裂比强度 31.3 cN/tex，马克隆值 5.1，整齐度指数 85.0%，伸长率 4.6%，反射率 78.8%，黄度 8.0，纺纱均匀指数 145.8。

2016～2017 年该品种平均生育期 115 d，株高 114.2 cm，第一果枝节位 6.6 节，果枝数 14.5 台/株，单株结铃 21.3 个，单铃重 6.7 g，籽指 11.1 g，衣分 39.8%，霜前花率 94.9%。HVICC 纤维上半部长度 30.4 mm，断裂比强度 30.8 cN/tex，马克隆值 5.2，伸长率 5.0%，反射率 77.5%，黄度 7.8，整齐度指数 84.6%，纺纱均匀指数 140.4。平均亩产籽棉、皮棉和霜前皮棉分别为 298.0 kg、117.5 kg 和 113.0 kg，分别比对照鲁棉研 28 增产

14.6%、15.0%和20.3%。

建议生产试验。

(七)GB814

特征特性:出苗好,全生育期长势较强;植株中等,株型较松散,塔形,茎秆粗壮,茸毛稀,中长,Ⅱ式果枝;叶柄较长,叶片中等大小,叶色深绿,叶片皱折明显,缺刻较深,叶功能较好;花冠柱头与花药相平,花粉量较多;结铃性强,铃卵圆形,中等偏大,铃嘴钝尖,吐絮畅;耐枯萎病(枯萎病指19.1),耐黄萎病(黄萎病指24.4)。

2016年区域试验结果:9点汇总,皮棉总产9点均增产,增产点率100%;平均亩产籽棉、皮棉和霜前皮棉分别为305.7 kg、120.8 kg和116.3 kg,分别比对照鲁棉研28增产13.3%、15.4%和15.4%,分居杂交春棉9个参试品种第4、3、3位。HVICC纤维上半部长度29.1 mm,断裂比强度30.3 cN/tex,马克隆值5.5,整齐度指数83.4%,伸长率4.6%,反射率75.9%,黄度7.2,纺纱均匀指数126.6。

2017区域试验结果:8点汇总,皮棉总产8点均增产,增产点率100%;平均亩产籽棉、皮棉和霜前皮棉分别为297.4 kg、123.4 kg和110.8 kg,分别比对照鲁棉研28增产18.9%、23.4%和26.0%,分居杂交春棉11个参试品种第1、2、4位。HVICC纤维上半部长度29.4 mm,断裂比强度31.7 cN/tex,马克隆值5.5,整齐度指数85.0%,伸长率5.0%,反射率78.8%,黄度7.6,纺纱均匀指数140.2。

2016~2017年该品种平均生育期116 d,株高106.1 cm,第一果枝节位6.3节,果枝数14.4台/株,单株结铃22.0个,单铃重6.5 g,籽指11.1 g,衣分40.8%,霜前花率92.5%。HVICC纤维上半部长度29.3 mm,断裂比强度31.0 cN/tex,马克隆值5.5,伸长率4.8%,反射率77.4%,黄度7.4,整齐度指数84.2%,纺纱均匀指数133.4。平均亩产籽棉、皮棉和霜前皮棉分别为301.6 kg、122.1 kg和113.6 kg,分别比对照鲁棉研28增产16.1%、19.4%和20.7%。

建议生产试验。

(八)BM995

特征特性:出苗好,前中期长势较强,后期长势一般;植株中等,株型松散,塔形,茎秆较粗壮,茎叶多茸毛,较长,Ⅱ式果枝;叶柄中长,叶片中等大小,叶色浅绿,叶片皱折明显,缺刻较深,叶功能一般偏差;花冠柱头与花药相平,部分植株花药为黄色,花粉量一般;结铃性一般,铃卵圆形,中等大小,铃嘴尖,吐絮畅且集中;耐枯萎病(枯萎病指19.7),耐黄萎病(黄萎病指27.2)。

2016年区域试验结果:9点汇总,皮棉总产8点增产,1点减产,增产点率88.9%;平均亩产籽棉、皮棉和霜前皮棉分别为296.1 kg、114.2 kg和110.6 kg,分别比对照鲁棉研28增产9.7%、9.1%和9.8%,分居杂交春棉9个参试品种第5、7、7位。HVICC纤维上半部长度28.5 mm,断裂比强度30.7 cN/tex,马克隆值5.2,整齐度指数84.2%,伸长率5.0%,反射率75.4%,黄度7.4,纺纱均匀指数134.3。

2017区域试验结果:8点汇总,皮棉总产8点均增产,增产点率100%;平均亩产籽棉、皮棉和霜前皮棉分别为293.7 kg、119.1 kg和111.1 kg,分别比对照鲁棉研28增产17.4%、19.1%和26.3%,分居杂交春棉11个参试品种第3、4、3位。HVICC纤维上半部长度29.2 mm,断裂比强度32.6 cN/tex,马克隆值5.5,整齐度指数85.6%,伸长率5.1%,反射率77.9%,黄度7.8,纺纱均匀指数146.5。

2016～2017年该品种平均生育期114 d,株高108.1 cm,第一果枝节位6.3节,果枝数14.7台/株,单株结铃21.5个,单铃重6.6 g,籽指11.1g,衣分39.8%,霜前花率94.3%。HVICC纤维上半部长度28.9 mm,断裂比强度31.7 cN/tex,马克隆值5.4,伸长率5.1%,反射率76.7%,黄度7.6,整齐度指数84.9%,纺纱均匀指数140.4。平均亩产籽棉、皮棉和霜前皮棉分别为294.9 kg、116.7 kg和110.9 kg,分别比对照鲁棉研28增产13.6%、14.1%和18.1%。

建议生产试验。

(九)中棉9934

特征特性:出苗一般,前中期长势较强,后期长势一般;植株高大,株型松散,塔形,茎秆较粗壮,茸毛稀,中长,Ⅱ式果枝;叶柄较长,叶片较大,叶色深绿,叶片皱折一般,缺刻一般,叶功能一般偏差;花冠柱头低于花药,花粉量较多;结铃性较强,铃卵圆形、中等,铃嘴钝尖,吐絮畅且较集中;高抗枯萎病(枯萎病指1.0),抗黄萎病(黄萎病指19.3)。

2016年区域试验结果:8点汇总,皮棉总产8点增产,1点减产,增产点率88.9%;平均亩产籽棉、皮棉和霜前皮棉分别为295.9 kg、117.8 kg和114.8 kg,分别比对照鲁棉研28增产9.6%、12.6%和13.9%,分居杂交春棉9个参试品种第6、4、4位。HVICC纤维上半部长度28.9 mm,断裂比强度30.4 cN/tex,马克隆值5.3,整齐度指数83.1%,伸长率4.3%,反射率75.5%,黄度7.4,纺纱均匀指数127.4。

2017区域试验结果:8点汇总,皮棉总产7点增产,1点减产,增产点率87.5%;平均亩产籽棉、皮棉和霜前皮棉分别为292.9 kg、124.8 kg和116.1 kg,分别比对照鲁棉研28增产17.1%、24.8%和32.0%,分居杂交春棉11个参试品种第4、1、1位。HVICC纤维上半部长度30.7 mm,断裂比强度31.9 cN/tex,马克隆值5.2,整齐度指数84.5%,伸长率4.7%,反射率78.2%,黄度8.1,纺纱均匀指数145.0。

2016～2017年该品种平均生育期115 d,株高111.6 cm,第一果枝节位6.7节,果枝数14.3台/株,单株结铃21.9个,单铃重7.0 g,籽指11.4 g,衣分41.6%,霜前花率94.0%。HVICC纤维上半部长度29.8 mm,断裂比强度31.2 cN/tex,马克隆值5.3,伸长率4.5%,反射率76.9%,黄度7.8,整齐度指数83.8%,纺纱均匀指数136.2。平均亩产籽棉、皮棉和霜前皮棉分别为294.4 kg、121.3 kg和115.5 kg,分别比对照鲁棉研28增产13.4%、18.7%和23.0%。

建议生产试验。

(十)新德棉2号

特征特性:出苗一般,前中期长势较强,后期长势一般;植株较高,株型较松散,塔形,茎秆较粗壮,茸毛稀,中长,Ⅱ式果枝;叶柄较长,叶片中等大小,叶色深绿,叶片皱折一般,缺刻一般,叶功能一般;花冠红色,柱头与花药相平,花粉量一般;结铃性一般,铃卵圆形,铃嘴尖,吐絮畅较集中;感枯萎病(枯萎病指34.4),感黄萎病(黄萎病指36.3)。

2016年区域试验结果:9点汇总,皮棉总产9点均增产,增产点率100%;平均亩产籽棉、皮棉和霜前皮棉分别为307.2 kg、124.4 kg和120.2 kg,分别比对照鲁棉研28增产

13.8%、18.8%和19.2%，分居杂交春棉9个参试品种第3、1、2位。HVICC纤维上半部长度29.3 mm，断裂比强度31.5 cN/tex，马克隆值5.2，整齐度指数84.2%，伸长率5.6%，反射率76.1%，黄度7.2，纺纱均匀指数137.6。

2017区域试验结果：8点汇总，皮棉总产8点均增产，增产点率100%；平均亩产籽棉、皮棉和霜前皮棉分别为287.7 kg、117.8 kg和109.1 kg，分别比对照鲁棉研28增产14.8%、17.9%和24.1%，均居杂交春棉11个参试品种第6位。HVICC纤维上半部长度30.4 mm，断裂比强度31.9 cN/tex，马克隆值5.4，整齐度指数86.0%，伸长率5.0%，反射率79.2%，黄度7.4，纺纱均匀指数149.7。

2016~2017年该品种平均生育期116 d，株高113.8 cm，第一果枝节位6.8节，果枝数13.8台/株，单株结铃21.9个，单铃重6.8 g，籽指11.2 g，衣分41.0%，霜前花率93.8%。HVICC纤维上半部长度29.9 mm，断裂比强度31.7 cN/tex，马克隆值5.3，伸长率5.3%，反射率77.7%，黄度7.3，整齐度指数85.1%，纺纱均匀指数143.7。平均亩产籽棉、皮棉和霜前皮棉分别为297.2 kg、121.1 kg和114.7 kg，分别比对照鲁棉研28增产14.3%、18.4%和21.7%。

终止试验。

附表一　2017年河南省杂交春棉区域试验各试点田间管理基本情况

试点	播种方式	密度	前作	播期（月/日）	灌/排水（次）	中耕除草（次）	化调（次）	病虫防治（次）	收花（次）	基肥（kg/亩）	追肥（kg/亩）
安阳	直播	3 500	棉花	4/21	1/0	3	6	7	3	复合肥50、有机肥200	复合肥50
南阳	直播	2 600	棉花	4/26	1/0	4	0	6	4	复合肥50	尿素25、氯化钾15
农大	直播	3 367	棉花	4/23	4/0	4	2	5	3	复合肥25	复合肥20
郑州	直播	2 778	棉花	4/28	3/0	2	3	9	2	复合肥50、尿素15	尿素15
商丘	直播	2 645	棉花	4/22	1/0	4	3	5	2	复合肥40	尿素15
原阳	条播	2 750	棉花	4/26	2/0	5	3	6	2	复合肥50	尿素20
开封	直播	2 222	棉花	4/29	4/0	4	2	6	3	复合肥40	复合肥30
新乡	直播	2 900	棉花	4/15	5/0	4	2	9	4	中华二铵15、尿素5	中华二铵15、尿素22.5

附表二　2017 年河南省杂交春棉区域试验品种农艺性状表

品种	试点	播 - 苗 (d)	苗 - 花 (d)	花 - 絮 (d)	生育期 (d)	全生育期 (d)	第一果枝节位	株高 (cm)	果枝 (台/株)	株铃 (个)	铃重 (g)	籽指 (g)	亩株数 (株/亩)
中棉所 9713	安阳	10	62	54	116	126	7.4	103.0	14.2	15.1	6.5	11.4	3 467
中棉所 9713	新乡	14	64	49	113	127	5.2	105.0	13.5	20.6	6.6	11.2	2 733
中棉所 9713	原阳	10	64	59	123	133	5.6	103.6	15.6	20.3	5.9	11.2	2 785
中棉所 9713	郑州	6	54	46	100	106	6.6	122.1	17.0	17.4	5.8	10.7	2 978
中棉所 9713	商丘	10	62	61	123	133	6.7	126.7	14.8	15.5	5.7	11.6	2 645
中棉所 9713	开封	6	56	49	105	111	6.2	104.1	17.1	24.5	6.5	11.6	2 222
中棉所 9713	南阳	9	57	44	101	110	5.7	127.6	15.4	18.8	6.4	10.2	2 617
中棉所 9713	农大	7	60	54	114	121	6.2	108.9	13.5	21.2	5.7	11.7	2 783
中棉所 9713	平均	9	60	52	112	121	6.2	112.6	15.1	19.2	6.1	11.2	2 779
CRIZ140205	安阳	11	60	48	108	119	5.8	83.7	13.6	17.2	6.3	10.6	3 444
CRIZ140205	新乡	14	65	48	113	127	4.6	92.8	14.3	21.8	6.5	10.9	2 683
CRIZ140205	原阳	10	67	52	119	129	5.4	92.2	15.3	24.5	5.9	10.7	2 762
CRIZ140205	郑州	7	55	47	102	109	5.9	99.3	16.2	20.9	5.4	9.9	3 089
CRIZ140205	商丘	11	61	61	122	133	5.8	114.6	15.7	15.9	5.4	12.8	2 645
CRIZ140205	开封	6	56	49	105	111	5.9	99.0	16.1	27.3	6.6	10.9	2 222
CRIZ140205	南阳	9	58	43	101	110	5.2	109.3	15.0	21.2	6.7	9.7	2 650
CRIZ140205	农大	7	59	52	111	118	5.9	112.3	13.1	21.1	5.4	10.6	2 859
CRIZ140205	平均	9	60	50	110	120	5.6	100.4	14.9	21.2	6.0	10.8	2 794

续附表二

品种	试点	播-苗(d)	苗-花(d)	花-絮(d)	生育期(d)	全生育期(d)	第一果枝节位	株高(cm)	果枝(台/株)	株铃(个)	铃重(g)	籽指(g)	亩株数(株/亩)
南农992	安阳	10	62	53	115	125	6.6	86.9	13.2	14.4	7.3	11.9	3 571
南农992	新乡	16	60	50	110	126	4.6	101.3	14.9	20.9	7.2	12.5	2 650
南农992	原阳	12	61	59	120	132	5.7	94.9	14.6	21.0	6.3	11.5	2 765
南农992	郑州	7	54	46	100	107	5.9	104.6	15.9	20.0	6.3	11.1	2 978
南农992	商丘	12	59	63	122	134	6.2	112.6	15.3	15.7	6.6	12.6	2 645
南农992	开封	7	56	49	105	112	6.7	105.9	16.3	27.8	7.2	11.8	2 222
南农992	南阳	9	58	44	102	111	5.5	108.1	14.9	19.1	7.1	10.5	2 533
南农992	农大	9	59	53	112	121	6.1	107.1	12.8	19.4	5.8	11.2	2 821
南农992	平均	10	59	52	111	121	5.9	102.7	14.7	19.8	6.7	11.6	2 773
冀杂529	安阳	10	62	53	115	125	7.9	104.4	12.9	16.0	7.4	12.4	3 397
冀杂529	新乡	13	65	51	116	129	5.8	113.5	13.7	18.9	7.3	12.5	2 650
冀杂529	原阳	10	62	59	121	131	6.5	108.2	14.3	23.6	6.5	12.1	2 777
冀杂529	郑州	6	55	46	101	107	6.4	115.3	15.9	21.0	6.5	11.7	3 034
冀杂529	商丘	9	63	61	124	133	7.2	132.1	14.3	16.7	7.0	11.5	2 645
冀杂529	开封	7	57	49	106	113	7.3	104.5	15.0	23.8	7.1	12.2	2 196
冀杂529	南阳	9	59	42	101	110	6.2	135.4	14.1	17.8	6.8	11.0	2 533
冀杂529	农大	8	59	58	117	125	6.2	113.2	12.2	19.6	6.0	11.9	2 764
冀杂529	平均	9	60	52	113	122	6.7	115.8	14.1	19.7	6.8	11.9	2 750

续附表二

品种	试点	播－苗（d）	苗－花（d）	花－絮（d）	生育期（d）	全生育期（d）	第一果枝节位	株高（cm）	果枝（台/株）	株铃（个）	铃重（g）	籽指（g）	亩株数（株/亩）
中 M03	安阳	11	61	53	114	125	8.0	104.5	13.5	16.6	6.6	11.7	3 455
中 M03	新乡	13	65	50	115	128	5.7	115.8	14.4	18.2	6.7	11.5	2 766
中 M03	原阳	10	64	57	121	131	6.3	105.1	15.5	22.1	6.0	11.4	2 763
中 M03	郑州	6	55	46	101	107	6.9	119.3	16.6	22.5	5.8	10.8	2 903
中 M03	商丘	10	61	63	124	134	7.0	130.9	14.4	15.7	5.5	11.1	2 645
中 M03	开封	7	57	49	106	113	7.4	116.5	15.7	27.3	6.8	11.2	2 222
中 M03	南阳	9	58	44	102	111	5.9	131.9	15.1	18.9	6.6	10.2	2 583
中 M03	农大	8	58	53	111	119	6.1	118.4	14.2	20.1	5.9	11.2	2 840
中 M03	平均	9	60	52	112	121	6.7	117.8	14.9	20.2	6.2	11.1	2 772
中棉 9101	安阳	11	61	50	111	122	6.8	99.6	12.8	15.5	7.3	11.5	3 386
中棉 9101	新乡	13	65	49	114	127	5.7	113.5	14.5	19.9	7.3	11.9	2 666
中棉 9101	原阳	12	64	53	117	129	5.8	101.2	15.4	20.6	6.0	11.1	2 782
中棉 9101	郑州	7	56	44	100	107	6.3	120.7	15.9	17.8	5.9	11.2	2 922
中棉 9101	商丘	11	61	60	121	132	6.4	122.7	13.3	14.8	5.9	11.9	2 645
中棉 9101	开封	7	57	48	105	112	6.3	111.7	16.1	26.5	7.4	12.1	2 222
中棉 9101	南阳	9	59	42	101	110	5.8	127.1	13.9	18.2	6.8	10.8	2 600
中棉 9101	农大	9	56	61	117	126	5.9	118.9	13.9	21.0	5.7	11.6	2 802
中棉 9101	平均	10	60	51	111	121	6.1	114.4	14.5	19.3	6.5	11.5	2 753

续附表二

品种	试点	播－苗（d）	苗－花（d）	花－絮（d）	生育期（d）	全生育期（d）	第一果枝节位	株高（cm）	果枝（台/株）	株铃（个）	铃重（g）	籽指（g）	亩株数（株/亩）
GB814	安阳	10	62	51	113	123	6.9	101.4	13.9	16.5	7.2	11.3	3 467
GB814	新乡	14	65	49	114	128	5.3	101.1	14.0	20.3	7.2	11.8	2 633
GB814	原阳	10	63	57	120	130	6.5	95.0	15.3	21.8	6.1	11.1	2 769
GB814	郑州	8	54	48	102	110	6.6	114.6	15.6	21.1	5.8	10.7	3 034
GB814	商丘	11	60	62	122	133	6.7	129.9	15.3	17.6	6.0	11.7	2 645
GB814	开封	7	57	48	105	112	7.3	107.1	15.5	25.5	6.9	11.0	2 196
GB814	南阳	9	58	44	102	111	5.6	124.1	15.4	22.1	6.7	9.8	2 567
GB814	农大	8	56	54	110	118	5.8	125.2	14.2	19.1	6.0	11.4	2 878
GB814	平均	10	59	52	111	121	6.3	112.3	14.9	20.5	6.5	11.1	2 774
BM995	安阳	11	58	48	106	117	5.6	90.2	14.1	15.2	6.5	11.1	3 420
BM995	新乡	13	65	48	113	126	5.2	99.5	14.9	17.8	6.7	11.9	2 816
BM995	原阳	10	64	51	115	125	4.6	90.8	15.0	20.3	5.9	10.9	2 764
BM995	郑州	6	54	47	101	107	5.8	102.8	15.6	19.3	5.9	10.8	3 071
BM995	商丘	10	60	64	124	134	5.7	111.7	15.0	17.1	6.1	12.4	2 645
BM995	开封	6	56	50	106	112	5.9	101.4	15.8	26.2	6.7	12.3	2 250
BM995	南阳	9	57	44	101	110	5.2	106.0	14.8	19.9	6.5	10.4	2 500
BM995	农大	8	61	53	114	122	6.2	115.5	14.3	21.5	5.9	11.0	2 840
BM995	平均	9	59	51	110	119	5.5	102.2	14.9	19.7	6.3	11.4	2 788
中棉 9934	安阳	11	61	46	107	118	7.8	97.5	12.5	16.0	7.7	11.6	3 351
中棉 9934	新乡	14	65	50	115	129	5.8	108.0	12.7	18.8	7.8	12.0	2 733
中棉 9934	原阳	12	63	49	112	124	5.6	109.1	14.5	21.2	6.8	11.7	2 786
中棉 9934	郑州	6	55	47	102	108	6.1	117.4	14.7	17.5	6.5	10.8	2 996

续附表二

品种	试点	播－苗（d）	苗－花（d）	花－絮（d）	生育期（d）	全生育期（d）	第一果枝节位	株高（cm）	果枝（台/株）	株铃（个）	铃重（g）	籽指（g）	亩株数（株/亩）
中棉 9934	商丘	10	63	61	124	134	7.1	120.2	13.6	13.8	5.5	12.3	2 645
中棉 9934	开封	7	57	51	108	115	7.3	108.4	20.5	27.9	7.4	12.1	2 222
中棉 9934	南阳	9	59	43	102	111	5.9	117.8	15.0	20.7	7.3	11.0	2 533
中棉 9934	农大	8	58	55	113	121	6.3	120.5	13.1	21.2	5.9	11.4	2 821
中棉 9934	平均	10	60	50	110	120	6.5	112.4	14.6	19.6	6.9	11.6	2 761
新德棉 2 号	安阳	11	62	52	114	125	7.2	132.5	12.0	16.6	6.9	11.5	3 266
新德棉 2 号	新乡	13	66	49	115	128	6.2	104.6	12.0	18.9	6.8	11.1	2 700
新德棉 2 号	原阳	10	66	54	120	130	6.7	100.1	13.1	20.5	6.3	11.3	2 775
新德棉 2 号	郑州	7	55	46	101	108	6.9	120.3	13.1	18.7	6.1	10.8	2 959
新德棉 2 号	商丘	11	61	61	122	133	6.6	129.2	13.8	16.5	5.9	11.6	2 645
新德棉 2 号	开封	7	57	49	106	113	7.6	116.3	15.0	27.6	7.1	11.2	2 222
新德棉 2 号	南阳	9	58	44	102	111	5.8	116.7	15.0	16.9	6.5	10.3	2 550
新德棉 2 号	农大	7	59	59	118	125	6.3	122.9	13.7	21.4	5.9	11.5	2 773
新德棉 2 号	平均	9	61	52	112	122	6.7	117.8	13.5	19.6	6.4	11.2	2 736
鲁棉研 28	安阳	10	63	55	118	128	6.7	92.3	13.5	15.9	6.7	12.1	3 594
鲁棉研 28	新乡	15	63	52	115	130	5.2	97.5	13.8	19.3	6.2	11.1	2 666
鲁棉研 28	原阳	10	65	58	123	133	6.0	87.2	14.3	19.9	5.8	11.9	2 761
鲁棉研 28	郑州	7	55	49	104	111	6.3	107.4	15.5	21.7	6.2	11.3	2 978
鲁棉研 28	商丘	11	60	63	123	134	6.3	115.6	14.4	16.1	5.6	11.3	2 645
鲁棉研 28	开封	7	57	51	108	115	6.7	109.5	16.6	26.3	6.1	11.5	2 222
鲁棉研 28	南阳	9	59	44	103	112	5.5	107.6	15.0	18.8	6.2	10.4	2 650
鲁棉研 28	农大	7	62	51	113	120	6.3	113.0	13.6	19.6	5.9	11.5	2 764
鲁棉研 28	平均	10	61	53	113	123	6.1	103.8	14.6	19.7	6.1	11.4	2 785

附表三　2017 年河南省杂交春棉区域试验品种产量性状表

名称	地点	总籽棉亩产（kg/亩）	± CK%	位次	皮棉亩产（kg/亩）	± CK%	位次	霜前皮棉亩产（kg/亩）	± CK%	位次	霜前花率（%）	衣分（%）
中棉所 9713	安阳	280.7	-8.6	11	110.6	-9.7	11	103.7	-9.2	11	93.7	39.4
中棉所 9713	新乡	247.2	-13.0	11	100.6	-11.9	11	98.7	-8.8	11	98.1	40.7
中棉所 9713	原阳	239.8	7.0	9	98.5	14.9	9	89.7	25.7	7	91.0	41.1
中棉所 9713	郑州	272.2	14.0	7	107.8	10.3	9	95.6	33.2	8	88.7	39.6
中棉所 9713	商丘	185.2	-1.3	10	72.1	-1.8	10	69.6	-0.5	10	96.6	38.9
中棉所 9713	开封	295.1	16.6	10	114.2	19.7	10	97.2	42.6	10	85.1	38.7
中棉所 9713	南阳	261.2	11.1	9	112.5	7.2	9	112.5	7.2	9	100.0	43.1
中棉所 9713	农大	284.2	4.9	6	110.4	4.2	6	101.5	7.0	6	92.0	38.8
中棉所 9713	平均	258.2			103.3			96.0			93.1	40.0
CRIZ140205	安阳	342.1	11.4	6	136.2	11.1	9	130.2	13.9	7	95.6	39.8
CRIZ140205	新乡	318.6	12.2	4	129.3	13.3	4	125.2	15.8	4	96.8	40.6
CRIZ140205	原阳	252.0	12.4	6	97.4	13.6	10	83.7	17.3	10	85.9	38.7
CRIZ140205	郑州	310.3	29.9	2	124.8	27.7	2	109.4	52.5	3	87.7	40.2
CRIZ140205	商丘	195.7	4.3	6	73.8	0.5	8	70.8	1.3	8	96.0	37.7
CRIZ140205	开封	348.0	37.5	5	132.6	39.0	9	115.3	69.1	7	87.0	38.1
CRIZ140205	南阳	259.7	10.5	10	109.5	4.4	10	109.5	4.4	10	100.0	42.2
CRIZ140205	农大	277.6	2.4	8	103.9	-1.8	11	92.7	-2.3	11	89.2	37.4
CRIZ140205	平均	288.0			113.4			104.6			92.3	39.3
南农 992	安阳	332.4	8.2	9	136.3	11.2	8	129.0	13.0	9	94.7	41.0
南农 992	新乡	290.4	2.3	7	120.2	5.3	7	117.2	8.4	7	97.5	41.4
南农 992	原阳	245.9	9.7	8	98.9	15.3	8	92.9	30.1	3	93.9	40.2
南农 992	郑州	261.2	9.4	10	106.1	8.6	10	88.9	23.9	10	83.8	40.6
南农 992	商丘	206.6	10.1	3	81.4	10.9	4	76.8	9.8	4	94.4	39.4
南农 992	开封	339.3	34.1	9	136.7	43.3	6	111.5	63.6	9	81.6	40.3
南农 992	南阳	265.1	12.8	8	116.7	11.3	6	116.7	11.3	6	100.0	44.0
南农 992	农大	271.1	0.0	10	108.0	2.0	7	99.4	4.7	7	92.0	39.9
南农 992	平均	276.5			113.0			104.1			92.2	40.9

续表三

名称	地点	总籽棉亩产（kg/亩）	± CK%	位次	皮棉亩产（kg/亩）	± CK%	位次	霜前皮棉亩产（kg/亩）	± CK%	位次	霜前花率（%）	衣分（%）
冀杂529	安阳	358.3	16.7	4	140.8	14.9	5	132.4	15.9	5	94.0	39.3
冀杂529	新乡	322.3	13.5	3	127.0	11.2	6	121.1	12.0	6	95.4	39.4
冀杂529	原阳	248.8	10.9	7	99.1	15.6	7	85.6	19.9	8	86.4	39.8
冀杂529	郑州	302.0	26.4	4	117.5	20.2	6	93.8	30.7	9	79.8	38.9
冀杂529	商丘	203.8	8.6	4	78.5	6.9	6	75.2	7.5	6	95.9	38.5
冀杂529	开封	364.2	43.9	2	133.7	40.1	8	119.2	74.9	5	89.2	36.7
冀杂529	南阳	276.3	17.5	5	113.0	7.7	8	113.0	7.7	8	100.0	40.9
冀杂529	农大	274.1	1.2	9	106.7	0.7	8	98.0	3.2	9	91.8	38.9
冀杂529	平均	293.7			114.5			104.8			91.6	39.1
中M03	安阳	339.0	10.4	8	142.0	15.9	4	135.4	18.6	4	95.4	41.9
中M03	新乡	304.3	7.2	6	128.1	12.2	5	123.2	13.9	5	96.2	42.1
中M03	原阳	252.4	12.6	5	103.6	20.9	3	92.5	29.6	4	89.3	41.1
中M03	郑州	290.4	21.6	5	121.4	24.3	5	105.2	46.7	5	86.7	41.8
中M03	商丘	194.4	3.6	7	78.9	7.6	5	76.3	9.1	5	96.6	40.6
中M03	开封	344.4	36.1	8	138.8	45.5	5	121.7	78.4	4	87.6	40.3
中M03	南阳	275.3	17.1	6	121.8	16.1	5	121.8	16.1	5	100.0	44.2
中M03	农大	286.3	5.6	5	112.3	6.1	4	104.0	9.6	4	92.6	39.2
中M03	平均	285.8			118.4			110.0			93.1	41.4
中棉9101	安阳	363.9	18.5	2	154.7	26.2	2	146.2	27.9	2	94.5	42.5
中棉9101	新乡	317.8	11.9	5	139.2	21.9	3	136.5	26.2	2	98.1	43.8
中棉9101	原阳	235.7	5.1	10	100.9	17.7	6	95.8	34.2	2	94.9	42.8
中棉9101	郑州	271.8	13.8	8	113.6	16.3	7	103.6	44.3	6	91.2	41.8
中棉9101	商丘	187.8	0.1	8	74.9	2.1	7	73.2	4.7	7	97.8	39.9
中棉9101	开封	345.9	36.7	7	142.5	49.4	3	130.5	91.4	1	91.6	41.2
中棉9101	南阳	277.4	18.0	3	122.3	16.5	4	122.3	16.5	4	100.0	44.1
中棉9101	农大	287.5	6.1	4	105.1	-0.8	10	98.3	3.6	8	93.6	36.6
中棉9101	平均	286.0			119.1			113.3			95.2	41.6
GB814	安阳	359.3	17.0	3	151.3	23.4	3	138.7	21.4	3	91.7	42.1
GB814	新乡	329.2	15.9	1	139.6	22.3	2	130.4	20.6	3	93.4	42.4
GB814	原阳	262.5	17.1	2	103.1	20.2	4	90.6	27.0	6	87.9	39.3
GB814	郑州	316.6	32.5	1	135.2	38.3	1	107.8	50.2	4	79.7	42.7

续附表三

名称	地点	总籽棉亩产（kg/亩）	± CK%	位次	皮棉亩产（kg/亩）	± CK%	位次	霜前皮棉亩产（kg/亩）	± CK%	位次	霜前花率（%）	衣分（%）
GB814	商丘	203.0	8.2	5	82.6	12.6	3	78.7	12.6	3	95.3	40.7
GB814	开封	347.3	37.3	6	140.0	46.7	4	112.9	65.6	8	80.7	40.3
GB814	南阳	278.8	18.6	1	123.8	18.0	1	123.8	18.0	1	100.0	44.4
GB814	农大	282.9	4.4	7	111.6	5.4	5	103.5	9.1	5	92.8	39.5
GB814	平均	297.4			123.4			110.8			90.2	41.4
BM995	安阳	342.5	11.5	5	137.7	12.4	7	129.3	13.2	8	93.9	40.2
BM995	新乡	285.3	0.5	8	115.3	1.0	9	113.2	4.7	9	98.2	40.4
BM995	原阳	269.8	20.3	1	110.8	29.2	1	102.0	42.9	1	92.1	41.1
BM995	郑州	306.8	28.4	3	122.4	25.3	4	109.5	52.5	2	89.4	39.9
BM995	商丘	213.7	13.9	2	87.4	19.1	2	82.9	18.6	2	94.9	40.9
BM995	开封	350.4	38.5	4	134.5	41.0	7	117.1	71.8	6	87.1	38.4
BM995	南阳	277.0	17.8	4	122.9	17.1	2	122.9	17.1	2	100.0	44.4
BM995	农大	304.1	12.2	1	121.5	14.8	1	111.6	17.6	1	91.8	40.0
BM995	平均	293.7			119.1			111.1			93.4	40.7
中棉 9934	安阳	372.2	21.2	1	160.8	31.2	1	154.5	35.3	1	96.1	43.2
中棉 9934	新乡	326.3	14.9	2	144.9	26.9	1	142.6	31.9	1	98.4	44.4
中棉 9934	原阳	255.3	13.9	4	105.3	22.8	2	92.2	29.1	5	87.5	41.3
中棉 9934	郑州	282.7	18.3	6	124.4	27.3	3	114.8	60.0	1	92.3	44.0
中棉 9934	商丘	171.6	-8.6	11	70.7	-3.7	11	67.9	-2.9	11	96.0	41.2
中棉 9934	开封	357.5	41.3	3	148.0	55.1	2	123.1	80.6	3	83.2	41.4
中棉 9934	南阳	278.3	18.4	2	122.9	17.1	3	122.9	17.1	3	100.0	44.2
中棉 9934	农大	299.5	10.5	2	121.2	14.5	2	110.8	16.7	3	91.4	40.5
中棉 9934	平均	292.9			124.8			116.1			93.1	42.5
新德棉 2 号	安阳	340.9	11.0	7	138.1	12.7	6	131.1	14.8	6	95.0	40.5
新德棉 2 号	新乡	281.8	-0.8	10	118.4	3.7	8	115.6	6.9	8	97.6	42.0
新德棉 2 号	原阳	256.7	14.5	3	101.7	18.6	5	84.3	18.1	9	82.9	39.6
新德棉 2 号	郑州	264.9	10.9	9	109.7	12.2	8	99.6	38.8	7	90.8	41.4
新德棉 2 号	商丘	219.1	16.8	1	89.6	22.1	1	86.5	23.7	1	96.6	40.9
新德棉 2 号	开封	371.6	46.8	1	150.5	57.7	1	129.1	89.4	2	85.8	40.5
新德棉 2 号	南阳	265.9	13.1	7	115.0	9.6	7	115.0	9.6	7	100.0	43.2
新德棉 2 号	农大	296.9	9.6	3	119.9	13.3	3	111.5	17.5	2	93.0	40.4
新德棉 2 号	平均	287.2			117.8			109.1			92.7	41.1

续附表三

名称	地点	总籽棉亩产（kg/亩）	± CK%	位次	皮棉亩产（kg/亩）	± CK%	位次	霜前皮棉亩产（kg/亩）	± CK%	位次	霜前花率（%）	衣分（%）
鲁棉研 28	安阳	307.1	0.0	10	122.5	0.0	10	114.2	0.0	10	93.2	39.9
鲁棉研 28	新乡	284.0	0.0	9	114.2	0.0	10	108.1	0.0	10	94.7	40.2
鲁棉研 28	原阳	224.2	0.0	11	85.7	0.0	11	71.4	0.0	11	83.2	38.2
鲁棉研 28	郑州	238.9	0.0	11	97.7	0.0	11	71.8	0.0	11	73.4	40.9
鲁棉研 28	商丘	187.7	0.0	9	73.4	0.0	9	70.0	0.0	9	95.3	39.1
鲁棉研 28	开封	253.1	0.0	11	95.4	0.0	11	68.2	0.0	11	71.5	37.7
鲁棉研 28	南阳	235.1	0.0	11	104.9	0.0	11	104.9	0.0	11	100.0	44.6
鲁棉研 28	农大	271.0	0.0	11	105.9	0.0	9	94.9	0.0	10	89.6	39.1
鲁棉研 28	平均	250.1			100.0			87.9			87.6	40.0

附表四　2017 年河南省杂交春棉区域试验品种纤维品质性状表

品种	地点	长度（mm）	整齐度指数（%）	断裂比强度（cN/tex）	马克隆值	伸长率（%）	反射率（%）	黄度	纺纱均匀指数
中棉所 9713	南阳	29.5	86.0	34.5	4.9	4.2	80.9	7.9	162.0
中棉所 9713	商丘	32.1	85.4	31.0	5.0	5.0	77.3	8.6	151.0
中棉所 9713	开封	30.0	86.3	32.3	5.5	4.3	75.8	7.7	149.0
中棉所 9713	郑州	31.1	84.8	34.7	4.8	4.9	77.4	7.9	159.0
中棉所 9713	新乡	30.8	87.0	35.5	5.2	4.2	77.3	8.3	167.0
中棉所 9713	安阳	33.3	88.3	31.4	5.1	4.8	78.0	7.9	167.0
中棉所 9713	平均	31.1	86.3	33.2	5.1	4.6	77.8	8.1	159.2
CRIZ140205	南阳	28.2	85.6	31.9	5.6	5.2	80.5	8.1	144.0
CRIZ140205	商丘	31.8	86.1	31.5	5.1	5.1	77.7	8.1	154.0
CRIZ140205	开封	29.8	85.8	37.0	5.6	5.0	78.1	7.0	161.0
CRIZ140205	郑州	30.3	85.7	34.2	5.1	5.1	76.8	6.9	156.0
CRIZ140205	新乡	29.1	85.8	31.8	5.5	4.5	77.0	7.6	144.0
CRIZ140205	安阳	30.4	86.4	36.5	5.2	5.6	79.5	7.1	167.0
CRIZ140205	平均	29.9	85.9	33.8	5.4	5.1	78.3	7.5	154.3

续附表四

品种	地点	长度（mm）	整齐度指数（%）	断裂比强度（cN/tex）	马克隆值	伸长率（%）	反射率（%）	黄度	纺纱均匀指数
南农 992	南阳	27.4	83.1	26.1	5.4	4.2	81.2	7.8	115.0
南农 992	商丘	30.8	87.4	32.4	5.1	5.5	78.3	8.1	162.0
南农 992	开封	29.5	85.3	29.9	5.4	3.9	76.1	8.1	137.0
南农 992	郑州	28.5	82.8	29.1	5.1	5.2	77.0	7.5	124.0
南农 992	新乡	29.5	86.3	27.4	5.3	4.3	78.0	8.6	137.0
南农 992	安阳	30.7	85.4	31.4	5.0	4.7	80.3	7.1	151.0
南农 992	平均	29.4	85.1	29.4	5.2	4.6	78.5	7.9	137.7
冀杂 529	南阳	27.0	84.8	29.8	5.6	5.0	80.9	7.9	131.0
冀杂 529	商丘	30.1	85.2	31.6	5.9	5.3	76.3	7.5	139.0
冀杂 529	开封	28.4	85.9	32.3	6.1	5.0	74.2	7.8	138.0
冀杂 529	郑州	29.2	83.1	32.7	5.3	5.3	77.4	7.8	137.0
冀杂 529	新乡	29.7	86.3	34.0	5.8	5.1	77.5	8.4	152.0
冀杂 529	安阳	31.0	87.4	32.9	5.8	5.3	78.3	8.2	157.0
冀杂 529	平均	29.2	85.5	32.2	5.8	5.2	77.4	7.9	142.3
中 M03	南阳	27.2	84.2	28.4	5.5	4.8	78.3	8.4	120.0
中 M03	商丘	29.8	86.5	31.9	5.4	5.4	76.5	8.2	150.0
中 M03	开封	29.9	86.0	33.6	5.7	4.7	76.6	8.5	150.0
中 M03	郑州	29.0	84.3	31.9	5.4	5.0	76.4	7.5	137.0
中 M03	新乡	27.8	84.3	30.8	5.6	4.6	76.8	8.3	131.0
中 M03	安阳	29.8	86.6	31.4	5.4	5.4	78.6	7.0	150.0
中 M03	平均	28.9	85.3	31.3	5.5	5.0	77.2	8.0	139.7
中棉 9101	南阳	30.2	85.8	28.9	5.3	4.3	80.4	7.6	132.0
中棉 9101	商丘	31.9	84.8	30.7	5.0	4.2	77.8	8.4	147.0
中棉 9101	开封	31.8	85.0	30.4	5.4	4.1	77.3	8.3	142.0
中棉 9101	郑州	29.5	84.4	32.5	4.9	5.0	77.9	7.7	142.0
中棉 9101	新乡	30.8	84.4	32.6	5.3	4.5	78.7	8.4	146.0
中棉 9101	安阳	33.3	85.8	32.8	4.6	5.4	80.7	7.7	166.0
中棉 9101	平均	31.3	85.0	31.3	5.1	4.6	78.8	8.0	145.8
GB814	南阳	28.2	83.1	28.6	5.7	5.3	81.6	8.0	121.0
GB814	商丘	30.1	84.7	30.6	5.3	5.6	79.2	7.7	140.0
GB814	开封	29.9	86.9	34.0	5.6	4.6	76.8	7.7	154.0
GB814	郑州	29.2	83.7	31.8	5.2	5.4	77.8	7.3	137.0
GB814	新乡	28.0	84.5	30.2	5.4	4.5	76.9	7.7	127.0

续附表四

品种	地点	长度（mm）	整齐度指数（%）	断裂比强度（cN/tex）	马克隆值	伸长率（%）	反射率（%）	黄度	纺纱均匀指数
GB814	安阳	31.2	86.8	34.7	5.7	4.8	80.5	7.3	162.0
GB814	平均	29.4	85.0	31.7	5.5	5.0	78.8	7.6	140.2
BM995	南阳	27.5	85.4	32.5	5.5	5.5	80.0	7.7	143.0
BM995	商丘	30.5	86.5	31.8	5.2	5.0	76.9	8.5	153.0
BM995	开封	29.3	85.4	32.4	5.9	4.2	76.7	7.1	140.0
BM995	郑州	28.8	84.8	32.0	5.1	5.4	76.8	7.3	143.0
BM995	新乡	28.9	85.9	32.4	5.6	4.7	78.0	8.4	146.0
BM995	安阳	30.2	85.3	34.6	5.4	5.7	79.0	8.0	154.0
BM995	平均	29.2	85.6	32.6	5.5	5.1	77.9	7.8	146.5
中棉 9934	南阳	28.3	84.3	28.2	5.3	4.4	80.2	7.8	129.0
中棉 9934	商丘	31.7	85.8	34.2	4.9	4.9	78.2	8.6	163.0
中棉 9934	开封	31.1	84.0	32.7	5.7	4.2	76.0	8.1	140.0
中棉 9934	郑州	30.0	83.7	31.4	5.0	4.7	76.8	7.7	139.0
中棉 9934	新乡	30.2	84.4	31.3	5.6	4.4	77.3	8.8	138.0
中棉 9934	安阳	32.9	84.6	33.6	4.7	5.3	80.4	7.3	161.0
中棉 9934	平均	30.7	84.5	31.9	5.2	4.7	78.2	8.1	145.0
新德棉 2 号	南阳	28.6	85.3	30.1	5.6	4.9	80.1	7.2	137.0
新德棉 2 号	商丘	30.1	85.4	30.8	5.3	5.3	78.3	8.0	144.0
新德棉 2 号	开封	31.8	87.1	31.9	5.7	4.5	78.3	7.4	154.0
新德棉 2 号	郑州	29.4	84.4	32.6	5.1	5.3	78.7	7.3	146.0
新德棉 2 号	新乡	30.4	87.0	33.0	5.6	5.2	78.7	7.7	156.0
新德棉 2 号	安阳	31.9	86.7	33.0	5.3	4.9	80.8	7.0	161.0
新德棉 2 号	平均	30.4	86.0	31.9	5.4	5.0	79.2	7.4	149.7
鲁棉研 28	南阳	27.7	85.4	29.5	5.7	4.8	80.8	7.6	134.0
鲁棉研 28	商丘	30.8	86.7	31.1	5.3	5.8	78.3	7.7	152.0
鲁棉研 28	开封	30.5	87.6	32.3	5.6	5.1	78.7	8.7	157.0
鲁棉研 28	郑州	29.4	85.4	32.5	5.1	5.3	77.2	7.1	148.0
鲁棉研 28	新乡	30.7	86.8	32.4	5.2	5.6	78.9	7.7	158.0
鲁棉研 28	安阳	30.7	86.6	31.7	5.2	5.4	80.4	7.5	156.0
鲁棉研 28	平均	30.0	86.4	31.6	5.4	5.3	79.1	7.7	150.8

16　2017 年河南省夏棉区域试验品种汇总总结

一、试验目的

通过河南省不同生态区多年多点试验，鉴定夏棉新品种(系)的丰产性、稳产性、抗病性、抗虫性、纤维品质与对照中棉所 50 的差异，为优良夏棉审定与合理推广提供科学依据。

二、试验材料

参试品种 6 个(中棉所 50 为对照)，其中 5 个常规种，1 个杂交种，参试种子由参试单位提供，详见表 1。

表 1　2017 年河南省夏棉区域试验参试品种来源及编号

品种	编码	类型	品系来源	参试单位	年限
朔沣 26	1	常规	鲁棉 19 号/邯 663	河南省中创种业短季棉有限公司	1
徐棉 608	2	常规	鲁棉 19 号/徐棉 266	江苏徐淮地区徐州农业科学研究所	1
中创 97	3	常规	H326 × 邯 686	河南省中创种业短季棉有限公司 邯郸市农业科学院	1
中棉所 94A2941	4	常规	(055428 × 055423) F1 × 中棉 425	中国农业科学院棉花研究所	1
中棉所 8301	5	杂交	9708A × GKz 中杂 A49 – 668	中国农业科学院棉花研究所	1
中棉 425	6	常规	701338 × 山农 SF06	中国农业科学院棉花研究所	1
中棉所 50	7	常规	对照(CK)	中国农业科学院棉花研究所	1

三、试验承试单位和试验设计

(一)试验承试单位

河南省农业科学院经济作物研究所(李武)，中国农业科学院棉花研究所(范术丽)，河南中创种业短季棉有限公司(龚文萍)，新乡锦科棉花研究所(田土星)，黄泛区地神种业有限公司(白利明)，开封市农林科学研究院(楚宗艳)，邓州市先天下种业有限公司(李晓丽)，中国农业科学院棉花研究所植保室(朱荷琴)，农业部棉花品质监督检验测试中心(唐淑荣)。

（二）试验设计

试验按随机区组设计，3 次重复，每小区 4 ~ 6 行，小区面积≥20 m^2，周边设置不少于 4 行的保护行。

四、棉花生育期间气候特点及栽培管理

（一）气候特点

苗期气温高光照足，有利于棉苗生长；结铃期间天气晴好，利于夏棉集中结铃；吐絮前期天气晴好，利于吐絮，后期多阴雨，不利于晚熟品种的产量形成。

1. 苗期

播种期间天气晴好，气温高，各品种出苗快而壮，达到一播全苗。6 月气温高，光照充足，降水偏少，棉苗生长旺盛，发病少。

2. 蕾铃期

6 月下旬至 8 月中旬以晴天为主，光照充足，温度较高，降水少于常年，有利于棉花成铃。

3. 吐絮期

8 月下旬至 9 月上旬多阴雨天，影响棉花的正常吐絮；9 月中下旬以晴天多云为主，光照充足，温度较高，有利于棉花吐絮与收摘晾晒。10 月上中旬多阴雨天，影响棉花的正常吐絮与收摘晾晒，10 月下旬至 11 月上旬以晴天多云为主，有利于棉花吐絮与收摘晾晒。

（二）栽培管理

各试点均按照当地主要栽培管理措施实行，田间管理均匀一致。密度 4 000 ~ 6 000 株/亩，前作有棉花、小麦；播期 5 月底 6 月初，播种方式为直播；防治地老虎、棉蚜、红蜘蛛、棉铃虫、盲椿象等 6 ~ 15 次；浇地 0 ~ 5 次，排水 0 ~ 3 次，化调 0 ~ 2 次，中耕除草 2 ~ 4 次。基肥为有机肥、氮、磷、钾肥等，追肥以复合肥、尿素为主。

五、试验结果

本组试验共 6 个试点，6 个试点数据经过复核，试验误差均在规定范围内，予以汇总。总变异系数 $C_V = 5.55\%$。

（一）早熟性

2017 年结果：各参试品种生育期 95 ~ 102 d，果枝始节 5.3 ~ 5.6 节，霜前花率在 89.7% ~94.0%。朔洋 26 和中棉所 8301 生育期短，霜前花率高，早熟性好。

（二）主要特性

2017 年结果：各参试品种株高 78.0 ~ 86.1 cm，徐棉 608 较低，中棉 425 高；果枝数 11.5 ~12.7 台，徐棉 608 果枝少，中创 97 果枝多；单株结铃数 11.7 ~ 13.6 个；籽指在 10.1 ~10.9 g（见表 2）。

（三）小区皮棉产量统计分析

皮棉产量方差分析表明：品种间、品种和地点互作效应均达极显著差异，说明需要进行品种稳定性分析，并对各品种皮棉总产进行多重比较，以便确定表现优异的品种（见表 3）。

表 2　2017 年河南省夏棉区域试验品种农艺性状

品种	年份	编号	生育期(d)	第一果枝节位	株高(cm)	果枝(台/株)	株铃(个)	铃重(g)	籽指(g)	霜前花率(%)
朔沣 26	2017	1	102	5.5	85.7	11.8	11.7	5.7	10.4	91.0
徐棉 608	2017	2	99	5.3	78.0	11.5	12.1	5.5	10.1	94.0
中创 97	2017	3	102	5.3	80.9	12.7	13.6	5.4	10.2	91.3
中棉所 94A2941	2017	4	101	5.4	79.1	11.8	12.7	5.3	10.9	90.8
中棉所 8301	2017	5	102	5.4	83.8	11.6	13.2	5.9	10.6	89.7
中棉 425	2017	6	100	5.6	86.1	12.2	12.5	5.5	10.8	92.4
中棉所 50	2017	7	99	5.4	82.3	12.1	12.1	5.5	10.6	92.5

表 3　2017 年河南省夏棉区域试验品种方差分析($C_V=5.55\%$)

变异来源	df	皮棉总产			P
		SS	MS	F	
地点内区组	12	0.457	0.038	1.934**	0.044
地点	5	16.610	3.322	168.677**	0.000 1
品种	6	6.458	1.076	54.648**	0.000 1
品种×地点	30	3.554	0.119	6.016**	0.000 1
试验误差	72	1.418	0.020		
总变异	125	28.497	0.038		

参试 7 个品种皮棉产量品种间差异显著(见表 4)。中棉所 8301、中创 97、朔沣 26、中棉 425 比对照鲁棉研 28 增产极显著,徐棉 608 比对照减产不显著。

表 4　品种间皮棉产量多重比较

品种	编号	皮棉(kg/小区)	$LSR_{0.05}$	$LSR_{0.01}$
中棉所 8301	5	2.948	a	A
中创 97	3	2.767	b	B
朔沣 26	1	2.578	c	C
中棉 425	6	2.533	c	CD
中棉所 94A2941	4	2.427	d	DE
中棉所 50	7	2.306	e	EF
徐棉 608	2	2.272	e	F

（四）品种稳定性分析

参试7个品种在各试点的适应性有差异，中棉所8301在各点适应性、稳定性综合评价很好；中创97适应性、稳定性综合评价好；朔沣26适应性、稳定性较好，中棉425、中棉所94A2941适应性一般（见表5）。

表5 品种皮棉产量稳定性分析

品种	编号	丰产性参数	稳定性参数				适应地区	综合评价
		产量(kg/小区)	效应	方差	变异度	回归系数		
中棉所8301	5	2.948	0.401	0.046	7.26	1.265	E1～E6	很好
中创97	3	2.767	0.220	0.034	6.694	1.385	E1～E6	好
朔沣26	1	2.578	0.030	0.037	7.437	0.768	E1～E6	较好
中棉425	6	2.533	-0.014	0.025	6.292	1.038	E1～E6	一般
中棉所94A2941	4	2.427	-0.120	0.013	4.688	1.042	E1～E6	一般
中棉所50	7	2.306	-0.242	0.013	4.888	0.909	E1～E6	较差
徐棉608	2	2.272	-0.275	0.069	11.561	0.595	E1,E4,E5	不好

（五）品种产量

2017年产量结果：籽棉亩产188.1～256.5 kg，较对照中棉所50增产-6.9%～26.9%；皮棉亩产76.7～93.3 kg，较对照中棉所50增产-1.3%～20.0%；霜前皮棉亩产71.7～88.7 kg，较对照中棉所50增产0.6%～24.6%；衣分38.1%～41.7%（见表6）。

表6 2017年河南省夏棉区域试验品种产量性状

品种	年份	编号	籽棉		位次	皮棉		位次	霜前皮棉		位次	衣分(%)
			kg/亩	±CK%		kg/亩	±CK%		kg/亩	±CK%		
朔沣26	2017	1	227.4	12.6	2	86.9	11.8	3	78.9	10.8	3	38.1
徐棉608	2017	2	188.1	-6.9	7	76.7	-1.3	7	71.7	0.6	6	40.6
中创97	2017	3	223.2	10.4	3	93.3	20.0	2	84.4	18.4	2	41.7
中棉所94A2941	2017	4	205.5	1.7	5	81.8	5.3	5	73.7	3.4	5	39.7
中棉所8301	2017	5	256.5	26.9	1	99.3	27.9	1	88.7	24.6	1	38.7
中棉425	2017	6	212.4	5.1	4	85.4	9.9	4	78.1	9.7	4	40.1
中棉所50	2017	7	202.1	0.0	6	77.7	0.0	6	71.2	0.0	7	38.5

（六）抗病性

抗病性鉴定由中国农业科学院棉花所植保室按全国统一病情分级标准，以感病对照冀棉11病株率达80%，或病指达50左右结果进行品种（系）的抗性评定（见表7）。

2017年鉴定结果：朔沣26、中棉425和中棉所50高抗枯萎病，中创97和中棉所94A2941抗枯萎病，中棉所8301感枯萎病；朔沣26、徐棉608、中棉所94A2941、中棉所

8301 和中棉 425 耐黄萎病，中创 97 和中棉所 50 感黄萎病。

表 7　2017 年河南省夏棉区域试验品种枯、黄萎病鉴定结果

品种	年份	编号	枯萎病			黄萎病		
			病株率(%)	病指	反应型	病株率(%)	病指	反应型
朔沣 26	2017	1	4.1	1.1	HR	63.7	34.6	T
徐棉 608	2017	2	24.4	12.0	T	65.0	29.1	T
中创 97	2017	3	21.3	9.4	R	85.2	52.8	S
中棉所 94A2941	2017	4	18.5	8.3	R	71.4	34.4	T
中棉所 8301	2017	5	64.6	35.4	S	62.2	26.3	T
中棉 425	2017	6	5.5	1.8	HR	69.4	34.2	T
中棉所 50	2017	7	8.8	3.6	HR	75.0	40.0	S
冀棉 11(SCK)			80.0	50.0	S	80.0	50.0	S
中植棉 2 号(RCK)			21.2	10.5	R	41.7	17.0	T

注：HR：高抗；R：抗病；T：耐病；S：感病。

（七）纤维品质

纤维品质由农业部棉花纤维品质检测中心分析（见表 8）。

2017 年结果：纤维上半部平均长度 27.4～30.0 mm，断裂比强度 27.8～32.0 cN/tex，马克隆值 4.8～5.3，中棉所 94A2941 和中棉所 8301 纤维品质协调一致，比较好，其他品种纤维偏粗。

表 8　2017 年夏棉区域试验品种品质检测结果

品种	年份	编号	长度(mm)	整齐度指数(%)	断裂比强度(cN/tex)	马克隆值	伸长率(%)	反射率(%)	黄度	纺纱均匀指数
朔沣 26	2017	1	28.1	84.1	28.0	5.3	6.1	77.7	8.8	126.0
徐棉 608	2017	2	27.4	84.1	27.8	5.0	6.7	78.0	8.2	126.4
中创 97	2017	3	28.1	85.3	31.0	5.0	5.6	76.7	8.7	141.8
中棉所 94A2941	2017	4	28.8	84.9	30.1	4.9	6.8	77.4	8.7	140.4
中棉所 8301	2017	5	30.0	86.8	32.0	4.8	5.6	78.8	8.2	159.4
中棉 425	2017	6	28.9	84.7	30.2	5.1	6.5	77.8	8.5	138.0
中棉所 50	2017	7	29.4	85.8	29.8	5.0	6.2	77.6	8.2	144.2

六、品种评述

（一）朔沣 26

2017 年区域试验结果：出苗较好，全生育期长势强健；植株较高，株型较紧凑，塔形，茎秆粗壮，茸毛稀，较短，Ⅱ式果枝；叶柄较长，叶片较大，叶色浅绿，叶片皱折一般、缺刻较浅，叶功能较好；花冠柱头与花药相平，花粉量一般；结铃性较强，铃卵圆形、中等、铃嘴钝尖，吐絮较畅；高抗枯萎病（枯萎病指 1.1），耐黄萎病（黄萎病指 34.6）。生育期 102 d，株高85.7 cm,第一果枝节位5.5节,果枝数11.8台/株,单株结铃11.7个,单铃重5.7 g,籽指10.4 g,衣分38.1%,霜前花率91.0%。6点汇总,皮棉总产6点均增产,增产点率100%;平均亩产籽棉、皮棉和霜前皮棉分别为227.4 kg、86.9 kg和78.9 kg,分别比对照中棉所50增产12.6%、11.8%和10.8%,分居夏棉7个参试品种第2、3、3位。HVICC纤维上半部长度28.1 mm,断裂比强度28.0 cN/tex,马克隆值5.3,整齐度指数84.1%,伸长率6.1%,反射率77.7%,黄度8.8,纺纱均匀指数126.0。

（二）徐棉608

2017年区域试验结果:出苗较好,前中期长势强健,后期长势弱;植株中等,株型松散,塔形,茎秆粗壮,茸毛稀,较长,Ⅱ式果枝;叶柄较长,叶片中等大小,叶色深绿,叶片皱折一般、缺刻较浅,叶功能一般;花冠柱头与花药相平,花粉量一般;结铃性较强,铃圆形、中等、铃嘴尖,吐絮较畅;耐枯萎病(枯萎病指12.0),耐黄萎病(黄萎病指29.1)。生育期99 d,株高78.0 cm,第一果枝节位5.3节,果枝数11.5台/株,单株结铃12.1个,单铃重5.5 g,籽指10.1 g,衣分40.6%,霜前花率94.2%。6点汇总,皮棉总产4点增产,2点减产,增产点率66.7%;平均亩产籽棉、皮棉和霜前皮棉分别为188.1 kg、76.7 kg和71.7 kg,分别比对照中棉所50增产-6.9%、-1.3%和0.6%,分居夏棉7个参试品种第7、7、6位。HVICC纤维上半部长度27.4 mm,断裂比强度27.8 cN/tex,马克隆值5.0,整齐度指数84.1%,伸长率6.7%,反射率78.0%,黄度8.22,纺纱均匀指数126.4。

（三）中创97

2017年区域试验结果:出苗较好,前期长势稳,中期长势较强健,后期长势偏弱;植株中等偏小,株型较松散,塔形,茎秆粗壮,茸毛稀、中长,Ⅱ式果枝;叶柄较长,叶片中等大小,叶色绿,叶片平展,缺刻较浅,叶功能一般偏差;花冠柱头与花药相平,花粉量一般;结铃性较强,铃卵圆形,铃嘴尖,吐絮较畅;抗枯萎病(枯萎病指9.4),感黄萎病(黄萎病指52.8)。生育期102 d,株高80.9 cm,第一果枝节位5.3节,果枝数12.7台/株,单株结铃13.6个,单铃重5.4 g,籽指10.2 g,衣分41.7%,霜前花率91.3%。6点汇总,皮棉总产6点均增产,增产点率100%;平均亩产籽棉、皮棉和霜前皮棉分别为223.2 kg、93.3 kg和84.4 kg,分别比对中棉所50增产10.4%、20.0%和18.4%,分居夏棉7个参试品种第3、2、2位。HVICC纤维上半部长度28.1 mm,断裂比强度31.0 cN/tex,马克隆值5.0,整齐度指数85.3%,伸长率5.6%,反射率76.7%,黄度8.7,纺纱均匀指数141.8。

终止试验。

（四）中棉所94A2941

2017年区域试验结果:出苗较好,前中期长势较强健,后期长势一般;植株中等,株型较紧凑,塔形,茎秆较粗壮,茸毛稀,中长,Ⅱ式果枝;叶柄较长,叶片中等大小,叶色绿,叶片皱折一般;缺刻较浅,叶功能一般;花冠柱头与花药相平,花粉量一般;结铃性较强,铃卵圆形,中等大小、铃嘴尖,吐絮畅;抗枯萎病(枯萎病指8.3),耐黄萎病(黄萎病指34.4)。生育期101 d,株高79.1 cm,第一果枝节位5.4节,果枝数11.8台/株,单株结铃12.7个,单铃重5.3 g,籽指10.9 g,衣分39.7%,霜前花率90.8%。6点汇总,皮棉总产4点增产,2点减产,增产点率66.7%;平均亩产籽棉、皮棉和霜前皮棉分别为205.5 kg、81.8 kg和73.7 kg,分别比对照中棉所50增产1.7%、5.3%和3.4%,均居夏棉7个参试品种第5位。HVICC纤维上半部长度28.8 mm,断裂比强度30.1 cN/tex,马克隆值4.9,整齐度指数 84.9%，伸长率 6.8%，反射率 77.4%，黄度 8.7，纺纱均匀指数 140.4。

继续试验。

（五）中棉所 8301

2017 年区域试验结果：出苗较好，全生育期长势强；植株高大，株型松散，塔形，茎秆粗壮，茸毛稀，较长，Ⅱ式果枝；叶柄较长，叶片大，叶色绿，叶片皱折一般、缺刻一般，叶功能较好；花冠柱头与花药相平，花粉量一般；结铃性较强，铃卵圆形，中等大小，铃嘴钝尖，吐絮畅；感枯萎病（枯萎病指 35.4），耐黄萎病（黄萎病指 26.3）。生育期 102 d，株高 83.8 cm，第一果枝节位 5.4 节，果枝数 11.6 台/株，单株结铃 13.2 个，单铃重 5.9 g，籽指 10.6 g，衣分 38.7%，霜前花率 89.7%。6 点汇总，皮棉总产 6 点均增产，增产点率 100%；平均亩产籽棉、皮棉和霜前皮棉分别为 256.5 kg、99.3 kg 和 88.7 kg，分别比对照中棉所 50 增产 26.9%、27.9% 和 24.6%，均居夏棉 7 个参试品种第 1 位。HVICC 纤维上半部长度 30.0 mm，断裂比强度 32.0 cN/tex，马克隆值 4.8，整齐度指数 86.8%，伸长率 5.6%，反射率 78.8%，黄度 8.2，纺纱均匀指数 159.4。

终止试验。

（六）中棉 425

2017 年区域试验结果：出苗好，前中期长势较强，后期长势稳；植株高大，株型较松散，塔形，茎秆粗壮，茸毛稀，中长，Ⅱ式果枝；叶柄较长，叶片中等大小，叶色绿，叶片皱折一般；缺刻一般，叶功能一般；花冠柱头与花药相平，花粉量一般，结铃性较强，铃卵圆形、中等、铃嘴尖，吐絮畅，抗棉铃虫，田间通透性较好；高抗枯萎病（枯萎病指 1.8），耐黄萎病（黄萎病指 34.2）。生育期 100 d，株高 86.1 cm，第一果枝节位 5.6 节，果枝数 12.2 台/株，单株结铃 12.5 个，单铃重 5.5 g，籽指 10.8 g，衣分 40.1%，霜前花率 92.4%。6 点汇总，皮棉总产 5 点增产，1 点减产，增产点率 83.3%；平均亩产籽棉、皮棉和霜前皮棉分别为 212.4 kg、85.4 kg 和 78.1 kg，分别比对照中棉所 50 增产 5.1%、9.9% 和 9.7%，均居夏棉 7 个参试品种第 4 位。HVICC 纤维上半部长度 28.9 mm，断裂比强度 30.2 cN/tex，马克隆值 5.1，整齐度指数 84.7%，伸长率 6.5%，反射率 77.8%，黄度 8.5，纺纱均匀指数 138.0。

附表一　2017 年河南省夏棉区域试验各试点田间管理基本情况

试点	播种方式	密度（株/亩）	前作	播期（月/日）	灌/排水（次）	中耕除草（次）	化调（次）	病虫防治（次）	收花（次）	基肥（kg/亩）	追肥（kg/亩）
黄泛区	开沟穴播	6 000	棉花	5/25	0/2	5	2	6	2	复合肥 50	复合肥 10、尿素 20
邓州	直播	3 500	小麦	6/10	2/0	5	3	4	5	复合肥 50	尿素 15
开封	直播	6 000	小麦	6/6	2/0	2	0	5	2	尿素 40	复合肥 40、尿素 15
新乡	点播	5 500	小麦	6/9	4/0	3	0	6	4		尿素 45
原阳	条播	5 222	棉花	5/28	3/1	4	1	6	2	复合肥 50	尿素 25
安阳	直播	5 000	休闲	5/25	2/0	4	4	7	7	复合肥 80	复合肥 30

附表二　2017 年河南省夏棉区域试验品种农艺性状表

品种	试点	播－苗（d）	苗－花（d）	花－絮（d）	生育期（d）	全生育期（d）	第一果枝节位	株高（cm）	果枝（台/株）	株铃（个）	铃重（g）	籽指（g）	亩株数（株/亩）
朔洋 26	邓州	5	51	57	108	113	6.0	115.2	13.6	20.7	5.4	10.7	3 488
朔洋 26	黄泛区	5	48	50	98	103	5.8	73.3	9.8	10.5	5.4	10.3	6 017
朔洋 26	开封	5	44	54	98	103	5.4	76.8	9.6	8.0	5.6	9.9	6 000
朔洋 26	新乡	7	45	55	100	107	4.3	80.6	9.8	9.8	5.7	10.6	5 233
朔洋 26	原阳	6	47	52	99	105	5.6	73.5	12.8	9.8	5.6	10.4	5 256
朔洋 26	安阳	6	55	56	111	117	6.0	82.4	13.0	11.3	6.3	10.6	4 916
朔洋 26	平均	6	48	54	102	108	5.5	85.7	11.8	11.7	5.7	10.4	5 152
徐棉 608	邓州	6	49	48	97	103	6.5	111.5	14.2	22.5	5.4	9.5	3 511
徐棉 608	黄泛区	5	44	55	99	104	5.6	70.8	9.6	8.6	5.1	11.1	6 050
徐棉 608	开封	5	41	54	95	100	4.6	69.9	10.1	11.1	5.5	10.2	6 000
徐棉 608	新乡	8	43	53	96	104	4.4	74.0	10.1	10.2	5.4	10.4	5 116
徐棉 608	原阳	6	48	54	102	108	5.5	62.1	10.8	9.6	5.5	10.5	5 240
徐棉 608	安阳	6	48	58	106	112	5.5	72.6	12.4	10.6	6.2	8.9	4 929
徐棉 608	平均	6	46	54	99	105	5.3	78.0	11.5	12.1	5.5	10.1	5 141
中创 97	邓州	6	53	56	109	115	6.0	100.0	14.0	23.4	5.9	10.2	3 500
中创 97	黄泛区	5	47	50	97	102	5.3	69.5	9.9	11.6	5.1	10.5	6 033
中创 97	开封	5	43	55	98	103	5.3	75.4	11.1	10.2	5.1	10.4	6 000
中创 97	新乡	7	45	54	99	106	4.5	69.1	10.5	10.4	4.9	10.1	5 066

续附表二

品种	试点	播－苗（d）	苗－花（d）	花－絮（d）	生育期（d）	全生育期（d）	第一果枝节位	株高（cm）	果枝（台/株）	株铃（个）	铃重（g）	籽指（g）	亩株数（株/亩）
中创 97	原阳	6	49	53	102	108	5.9	90.9	15.1	13.0	5.1	10.2	5 245
中创 97	安阳	6	48	59	107	113	5.0	69.1	12.9	12.7	6.0	9.7	4 896
中创 97	平均	6	48	55	102	108	5.3	80.9	12.7	13.6	5.4	10.2	5 123
中棉所 94A2941	邓州	5	51	54	105	110	6.5	106.3	13.6	23.5	5.6	10.8	3 500
中棉所 94A2941	黄泛区	5	48	51	99	104	5.5	66.9	10.1	8.1	4.6	11.1	6 000
中棉所 94A2941	开封	5	44	54	98	103	5.1	74.3	11.1	11.3	5.0	11.1	6 000
中棉所 94A2941	新乡	8	43	55	98	106	4.4	79.0	10.2	10.8	5.0	10.5	4 983
中棉所 94A2941	原阳	6	45	55	100	106	5.8	59.9	11.0	10.2	5.1	10.3	5 239
中棉所 94A2941	安阳	6	49	59	108	114	5.1	76.1	13.1	12.2	6.4	11.3	4 986
中棉所 94A2941	平均	6	47	55	101	107	5.4	79.1	11.8	12.7	5.3	10.9	5 118
中棉所 8301	邓州	6	47	57	104	110	6.0	109.4	13.0	21.2	6.3	10.9	3 479
中棉所 8301	黄泛区	5	48	49	97	102	5.5	72.2	9.7	11.6	5.4	10.3	6 017
中棉所 8301	开封	5	43	55	98	103	4.7	81.1	10.7	9.8	5.8	10.5	6 000
中棉所 8301	新乡	8	43	56	99	107	4.5	85.8	10.1	11.2	5.8	10.8	5 000
中棉所 8301	原阳	6	45	55	100	106	5.5	63.5	11.7	10.9	5.5	10.5	5 242
中棉所 8301	安阳	6	55	57	112	118	5.9	79.3	12.3	14.2	6.6	10.8	4 936
中棉所 8301	平均	6	47	55	102	108	5.4	83.8	11.6	13.2	5.9	10.6	5 112

续附表二

品种	试点	播－苗 (d)	苗－花 (d)	花－絮 (d)	生育期 (d)	全生育期 (d)	第一果枝节位	株高 (cm)	果枝 (台/株)	株铃 (个)	铃重 (g)	籽指 (g)	亩株数 (株/亩)
中棉 425	邓州	5	46	49	95	100	7.0	109.5	13.4	19.5	5.8	10.5	3 515
中棉 425	黄泛区	5	47	52	99	104	5.3	79.5	8.7	10.3	5.0	10.6	5 983
中棉 425	开封	5	41	57	98	103	5.2	77.1	10.5	8.9	5.3	10.5	6 000
中棉 425	新乡	6	45	54	99	105	5.1	84.2	10.8	10.0	5.3	10.7	4 983
中棉 425	原阳	6	47	54	101	107	5.4	86.0	14.0	12.8	5.2	10.5	5 267
中棉 425	安阳	6	47	59	106	112	5.4	73.8	12.5	13.6	6.6	11.7	4 902
中棉 425	平均	6	46	54	100	105	5.6	86.1	12.2	12.5	5.5	10.8	5 108
中棉所 50	邓州	5	46	49	95	100	6.0	113.3	13.6	19.6	6.0	10.5	3 500
中棉所 50	黄泛区	5	47	52	99	104	5.3	71.8	9.7	10.8	4.9	10.7	6 116
中棉所 50	开封	5	41	58	99	104	5.2	78.2	11.1	10.9	5.2	10.5	6 000
中棉所 50	新乡	6	45	53	98	104	4.9	75.5	10.4	9.4	5.2	10.4	4 733
中棉所 50	原阳	6	47	53	100	106	5.6	75.3	12.8	10.3	5.3	10.3	5 206
中棉所 50	安阳	6	48	56	104	110	5.1	69.0	12.8	11.5	6.1	10.9	4 986
中棉所 50	平均	6	46	54	99	105	5.4	82.3	12.1	12.1	5.5	10.6	5 090

附表三　2017 年河南省夏棉区域试验品种产量性状表

名称	地点	总籽棉亩产（kg/亩）	± CK%	位次	皮棉亩产（kg/亩）	± CK%	位次	霜前皮棉亩产（kg/亩）	± CK%	位次	衣分（%）	霜前花率（%）
朔沣 26	邓州	225.4	13.9	2	87.5	15.7	3	82.2	13.6	5	38.8	93.9
朔沣 26	黄泛区	249.4	18.3	2	92.3	20.0	2	92.3	20.0	2	37.0	100.0
朔沣 26	开封	267.5	3.2	3	106.5	5.1	5	87.3	8.8	4	39.8	82.0
朔沣 26	新乡	199.3	16.7	2	74.6	13.4	3	69.7	11.1	3	37.4	93.5
朔沣 26	原阳	213.2	14.5	2	79.9	7.4	4	64.6	-1.6	6	37.5	80.9
朔沣 26	安阳	209.6	11.7	5	80.7	11.7	5	77.3	11.2	5	38.5	95.7
朔沣 26	平均	227.4			86.9			78.9			38.2	91.0
徐棉 608	邓州	202.6	2.4	6	85.3	12.9	5	82.4	13.9	4	42.1	96.6
徐棉 608	黄泛区	159.8	-24.2	7	59.6	-22.5	7	59.6	-22.5	7	37.3	100.0
徐棉 608	开封	216.1	-16.6	7	91.6	-9.6	7	78.6	-2.0	7	42.4	85.8
徐棉 608	新乡	173.4	1.6	6	71.5	8.7	6	68.5	9.1	5	41.2	95.8
徐棉 608	原阳	193.0	3.6	5	77.5	4.2	5	67.7	3.2	4	40.2	87.4
徐棉 608	安阳	183.4	-2.2	7	74.7	3.4	6	73.3	5.4	6	40.7	98.1
徐棉 608	平均	188.1			76.7			71.7			40.6	94.0
中创 97	邓州	217.6	10.0	3	91.0	20.3	2	83.4	15.3	3	41.8	91.6
中创 97	黄泛区	224.1	6.3	3	88.5	15.1	3	88.5	15.1	3	39.5	100.0
中创 97	开封	292.9	13.0	2	128.6	26.9	2	104.0	29.6	2	43.9	80.9
中创 97	新乡	180.1	5.5	4	74.0	12.6	4	69.4	10.6	4	41.1	93.8
中创 97	原阳	209.9	12.7	3	88.8	19.3	1	74.9	14.2	1	42.3	84.4
中创 97	安阳	214.2	14.2	4	88.7	22.8	3	86.0	23.7	2	41.4	96.9
中创 97	平均	223.2			93.3			84.4			41.7	91.3
中棉所 94A2941	邓州	207.9	5.1	4	81.5	7.8	6	77.9	7.8	6	39.2	95.6
中棉所 94A2941	黄泛区	184.1	-12.7	5	70.2	-8.8	5	70.2	-8.8	5	38.1	100.0
中棉所 94A2941	开封	263.2	1.6	5	107.4	6.0	4	84.5	5.3	5	40.8	78.7
中棉所 94A2941	新乡	178.3	4.4	5	71.9	9.3	5	67.4	7.3	6	40.3	93.7
中棉所 94A2941	原阳	183.0	-1.7	7	72.9	-2.0	7	60.3	-8.1	7	39.8	82.7
中棉所 94A2941	安阳	216.7	15.5	3	87.1	20.6	4	81.8	17.7	4	40.2	93.9
中棉所 94A2941	平均	205.5			81.8			73.7			39.7	90.8

续附表三

名称	地点	总籽棉亩产（kg/亩）	± CK%	位次	皮棉亩产（kg/亩）	± CK%	位次	霜前皮棉亩产（kg/亩）	± CK%	位次	衣分（%）	霜前花率（%）
中棉所 8301	邓州	237.1	19.8	1	95.1	25.8	1	90.3	24.8	1	40.1	94.9
中棉所 8301	黄泛区	270.1	28.2	1	99.1	28.9	1	99.1	28.9	1	36.7	100.0
中棉所 8301	开封	331.3	27.9	1	131.2	29.5	1	108.6	35.3	1	39.6	82.8
中棉所 8301	新乡	223.6	30.9	1	87.2	32.6	1	76.7	22.3	1	39.0	88.0
中棉所 8301	原阳	215.8	15.9	1	81.4	9.4	2	71.2	8.4	3	37.7	87.4
中棉所 8301	安阳	261.0	39.1	1	102.1	41.3	1	86.6	24.5	1	39.1	84.8
中棉所 8301	平均	256.5			99.3			88.7			38.7	89.7
中棉 425	邓州	205.2	3.7	5	86.8	14.9	4	83.4	15.4	2	42.3	96.1
中棉 425	黄泛区	180.4	-14.4	6	68.8	-10.6	6	68.8	-10.6	6	38.1	100.0
中棉 425	开封	266.1	2.7	4	110.7	9.3	3	88.0	9.7	3	41.6	79.5
中棉 425	新乡	188.7	10.5	3	74.9	13.9	2	70.8	12.8	2	39.7	94.5
中棉 425	原阳	204.6	9.9	4	80.9	8.8	3	72.4	10.3	2	39.5	89.5
中棉 425	安阳	229.2	22.2	2	90.3	25.0	2	85.4	22.8	3	39.4	94.5
中棉 425	平均	212.4			85.4			78.1			40.1	92.4
中棉所 50	邓州	197.9	0.0	7	75.6	0.0	7	72.3	0.0	7	38.2	95.7
中棉所 50	黄泛区	210.8	0.0	4	76.9	0.0	4	76.9	0.0	4	36.5	100.0
中棉所 50	开封	259.2	0.0	6	101.3	0.0	6	80.2	0.0	6	39.1	79.2
中棉所 50	新乡	170.8	0.0	7	65.8	0.0	7	62.8	0.0	7	38.5	95.4
中棉所 50	原阳	186.2	0.0	6	74.4	0.0	6	65.6	0.0	5	39.9	88.3
中棉所 50	安阳	187.6	0.0	6	72.2	0.0	7	69.5	0.0	7	38.5	96.2
中棉所 50	平均	202.1			77.7			71.2			38.5	92.5

附表四　2017 年河南省夏棉区域试验品种纤维品质性状表

品种	地点	长度（mm）	整齐度指数（%）	断裂比强度（cN/tex）	马克隆值	伸长率（%）	反射率（%）	黄度	纺纱均匀指数
朔沣 26	新乡	28.8	84.8	25.8	5.0	6.4	76.1	8.4	125.0
朔沣 26	黄泛区	26.8	81.5	28.4	5.5	6.3	78.2	9.4	110.0
朔沣 26	邓州	28.4	85.9	29.0	5.2	6.3	76.7	10.2	139.0
朔沣 26	开封	28.4	83.8	28.0	5.5	5.6	80.0	8.0	124.0
朔沣 26	安阳	28.3	84.6	28.6	5.1	5.9	77.5	7.8	132.0
朔沣 26	平均	28.1	84.1	28.0	5.3	6.1	77.7	8.8	126.0

续附表四

品种	地点	长度(mm)	整齐度指数(%)	断裂比强度(cN/tex)	马克隆值	伸长率(%)	反射率(%)	黄度	纺纱均匀指数
徐棉608	新乡	27.5	84.1	27.2	4.8	8.3	75.8	8.6	126.0
徐棉608	黄泛区	27.0	82.3	28.7	5.1	5.6	78.9	8.4	119.0
徐棉608	邓州	28.7	85.9	25.8	4.6	7.3	77.9	8.9	135.0
徐棉608	开封	27.4	84.1	28.7	5.2	6.0	80.8	7.5	129.0
徐棉608	安阳	26.6	84.0	28.4	5.2	6.4	76.7	7.7	123.0
徐棉608	平均	27.4	84.1	27.8	5.0	6.7	78.0	8.2	126.4
中创97	新乡	27.9	86.6	28.4	4.8	5.5	74.8	8.6	141.0
中创97	黄泛区	26.5	83.1	32.2	5.2	5.3	79.2	8.6	132.0
中创97	邓州	29.5	86.0	31.2	4.9	6.1	76.0	9.2	150.0
中创97	开封	28.8	85.9	34.0	5.1	5.4	78.4	8.8	155.0
中创97	安阳	27.7	84.7	29.2	5.2	5.5	75.2	8.3	131.0
中创97	平均	28.1	85.3	31.0	5.0	5.6	76.7	8.7	141.8
中棉所94A2941	新乡	29.0	85.3	25.8	4.4	7.5	75.4	9.0	133.0
中棉所94A2941	黄泛区	28.7	81.9	32.1	4.6	6.1	78.0	8.6	135.0
中棉所94A2941	邓州	28.3	84.8	27.8	5.1	7.4	76.5	9.2	130.0
中棉所94A2941	开封	29.2	86.1	33.7	5.3	6.3	79.6	8.6	155.0
中棉所94A2941	安阳	28.7	86.3	31.2	5.0	6.7	77.5	8.2	149.0
中棉所94A2941	平均	28.8	84.9	30.1	4.9	6.8	77.4	8.7	140.4
中棉所8301	新乡	30.6	88.6	30.3	4.4	6.5	77.4	8.4	166.0
中棉所8301	黄泛区	29.8	84.3	34.4	5.0	4.8	79.6	7.8	152.0
中棉所8301	邓州	29.8	87.3	29.9	5.0	5.8	78.3	8.7	153.0
中棉所8301	开封	30.6	87.7	32.8	4.7	4.9	79.7	7.9	168.0
中棉所8301	安阳	29.2	86.2	32.6	4.7	5.9	78.8	8.0	158.0
中棉所8301	平均	30.0	86.8	32.0	4.8	5.6	78.8	8.2	159.4
中棉425	新乡	28.5	84.1	27.0	4.8	6.9	75.8	8.4	127.0
中棉425	黄泛区	27.6	82.1	30.6	5.2	6.0	79.1	9.1	124.0
中棉425	邓州	29.2	86.6	29.6	5.1	6.7	77.1	8.6	146.0
中棉425	开封	29.2	85.4	32.7	5.3	6.0	79.0	7.9	148.0
中棉425	安阳	30.2	85.2	31.1	5.1	6.8	78.0	8.6	145.0
中棉425	平均	28.9	84.7	30.2	5.1	6.5	77.8	8.5	138.0

续附表四

品种	地点	长度（mm）	整齐度指数（%）	断裂比强度（cN/tex）	马克隆值	伸长率（%）	反射率（%）	黄度	纺纱均匀指数
中棉所50	新乡	29.0	85.5	25.1	4.7	6.4	74.7	8.8	129.0
中棉所50	黄泛区	28.0	83.3	30.8	5.4	6.3	78.0	9.1	129.0
中棉所50	邓州	31.1	87.5	30.8	4.5	6.0	80.9	7.5	165.0
中棉所50	开封	30.1	88.3	32.2	5.1	6.2	78.6	7.7	163.0
中棉所50	安阳	28.7	84.5	30.3	5.2	6.2	75.9	7.9	135.0
中棉所50	平均	29.4	85.8	29.8	5.0	6.2	77.6	8.2	144.2

17　2017 年河南省春棉生产试验品种汇总总结

一、试验目的

通过试验,进一步鉴定河南省春棉新品种的丰产性、稳定性、适应性、纤维品质和综合表现,客观评价参试品种特性与生产利用价值,为优良棉花新品种在河南省的审定和推广提供科学依据。

二、参试品种及承试单位

参试品种 7 个,对照品种为鲁棉研 28,承担试验的单位共 6 个,参试品种名称、试验年限、供种单位、承试单位见表 1。

表 1　2017 年生产试验参试品种和承试点

<table>
<tr><th>编码</th><th>品种</th><th>年限</th><th>类型</th><th>品种来源</th><th>供种单位</th><th>承试点</th></tr>
<tr><td>1</td><td>郑 ZZM6</td><td>3</td><td>杂交</td><td>郑 HN323/郑 HN286</td><td>郑州市农林科学研究所</td><td rowspan="7">中国农业科学院棉花研究所、杞县棉花原种厂、河南省农业科学院经济作物研究所、河南黄泛区地神种业有限公司、南阳市农业科学院、新乡市农业科学院</td></tr>
<tr><td>2</td><td>中 MB9029</td><td>3</td><td>杂交</td><td>鲁 7619×75195</td><td>中国农业科学院棉花研究所</td></tr>
<tr><td>3</td><td>中 1007</td><td>3</td><td>常规</td><td>冀 1286×XU2006</td><td>中国农业科学院棉花研究所</td></tr>
<tr><td>4</td><td>鲁棉 424</td><td>3</td><td>常规</td><td>鲁 1367 系×鲁棉研 18 号 F9</td><td>山东棉花中心,新疆锦棉种业科技公司</td></tr>
<tr><td>5</td><td>鲁棉 696</td><td>3</td><td>常规</td><td>鲁棉研 21 号×(新 911×R2934)F2</td><td>山东棉花研究中心</td></tr>
<tr><td>6</td><td>豫棉 514</td><td>3</td><td>常规</td><td>豫 668×银山 8 号</td><td>河南省农业科学院经济作物研究所</td></tr>
<tr><td>7</td><td>豫棉 516</td><td>3</td><td>常规</td><td>豫棉 21×银山 8 号</td><td>河南省农业科学院经济作物研究所</td></tr>
</table>

三、试验概况

(一)试验设计

按国家区域试验方案的要求,结合我省区域试验实际,统一制订试验方案,严格田间设计、记载、管理、统计标准,确保试验的客观公正性;试验重复两次,随机排列,小区面积 150 m^2,每小区 6～10 行;重复间设走道,四周设置 3 行保护行;种植密度 1 800～3 500 株/亩(按当地种植方式酌情合理稀植)。

(二)田间管理

根据试验方案要求,各承担试验单位由专职技术人员负责此项工作,从田间设计、观察、管理、数据的记载都严格按方案的要求进行；各点均选择前茬作物一致，地面平整，肥力均匀，灌溉排水便利的地块作为试验田，直播田或育苗移栽田出现缺苗及时查苗补缺，按密度要求补全苗保证一播全苗；田间管理水平应略高于大田生产水平，同一区组内肥水管理、病虫害防治、化调、打顶、收花等同一项管理措施均在同一天完成。

（三）气象因素对棉花生产的影响

2017 年气候总体情况：前期有利于棉花产量形成，后期吐絮期不利于吐絮采摘。苗期光照充足，气温高有利于棉苗生长；中期整体利于棉花生长发育，吐絮前期天气晴好，利于吐絮，后期多阴雨，不利于晚熟品种的产量形成。

1. 苗期

苗期总的气候特点是：以晴天多云为主，光照充足，温度正常，降水适中，有利于棉花出苗及苗期生长。

2. 蕾铃期

光照充足，温度偏高，高温持续时间较长，降水量少。6 月中旬至 8 月中旬以晴天多云为主，光照充足，温度较高，降水少于常年，有利于棉花成铃。

3. 吐絮期

光照偏少，降水多，多阴雨天，温度较高，持续时间较长，对棉花收摘晾晒是弊多利少。8 月下旬至 9 月上旬多阴雨天，影响棉花的正常吐絮与收摘；9 月中下旬以晴天多云为主，光照充足，温度较高，有利于棉花吐絮与收摘；10 月上中旬多阴雨天，影响棉花的正常吐絮与收摘，10 月下旬至 11 月上旬以晴天多云为主，有利于棉花吐絮与收摘。

四、试验结果

（一）汇总情况

试验点共 6 个，6 个点经田间考察质量良好，数据调查、记载能严格按方案执行，年终报告经审核符合试验要求，参与汇总。抗病鉴定单位：中国农科院棉花所植保室；抗虫鉴定单位：中国农业科学院生物技术研究所；纤维品质分析单位：农业部棉花品质监督检验测试中心（安阳）。

（二）农艺性状

参试品种的农艺性状主要包括生育期、株高、第一果枝节位、单株铃数、果枝数、铃重、衣分、籽指等（见表 2），来源于 6 试点统计结果的平均数。结果表明参试品种的生育期在 111 ~ 113 d 之间，株高在 98.1 ~ 106.5 cm 之间，单株果枝数在 13.5 ~ 14.4 台之间，铃重在 5.3 ~ 6.4 g 之间。

表 2　2017 年河南省春棉生产试验品种农艺性状

品种	生育期(d)	全生育期(d)	第一果枝节位	株高(cm)	果枝(台/株)	株铃(个)	铃重(g)	籽指(g)
郑 ZZM6	112	122	6.7	104.3	13.5	21.7	6.3	11.8
中 MB90929	112	122	6.5	100.2	13.6	20.7	6.4	11.3
中 1007	112	121	6.3	101.0	13.7	21.2	5.8	11.0
鲁棉 424	112	121	6.2	106.5	14.4	22.3	5.8	10.8

续表 2

品种	生育期(d)	全生育期(d)	第一果枝节位	株高(cm)	果枝(台/株)	株铃(个)	铃重(g)	籽指(g)
鲁棉 696	113	123	6.7	100.7	13.6	21.8	5.3	10.9
豫棉 514	111	121	6.1	100.1	14.0	21.6	5.8	11.3
豫棉 516	112	121	6.6	98.1	13.6	20.8	5.7	11.0
鲁棉研 28	113	123	6.2	99.7	13.9	22.1	6.0	11.4

(三)产量性状

2017 年生产试验产量结果:籽棉亩产 257.6 ~ 279.4 kg,较对照鲁棉研 28 增产 5.3% ~ 14.2%;皮棉亩产 101.2 ~ 110.0 kg,较对照鲁棉研 28 增产 4.5% ~ 13.7%;霜前皮棉亩产 96.1 ~ 103.7 kg,较对照鲁棉研 28 增产 6.5% ~ 14.9%;衣分 39.2% ~ 40.5%(见表 3)。

表 3　河南省春棉生产试验品种产量性状

品种	籽棉		位次	皮棉		位次	霜前皮棉		位次	霜前花率(%)	衣分(%)
	kg/亩	± CK%		kg/亩	± CK%		kg/亩	± CK%			
郑 ZZM6	279.4	14.2	1	110.0	13.7	1	103.7	14.9	1	94.2	39.5
中 MB9029	263.7	7.7	5	103.5	6.9	6	99.8	10.5	4	96.4	39.3
中 1007	268.6	9.7	3	105.0	8.5	4	100.6	11.5	2	95.6	39.2
鲁棉 424	265.0	8.3	4	107.0	10.5	2	100.0	10.8	3	93.3	40.5
鲁棉 696	257.6	5.3	7	101.2	4.5	7	96.1	6.5	7	94.9	39.4
豫棉 514	269.8	10.2	2	105.9	9.4	3	98.6	9.2	6	92.8	39.4
豫棉 516	258.1	5.5	6	104.1	7.5	5	99.0	9.6	5	94.8	40.4
鲁棉研 28	244.8	0.0	8	96.8	0.0	8	90.3	0.0	8	93.0	39.7

五、试验品种评述

(一)郑 ZZM6

特征特性:出苗好,全生育期长势强健,整齐度较好;株型较松散,塔形,茸毛稀,较长,Ⅱ式果枝;叶片中等大小,叶色绿,叶片皱折一般,缺刻一般,叶功能好;花冠柱头与花药相平,花粉量多;结铃性较强,铃卵圆形,中等大小,铃嘴钝尖,吐絮畅且集中;高抗枯萎病(枯萎病指 3.1),耐黄萎病(黄萎病指 32.2);抗虫株率 100%。

2015 年试验结果:7 点汇总,皮棉产量 7 点均增产,增产点率 100%;平均亩产籽棉、皮棉和霜前皮棉分别为 315.4 kg、126.2 kg 和 118.8 kg,分别比对照鲁棉研 28 增产 16.7%、15.8% 和 19.6%,均居杂交春棉 6 个参试品种第 2 位。HVICC 纤维上半部长度 29.8 mm,整齐度指数 85.9%,马克隆值 5.5,断裂比强度 30.2 cN/tex,纺纱均匀指数 141.4。

2016 年试验结果:9 点汇总,皮棉产量 9 个试点均增产,增产点率 100%;平均亩产籽棉、皮棉和霜前皮棉分别为 314. 3 kg、124. 2 kg 和 120. 2 kg,分别比对照鲁棉研 28 增产 16. 4%、18. 6%和 19. 3%,分居杂交春棉 8 个参试品种第 1、2、1 位。HVICC 纤维上半部长度 28. 8 mm,整齐度指数 83. 9%,马克隆值 5. 3,断裂比强度 29. 5 cN/tex,纺纱均匀指数 128. 6。

2015 ~ 2016 年该品种平均生育期 118 d,株高 114. 5 cm,第一果枝节位 6. 9 节,果枝数 14. 1 台/株,单株结铃 24. 6 个,单铃重 6. 9 g,籽指 11. 3 g,衣分 40. 7%,霜前花率 94. 3%。HVICC 纤维上半部长度 29. 3 mm,断裂比强度 29. 9 cN/tex,马克隆值 5. 4,伸长率 6. 3%,反射率 76. 5%,黄度 7. 4,整齐度指数 84. 9%,纺纱均匀指数 135. 0。平均亩产籽棉、皮棉和霜前皮棉分别为 314. 9 kg、125. 2 kg 和 119. 5 kg,分别比对照鲁棉研 28 增产 16. 6%、17. 2%和 19. 5%。

2017 年生产试验结果:6 点汇总,皮棉总产 6 点均增产,增产点率 100%;平均亩产籽棉、皮棉和霜前皮棉分别为 279. 4 kg、110. 0 kg 和 103. 7 kg,分别比对照鲁棉研 28 增产 14. 2%、13. 7%和 14. 9%,均居春棉 8 个参试品种第 1 位。

完成试验程序。

(二)中 MB9029

特征特性:出苗好,全生育期长势强健,整齐度较好;株型较松散,塔形,茎秆粗壮,茸毛较多,较短,Ⅱ式果枝;叶片中等大小,叶色绿,叶片皱折一般,缺刻较深,叶功能一般;花冠柱头与花药相平,花粉量一般;结铃性较强,铃卵圆形,偏大,铃嘴钝尖,吐絮畅;抗枯萎病(枯萎病指 7. 7),耐黄萎病(黄萎病指 0. 9);抗虫株率 100%。

2015 年试验结果:7 点汇总,皮棉产量 7 点均增产,增产点达 100%;平均亩产籽棉、皮棉和霜前皮棉分别为 310. 3 kg、123. 8 kg 和 117. 8 kg,分别比对照鲁棉研 28 增产 15%、14. 2%、19. 2%,分居杂交春棉 6 个品种第 4、5、3 位。HVICC 纤维上半部长度 31. 4 mm,整齐度指数 85. 7%,马克隆值 4. 8,断裂比强度 30. 3 cN/tex,纺纱均匀指数 150. 9。

2016 年试验结果:9 点汇总,皮棉产量 8 点增产,1 点减产,增产点率 88. 9%;平均亩产籽棉、皮棉和霜前皮棉分别为 294. 0 kg、117. 5 kg 和 113. 5 kg,分别比对照鲁棉研 28 增产 8. 9%、12. 3%和 12. 6%,分居杂交春棉 8 个参试品种第 7、5、5 位。HVICC 纤维上半部长度 29. 6 mm,整齐度指数 83. 8%,马克隆值 4. 7,断裂比强度 30. 4 cN/tex,纺纱均匀指数 139. 0。

2015 ~ 2016 年该品种平均生育期 119 d,株高 115. 0 cm,第一果枝节位 6. 7 节,果枝数 13. 6 台/株,单株结铃 25. 1 个,单铃重 6. 9 g,籽指 11. 8 g,衣分 40. 6%,霜前花率 94. 52%。HVICC 纤维上半部长度 30. 5 mm,断裂比强度 30. 4 cN/tex,马克隆值 4. 8,伸长率 5. 9%,反射率 76. 8%,黄度 7. 6,整齐度指数 84. 8%,纺纱均匀指数 145. 0。平均亩产籽棉、皮棉和霜前皮棉分别为 302. 2 kg、120. 7 kg 和 115. 7 kg,分别比对照鲁棉研 28 增产 12. 0%、13. 3%和 15. 9%。

2017 年生产试验结果:6 点汇总,皮棉总产 6 点均增产,增产点率 100%;平均亩产籽棉、皮棉和霜前皮棉分别为 263. 7 kg、103. 5 kg 和 99. 8 kg,分别比对照鲁棉研 28 增产 7. 7%、6. 9%和 10. 5%,分居春棉 8 个参试品种第 5、6、4 位。

完成试验程序。

(三)中 1007

特征特性:出苗好,全生育期长势较强,整齐度好;株型松散,筒形,茎秆粗壮,茸毛较少，较短，Ⅱ式果枝；叶片中等大小，叶色绿，叶片皱折一般，缺刻一般，叶功能好；花冠柱头与花药相平，花粉量一般；结铃性好，铃卵圆形，中等大小，铃嘴钝尖，吐絮畅；抗枯萎病（枯萎病指 9.4），耐黄萎病（黄萎病指 30.4）；抗虫株率 100%。

2015 年区域试验结果：8 点汇总，皮棉总产 7 点增产，1 点减产，增产点率 87.5%；平均亩产籽棉、皮棉和霜前皮棉分别为 296.6 kg、121.9 kg 和 113.4 kg，比对照鲁棉研 28 增产 10.5%、9.5% 和 12.6%，分居常规春棉 13 个参试品种第 5、6、4 位。HVICC 纤维上半部长度 29.4 mm，断裂比强度 31.7 cN/tex，马克隆值 5.4，伸长率 6.8%，反射率 76.6%，黄度 7.4，整齐度指数 85.8%，纺纱均匀指数 144.8。

2016 年区域试验结果：8 点汇总，皮棉总产 6 点增产，2 点减产，增产点率 75%；平均亩产籽棉、皮棉和霜前皮棉分别为 291.6 kg、116.2 kg 和 107.4 kg，分别比对照鲁棉研 28 增产 5.0%、4.8% 和 5.8%，分居常规春棉 14 个参试品种第 5、9、8 位。HVICC 纤维上半部长度 29.7 mm，断裂比强度 31.1 cN/tex，马克隆值 5.3，伸长率 5.1%，反射率 78.2%，黄度 7.7，整齐度指数 84.1%，纺纱均匀指数 139.8。

2015 ~2016 年该品种平均生育期 116 d，株高 109.5 cm，第一果枝节位 6.1 节，果枝数 14.0 台/株，单株结铃 21.8 个，单铃重 6.1 g，籽指 10.8 g，衣分 40.4%，霜前花率 92.5%。HVICC 纤维上半部长度 29.6 mm，断裂比强度 31.7 cN/tex，马克隆值 5.4，伸长率 6.0%，反射率 77.4%，黄度 7.6，整齐度指数 85.0%，纺纱均匀指数 142.3。平均亩产籽棉、皮棉和霜前皮棉分别为 294.1 kg、119.1 kg 和 110.4 kg，分别比对照鲁棉研 28 增产 7.8%、7.2% 和 9.3%。

2017 年生产试验结果：6 点汇总，皮棉总产 6 点均增产，增产点率 100%；平均亩产籽棉、皮棉和霜前皮棉分别为 268.6 kg、105.0 kg 和 100.6 kg，分别比对照鲁棉研 28 增产 9.7%、8.5% 和 11.5%，分居春棉 8 个参试品种第 3、4、2 位。

完成试验程序。

（四）鲁棉 424

特征特性：出苗较好，苗期长势较好，中后期长势偏弱，整齐度好；株型松散，塔形，茸毛较少，较短，Ⅱ式果枝；叶片中等大小，叶色绿，叶片皱折一般，缺刻一般，叶功能好；花冠柱头与花药相平，花粉量多；结铃性好，铃卵圆形，中等大小，铃嘴钝尖，吐絮畅；抗枯萎病（枯萎病指 8.3），耐黄萎病（黄萎病指 32.6）；抗虫株率 100%。

2015 年区域试验结果：8 点汇总，皮棉总产 7 点增产，1 点减产，增产点率 87.5%；平均亩产籽棉、皮棉和霜前皮棉分别为 293.7 kg、122.3 kg 和 112.4 kg，比对照鲁棉研 28 增产 9.4%、9.9% 和 11.6%，分居常规春棉 13 个参试品种第 7、5、6 位。HVICC 纤维上半部长度 29.5 mm，断裂比强度 31.1 cN/tex，马克隆值 5.4，伸长率 8.1%，反射率 79.0%，黄度 6.9，整齐度指数 86.1%，纺纱均匀指数 146.7。

2016 年试验结果：8 点汇总，皮棉总产 8 点增产，增产点率 100%；平均亩产籽棉、皮棉和霜前皮棉分别为 297.4 kg、121.9 kg 和 113.2 kg，分别比对照鲁棉研 28 增产 7.1%、10.0% 和 11.5%，分居常规春棉 14 个参试品种第 3、2、3 位。HVICC 纤维上半部长度 29.5 mm，断裂比强度 31.3 cN/tex，马克隆值 5.3，伸长率 6.4%，反射率 79.7%，黄度 7.1，整齐度指数 84.4%，纺纱均匀指数 140.3。

2015～2016年该品种平均生育期116 d,株高113.4 cm,第一果枝节位6.2节,果枝数13.8台/株,单株结铃22.0个,单铃重5.8 g,籽指10.4 g,衣分41.3%,霜前花率92.2%。HVICC纤维上半部长度29.5 mm,断裂比强度31.2 cN/tex,马克隆值5.4,伸长率7.3%,反射率79.4%,黄度7.0,整齐度指数85.3%,纺纱均匀指数143.5。平均亩产籽棉、皮棉和霜前皮棉分别为295.6 kg、122.1 kg和112.8 kg,分别比对照鲁棉研28增产8.3%、10.0%和11.8%。

2017年生产试验结果:6点汇总,皮棉总产5点增产,1点减产,增产点率83.3%;平均亩产籽棉、皮棉和霜前皮棉分别为257.6 kg、101.2 kg和96.1 kg,分别比对照鲁棉研28增产5.3%、4.5%和6.5%,均居春棉8个参试品种第7位。

完成试验程序。

(五)豫棉514

特征特性:该品种出苗好,中后期长势强,整齐度较好;株型塔形,稍松散,茸毛较少,较短,Ⅱ式果枝;叶片中等大小,叶色浅绿,叶片皱折一般,缺刻浅,叶功能好;花冠柱头与花药相平,花粉量多;结铃性强,铃卵圆形、中等大小,吐絮畅且集中;高抗枯萎病(枯萎病指1.8),耐黄萎病(黄萎病指26.1);抗虫株率100%。

2015年试验结果:8点汇总,皮棉总产5点增产,3点减产,增产点率62.5%;平均亩产籽棉、皮棉和霜前皮棉分别为279.1 kg、114.9 kg和102.2 kg,分别比对照鲁棉研28增产4.0%、3.2%和1.4%,分居常规春棉13个参试品种第10、11、11位。HVICC纤维上半部长度29.7 mm,断裂比强度30.7 cN/tex,马克隆值5.2,伸长率7.4%,反射率78.3%,黄度7.2,整齐度指数86.8%,纺纱均匀指数151.0。

2016年试验结果:8点汇总,皮棉总产6点增产,2点减产,增产点率75%;平均亩产籽棉、皮棉和霜前皮棉分别为284.3 kg、115.5 kg和106.0 kg,分别比对照鲁棉研28增产2.4%、4.2%和4.4%,分居常规春棉14个参试品种第9、10、10位。HVICC纤维上半部长度29.6 mm,断裂比强度28.9 cN/tex,马克隆值5.1,伸长率5.8%,反射率79.2%,黄度7.4,整齐度指数84.4%,纺纱均匀指数135.0。

2015～2016年该品种平均生育期118 d,株高104.4 cm,第一果枝节位6.3节,果枝数14.0台/株,单株结铃21.1个,单铃重6.2 g,籽指11.0 g,衣分40.7%,霜前花率90.0%。HVICC纤维上半部长度29.7 mm,断裂比强度29.8 cN/tex,马克隆值5.2,伸长率6.6%,反射率78.8%,黄度7.3,整齐度指数85.6%,纺纱均匀指数143.0。平均亩产籽棉、皮棉和霜前皮棉分别为281.7 kg、115.2 kg和104.1 kg,分别比对照鲁棉研28增产3.2%、3.7%和2.7%。

2017年生产试验结果:6点汇总,皮棉总产6点均增产,增产点率100%;平均亩产籽棉、皮棉和霜前皮棉分别为269.8 kg、105.9 kg和98.6 kg,分别比对照鲁棉研28增产10.2%、9.4%和9.2%,分居春棉8个参试品种第2、3、6位。

完成试验程序。

（六）豫棉 516

特征特性：该品种出苗好，整个生育期长势较好，整齐度好；株型塔形，松散，茸毛较多，较短，Ⅱ式果枝；叶片中等大小，叶色绿，叶片皱折一般，缺刻较深，叶功能好；花冠柱头与花药相平，花粉量多；结铃性较好，铃卵圆形，中等大小，吐絮畅且集中；高抗枯萎病（枯萎病指 2.3），耐黄萎病（黄萎病指 33.6）；抗虫株率 100%。

2015 年试验结果：8 点汇总，皮棉总产 6 点增产，2 点减产，增产点率 75%；平均亩产籽棉、皮棉和霜前皮棉分别为 275.2 kg、121.5 kg 和 114.8 kg，分别比对照鲁棉研 28 增产 2.5%、9.1% 和 13.9%，分居常规春棉 13 个参试品种第 12、7、3 位。HVICC 纤维上半部长度 29.8 mm，断裂比强度 30.2 cN/tex，马克隆值 5.5，伸长率 6.4%，反射率 79.3%，黄度 6.6，整齐度指数 85.7%，纺纱均匀指数 142.3。

2016 年试验结果：8 点汇总，皮棉总产 8 点均增产，增产点率 100%；平均亩产籽棉、皮棉和霜前皮棉分别为 284.2 kg、120.4 kg 和 112.8 kg，分别比对照鲁棉研 28 增产 2.3%、8.6% 和 11.2%，分居常规春棉 14 个参试品种第 10、4、4 位。HVICC 纤维上半部长度 29.2 mm，断裂比强度 28.4 cN/tex，马克隆值 5.2，伸长率 5.1%，反射率 80.0%，黄度 7.0，整齐度指数 83.4%，纺纱均匀指数 127.5。

2015～2016 年该品种平均生育期 117 d，株高 102.6 cm，第一果枝节位 6.2 节，果枝数 14.7 台/株，单株结铃 21.9 个，单铃重 5.9 g，籽指 10.1 g，衣分 43.2%，霜前花率 93.8%。HVICC 纤维上半部长度 29.5 mm，断裂比强度 29.3 cN/tex，马克隆值 5.4，伸长率 5.8%，反射率 79.7%，黄度 6.8，整齐度指数 84.6%，纺纱均匀指数 134.9。平均亩产籽棉、皮棉和霜前皮棉分别为 279.7 kg、121.0 kg 和 113.8 kg，分别比对照鲁棉研 28 增产 2.4%、8.9% 和 12.5%。

2017 年生产试验结果：6 点汇总，皮棉总产 6 点均增产，增产点率 100%；平均亩产籽棉、皮棉和霜前皮棉分别为 258.1 kg、104.1 kg 和 99.0 kg，分别比对照鲁棉研 28 增产 5.5%、7.5% 和 9.6%，分居春棉 8 个参试品种第 6、5、5 位。

完成试验程序。

附表一　2017 年河南省春棉生产试验各试点田间管理基本情况

试点	播种方式	密度（株/亩）	前作	播期（月/日）	灌/排水（次）	中耕除草（次）	化调（次）	病虫防治（次）	收花（次）	基肥（kg/亩）	追肥（kg/亩）
黄泛区	开沟直播	2 775	棉花	4/22	2/1	4	2	6	2	复合肥 50	尿素 19
南阳	直播	2 500	棉花	4/28	1/0	4	0	7	4	复合肥 50	尿素 20、氯化钾 15
杞县	麦棉套种	2 200	小麦	4/23	2/0	2	3	7	2	复合肥 50	复合肥 40
辉县	直播	2 220	棉花	4/20	1/0	3	2	10	3	有机肥 42	尿素 40
原阳	条播	2 750	棉花	4/26	1/0	5	3	6	2	复合肥 50	尿素 20
安阳	直播	3 500	休闲	4/21	1/0	3	6	7	3	复合肥 80、有机肥 200	复合肥 50

附表二　2017 年河南省春棉生产试验品种农艺性状表

品种	试点	播－苗(d)	苗－花(d)	花－絮(d)	生育期(d)	全生育期(d)	第一果枝节位	株高(cm)	果枝(台/株)	株铃(个)	铃重(g)	籽指(g)	亩株数(株/亩)
郑 ZZM6	安阳	11	59	57	116	127	7.5	110.7	15.2	20.0	7.4	11.7	2 983
	黄泛区	9	65	54	119	128	7.1	117.3	13.4	24.9	5.7	12.3	2 845
	杞县	7	60	58	118	125	6.6	120.0	13.3	29.5	6.0	11.2	2 190
	原阳	11	62	52	114	125	5.2	91.6	12.8	14.9	6.3	12.1	2 629
	南阳	8	60	42	102	110	7.5	90.4	11.9	15.9	6.7	11.9	2 930
	辉县	11	60	45	105	116	6.7	109.0	14.4	24.7	5.8	11.5	2 815
	平均	10	61	51	112	122	6.7	104.3	13.5	21.7	6.3	11.8	2 732
中 MB9029	安阳	11	56	55	111	122	6.4	108.3	15.2	18.9	6.8	10.8	3 116
	黄泛区	9	65	54	119	128	7.3	114.0	13.2	21.2	6.4	11.8	2 885
	杞县	7	60	57	117	124	7.1	117.0	13.5	28.7	5.8	11.0	2 198
	原阳	13	61	54	115	128	5.7	88.0	13.2	15.2	5.9	11.5	2 596
	南阳	8	58	49	107	115	6.5	84.7	12.7	16.3	6.5	11.4	3 045
	辉县	9	61	44	105	114	6.7	103.0	13.7	24.0	6.8	11.4	2 826
	平均	10	60	52	112	122	6.5	100.2	13.6	20.7	6.4	11.3	2 778
中 1007	安阳	12	54	55	109	121	6.2	110.2	15.1	19.3	6.4	10.3	3 220
	黄泛区	9	66	54	120	129	6.5	117.1	13.5	25.6	5.9	11.9	2 845
	杞县	7	59	61	120	127	6.9	120.0	13.7	29.2	5.0	10.5	2 211
	原阳	11	62	54	116	127	5.8	86.5	12.0	14.9	5.6	10.9	2 480
	南阳	8	59	43	102	110	6.0	82.9	12.7	13.3	6.3	10.9	3 005
	辉县	10	59	45	104	114	6.5	105.5	15.1	25.0	5.8	11.4	2 810
	平均	10	60	52	112	121	6.3	101.0	13.7	21.2	5.8	11.0	2 762

续附表二

品种	试点	播 - 苗（d）	苗 - 花（d）	花 - 絮（d）	生育期（d）	全生育期（d）	第一果枝节位	株高（cm）	果枝（台/株）	株铃（个）	铃重（g）	籽指（g）	亩株数（株/亩）
鲁棉 424	安阳	11	59	54	113	124	7.0	112.1	15.2	20.5	6.5	10.2	3 182
	黄泛区	9	66	53	119	128	7.3	115.8	12.8	27.1	5.7	11.6	2 804
	杞县	7	61	56	117	124	5.8	129.0	14.0	30.1	5.3	10.3	2 246
	原阳	11	59	55	114	125	5.7	93.6	13.3	15.6	5.7	11.6	2 513
	南阳	8	58	43	101	109	5.9	89.0	12.8	16.8	5.6	10.4	3 110
	辉县	10	61	47	108	118	6.7	109.0	16.7	23.5	5.7	10.9	2 815
	平均	9	61	51	112	121	6.2	106.5	14.4	22.3	5.8	10.8	2 778
鲁棉 696	安阳	12	58	58	116	128	7.2	108.4	15.2	20.4	5.9	10.5	3 163
	黄泛区	9	64	54	118	127	7.4	114.4	13.4	26.7	4.9	11.5	2 885
	杞县	7	59	64	123	130	7.2	113.0	12.1	23.7	4.8	9.4	2 145
	原阳	12	60	53	113	125	5.7	94.5	13.0	15.1	5.7	11.5	2 530
	南阳	8	58	44	102	110	6.8	89.4	13.5	18.8	5.6	10.9	3 025
	辉县	10	60	47	107	117	6.6	98.0	14.2	25.9	5.0	11.3	2 810
	平均	10	60	53	113	123	6.7	100.7	13.6	21.8	5.3	10.9	2 760
豫棉 514	安阳	12	57	53	110	122	6.9	110.4	16.7	22.3	6.7	11.0	3 087
	黄泛区	9	66	54	120	129	7.5	107.7	12.8	24.4	5.7	11.7	2 872
	杞县	7	60	56	116	123	6.3	116.0	12.0	24.4	5.6	10.6	2 220
	原阳	12	59	53	112	124	5.1	87.4	13.4	16.0	5.8	11.1	2 447
	南阳	8	59	45	104	112	6.2	82.5	12.9	20.5	5.2	11.5	3 000
	辉县	10	60	46	106	116	6.0	104.0	14.8	22.2	5.6	11.6	2 815
	平均	10	60	51	111	121	6.1	100.1	14.0	21.6	5.8	11.3	2 740

续附表二

品种	试点	播－苗 (d)	苗－花 (d)	花－絮 (d)	生育期 (d)	全生育期 (d)	第一果枝节位	株高 (cm)	果枝 (台/株)	株铃 (个)	铃重 (g)	籽指 (g)	亩株数 (株/亩)
豫棉516	安阳	11	58	54	112	123	6.8	101.8	14.7	20.4	6.0	10.4	3 030
	黄泛区	9	65	54	119	128	7.2	115.6	13.3	23.6	5.7	11.5	2 858
	杞县	7	59	59	118	125	6.8	110.0	13.2	24.6	5.2	10.5	2 174
	原阳	12	59	56	115	127	5.7	102.5	13.0	14.4	5.8	11.2	2 546
	南阳	8	57	44	101	109	6.6	80.0	13.7	18.7	5.8	10.6	2 985
	辉县	9	61	45	106	115	6.9	96.0	13.3	23.1	5.6	11.8	2 820
	平均	9	60	52	112	121	6.6	98.1	13.6	20.8	5.7	11.0	2 736
鲁研棉28	安阳	11	58	53	111	122	6.6	99.7	15.1	19.7	6.9	10.9	3 087
	黄泛区	9	66	54	120	129	7.2	105.0	13.4	28.3	6.0	12.2	2 778
	杞县	7	61	57	118	125	6.5	110.0	14.1	26.8	5.8	10.8	2 230
	原阳	12	62	57	119	131	5.7	88.3	12.9	15.5	5.7	11.5	2 530
	南阳	8	59	45	104	112	6.3	85.5	12.9	17.3	6.2	11.9	3 040
	辉县	10	60	47	107	117	6.1	115.0	14.5	25.2	5.5	11.0	2 799
	平均	10	61	52	113	123	6.2	99.7	13.9	22.1	6.0	11.4	2 744

附表三　2017 年河南省春棉生产试验品种产量表

名称	地点	籽棉亩产（kg/亩）	±CK%	位次	皮棉亩产（kg/亩）	±CK%	位次	霜前皮棉亩产（kg/亩）	±CK%	位次	衣分（%）	霜前花率（%）
郑 ZZM6	安阳	311.7	4.8	3	120.6	4.3	5	120.6	4.3	5	38.7	100.0
	黄泛区	279.7	12.5	4	100.7	9.2	4	92.2	9.5	5	36.0	91.6
	杞县	219.3	8.9	4	92.8	7.3	3	86.8	6.5	3	42.3	93.6
	原阳	280.3	23.9	2	108.2	25.7	2	98.7	29.9	2	38.6	91.2
	南阳	286.9	15.8	1	115.5	19.8	1	111.0	21.5	1	40.3	96.1
	辉县	298.6	20.8	1	122.4	17.7	1	113.2	21.6	1	41.0	92.4
	平均	279.4			110.0			103.7			39.5	94.2
中 MB9029	安阳	298.0	0.2	6	117.4	1.5	6	117.4	1.5	6	39.4	100.0
	黄泛区	270.0	8.7	6	98.8	7.2	6	94.5	12.2	1	36.6	95.6
	杞县	222.8	10.6	2	89.3	3.4	6	85.3	4.8	6	40.1	95.5
	原阳	289.6	28.0	1	111.8	29.9	1	103.7	36.4	1	38.6	92.7
	南阳	242.3	-2.2	8	97.1	0.8	6	96.1	5.2	6	40.1	98.9
	辉县	259.3	5.0	6	106.6	2.4	7	101.8	9.4	6	41.1	95.5
	平均	263.7			103.5			99.8			39.3	96.4
中 1007	安阳	332.5	11.8	1	131.0	13.2	1	131.0	13.2	1	39.4	100.0
	黄泛区	279.2	12.3	5	98.8	7.2	7	92.0	9.3	7	35.4	93.1
	杞县	222.6	10.5	3	97.3	12.6	2	93.0	14.2	1	43.7	95.6
	原阳	253.0	11.8	4	95.5	11.0	4	87.7	15.5	3	37.8	91.8
	南阳	246.3	-0.6	7	97.1	0.7	7	94.9	3.9	7	39.4	97.8
	辉县	277.9	12.5	3	110.5	6.2	5	105.1	13.0	3	39.8	95.1
	平均	268.6			105.0			100.6			39.2	95.6
鲁棉 424	安阳	310.8	4.5	4	127.4	10.1	2	127.4	10.1	2	41.0	100.0
	黄泛区	293.7	18.2	1	107.8	16.9	1	93.8	11.4	4	36.7	87.0
	杞县	225.3	11.9	1	97.3	12.6	1	93.0	14.2	2	43.2	95.5
	原阳	246.3	8.9	5	94.7	10.0	5	86.7	14.1	4	38.5	91.5
	南阳	252.5	1.9	5	104.1	8.0	3	101.1	10.7	3	41.2	97.2
	辉县	261.6	5.9	5	110.7	6.4	4	98.2	5.5	7	42.3	88.7
	平均	265.0			107.0			100			40.5	93.3

续附表三

名称	地点	籽棉亩产（kg/亩）	± CK%	位次	皮棉亩产（kg/亩）	± CK%	位次	霜前皮棉亩产（kg/亩）	± CK%	位次	衣分（%）	霜前花率（%）
鲁棉696	安阳	295.7	-0.6	8	116.8	1.0	7	116.8	1.0	7	39.5	100.0
	黄泛区	280.1	12.7	3	101.9	10.6	3	94.2	11.9	2	36.4	92.4
	杞县	193.4	-4.0	8	82.4	-4.6	8	79.3	-2.6	8	42.6	96.3
	原阳	244.5	8.1	6	92.5	7.5	7	82.5	8.6	7	37.8	89.2
	南阳	254.4	2.6	4	100.5	4.3	5	98.5	7.8	4	39.5	98.0
	辉县	277.5	12.3	4	112.8	8.5	3	105.5	13.4	2	40.7	93.5
	平均	257.6			101.2			96.1			39.4	94.9
豫棉514	安阳	319.0	7.3	2	124.4	7.5	4	124.4	7.5	4	39.0	100.0
	黄泛区	286.0	15.1	2	103.8	12.6	2	94.1	11.7	3	36.3	90.6
	杞县	217.3	7.9	5	91.5	5.9	5	85.9	5.4	4	42.1	93.9
	原阳	254.6	12.5	3	97.6	13.4	3	84.1	10.7	6	38.4	86.1
	南阳	263.0	6.1	2	102.7	6.5	4	98.1	7.4	5	39.0	95.5
	辉县	278.9	12.9	2	115.5	11.1	2	104.8	12.6	4	41.4	90.7
	平均	269.8			105.9			98.5			39.4	92.8
豫棉516	安阳	309.3	4.0	5	125.3	8.3	3	125.3	8.3	3	40.5	100.0
	黄泛区	267.8	7.8	7	99.1	7.5	5	92.1	9.3	6	37.0	92.9
	杞县	216.8	7.6	6	91.7	6.1	4	85.8	5.3	5	42.3	93.5
	原阳	240.9	6.5	7	94.6	10.0	6	85.6	12.7	5	39.3	90.5
	南阳	258.1	4.2	3	105.4	9.3	2	103.0	12.8	2	40.8	97.8
	辉县	255.6	3.5	7	108.4	4.2	6	102.1	9.7	5	42.4	94.1
	平均	258.1			104.1			99.0			40.4	94.8
鲁棉研28	安阳	297.4	0.0	7	115.7	0.0	8	115.7	0.0	8	38.9	100.0
	黄泛区	248.5	0.0	8	92.2	0.0	8	84.2	0.0	8	37.1	91.3
	杞县	201.4	0.0	7	86.4	0.0	7	81.4	0.0	7	42.9	94.3
	原阳	226.2	0.0	8	86.1	0.0	8	76.0	0.0	8	38.1	88.3
	南阳	247.8	0.0	6	96.4	0.0	8	91.3	0.0	8	38.9	94.8
	辉县	247.1	0.0	8	104.1	0.0	8	93.0	0.0	8	42.1	89.4
	平均	244.7			96.8			90.3			39.7	93.0

18　2017年河南省夏棉生产试验品种汇总总结

一、试验目的

通过试验，进一步鉴定河南省夏棉新品种的丰产性、稳定性、适应性、纤维品质和综合表现，客观评价参试品种特性与生产利用价值，为优良棉花新品种在河南省的审定和推广提供科学依据。

二、参试品种及承试单位

本组参试品种2个，对照品种为中棉所50，承担试验的单位共6个，参试品种名称、试验年限、供种单位、承试单位见表1。

表1　2017年夏棉生产试验参试品种和承试点

品种	编码	年限	品种来源	供种单位	承试点
鲁棉532	1	3	K640/ K836	山东棉花研究中心	邓州市先天下种业有限公司、开封市农林科学研究院、中国农业科学院棉花研究所、河南省农业科学院经济作物研究所、新乡市锦科棉花研究所、河南黄泛区地神种业有限公司
中棉所50	2	CK		中国农业科学院棉花研究所	

三、试验概况

（一）试验设计

按国家区域试验方案的要求，结合河南省区域试验实际，统一制订试验方案，严格田间设计、记载、管理、统计标准，确保试验的客观公正性；试验重复两次，随机排列，小区面积150 m^2，重复间设走道，四周设置3行保护行；种植密度4 000～6 000株/亩（按当地种植方式酌情合理稀植）。

（二）田间管理

根据试验方案要求，各试点承担单位由专职技术人员负责此项工作，从田间设计、观察、管理、数据的记载都严格按方案的要求进行；各点均选择前茬作物一致，地面平整，肥力均匀，灌溉排水便利的地块作为试验田，直播田和育苗移栽田出现缺苗及时查苗补缺，按密度要求补全苗保证一播全苗；田间管理水平应略高于大田生产水平，同一区组内肥水管理、病虫害防治、化调、打顶、收花等同一项管理措施均在同一天完成。

（三）气象因素对棉花生产的影响

1. 苗期

播种期间天气晴好，气温高，各品种出苗快而壮，达到一播全苗。6 月气温高，光照充足，降水偏少，棉苗生长旺盛，发病少。

2. 蕾铃期

6 月下旬至 8 月中旬以晴天为主，光照充足，温度较高，降水少于常年，有利于棉花成铃。

3. 吐絮期

8 月下旬至 9 月上旬多阴雨天，影响棉花的正常吐絮；9 月中下旬以晴天多云为主，光照充足，温度较高，有利于棉花吐絮与收摘；10 月上中旬多阴雨天，影响棉花的正常吐絮与收摘，10 月下旬至 11 月上旬以晴天多云为主，有利于棉花吐絮与收摘。

四、试验结果

（一）汇总情况

试验点共 6 个，6 个点经田间考察质量良好，数据调查、记载能严格按方案执行，年终报告经审核符合试验要求，参与汇总。抗病鉴定单位：中国农业科学院棉花研究所植保室；抗虫鉴定单位：中国农业科学院生物技术研究所；纤维品质分析单位：农业部棉花品质监督检验测试中心（安阳）。

（二）农艺性状

参试品种的农艺性状主要包括生育期、株高、第一果枝节位、株铃数、果枝数、铃重、衣分、籽指等（见表 2），来源于 6 试点统计结果的平均数。结果表明参试品种鲁棉 532 的生育期 99 d，株高在 85.5 cm，果枝数 11.3 台/株，铃重 6.1 g。

表 2　2017 年夏棉生产试验品种农艺性状

品种	生育期（d）	全生育期（d）	第一果枝节位	株高（cm）	果枝（台/株）	株铃（个）	铃重（g）	籽指（g）
鲁棉 532	99	106	5.2	85.5	11.3	11.9	6.1	10.7
中棉所 50	98	104	5.2	84.2	11.4	11.7	5.7	10.3

（三）产量性状

2017 年生产试验产量结果：鲁棉 532 籽棉亩产 224.2 kg，比对照中棉所 50 增产 6.0%；皮棉亩产 86.6 kg，比对照中棉所 50 增产 4.8%；霜前皮棉亩产 76.8 kg，比对照中棉所 50 增产 4.5%；衣分 38.7%（见表 3）。

表 3　2017 年夏棉生产试验品种产量性状

品种	籽棉		位次	皮棉		位次	霜前皮棉		位次	霜前花率（%）	衣分（%）
	kg/亩	±CK%		kg/亩	±CK%		kg/亩	±CK%			
鲁棉 532	224.2	6.0	1	86.6	4.8	1	76.8	4.5	1	89.1	38.7
中棉所 50	211.5	0.0	2	82.6	0.0	2	73.5	0.0	2	89.5	39.1

五、试验品种评述

鲁棉 532

特征特性：出苗较好，前中期长势强，后期长势一般；植株中等，株型松散，塔形，茎秆粗壮，茸毛稀，中长，Ⅱ式果枝；叶柄较长，叶片中等大小，叶色绿，叶片皱折一般、缺刻一般，叶功能一般；花冠柱头稍高于花药，花粉量一般；结铃性较强，铃卵圆形、较大，铃嘴钝尖，吐絮畅；抗枯萎病（枯萎病指 8.8），抗黄萎病（黄萎病指 18.4）。抗虫株率 100%。

2014 年试验结果：8 点汇总，皮棉总产 7 点增产，1 点减产，增产点率 87.5%；平均亩产籽棉、皮棉和霜前皮棉分别为 212.2 kg、89.3 kg 和 84.7 kg，比对照中棉所 50 增产 9.0%、9.2% 和 9.2%，分居 10 个参试品种第 3、4、4 位。HVICC 纤维上半部长度 30.4 mm，断裂比强度 30.8 cN/tex，马克隆值 4.9，伸长率 6.5%，反射率 79.4%，黄度 7.4，整齐度指数 86.1%，纺纱均匀指数 152.3。

2016 年试验结果：7 点汇总，皮棉总产 6 点增产，1 点减产，增产点率 85.7%；平均亩产籽棉、皮棉和霜前皮棉分别为 217.5 kg、81.5 kg 和 75.2 kg，分别比对照中棉所 50 增产 5.8%、8.9% 和 9.2%，分居夏棉 5 个参试品种第 3、4、4 位。HVICC 纤维上半部长度 30.5 mm，断裂比强度 31.9 cN/tex，马克隆值 4.9，伸长率 5.6%，反射率 78.3%，黄度 7.7，整齐度指数 84.5%，纺纱均匀指数 147.7。

2014～2016 年该品种平均生育期 99 d，株高 74.3 cm，第一果枝节位 5.1 节，果枝数 10.2 台/株，单株结铃 10.4 个，单铃重 6.0 g，籽指 10.6 g，衣分 39.8%，霜前花率 93.3%。HVICC 纤维上半部长度 30.4 mm，断裂比强度 31.4 cN/tex，马克隆值 4.9，伸长率 6.0%，反射率 78.9%，黄度 7.5，整齐度指数 85.3%，纺纱均匀指数 150.0。平均亩产籽棉、皮棉和霜前皮棉分别为 214.9 kg、85.4 kg 和 80.0 kg，分别比对照中棉所 50 增产 7.4%、9.0% 和 9.2%。

2017 年生产试验结果：6 点汇总，皮棉总产 5 点增产，1 点减产，增产点率 83.3%；平均亩产籽棉、皮棉和霜前皮棉分别为 224.2 kg、86.6 kg 和 76.8 kg，分别比对照中棉所 50 增产 6.0%、4.8% 和 4.5%。

附表一　2017 年河南省夏棉生产试验各试点田间管理基本情况

试点	播种方式	密度（株/亩）	前作	播期（月/日）	灌/排水（次）	中耕除草（次）	化调（次）	病虫防治（次）	收花（次）	基肥（kg/亩）	追肥（kg/亩）
黄泛区	开沟穴播	6 000	棉花	5/25	0/2	5	2	6	2	复合肥 50	复合肥 10、尿素 20
邓州	直播	3 500	小麦	6/1	2/0	5	3	4	5	复合肥 50	尿素 15
开封	直播	6 000	小麦	6/6	2/0	2	0	5	2	尿素 40	复合肥 40、尿素 15
新乡	点播	5 500	小麦	6/9	4/0	3	0	6	4	复合肥 50	尿素 45
原阳	条播	5 222	棉花	5/28	3/1	4	1	6	2	复合肥 50	尿素 25
安阳	直播	5 000	休闲	5/25	2/0	4	4	7	7	复合肥 80	复合肥 30

附表二　2017 年河南省夏棉生产试验品种农艺性状表

品种	试点	播－苗 (d)	苗－花 (d)	花－絮 (d)	生育期 (d)	全生育期 (d)	第一果枝节位	株高 (cm)	果枝 (台/株)	株铃 (个)	铃重 (g)	籽指 (g)	亩株数 (株/亩)
鲁棉 532	黄泛区	6	47	50	97	103	5.2	71.2	9.0	8.6	6.3	11.2	5 976
	开封	6	41	58	99	105	5.4	80.6	10.1	9.2	5.5	10.2	6 000
	邓州	6	48	52	100	106	6.0	116.4	14.6	22.7	6.5	11.7	3 488
	新乡	7	44	52	96	103	4.8	81.3	10.0	9.4	5.7	10.2	4 935
	原阳	7	45	51	96	103	4.7	77.5	9.8	10.0	5.6	10.2	5 256
	安阳	6	48	59	107	113	5.0	71.9	12.0	11.5	7.1	10.9	4 932
	平均	6	46	54	99	106	5.2	85.5	11.3	11.9	6.1	10.7	5 098
中棉所 50	黄泛区	6	47	50	97	103	5.3	65.8	9.4	9.5	5.1	10.0	6 045
	开封	6	40	58	98	104	5.9	82.1	10.5	10.6	5.6	9.9	6 000
	邓州	6	47	51	98	104	5.5	111.5	14.0	19.6	6.0	10.5	3 500
	新乡	8	43	52	95	103	4.9	78.6	10.0	10.1	5.7	10.1	5 024
	原阳	7	44	50	94	101	4.8	74.3	9.6	9.9	5.4	10.1	5 221
	安阳	6	48	55	103	109	4.8	74.5	13.0	10.3	6.4	10.9	4 986
	平均	7	45	53	98	104	5.2	84.2	11.4	11.7	5.7	10.3	5 129

附表三　2017 年河南省夏棉生产试验品种产量表

名称	地点	籽棉（kg/亩）	±CK%	位次	皮棉（kg/亩）	±CK%	位次	霜前皮棉（kg/亩）	±CK%	位次	衣分（%）	霜前花率（%）
鲁棉 532	黄泛区	248.1	18.4	1	85.9	6.1	1	85.9	6.1	1	34.6	100.0
	原阳	206.5	4.4	1	81.3	5.3	1	64.7	2.2	1	39.4	79.5
	开封	243.4	-0.6	2	96.6	-0.3	2	73.9	2.1	1	39.7	76.5
	邓州	236.8	4.6	1	94.0	7.3	1	87.0	7.0	1	39.7	92.5
	新乡	175.9	5.2	1	69.9	5.8	1	67.1	5.9	1	39.7	96.1
	安阳	234.4	5.0	1	91.9	5.8	1	82.5	3.5	1	39.2	89.8
	平均	224.2			86.6			76.8			38.7	89.1
中棉所 50	黄泛区	209.6	0.0	2	80.9	0.0	2	80.9	0.0	2	38.6	100.0
	原阳	197.8	0.0	2	77.3	0.0	2	63.3	0.0	2	39.1	82.0
	开封	244.8	0.0	1	96.9	0.0	1	72.4	0.0	2	39.6	74.7
	邓州	226.3	0.0	2	87.6	0.0	2	81.3	0.0	2	38.7	92.8
	新乡	167.2	0.0	2	66.0	0.0	2	63.4	0.0	2	39.5	96.0
	安阳	223.3	0.0	2	86.9	0.0	2	79.7	0.0	2	38.9	91.8
	平均	211.5			82.6			73.5			39.1	89.5